建筑施工技术(高职)

主　编　钟振宇
副主编　陈永高

ZHEJIANG UNIVERSITY PRESS
浙江大学出版社

图书在版编目(CIP)数据

建筑施工技术：高职 / 钟振宇主编. —杭州：浙江大学出版社，2016.4

ISBN 978-7-308-15597-7

Ⅰ.①建… Ⅱ.①钟… Ⅲ.①建筑工程—工程施工—高等职业教育—教材 Ⅳ.①TU74

中国版本图书馆 CIP 数据核字（2016）第 024003 号

内容简介

本书是一本建筑施工技术教材，系统地阐述了建筑工程施工基本内容，包括土方工程、基础工程、脚手架工程、钢筋混凝土工程、预应力混凝土工程、钢结构工程、防水工程、墙体保温工程以及冬雨期施工等九大部分内容。

本书采用理论和实践相结合的体例编写，各章首先提出了能力目标要求，同时每部分内容根据实际情况增加了实训部分。此外，每章还有详尽的历史沿革、注意事项、工程实例等供读者参考。通过对本书的学习，读者可以掌握建筑工程施工技术基本理论和施工专项设计能力，并具备工程质量检验的能力。

本书既可作为高等职业学校建筑工程技术及相关专业的课程教材，也可作为建筑施工员等的培训教材，还可作为从业人员的参考书。

建筑施工技术(高职)

主编　钟振宇

责任编辑　王　波

责任校对　余梦洁

封面设计　林　智

出版发行　浙江大学出版社

（杭州市天目山路 148 号　邮政编码 310007）

（网址：http://www.zjupress.com）

排　　版　杭州林智广告有限公司

印　　刷　浙江省邮电印刷股份有限公司

开　　本　787mm×1092mm　1/16

印　　张　20.5

字　　数　500 千

版 印 次　2016 年 4 月第 1 版　2016 年 4 月第 1 次印刷

书　　号　ISBN 978-7-308-15597-7

定　　价　40.00 元

前　言

我国的职业教育正面临着深刻的历史变革，2014 年全国职业教育会议上明确提出建立现代职业教育体系。由于种种原因，我国中高职专业教育缺乏必要的区分度，特别是中高职课程、教材内容和难易程度如何区分一直是一大难题。为适应 21 世纪土建类高等职业教育课程改革和发展需要，培养建筑行业不同层次应用型人才需要，我们多次召集中高职学校开研讨会，并多方征求企业专家意见。在土建类专业最重要的专业课——"建筑施工技术"课程上完成了定位和内容划分，并编写了本书。

在中高职一体化教材内容的制定上，我们采取了分层分类法，将中职教材定位为简明直观，内容上强调基础性，编写上要求通俗易懂；而高职教材定位为有一定理论性，内容上体现较新的施工技术。在实训上两本教材有一定的差异性，高职教材设置了以理论计算为主的课程设计，中职教材设置了以工种实训为主的操作项目。

本书为高职部分的教材，全书内容共分九章，主要包括土方工程、基础工程、脚手架工程、钢筋混凝土工程、预应力混凝土工程、钢结构工程、防水工程、墙体保温工程以及冬雨期施工等内容。此外，为便于读者学习，每章都有相应的思考题和选择题。

本书内容可按照 120 学时左右安排，其中理论教学约 80 学时，推荐学时分配：第一章 12 学时，第二章 8 学时，第三章 15 学时，第四章 8 学时，第五章 8 学时，第六章 12 学时，第七章 6 学时，第八章 8 学时，第九章 3 学时，教师可根据不同的教学情况灵活安排学时，课堂重点讲解每章主要知识模块，章节中的知识链接模块可安排学生课后阅读。本书按理论和实践相结合的教学设计，实训教学部分共有 4 个项目，约 40 学时，教师可以根据本校教学资源配备情况，灵活组织实训教学，并选取适当的工程项目课题。

本书适合于高职院校开设理论实践一体化课程使用。书中采用新体例编写，内容丰富，案例翔实。

本书由浙江工业职业技术学院钟振宇担任主编，浙江工业职业技术学院陈永高担任副主编。第一章由贾汝达编写，第二章由李少和编写，第三章由钟振宇编写，第四章由单豪良编写，第五章由甘静艳编写，第六章由吕燕霞编写，第七章由张喜娥编写，第八章和第九章由陈永高编写。全书由钟振宇统稿。

本书在编写过程中，参考和引用了国内外大量文献资料，在此谨向原书作者表示衷心感谢。由于编者水平有限，本书难免存在不足和疏漏之处，敬请各位读者批评指正。

编　者

2015 年 10 月

目　录

第1章　土方工程

土方工程是建筑工程中的一项重要分部分项工程，常见的土方工程有场地平整、基坑(槽)与管沟、路基、人防工程开挖、地坪填土、路基填筑和基坑回填等以及运输、排水、降水和土壁支撑、支护等准备和辅助过程。对具有较深基坑的工程，其施工的成败与否对整个建筑工程的影响甚大，有时甚至是关键性的。

1. 熟悉土方工程量的计算与调配；
2. 掌握基坑(槽)土方开挖与支护方法；
3. 掌握土方工程的机械化施工方法；
4. 掌握土方工程的质量标准与安全技术要求。

学习要求

知识要点	能力要求
土方工程量的计算与调配	掌握场地平整施工方法
	掌握场地设计标高的确定方法
	熟悉土方工程量的计算方法
	掌握土方调配方法及步骤
基坑土方开挖与支护	熟悉基坑土方施工准备工作
	掌握基坑(槽)土方边坡与土壁支撑方法
土方工程机械化施工	了解土方机械的类型
	掌握常用土方施工机械的施工特点、作业方法及适用范围
	掌握挖土设备和运土设备数量的配套计算
	熟悉土方挖运机械的选择及机械化施工要点
土方工程的质量标准与安全技术要求	熟悉土方工程质量标准
	掌握土方工程安全技术要求

【知识回顾】 在中职阶段学习中，我们已经学习了土方工程的相关知识。对土方工程

有了一个初步的认识和了解。土方工程包括土方工程施工特点，土的工程分类、工程性质，土方施工，土方的填筑与压实等内容。

土方工程施工特点：土方工程具有工程量大、劳动强度高、施工工期长、施工条件复杂、露天作业多、受地质条件和地区气候条件影响大的特点。

土（岩）的工程分类：根据《建筑地基基础设计规范》分类法，土（岩）可分为岩石、碎石土、砂土、粉土、黏性土、人工填土等六大类。

土的工程性质：土是由固体颗粒（固相）、水（液相）和空气（气相）所组成的三相体系。土的基本指标有土的密度 ρ、土粒相对密度（土粒比重）d_s、土的含水量 w；土的导出指标有土的孔隙比和土的饱和度等。

土方施工主要包括：施工前的准备工作（清理场地、排除地面水、修筑临时设施），土方边坡与土壁支撑，土方施工排水与降水，基坑（槽）支护等。

土方的填筑与压实主要包括土料的选用与处理、土方回填等。土方回填的方法有人工填土法与机械填土法两种。

中职阶段学习的土方工程相关知识，内容丰富，基本涵盖了土的基本性质、土方施工方法、土方回填等的相关知识，为本章及后期的学习打下了良好的基础。

【本章导读】 在土木工程中涉及的土方工程有：场地平整、路基开挖、人防工程开挖、地坪填土、路基填筑以及基坑回填。要合理安排施工计划，尽量不要安排在雨季，同时为了降低土方工程施工费用，贯彻不占或少占农田和可耕地并有利于改地造田的原则，要做出土石方合理调配方案，统筹安排。

土方工程施工具有面广量大、施工分件复杂的特点，应尽可能采用机械化施工，以加快施工进度。在施工之前应拟订专项施工方案，做好充分的准备和辅助工作，确保土方工程的施工质量和安全施工。

1.1 土方工程量计算与调配

1.1.1 场地平整

1. 场地平整的概念

建筑工程施工前，建筑场地应达到基本建设项目开工的前提条件——“三通一平”。“三通”指水通、电通、路通；“一平”指场地平整，即在施工区域内，对原有地形、地物进行拆迁清除、削高填洼，改造成设计要求的场地形状。场地平整工作主要包括确定场地设计标高，计算施工高度、挖填方工程量，选择土方施工机械，拟订施工方案。

场地平整通常是挖高填低。计算场地挖方量和填方量，首先要确定场地设计标高，由设计平面的标高和地面的自然标高之差，可以得到场地各点的施工高度（即填、挖高度），由此可计算场地平整的挖方和填方的工程量。

由于建筑施工的性质、规模、施工期限以及技术力量等条件的不同，并考虑到基坑（槽）开挖的要求，场地平整施工有以下 3 种方案：

(1) 先平整整个场地，后开挖建筑物基坑（槽）。这样，可为大型土方机械提供较大的工作面，提高生产效率，减少工作间的相互干扰，但工期较长。适用于场地挖、填土方量较大的工地。

(2) 先开挖建筑物基坑(槽)，待基础施工后再平整场地。这样，可减少土方的重复开挖，加快施工进度。适用于地形平坦的场地。

(3) 边进行场地平整，边开挖基坑(槽)。当工期紧迫或场地地形复杂时，可按照现场施工的具体条件和施工组织的要求，划分不同施工区，有的先平整场地，有的则先开挖基坑(槽)。适用于工期紧，工程能分段分区进行、互不干扰的场地。

2. 场地设计标高的确定

场地平整前，要确定场地的设计标高(一般由设计单位在总图竖向设计中确定)，计算挖方和填方的工程量，然后确定挖方和填方的平衡调配方案，再根据工程规模、施工期限、现有机械设备条件，选择土方机械，拟订施工方案。

场地设计标高是进行场地平整和土方量计算的依据，也是总图规划和竖向设计的依据。合理确定场地的设计标高，对减少土方量、加速工程速度都有重要的经济意义。如图 1.1.1 所示，当场地设计标高为 H_0 时，填挖方基本平衡，可将土方移挖作填，就地处理；当设计标高为 H_1 时，填方大大超过挖方，则需从场地外大量取土回填；当设计标高为 H_2 时，挖方大大超过填方，则要向场外大量弃土。

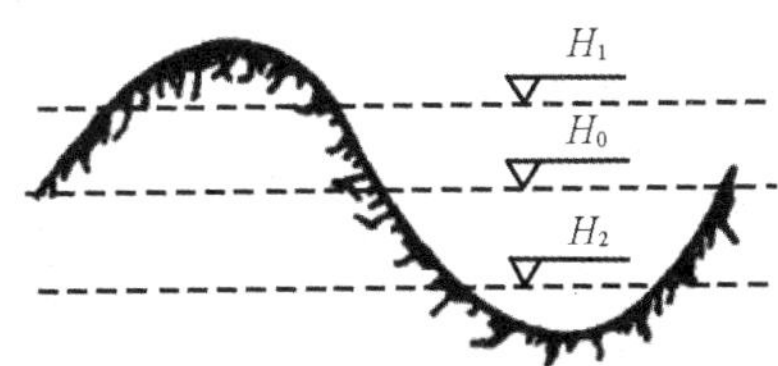

图 1.1.1　场地不同设计标高的比较

因此，在确定场地设计标高时，应结合现场的具体条件，反复进行技术经济比较，合理地确定场地的设计标高。选择设计标高时应遵循以下原则：满足建筑规划和生产工艺的要求；尽量利用地形(如分区或分台阶布置)，以减少挖、填方数量；力求场地内挖、填方平衡，使土方运输费用降至最低；要有一定泄水坡度 (≥2‰)，满足排水要求；考虑最高洪水位的要求。

场地设计标高一般应在设计文件上规定，若设计文件对场地设计标高没有规定，对中小型场地可采用“挖填土方量平衡法”确定；对大型场地宜作竖向规划设计，采用“最佳设计平面法”确定。下面主要介绍“挖填土方量平衡法”的原理和步骤。

(1) 设计标高 H_0 的初步确定

初步确定场地设计标高的原则是场地内挖填方平衡，即场地内挖方总量等于填方总量。

①划分方格网

计算场地设计标高时，首先将场地划分成有若干个方格的方格网，每格的大小根据要求的计算精度及场地平坦程度确定，一般边长为 10～40m，如图 1.1.2(a)所示。

②计算各角点的地面标高

角点的地面标高也称为角点的自然地面标高。当地形平坦时，可根据地形图上相邻两等高线的高程，用插入法求得；也可用一张透明纸，上面画 6 根等距离的平行线，把该透明纸放到标有方格网的地形图上，将 6 根平行线的最外两根分别对准 A、B 两点，这时 6 根等距离的平行线将 A、B 之间的高差分成 5 等份，于是可直接读得 C 点的地面标高(见图 1.1.3)。

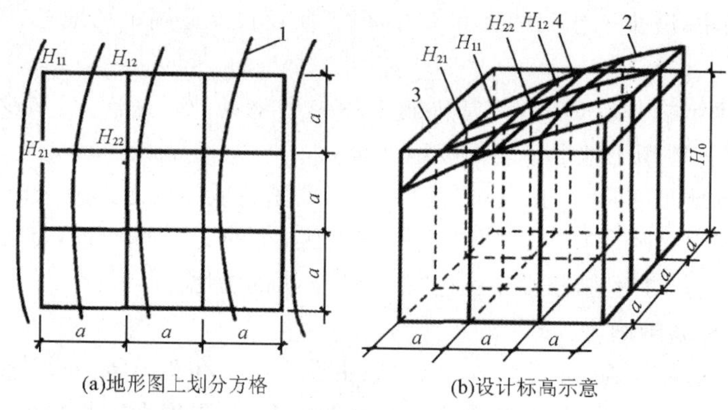

1-等高线;2-自然地面;3-场地设计标高平面;
4-自然地面与设计标高平面的交线(零线)

图 1.1.2　场地设计标高计算简图

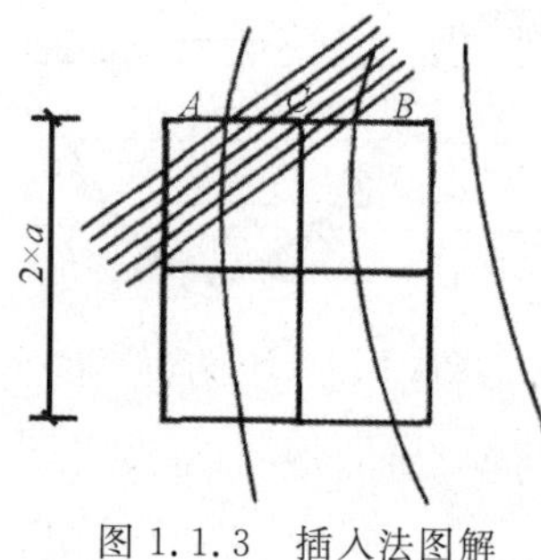

图 1.1.3　插入法图解

当地形起伏大(用插入法有较大误差)或无地形图时,可在现场地面用木桩或钢钎打好方格网,然后用仪器直接测出方格网角点标高。

③计算各角点的设计标高

按照场地内土方的平整前后相等,即挖填方平衡的原则,如图 1.1.2(b)所示,场地设计标高即为各个方格平均标高的平均值。可按下式计算:

$$na^2 H_0 = \frac{1}{4}a^2(H_{11}+H_{12}+H_{21}+H_{22})+\frac{1}{4}a^2(H_{12}+H_{13}+H_{22}+H_{23})+\cdots$$

$$H_0 = \frac{\sum_{i}^{n}(H_{11}+H_{12}+H_{21}+H_{22})}{4n} \tag{1.1.1}$$

式中:H_0——所计算的场地设计标高,m;

n——方格数;

H_{11}、…、H_{22}——任一方格的四个角点的标高,m。

从图 1.1.2(a)可以看出,H_{11}系一个方格的角点标高,H_{12}及 H_{21}系相邻两个方格的公共角点标高,H_{22}系相邻四个方格的公共角点标高。如果将所有方格的四个角点全部相加,则类似 H_{11}的角点标高加 1 次,类似 H_{12}和 H_{21}的角点标高需加 2 次,类似 H_{22}的角点标高要加 4 次。则场地设计标高 H_0 的计算公式可改写为下列形式:

$$H_0 = \frac{\sum H_1 + 2\sum H_2 + 3\sum H_3 + 4\sum H_4}{4n} \tag{1.1.2}$$

式中:H_1——一个方格独有的角点标高,m;

H_2——两个方格共有的角点标高,m;

H_3——三个方格共有的角点标高,m;

H_4——四个方格共有的角点标高,m。

(2) 场地设计标高的调整

按公式(1.1.2)计算的场地设计标高 H_0 为理论值,在实际工作中还需考虑以下因素并进行相应的调整。

①土的可松性影响

由于土具有可松性，按 H_0 进行施工，一般填土会有剩余，必要时可相应地提高设计标高，如图 1.1.4 所示。若 Δh 为土的可松性引起设计标高的增加值，则设计标高调整后的总挖方体积应为

$$V'_W = V_W - F_W \Delta h$$

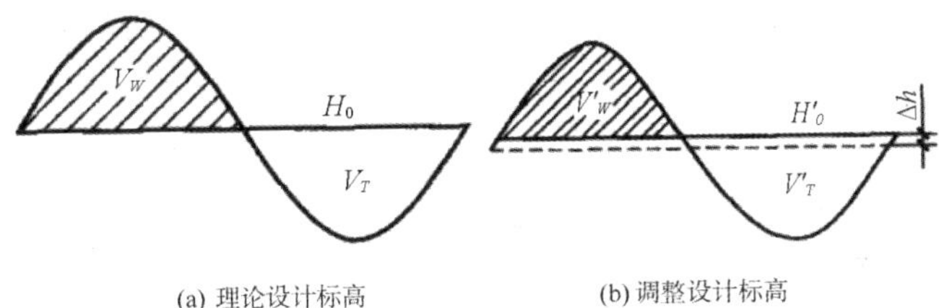

图 1.1.4 设计标高调整计算

总填方体积应为

$$V'_T = V_T + F_T \Delta h$$

而
$$V'_T = V'_W K'_S$$

所以
$$V_T + F_T \Delta h = (V_W - F_W \Delta h) K'_S$$

则
$$\Delta h = \frac{V_W K'_S - V_T}{F_T + F_W K'_S}$$

当 $V_W = V_T$ 时，上式化为

$$\Delta h = \frac{V_W (K'_W - 1)}{F_T + F_W K'_S}$$

故考虑土的可松性后，场地设计标高应调整为

$$H'_0 = H_0 + \Delta h. \tag{1.1.3}$$

②场内挖方和填土的影响

由于场内大型基坑挖出的土方、修筑路基填高的土方、场地周围挖填放坡的土方以及经过经济比较而将部分挖方就近弃于场外或将部分填方就近从场外取土，都会引起场地挖方或填方的变化，因此必要时也需重新调整设计标高。

为了简化计算，场地设计标高调整可以按下面近似公式确定，即

$$H''_0 = H'_0 \pm \frac{Q}{na^2} \tag{1.1.4}$$

式中：Q——假定按原设计标高平整后，多余或不足的土方量；

n——方格网数；

a——方格网边长。

③场地泄水坡度的影响

按上述计算和调整后的设计标高进行场地平整时，整个场地将处于同一个水平面。但实际上由于排水的要求，场地表面均需有一定的泄水坡度。因此，应根据场地泄水坡度的要求（单向泄水或双向泄水），计算出场地内各方格角点实际施工时所采用的设计标高。

a. 单向泄水时，场地各方格角点的设计标高

当场地单向泄水时[见图 1.1.5(a)]，应以计算出的设计标高 H_0（或调整后的设计标高 H_0）作为场地中心线（与排水方向垂直的中心线）的标高，场地内任一点的设计标高为

$$H_n = H_0 \pm Li \tag{1.1.5}$$

式中：H_n——场地内任意一方格角点的设计标高，m；

L——该方格角点至场地中心线的距离，m；

i——场地泄水坡度（≥2‰）。

注：设计点比经调整的设计标高 H_0 高则取"+"，反之取"−"。

b. 双向泄水时各方格角点的设计标高

当场地向两个方向泄水时[见图 1.1.5(b)]，以计算出的设计标高 H_0（或调整后的标高 H_0）作为场地中心点的标高，场地内任意一点设计标高为

$$H_n = H_0 \pm L_x i_x \pm L_y i_y \tag{1.1.6}$$

式中：L_x、L_y——某方格角点距场地中心线 $x-x$、$y-y$ 方向上的距离；

i_x、i_y——场地在 $x-x$、$y-y$ 方向上的泄水坡度。

【注意事项】 如果不考虑土的可松性影响和余亏土的影响，则计算场地内任意一点的设计标高时，应将调整的设计标高替换为初定场地设计标高。

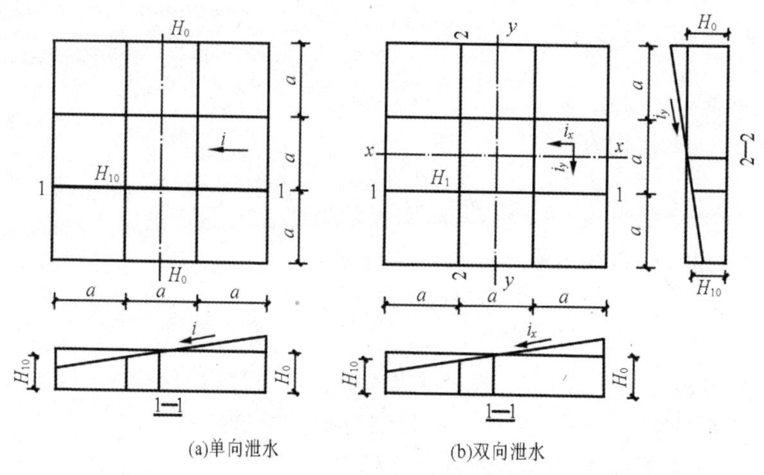

图 1.1.5　场地泄水坡度示意

3. 场地平整土方施工

场地平整就是将自然地面改造成为设计所要求的平面的过程，是根据建筑施工总平面图规定的标高，通过测量，计算出挖、填土方工程量，设计土方调配方案，组织人力或机械进行平整工作。

场地平整的施工工艺流程：现场勘察→清除地面障碍物→标定平整范围→设置水准基点→设置方格网、测量标高→计算土方挖填工程量→编制土方调配方案→挖、填土方→场地碾压→验收。

场地平整前，施工人员应到工程施工现场进行勘察，了解地形、地貌和周围环境，根据建筑总平面图了解、确定场地平整的大致范围；拆除施工场地上的旧有房屋和坟墓，拆迁或改建通信、电力设备、上下水道以及地下建筑物，迁移树木，去除耕植土及河塘淤泥等。然后根

据建筑总平面图要求的标高，从基准水准点引进基准标高作为场地平整的基点。

【特别提示】 此项工作由业主委托有资质的拆卸拆除公司或建筑施工公司完成，发生费用由业主承担。

1.1.2 土方工程量计算

在土方工程施工前，通常要计算土方工程量，根据土方工程量的大小，拟订土方工程施工方案，组织土方工程施工。土方工程外形往往很复杂，不规则，要准确计算土方工程量难度很大。一般情况下，将其划分成一定的几何形状，采用具有一定精度又与实际情况近似的方法进行计算。

1. 基坑与基槽土方量的计算

(1) 基坑土方量计算

基坑是指长、宽不大于 3m 的矩形土体。基坑土方量可按立体几何中的棱柱体（由两个平行的平面作底的一种多面体）体积公式计算，如图 1.1.6 所示。即

$$V=\frac{H}{6}(A_1+4A_0+A_2) \tag{1.1.7}$$

式中：H——基坑深度，m；

A_1、A_2——基坑上、下底的面积，m^2；

A_0——基坑中截面的面积，m^2。

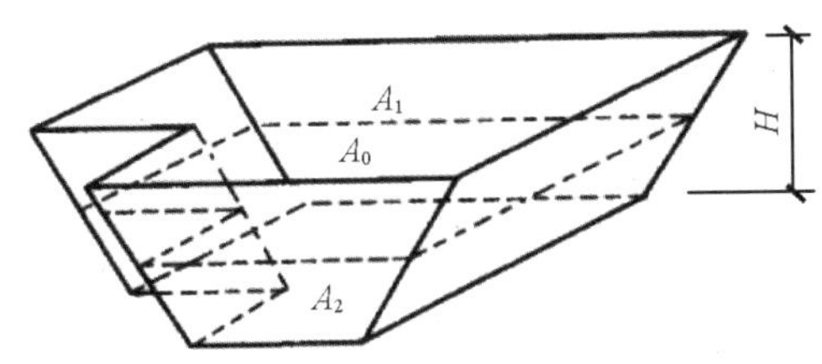

图 1.1.6 基坑土方量计算

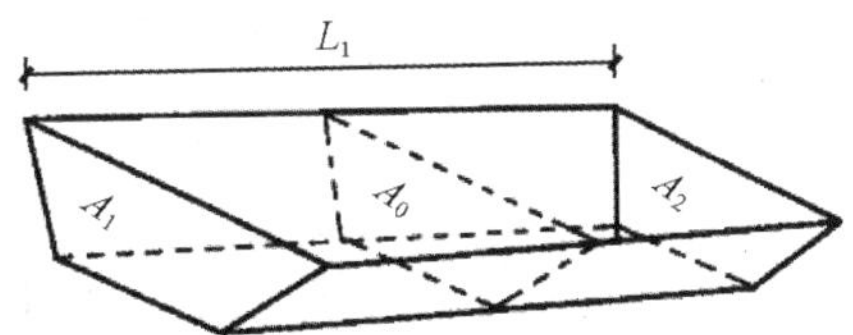

图 1.1.7 基槽土方量计算

(2) 基槽土方量计算

基槽土方量计算可沿长度方向分段后，按照上述同样的方法计算，如图1.1.7所示。即

$$V_1=\frac{L_1}{6}(A_1+4A_0+A_2) \tag{1.1.8}$$

式中：V_1——第一段的土方量，m^3；

L_1——第一段的长度，m。

将各段土方量相加，即得总土方量为

$$V=V_1+V_2+\cdots+V_n \tag{1.1.9}$$

式中：V_1、V_2、…、V_n——各段土方量，m^3。

2. 场地平整土方量计算

建筑场地挖、填方厚度在 300mm 以内的人工平整不涉及土方量的计算问题。这里计算的是挖、填厚度超过 300mm 时的场地挖、填土方量。应按建筑总平面图中的设计标高进行计算。

场地平整土方量的计算方法，通常有方格网法和断面法两种。当场地地形较为平坦、面积较大时宜采用方格网法；当场地地形起伏变化较大或地形狭长的地带、断面不规则时，宜采用断面法，断面法计算精度较低。

(1) 方格网法

所谓方格网法，是将需平整的场地划分为边长相等的方格，分别计算各方格的土方量并加以汇总，得出总的土方量的方法。计算步骤一般为：确定场地的设计标高；计算方格角点的挖填深度；计算方格土方量；计算边坡土方量；汇总土方量并进行平衡等。当经计算的填方和挖方不平衡时，则根据需要进行设计标高的调整，并重复以上计算步骤，重新计算土方量。

方格边长一般取 10m、20m、30m、40m 等。根据每个方格角点的自然地面标高和设计标高，算出相应的角点挖填高度，然后计算出每一个方格的土方量，并算出场地边坡的土方量，这样即可求得整个场地的填、挖土方量。其具体步骤如下。

①划分方格网

在地形图(一般用 1/500 的地形图)上将场地划分为边长 $a=10\sim40$m 的若干方格，尽量与测量的纵横坐标网对应，如图 1.1.8 所示。

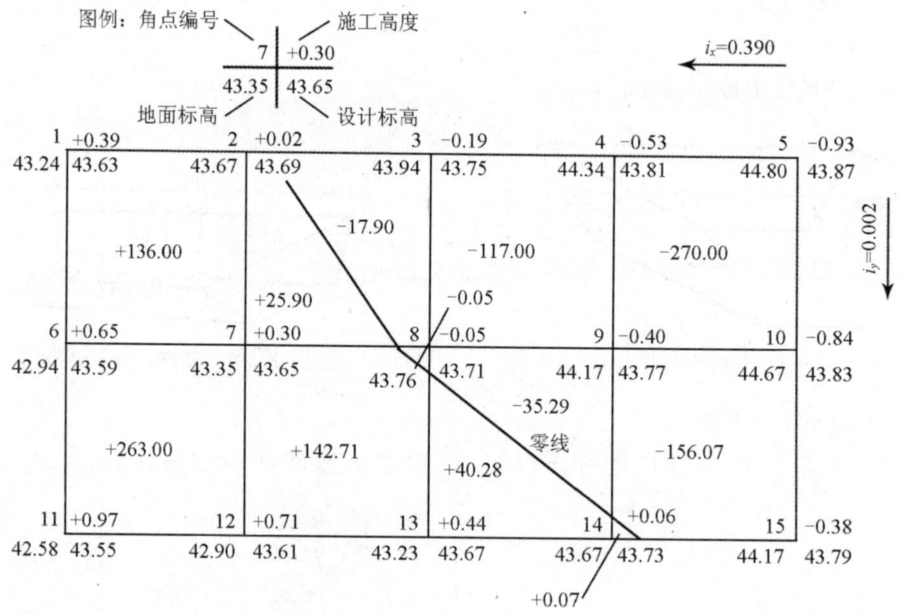

图 1.1.8 方格网法计算土方工程量

②计算场地各方格角点的施工高度

各方格角点的施工高度即需要挖或填的高度。在各方格角点规定的位置上标注角点的自然地面标高(H_0)和设计标高(H_n)，角点设计标高与自然地面标高的差值即各角点的施工高度，可表示为

$$h_n = H_n - H_0$$

式中：h_n——各角点的施工高度，以“+”为填，“-”为挖；

H_n——各角点的设计标高；

H_0——各角点的自然地面标高；

n——方格的角点编号（自然数列 1、2、3、…、n）。

③计算“零点”位置，确定零线

找到一端施工高程为“＋”，而另一端为“－”的方格网边线，沿其边线必然有一不挖不填的点，即为“零点”，如图 1.1.9 所示。将方格网中各相邻的零点连接起来，即为不开挖的零线。零线将场地划分为挖方和填方两个部分。

零点的位置按式(1.1.10)计算：

$$x_1=\frac{ah_1}{h_1+h_2},\quad x_2=\frac{ah_2}{h_1+h_2} \tag{1.1.10}$$

式中：x_1、x_2——角点至零点的距离，m；

h_1、h_2——相邻两角点的施工高度，均用绝对值表示，m；

a——方格的边长，m。

在实际工作中，为省略计算，确定零点的办法也可以用图解法，如图 1.1.10 所示。方法是用尺在各角点上标出挖填施工高度相应比例，用尺相连，与方格相交点即为零点位置。此法甚为方便，同时可避免计算或查表出错。将相邻的零点连接起来，即为零线。它是确定方格中挖方与填方的分界线。

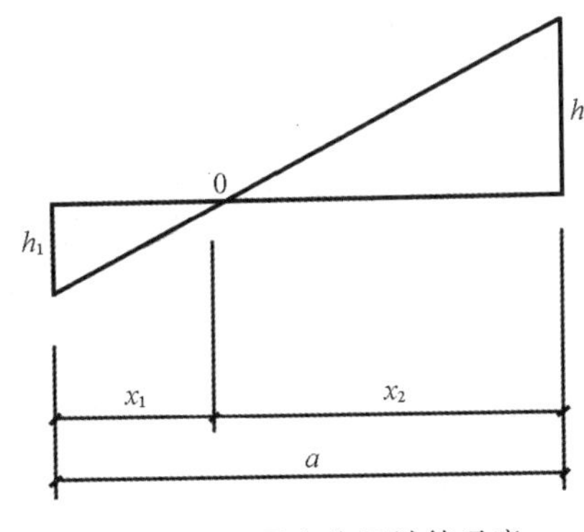

图 1.1.9　零点位置计算示意

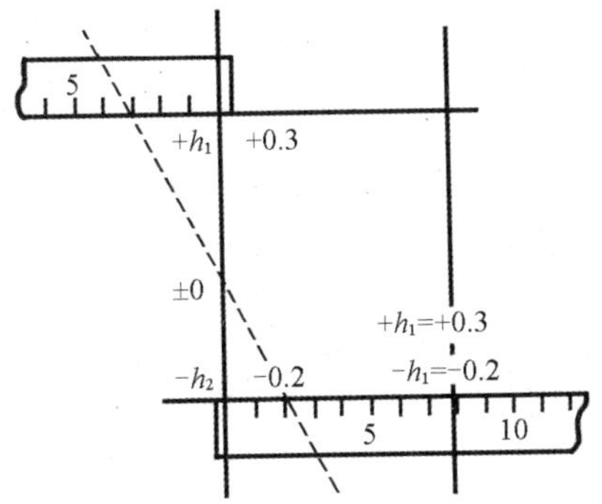

图 1.1.10　零点位量图解法

④计算方格土方工程量

按方格底面积图形和常用方格网点计算公式（见表 1.1.1），计算每个方格内的挖方量或填方量。

表 1.1.1　常用方格网点计算公式

项　目	图　示	计算公式
一点填方或挖方（三角形）	h_1 h_2 h_3 h_4 c b	$V=\frac{1}{2}bc\frac{\sum h}{3}=\frac{bch_3}{6}$ 当 $b=c=a$ 时，$V=\frac{a^2h_3}{6}$

续 表

项 目	图 示	计算公式
两点填方或挖方（梯形）		$V_{+}=\dfrac{b+c}{2}a\dfrac{\sum h}{4}=\dfrac{a}{8}(b+c)(h_1+h_3)$ $V_{-}=\dfrac{d+e}{2}a\dfrac{\sum h}{4}=\dfrac{a}{8}(d+e)(h_2+h_4)$
三点填方或挖方（五角形）		$V=(a^2-\dfrac{bc}{2})\dfrac{\sum h}{5}=\left(a^2-\dfrac{bc}{2}\right)\dfrac{h_1+h_2+h_4}{5}$
四点填方或挖方（正方形）		$V=\dfrac{a^2}{4}\sum h=\dfrac{a^2}{4}(h_1+h_2+h_3+h_4)$

注：①a——方格的边长，m；

b、c——零点到一角的边长，m；

h_1、h_2、h_3、h_4——方格网四角点的施工高度，用绝对值代入，m；

$\sum h$——填方或挖方施工高度总和，用绝对值代入，m；

V——填方或挖方的体积，m^3。

②本表计算公式是按各计算图形底面积乘以平均施工高度而得出的

⑤边坡土方量计算

场地的挖方区和填方区的边沿都需要做成边坡，以保证挖方土壁和填方区的稳定。边坡的土方量可以划分成两种近似的几何形体进行计算，一种为三角棱锥体，一种为三角棱柱体，如图 1.1.11 所示。

a. 三角棱锥体边坡体积

三角棱锥体边坡体积，如图 1.1.11 中①—③、⑤—⑦所示，计算公式：

$$V_1=\frac{1}{3}A_1l_1 \tag{1.1.11}$$

式中：l_1——三角棱锥体边坡的长度，m；

A_1——三角棱锥体边坡的端面积，m^2；

h_2——角点的挖土高度，m；

m——边坡的坡度系数，m=宽/高。

b. 三角棱柱体边坡体积

三角棱柱体边坡体积，如图 1.1.11 中④所示，计算公式：

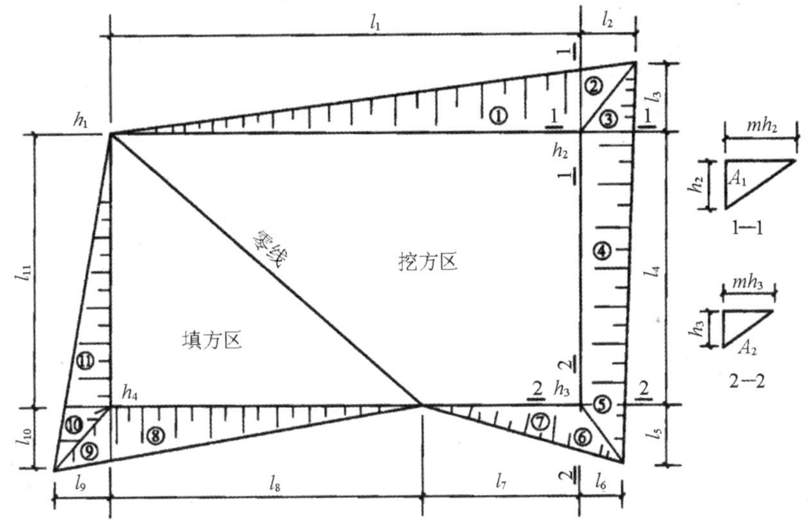

图 1.1.11　场地边坡平面示意

$$V_4=\frac{A_1+A_2}{2}l_4 \tag{1.1.12}$$

两端横断面面积相差很大的情况下，边坡体积为

$$V_4=\frac{l_4}{6}(A_1+4A_0+A_2) \tag{1.1.13}$$

式中：l_4——边坡④的长度；

A_0、A_1、A_2——边坡④中部横断面及两端面面积。

⑥计算土方总量

将挖方区(或填方区)所有方格计算的土方量和边坡土方量汇总，即得该场地挖方和填方的总土方量。

(2) 断面法

沿场地的纵向或相应方向取若干个相互平行的断面(可利用地形图定出或实地测量定出)，将所取的每个断面(包括边坡)划分成若干个三角形和梯形，如图 1.1.12 所示。

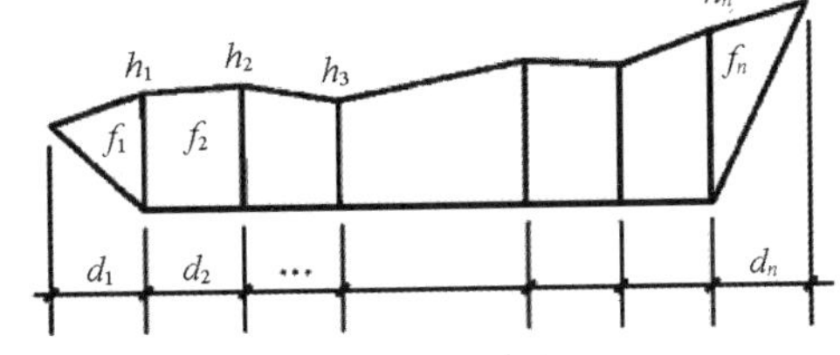

图 1.1.12　断面法计算

对于某一断面，其中三角形和梯形的面积为

$$f_1=\frac{h_1}{2}d_1,f_2=\frac{h_1+h_2}{2}d_2,\cdots,f_n=\frac{h_n}{2}d_n \tag{1.1.14}$$

该断面面积为　$F_i=f_1+f_2+\cdots+f_n$

若　$d_1=d_2=\cdots=d_n=d$

则
$$F_i=d(h_1+h_2+\cdots+h_n) \tag{1.1.15}$$

各个断面面积求出后，即可计算土方体积。设各断面面积分别为 F_1、F_2、…、F_n，相邻两断面之间的距离依次为 l_1、l_2、…、l_n，则所求土方体积为

$$V=\frac{F_1+F_2}{2}l_1+\frac{F_2+F_3}{3}l_2+\cdots+\frac{F_{n-1}+F_n}{2}l_n \tag{1.1.16}$$

1.1.3 土方调配

土方调配是土方工程施工组织设计(土方规划)中的重要内容,在场地土方工程量计算完成后,即可着手土方的调配工作。所谓土方调配,就是对挖土、堆弃和填土三者之间的关系进行综合协调处理与统筹安排。其目的是在土方运输量最小或土方运输费最小的条件下,确定挖填方区土方的调配方向、数量及平均运距,从而缩短工期、降低成本。好的土方调配方案,不但能使土方的运输量或费用最少,而且施工又方便。

土方调配工作主要包括划分调配区、计算土方调配区之间的平均运距、选择最优的调配方案及绘制土方调配图表等内容。

1. 土方调配原则

进行土方调配,必须综合考虑工程和现场的情况、有关技术资料、进度要求和土方施工方法。特别是当工程是分期分批施工时,先期工程和后期工程的土方堆放和调用问题应当全面考虑,须遵循以下原则:

(1) 挖方与填方基本达到平衡,减少重复挖运。

(2) 挖(填)方量与运距的乘积之和尽可能为最小,即总土方运输量或运输费用最小。

(3) 好土应用在回填密实度要求较高的地区,以避免出现质量问题。

(4) 取土或弃土应尽量不占农田或少占农田,弃土尽可能有规划地造田。

(5) 分区调配应与全场调配相协调,避免只顾局部平衡,任意挖填而破坏全局平衡。

(6) 调配应与地下构筑物的施工相结合,地下设施的填土,应予预留。

(7) 选择适当的调配方向、运输路线、施工顺序,使土方机械和运输车辆的功效得到充分发挥。

总之,进行土方调配,必须依据现场具体情况、有关技术资料、工期要求、土方施工方法与运输方法等,综合考虑上述原则,并经计算比较,选择经济合理的调配方案。

2. 土方调配的方法和步骤

(1) 划分调配区

在场地平面图上先划出挖、填区的分界线(零线),然后在挖方区和填方区适当地分别划出若干个调配区。如图 1.1.13 所示。

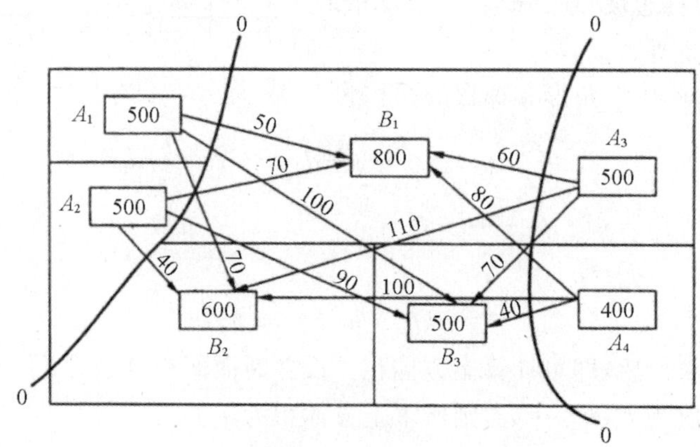

图 1.1.13 某矩形广场土方调配

【注意事项】 在划分调配区时应注意以下几点：

①调配区的划分应该与房屋或构筑物的位置相协调，并考虑它们的开工顺序、工程的分期施工顺序，做到近期施工与后期利用相结合；

②调配区的大小应该满足土方施工用主导机械（铲运机、挖土机等）的技术要求，使土方机械和运输车辆的功效得到充分发挥；

③调配区的范围应该和土方的工程量计算用的方格网协调，通常可由若干个方格组成一个调配区；

④当土方运距较大或场区范围内土方不平衡时，可考虑就近借土或就近弃土，这时一个借土区或者一个弃土区都可以作为一个独立的调配区。

(2) 计算各调配区的土方量，并将它标注于图上。

(3) 求出每对调配区之间的平均运距。

平均运距即挖方区土方重心至填方区土方重心的距离。

当用铲运机或推土机在场地中运作平整时，挖方调配区和填方调配区土方重心之间的距离就是该填、挖方调配区之间的平均运距。

当填、挖方调配区之间的距离较远，采用汽车、自行式铲运机或其他运土工具沿工地道路或规定路线运土时，其运距应按实际情况进行计算。

对于第一种情况，要确定平均运距，先要确定土方重心。为便于计算，一般假定调配区平面的几何中心即为其体积的重心。可取场地或方格网中的纵横两边为坐标轴，按式(1.1.17)计算：

$$X_g = \frac{\sum Vx}{\sum V}, Y_g = \frac{\sum Vy}{\sum V} \tag{1.1.17}$$

式中：X_g、Y_g—— 挖、填方调配区的中心坐标；

V—— 每个方格的土方量；

x、y—— 每个方格的重心坐标。

重心求出后，平均运距可通过计算或作图，按比例尺量出，标于图上。

(4) 用“表上作业法”进行土方调配

确定最优土方调配方案一般以“线性规划”理论为基础，常采用“表上作业法”进行求解。

①线性规划方法简介

在前述调配区和平均运距(单价)确定后，可编制如表 1.1.2 所示的土方平衡施工运距表。从表中可知，整个场地划分为 m 个挖方区 A_1、A_2、…、A_m，其挖方量相应为 a_1、a_2、…、a_m；n 个填方区 B_1、B_2、…、B_n，其填方量相应为 b_1、b_2、…、b_n。并假定挖填平衡，即

$$\sum_{i=1}^{m} a_i = \sum_{j=1}^{n} b_j$$

从 A_1 到 B_1 的单位土方施工费或运距为 c_{11}，土方的调配量为 x_{11}，一样地，从 A_i 到 B_j 的单位土方施工费或运距为 c_{ij}，土方的调配量为 x_{ij}。则土方调配问题就转化为这样一个数学模型，即要求出一组 x_{ij} 值，使得目标函数 $Z = \sum_{i=1}^{m} \sum_{j=1}^{n} c_{ij} x_{ij}$ 为最小值，而且满足下列约束条件：

表 1.1.2　土方平衡施工运距表

挖方区	填方区						挖方量
	B_1	B_2	…	B_j	…	B_n	
A_1	x_{11} c_{11}	x_{12} c_{12}	…	x_{1j} c_{1j}	…	x_{1n} c_{1n}	a_1
A_2	x_{21} c_{21}	x_{22} c_{22}	…	x_{2j} c_{2j}	…	x_{2n} c_{2n}	a_2
⋮	⋮	⋮	…	⋮	…	⋮	⋮
A_i	x_{i1} c_{i1}	x_{i2} c_{i2}	…	x_{ij} c_{ij}	…	x_{in} c_{in}	a_i
⋮	⋮	⋮	…	⋮	…	⋮	⋮
A_m	x_{m1} c_{m1}	x_{m2} c_{m2}	…	x_{mj} c_{mj}	…	x_{mn} c_{mn}	a_m
填方量	b_1	b_2	…	b_j	…	b_n	$\sum_{i=1}^{m} a_i = \sum_{j=1}^{n} b_j$

$$\sum_{j=1}^{n} x_{ij} = a_i, i = 1、2、\cdots、m \text{ 且 } x_{ij} \geqslant 0 \tag{1.1.18}$$

$$\sum_{i=1}^{m} x_{ij} = b_j, j = 1、2、\cdots、n \text{ 且 } x_{ij} \geqslant 0 \tag{1.1.19}$$

根据约束条件可知，变量有 $m \times n$ 个，而方程有 $m+n$ 个，由于挖填平衡，前面 m 个方程相加减去后面 $n-1$ 个方程之和得第 n 个方程，因此独立方程的数量实际上只有 $m+n-1$ 个。

由于变量个数($m \times n$)多于独立方程个数($m+n-1$)，因此方程组有无穷多的解，而我们的目标是要求出一组最优解，使目标函数最小，即补充的方程(条件)就是目标函数最小。显然这是"线性规划"中的"运输问题"，可以用较为方便的"表上作业法"来求解。

②用"表上作业法"进行土方调配

下面结合一个例子，说明用表上作业法确定最优调配方案的步骤和方法。

【例 1.1.1】 如图 1.1.13 所示为一矩形广场，现已知各调配区的土方量和相互之间的平均运距，试求土方最优调配方案。

【解】 ①用"最小元素法"编制初始调配方案

最小元素法即对应于最小的平均运距 c_{ij}，土方调配量 x_{ij} 取最大值。将图 1.1.13 中的数值填入填挖平衡及运距表(见表 1.1.3)。在运距表(小方格)中找最小数值，此例中 $c_{22}=c_{43}=40$ 为最小。可任取一个，此处取 c_{43}，使 x_{43} 的值尽可能地大，即 $x_{43}=\min\{400, 500\}=400$。由于 A_4 挖方区的土方全部调到 B_3 填方区，所以 $x_{41}=x_{42}=0$，将 400 填入

表 1.1.3中的 x_{43} 格内，画一个括号。同时 x_{41}、x_{42} 格内画上一个“×”号。再选一个运距最小的方格，即 $c_{22}=40$，让 x_{22} 尽量大，即 $x_{22}=\min\{500,600\}=500$。同时使 $x_{21}=x_{23}=0$。同样将 500 画上一个括号，填入表 1.1.4 中 x_{22} 格内，并且在 x_{21}、x_{23} 格内画上“×”号(见表1.1.4)。重复上面步骤，依次地确定其余 x_{ij} 数值，最后可得出表 1.1.5。表 1.1.5 中求得的 x_{ij} 数值就是本例的初始调配方案。由于利用“最小元素法”确定的初始方案，首先是让 c_{ij} 最小的那些格内的值 x_{ij} 取尽可能大的值，也就是优先考虑“就近调配”，所以求得的总运输量是较小的。但是这并不能保证其总运输量最小，因此还需要进行判别，看它是否是最优方案。

表 1.1.3　最小元素法填挖平衡及运距表(第一步调配)

挖方区	填方区			挖方量/m³
	B_1	B_2	B_3	
A_1	50	70	100	500
A_2	70 ×	40	90 ×	500
A_3	60	110	70	500
A_4	80 ×	100 ×	40 (400)	400
填方量/m³	800	600	500	1900 / 1900

表 1.1.4　最小元素法(第二步调配)填方区

挖方区	填方区			挖方量/m³
	B_1	B_2	B_3	
A_1	50	70	100	500
A_2	70 ×	40 (500)	90 ×	500
A_3	60	110	70	500
A_4	80 ×	100 ×	40 (400)	400
填方量/m³	800	600	500	1900 / 1900

表 1.1.5　最小元素法初步调配结果

挖方区	填方区			挖方量/m^3
	B_1	B_2	B_3	
A_1	50 500	70 ×	100 ×	500
A_2	70 ×	40 (500)	90 ×	500
A_3	60 (300)	110 (100)	70 (100)	500
A_4	80 ×	100 ×	40 (400)	400
填方量/m^3	800	600	500	1900 / 1900

②最优方案的判别

只要所有检验数 $\lambda_j \geqslant 0$，初始方案即为最优解。"表上作业法"中求检验数 λ_j 的方法有"闭回路法"与"位势法"。"位势法"较"闭回路法"简便，因此这里只介绍用"位势法"求检验数。

检验时，首先将初始方案中有调配数方格的平均运距列出来，然后根据这些数字的方格，按式(1.1.20)求出两组位势数 $u_i(i=1、2、\cdots、m)$ 和 $v_j(j=1、2、\cdots、n)$。

$$c_{ij}=u_i+v_j \tag{1.1.20}$$

式中：c_{ij}——平均运距或单位土方运价或施工费用，本例中为平均运距；

u_i、v_j——位势数。

位势数求出后，便可根据式(1.1.21)计算各空格的检验数：

$$\lambda_{ij}=c_{ij}-u_j-v_j \tag{1.1.21}$$

如果所求出的检验数均为正数，则说明该方案是最优方案，否则该方案就不是最优方案，尚需进一步调整。现在用"位势法"来判别表 1.1.5 中求得的初始方案是否是最优方案。首先把表 1.1.5 中有调配数方格的平均运距列成表 1.1.6。然后根据表 1.1.4 的数字，依据公式(1.1.20)求出位势数。为了便于填写位势数 u_i 和 v_j。在表 1.1.6 的基础上再增加一行和一列，构成表 1.1.7 的位势表。

先让 $u_1=0$，则：

$v_1=c_{11}-u_1=50-0=50$；$u_3=60-50=10$；$v_2=110-10=100$；

$v_3=70-10=60$；$u_2=40-100=-60$；$u_4=40-60=-20$。

位势数求出后，再根据公式(1.1.21)，依次求出各空格的检验数。如：$\lambda_{21}=70-(-60)-50=+80$(在表 1.1.8 中只写"+"或"-"，不必填入数字)，将求得的各检验数填入表 1.1.8中。

表 1.1.6 平均运距

挖方区	填方区		
	B_1	B_2	B_3
A_1	50		
A_2		40	
A_3	60	110	70
A_4			40

表 1.1.7 位势

挖方区	填方区			
	位势	B_1	B_2	B_3
	v_j \ u_i	$v_1=50$	$v_2=100$	$v_3=60$
A_1	$u_1=0$	50 0		
A_2	$u_2=-60$		40 0	
A_3	$u_3=10$	60 0	110 0	70 0
A_4	$u_4=-20$			40 0

表 1.1.8 位势、运距和检验数

挖方区	填方区			
	位势	B_1	B_2	B_3
	v_j \ u_i	$v_1=50$	$v_2=100$	$v_3=60$
A_1	$u_1=0$	0	70 −	100 +
A_2	$u_2=-60$	70 +	0	90 +
A_3	$u_3=10$	0	0	0
A_4	$u_4=-20$	80 +	100 +	0

表 1.1.8 中出现了负的检验数，这说明初始方案不是最优方案，需要进一步调整。

③方案调整

第一步，在所有负检验数中挑选一个（一般可选最小的一个），本例中 c_{12} 便是，把它所对应的变量 x_{12} 作为调整对象。

第二步，找到 x_{12} 的闭回路。其做法是：从 x_{12} 格出发沿水平或竖直方向前进，遇到适当的有数字的方格作 90°转弯（也不一定要转弯），然后继续前进，如果路线恰当，有限步后就能回到出发点，形成一条已有数字的方格为转角点的、用水平和竖直线连起来的闭回路，见表 1.1.9。

表 1.1.9 闭回路调整

挖方区	填方区		
	B_1	B_2	B_3
A_1	500←	x_{12} ↑	
A_2	↓	500 ↑	
A_3	300→	100	100
A_4			400

第三步，从 x_{12} 空格出发，沿着闭回路（方向任意）一直前进。在各奇数次转角点的数字中，挑出一个最小的（本例中便是在 500、100 中选出 100），将它由 x_{32} 调到 x_{12} 方格中（即空格中）。

第四步，将“100”填入 x_{12} 方格中，被挑出的 x_{32} 为 0，同时将闭回路上其他的奇数次转角上的数字都减去“100”，偶数次转角上的数字都增加“100”，使得填、挖方区的土方量仍然保持平衡，这样调整后，使可得到表 1.1.10 的新调配方案。

表 1.1.10 调整后的调配方案

挖方区	位势	填方区			挖方量/m³
		B_1	B_2	B_3	
	u_i \ v_j	$v_1=50$	$v_2=100$	$v_3=60$	
A_1	$u_1=0$	50	70 / 100	100 / +	500
A_2	$u_2=-30$	70 / +	40 / 500	90 / +	500
A_3	$u_3=10$	60 / 400	110 / +	70 / 100	500
A_4	$u_4=-20$	80	100 / +	40 / 400	500
填方量/m³		800	600	500	1900 \ 1900

对新调配方案，仍用“位势法”进行检验，看其是否已是最优方案，如果检验数中仍有负数出现，那就仍按上述步骤继续调整，直到找出最优方案为止。

表1.1.10中所有检验数均为正号，故该方案即为最优方案。该最优土方调配方案的土方总运输量为

$$
\begin{aligned}
Z &= 400\mathrm{m}^3 \times 50\mathrm{m} + 100\mathrm{m}^3 \times 70\mathrm{m} + 500\mathrm{m}^3 \times 40\mathrm{m} + 400\mathrm{m}^3 \times 60\mathrm{m} + 100\mathrm{m}^3 \times 70\mathrm{m} + 400\mathrm{m}^3 \\
&\quad \times 40\mathrm{m} \\
&= 94000\mathrm{m}^3 \cdot \mathrm{m}
\end{aligned}
$$

最后将表1.1.10中的土方调配数值绘成土方调配图(见图1.1.14)。

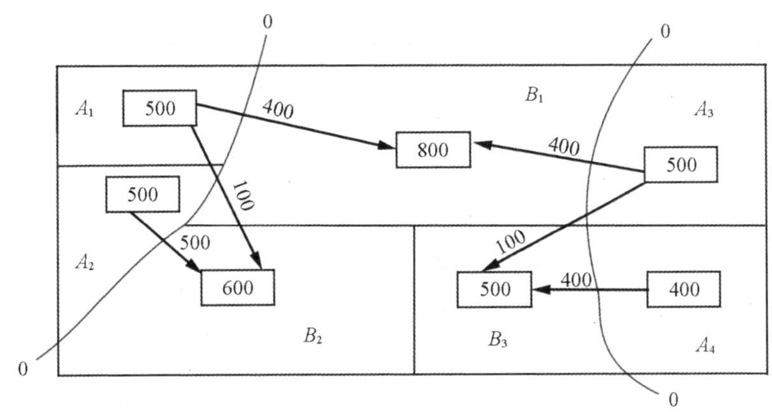

图1.1.14 某矩形广场最优土方调配

1.2 基坑土方开挖与支护

1.2.1 施工准备

1. 场地清理

场地清理包括清理地面及地下各种障碍。在施工前应拆除旧有房屋等，拆迁或改建通信设备、电力设备、上下水道以及地下建筑物，迁移树木，去除耕植土及河塘淤泥等。此项工作由业主委托有资质的拆卸拆除公司或建筑施工公司完成，发生费用由业主承担。

2. 排除地面水

场地内低洼地区的积水必须排除，同时应注意雨水的排除，使场地保持干燥，以利土方施工。地面水的排除一般采用排水沟、截水沟、挡水土坝等措施。

应尽量利用自然地形来设置排水沟，使水直接排至场外，或流向低洼处再用水泵抽走。土水沟最好设置在施工区域的边缘或道路的两旁，其横断面和纵向坡度应根据最大流量确定。一般排水沟的横断面不小于0.5m×0.5m，纵向坡度一般不小于2‰。在场地平整过程中，要注意使排水沟保持畅通，必要时应设置涵洞。山区的场地平整施工，应在较高一面的山坡上开挖截水沟。在低洼地区施工时，除开挖排水沟外，必要时应修筑挡水土坝，以阻挡雨水的流入。

3. 修筑临时设施

修筑好临时道路及供水、供电等临时设施，做好材料、机具及土方机械的进场工作。

4. 土方工程的测量和放灰线

放灰线时，可用装有石灰粉末的长柄勺靠着木质板侧面，边撒边走，在地上撒出灰线，标出基础挖土的界线。

(1) 基槽放线

根据房屋主轴线控制点，首先将外墙轴线的交点用木桩测设在地面上，并在桩顶钉上铁钉作为标志。房屋外墙轴线测定以后，再根据建筑物平面图，将内部开间所有轴线都一一测出。最后根据中心轴线用石灰在地面上撒出基槽开挖边线。同时在房屋四周设置龙门板，如图 1.2.1 所示；或者在轴线延长线上设置轴线控制桩(又称引桩)，如图 1.2.2 所示，以便于基础施工时复核轴线位置。附近若有已建的建筑物，也可用经纬仪将轴线投测在建筑物的墙上。恢复轴线时，只要将经纬仪安置在某轴线一端的控制桩上，瞄准另一端的控制桩，该轴线即可恢复。

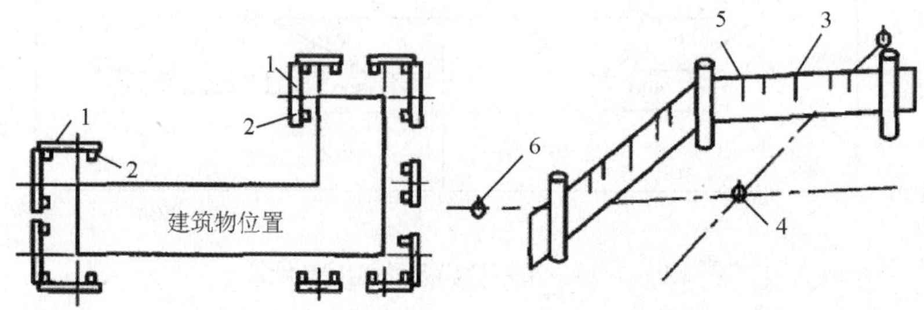

1 -龙门板；2 -龙门桩；3 -轴线钉；4 -角桩；5 -灰线钉；6 -轴线控制桩(引桩)

图 1.2.1 龙门板的设置

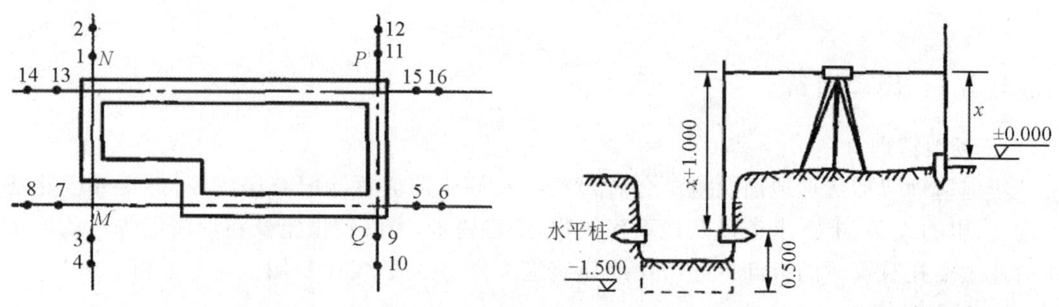

图 1.2.2 轴线控制桩(引桩)平面布置

图 1.2.3 基槽底抄平水准测量示意

为了控制基槽开挖深度，当快挖到槽底设计标高时，可用水准仪根据地面±0.000 水准点，在基槽壁上每隔 2～4m 及拐角处打一水平桩，如图 1.2.3 所示。

(2) 柱基放线

在基坑开挖前，从设计图上查对基础的纵横轴线编号和基础施工详图，根据柱子的纵横轴线，用经纬仪在矩形控制网上测定基础中心线的端点，同时在每个柱基中心线上，测定基础定位桩，每个基础的中心线上设置四个定位木桩，其桩位离基础开挖线的距离为 0.5～1.0m。若基础之间的距离不大，可每隔 1～2 个或几个基础打一定位桩，但两定位桩的间距以不超过 20m 为宜，以便拉线恢复中间柱基的中线。桩顶上钉了钉子，标明中心线的位置。然后按施工图上柱基的尺寸和已经确定的挖土边线的尺寸，放出基坑上口挖土灰线，标出挖土范围。当基坑挖到一定深度时，应在坑壁四周离坑底设计高程 0.3～0.5m 处测设几个水平桩，如图 1.2.4 所示，作为基坑修坡和检查坑深的依据。

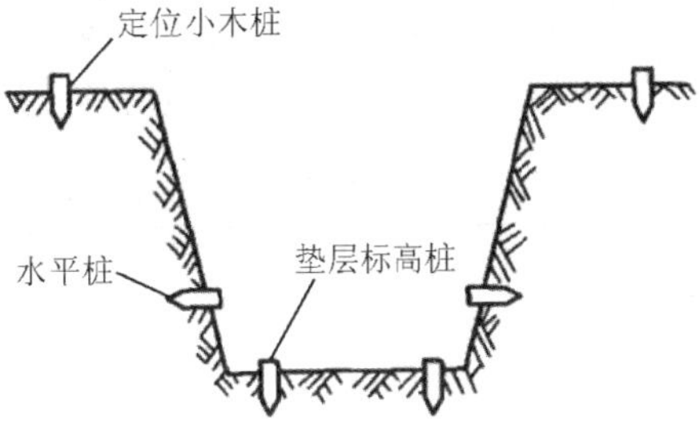

定位小木桩
水平桩
垫层标高桩

图 1.2.4　基坑定位高程测设示意

大基坑开挖，根据房屋的控制点用经纬仪放出基坑四周的挖土边线。

1.2.2　基坑(槽)土方边坡与土壁支撑

在基坑(槽)土方工程施工过程中，当基坑(槽)开挖深度超过一定限度时，为了防止土壁坍塌造成塌方事故，应采取放坡开挖或对土壁进行支护，以保持土壁的稳定，确保施工安全。

1. 基坑(槽)土方边坡

当土方工程施工的场地较大且周围环境简单时，基坑(槽)开挖可以采用放坡形式，这样施工比较简单，而且也比较经济。

(1) 边坡的形式

土方边坡的形式一般由基坑(槽)开挖深度、周围环境、技术经济的合理性等因素决定，通常可以做成直线形、折线形、阶梯形，如图 1.2.5 所示。

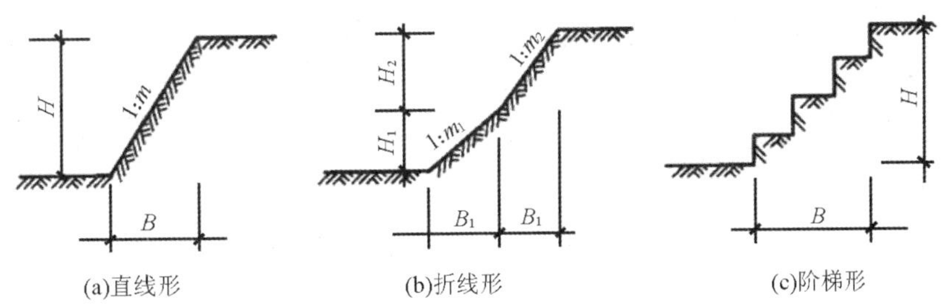

(a)直线形　(b)折线形　(c)阶梯形

图 1.2.5　基坑边坡形式

土方边坡的坡度是以土方开挖深度 H 与其底宽度 B 之比表示，即

$$土方边坡坡度 = H/B = 1:m$$

式中：m——坡度系数。其意义为：当边坡高度已知为 H 时，其边坡宽度 $B=mH$。

(2) 边坡的确定

土方边坡坡度大小的留设，应根据土质条件、开挖深度、施工方法、施工工期、地下水位及排水情况、坡顶荷载情况及气候条件、相邻建筑物的情况等因素综合考虑。一般情况下，黏性土的边坡可陡些，砂性土则应平缓些；当基坑(槽)附近有主要建筑物时，边坡应取 1：1.0～1：1.5。

根据《地基与基础工程施工工艺标准》(QCJJT—JS02—2004)的建议，在天然湿度的土中，当挖土深度不超过下列数值时，可不放坡、不支撑：深度不大于 1.0m 密实、中密的砂土和碎石类土(充填物为砂土)；深度不大于 1.25m 硬塑、可塑的黏质砂土及砂质黏土；深度不大于 1.5m 硬塑、可塑的黏土和碎石类土(充填物为黏性土)；深度不大于 2.0m 坚硬的黏土。挖方深度超过上述规定时，应考虑放坡或做成直立壁加支撑。

当地质条件良好，土质均匀且地下水位低于基坑(槽)或管沟底面标高时，挖方深度在5m以内不加支持的边坡的最陡坡度应符合表1.2.1的规定。

表1.2.1 挖方深度在5m以内的基坑(槽)、管沟边坡的最陡坡度

土的类别	边坡坡度(高∶宽)		
	坡顶无荷载	坡顶有静荷	坡顶有动荷
中密的砂土	1∶1.00	1∶1.25	1∶1.50
中密的碎石类土(充填物为砂土)	1∶0.75	1∶1.00	1∶1.25
硬塑的粉土	1∶0.67	1∶0.75	1∶1.00
中密的碎石类土(充填物为黏性土)	1∶0.50	1∶0.67	1∶0.75
硬塑的粉质黏土、黏土	1∶0.33	1∶0.50	1∶0.67
老黄土	1∶0.10	1∶0.25	1∶0.33
软土(经井点降水后)	1∶1.00	—	—

注：①静荷指堆土或材料等，动荷指机械挖土或汽车运输作业等。静荷或动荷距挖方边缘的距离应保证边坡和直立壁的稳定，堆土或材料应距挖方边缘0.8m以外，高度不应超过1.5m。
②当有成熟施工经验时，可不受本表限制

永久性挖方边坡坡度应按设计要求放坡。对使用时间较长的临时性挖方边坡坡度，在山坡整体稳定情况下，如地质条件良好、土质较均匀、高度在10m以内的应符合表1.2.2的规定。

表1.2.2 使用时间较长、高10m以内的临时性挖方边坡值

<table>
<tr><th colspan="2">土的类别</th><th>边坡值(高∶宽)</th></tr>
<tr><td colspan="2">砂土(不包括细砂、粉砂)</td><td>1∶1.25～1∶1.50</td></tr>
<tr><td rowspan="3">一般性黏土</td><td>硬</td><td>1∶0.75～1∶1.00</td></tr>
<tr><td>硬、塑</td><td>1∶1.00～1∶1.25</td></tr>
<tr><td>软</td><td>1∶1.05或更缓</td></tr>
<tr><td rowspan="2">碎石类土</td><td>充填坚硬、硬塑黏性土</td><td>1∶0.50～1∶1.00</td></tr>
<tr><td>充填砂土</td><td>1∶1.00～1∶1.50</td></tr>
</table>

注：①使用时间较长的临时性挖方是指使用时间超过一年的临时道路、临时工程的挖方。
②挖方经过不同类别的土(岩)层或深度超过10m时，其边坡可做成折线形或台阶形。
③当有成熟施工经验时，可不受本表限制

2. 基坑(槽)土壁支护

当基坑(槽)开挖较深，由于土质条件差、放坡后土方量过大，甚至影响周围建筑物、城市道路、地下管线，采用放坡开挖无法保证施工安全或由于施工场地狭小无放坡条件时，一般采用支护结构对土壁进行支撑，以保证基坑(槽)的土壁稳定。

基坑(槽)支护结构主要由围护结构和撑锚两部分组成。其主要作用是支撑土壁，同时还兼有不同程度的挡水作用。

基坑(槽)支护结构的类型较多。根据支护结构的受力状态不同可分为横撑式支撑、板桩支护结构(悬臂式、支撑式)、重力式支护结构。根据其工作机理和围护墙的形式可分为如图 1.2.6 所示类型。

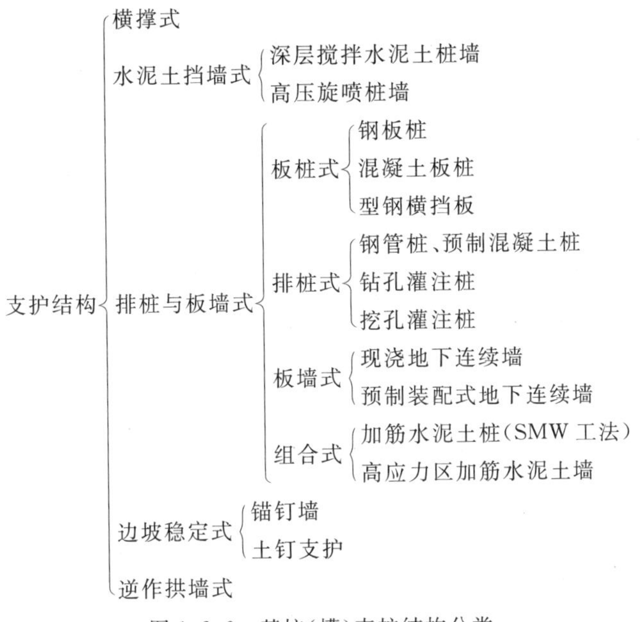

图 1.2.6　基坑(槽)支护结构分类

土壁支撑的方法较多。如表 1.2.3 所列为一般沟槽支撑方法,主要采用横撑式支撑;表 1.2.4 所列为一般浅基坑支撑方法,主要采用结合上端放坡并加以拉锚等单支点板桩或悬臂式板桩支撑,或采用重力式支护结构(如水泥搅拌桩等);表 1.2.5 所列为一般深基坑的支撑方法,主要采用多支点板桩。

表 1.2.3　一般沟槽的支撑方法

支撑方法	简　图	支撑方法及适用条件
间断式水平支撑	木楔　横撑 水平 挡土板	两侧挡土板水平放置,用工具式或木横撑借木楔顶紧,挖一层土,支顶一层
		适用于土质为能保持立壁的干土或天然湿度的黏土类土、地下水很少、深度在 2m 以内的情况
断续式水平支撑	立楞木 横撑 水平 挡土板 木楔	挡土板水平放置、中间留出间隔,并在两侧同时对称立竖楞木,再用工具式或木横撑上下顶紧
		适用于土质为能保持直立壁的干土或天然湿度的黏土类土、地下水很少、深度在 3m 以内的情况

续 表

支撑方法	简 图	支撑方法及适用条件
连续式水平支撑	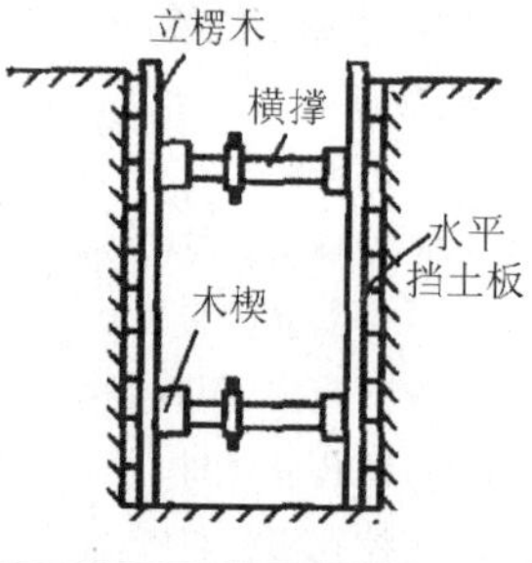 立楞木 横撑 水平挡土板 木楔	挡土板水平连续放置，不留间隙，然后两侧同时对称立竖楞木，上下各顶一根撑木，端头加木楔顶紧 适用于土质为较松散的干土或天然湿度的黏土类土、地下水很少、深度为3～5m的情况
连续式或间断式垂直支撑	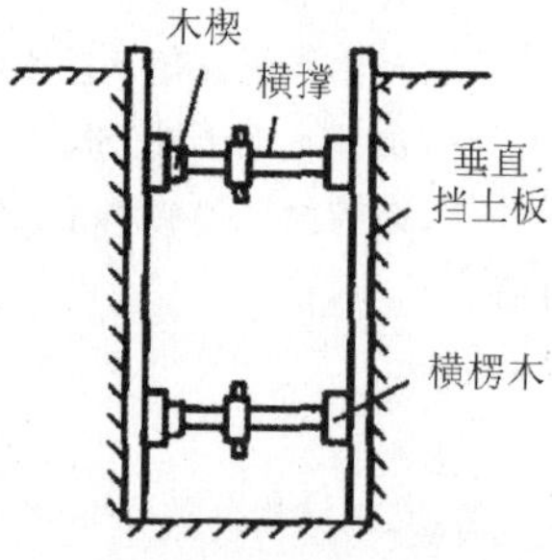 木楔 横撑 垂直挡土板 横楞木	挡土板垂直放置，连续或留适当间隙，然后每侧上下各水平顶一根楞木，再用横撑顶紧 适用于土质为较松散或湿度很高的土、地下水较少、深度不限的情况
水平垂直混合支撑	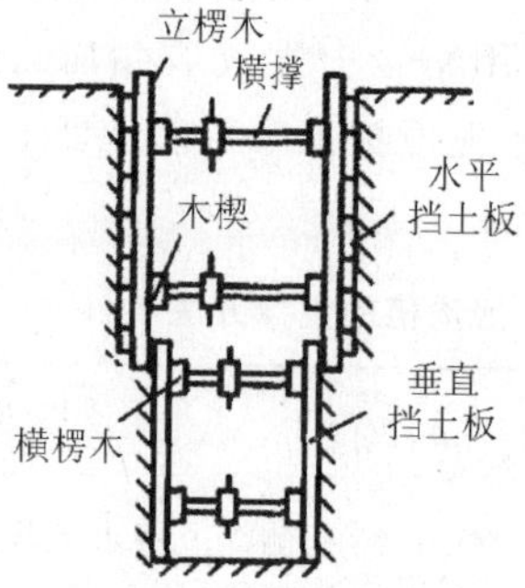 立楞木 横撑 水平挡土板 木楔 垂直挡土板 横楞木	沟槽上部连续或水平支撑，下部设连续或垂直支撑 适用于沟槽深度较大，下部有含水土层的情况

表 1.2.4　一般浅基坑的支撑方法

支撑方法	简 图	支撑方法及适用条件
斜柱支撑	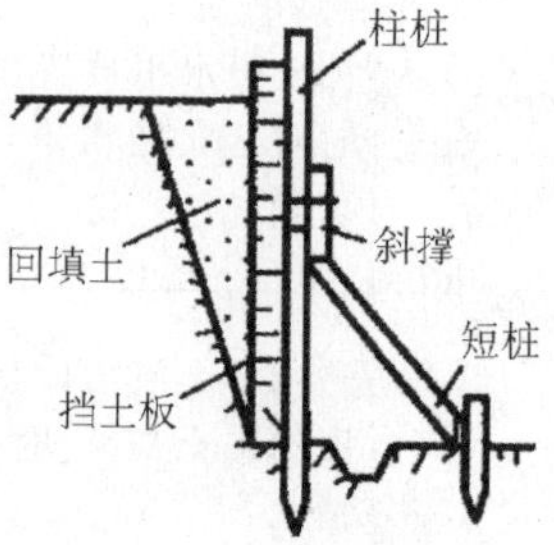 柱桩 回填土 斜撑 短桩 挡土板	水平挡土板钉在柱桩内侧，柱桩外侧用斜撑支顶，斜撑底端支在木桩上，在挡土板内侧回填土 适用于开挖较大型、深度不大的基坑或使用机械挖土的情况

续 表

支撑方法	简　图	支撑方法及适用条件
锚拉支撑	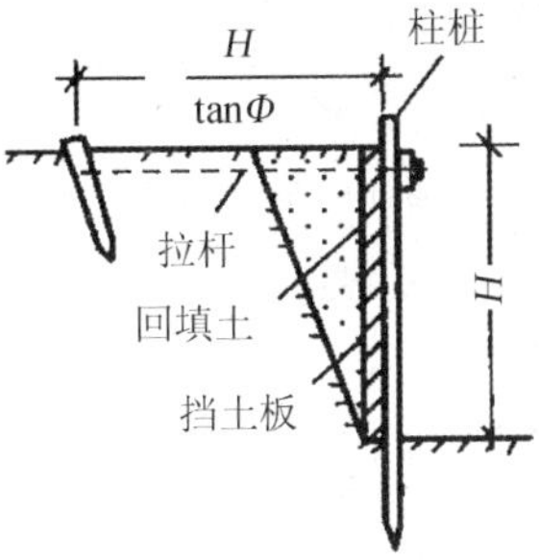	水平挡土板支在柱桩的内侧，柱桩一端打入土中，另一端用拉杆与锚桩拉紧，在挡土板内侧回填土 适用于开挖较大型、深度不大的基坑或使用机械挖土，而不能安设横撑的情况
短柱横隔支撑	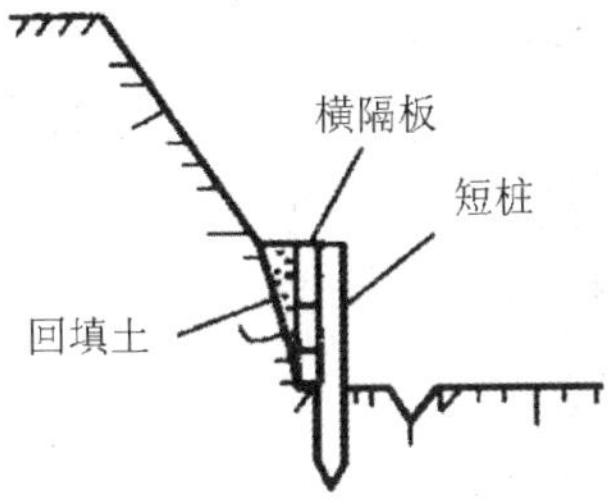	打入小短木桩，部分打入土中，部分露出地面，钉上水平挡土板，在背面填上捣实 适用于开挖宽度大的基坑，部分地段下部放坡不够的情况
临时挡土墙支撑	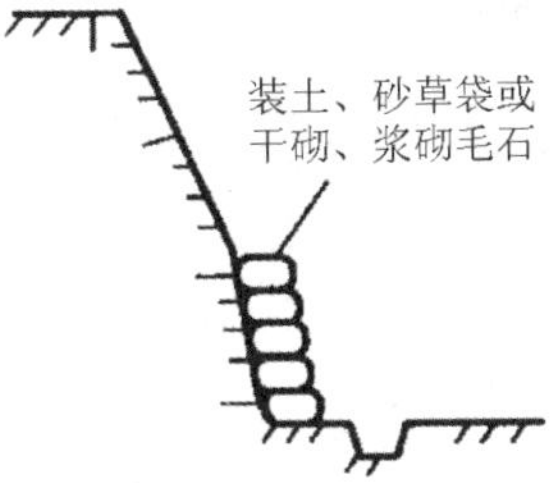	沿坡脚用砖、石叠砌或用草袋装土砂堆砌，使坡脚保持稳定 适用于开挖宽度大的基坑，当部分地段下部放坡不够的情况

表 1.2.5　一般深基坑的支撑方法

支撑方法	简　图	支护(撑)方法及适用条件
型钢桩横挡土板支撑	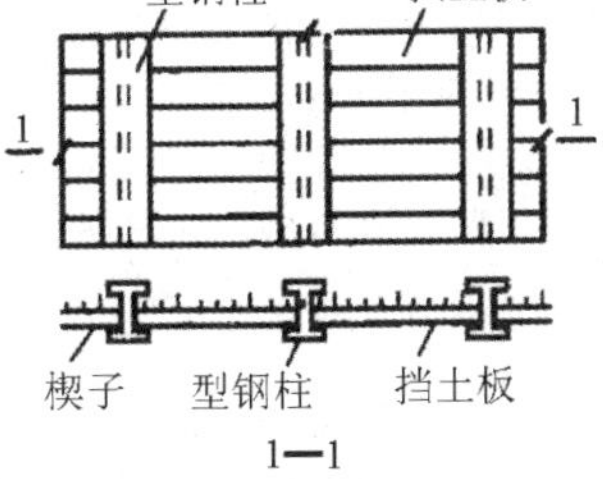	沿挡土位置预先打入钢轨、工字钢或 H 型钢桩，间距 1～1.5m，然后边挖方，边将 3～6cm 厚的挡土板塞进型钢桩之间挡土，并在横向挡土板与型钢桩之间打入楔子，使横板与土体紧密接触 适用于地下水位较低，深度不很大的一般黏性土或砂土层

续 表

支撑方法	简 图	支护(撑)方法及适用条件
钢板桩支撑	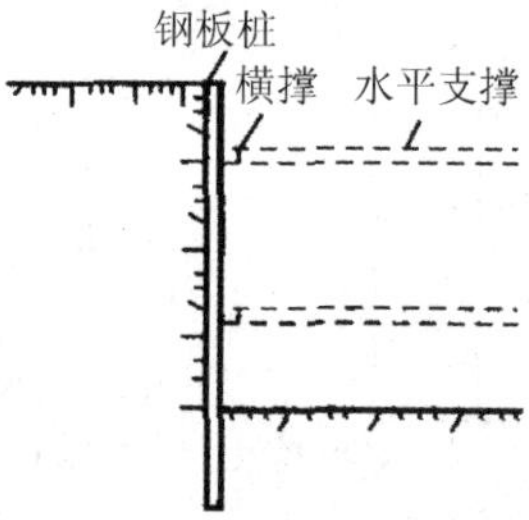 钢板桩 横撑 水平支撑	在开挖基坑的周围打钢板桩或钢筋混凝土板桩,板桩入土深度及悬臂长度应经计算确定,如基坑宽度很大,可加水平支撑 适用于一般地下水、深度和宽度不很大的黏性砂土层
钢板桩与钢构架结合支撑	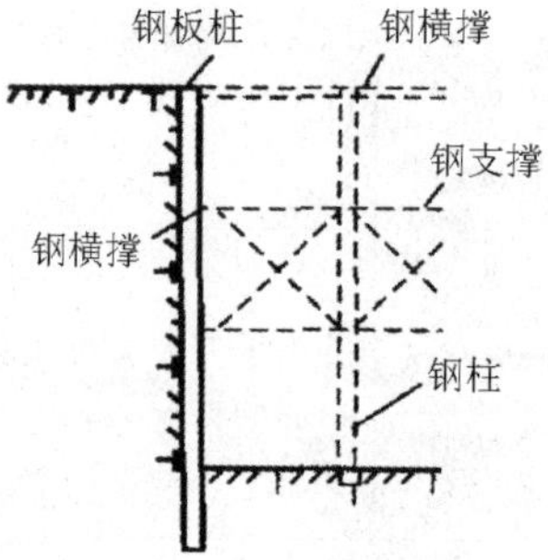 钢板桩 钢横撑 钢支撑 钢横撑 钢柱	在开挖的基坑周围钉钢板桩,在柱位置上打入暂设的钢柱,在基坑中挖土,每下挖 3~4m,装上一层构架支撑体系,挖土在钢构架网格中进行,也可不预先打入钢柱,随挖随接长支柱 适用于在饱和软弱土层中开挖较大、较深基坑,钢板桩刚度不够的情况
挡土灌注桩支撑	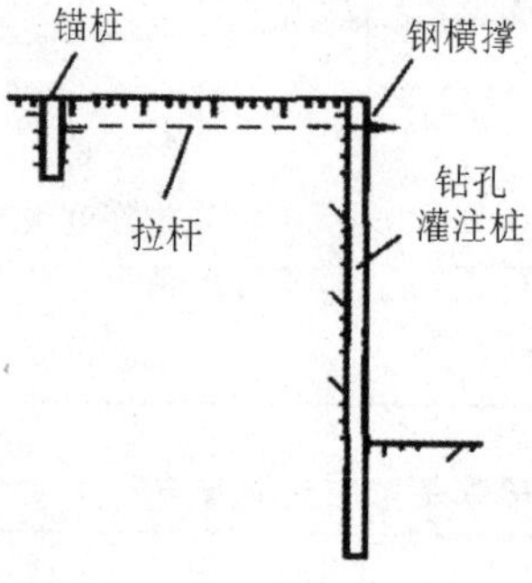 锚桩 钢横撑 拉杆 钻孔灌注桩	在开挖基坑的周围,用钻机钻孔,现场灌注钢筋混凝土桩,达到强度后,在基坑中用机械或人工挖土,下挖 1m 左右装上横撑,在桩背面装上拉杆与已设锚桩拉紧,然后继续挖土至要求深度。在桩间土方挖成外拱形,使之起土拱作用。如基坑深度小于 6m,或邻近有建筑物,也可不设锚拉杆,采取加密桩距或加大桩径处理 适用于开挖较大、较深(>6m)基坑,临近有建筑物,不允许支护,背面地基有下沉、位移的情况
挡土灌注桩与土层锚杆结合支撑	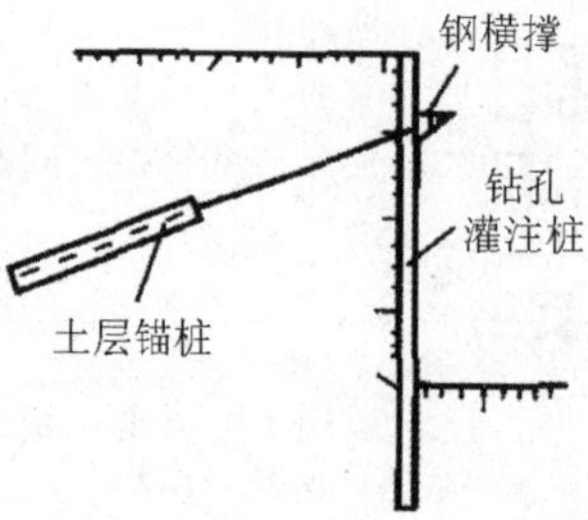 钢横撑 钻孔灌注桩 土层锚桩	同挡土灌注桩支撑,但在桩顶不设锚桩锚杆,而是挖至一定深度,每隔一定距离向桩背面斜下方用锚杆钻机打孔,安放钢筋锚杆,用水泥压力灌浆,达到强度后,安上横撑,拉紧固定,在桩中间进行挖土,直至设计深度。如设2~3层锚杆,可挖一层土,装设一次锚杆 适用于开挖大型较深基坑、施工期较长、邻近有高层建筑、不允许支护、邻近地基不允许有任何下沉位移的情况

续 表

支撑方法	简 图	支护(撑)方法及适用条件
挡土灌注桩与旋喷桩组合支护	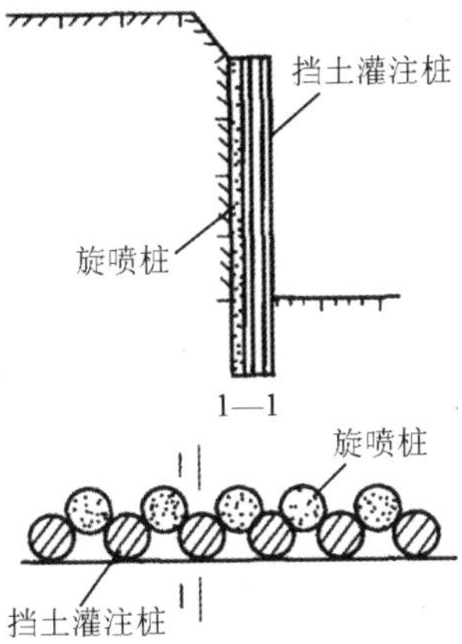	在深基坑内侧设置直径0.6～1.0m混凝土灌注桩,间距1.2～1.5m;在紧靠混凝土灌注桩的外侧设置直径0.8～1.5m的旋喷桩,以旋喷水泥浆方式使形成的水泥土桩与混凝土灌注桩紧密结合,组成一道防渗帷幕,既可起抵抗土压力、水压力作用,又起挡水抗渗作用;挡土灌注桩与旋喷桩采取分段间隔施工。当基坑为淤泥质土层,有可能在基坑底部产生管涌、涌泥现象,也可在基坑底部以下用旋喷桩封闭。在混凝土灌注桩外侧设旋喷桩,有利于支护结构的稳定,防止边坡坍塌、渗水和管涌等现象发生
		适用于土质条件差、地下水位较高,要求既挡土又挡水防渗的支护工程
双层挡土灌注桩支护	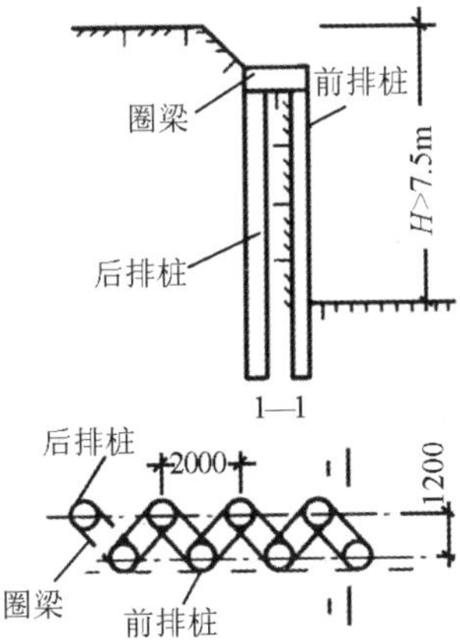	系将挡土灌注桩在平面布置上由单排桩改为双排桩,呈对应或梅花式排列,桩数保持不变,双排桩的桩径 d 一般为400～600mm,排距 L 为(1.5～3)d,在双排桩顶部设圈梁使其成为整体刚架结构,也可在基坑每侧中段设双排桩,而在四角仍采用单排桩。采用双排桩支护可使支护整体刚度增大,桩的内力和水平位移减小,提高护坡效果
		适用于基坑较深,采用单排混凝土灌注桩挡土,强度和刚度均不能胜任的情况
地下连续墙支护	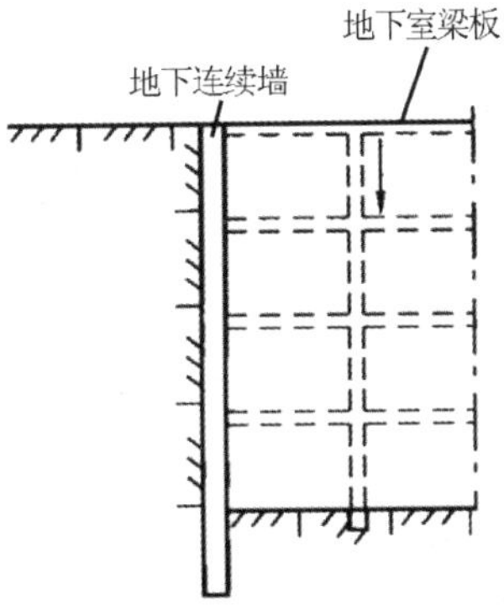	在开挖的基坑周围,先建造混凝土或钢筋混凝土地下连续场,达到强度后,在墙中间用机械或人工挖土,直至要求深度。在跨度、深度很大时,可在内部加设水平支撑及支柱。用于逆作法施工,每下挖一层,把下一层梁、板、柱浇筑完成,以此作为地下连续墙的水平框架支撑,如此循环作业,直到地下室的底层全部挖完土,浇筑完成
		适用于开挖较大、较深(>10m),且有地下水、周围有建筑物或公路的基坑,作为地下结构的外墙一部分,或用于高层建筑的逆作法施工,作为地下室结构的部分外墙的情况

续　表

支撑方法	简　图	支护(撑)方法及适用条件
地下连续墙与土层锚杆结合支护	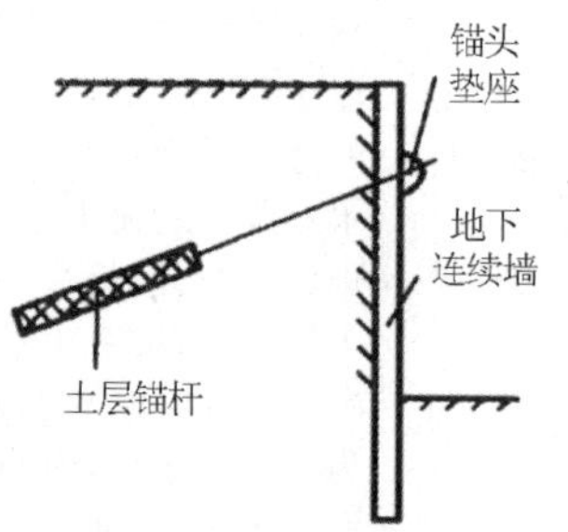	在开挖基坑的周围先建造地下连续墙支护，在墙中部用机械配合人工开挖土方至锚杆部位，用锚杆钻机在要求位置钻孔，放入锚杆，进行灌浆，待达到强度，再装上钳杆横梁或锚头垫座，然后继续下挖至要求深度，如设 2～3 层锚杆，每挖一层装一层，采用快凝砂浆灌浆
		适用于开挖较大、较深(>10m)，且有地下水的大型基坑，周围有高层建筑，不允许支护有变形、采用机械挖方、要求有较大空间、不允许内部设支撑的情况
土层锚杆支护	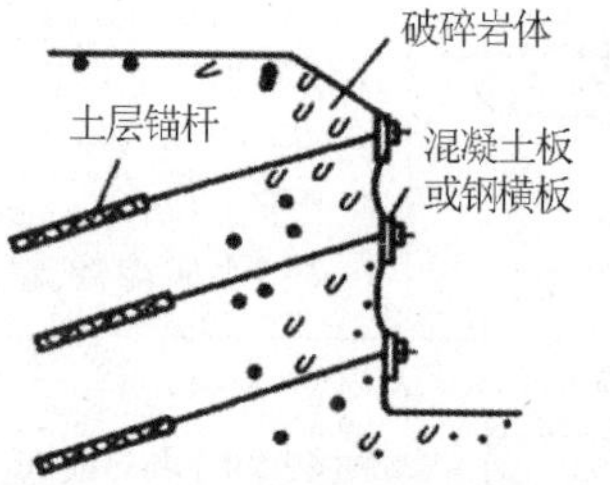	沿开挖基坑边坡每 2～4m 设置一层水平土层锚杆，直到挖土至要求深度
		适用于较硬土层或破碎岩石中开挖较大、较深基坑，邻近有建筑物必须保证边坡稳定的情况
钢板桩或灌注桩中央横顶支撑	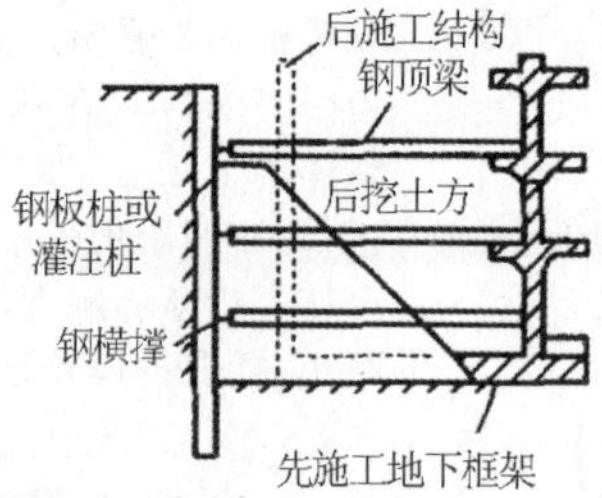	在基坑周围打板桩或设挡土灌注桩，在内侧放坡挖中间部分土方到坑底，先施工中间部分结构至地面，然后再利用此结构作支撑向板桩(灌注桩)支水平横顶撑，挖放坡部分土方，每挖一层支一层水平横顶撑，直到设计深度，最后再建该部分结构
		适用于开挖较大、较深的基坑；支护桩刚度不够，又不允许设置过多支撑时用
钢板桩或灌注桩中央斜顶支撑	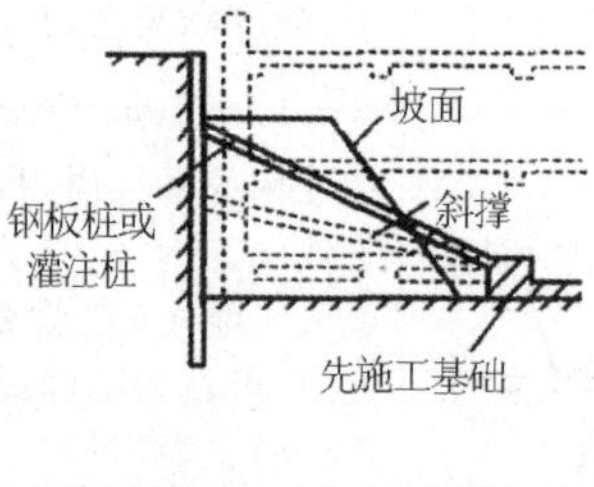	在基坑周围打板桩或设挡土灌注桩，在内侧放坡挖中间部分土方到坑底，并先施工好中间部分基础，再从基础向桩上方支斜顶撑，然后再把放坡的土方挖除，每挖一层，支一层斜撑，直至坑底，最后建该部分结构
		适用于开挖较大、较深基坑，支护桩刚度不够、坑内不允许设置过多支撑的情况
分层板桩支撑	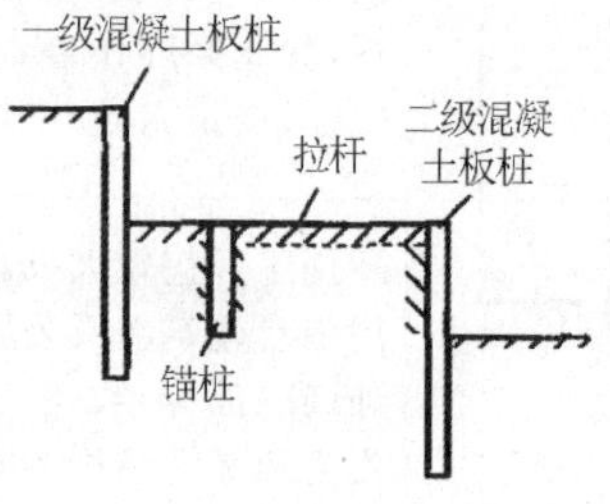	在开挖厂房群基础周围先打支护板桩，然后在内侧挖土方至群基础底标高，再在中部全体深基础四周打二级支护板桩，挖主体深基础土方，施工主体结构至地面，最后施工外围群基础
		适用于开挖较大、较深基坑，当中部主体与周围群基础标高不等，而又无重型板桩的情况

3. 基坑(槽)土方的开挖

(1) 基坑(槽)土方开挖方式

基坑(槽)开挖前应根据工程结构形式、基础埋置深度、地质条件、施工方法及工期等因素,确定基坑(槽)开挖方式。

①分段分块开挖

当基坑平面不规则、开挖深浅不一、土质又较差时,为了加快支撑的形成,减少时效影响,可采用分段分块开挖方式。

分块开挖时,对基坑土质条件好的,在开挖完一块土方后就立即施工一块混凝土垫层和基础;对土质较差的,分块开挖时,不能一次挖到底,应先撑再挖。

②分层开挖

当基坑较深、土质较软,又不允许分段分块施工混凝土垫层和基础时,可采用分层开挖方式。

进行两层或多层开挖时,可使挖土机和运土汽车同时下到坑内施工,这需要在基坑中留设坡道,也可采用阶梯式分层开挖的方式,每个阶梯台阶上都有挖土机作业,运土汽车停于地面,每一层挖出的土都被抛到上一台阶,最后由地面上的挖土机将土装入运土汽车。

③盆式开挖

盆式开挖是先挖去基坑中心的土,而周边一定范围内的土暂不开挖,以平衡支护结构外面产生的侧压力,待中心部位挖土结束,浇筑好混凝土垫层或施工完地下结构后,在支护结构与盆式部位之间设置临时性斜撑或对撑,然后再进行支护结构内四周土方的开挖和结构施工。

④"中心岛"式开挖

"中心岛"式开挖的开挖顺序刚好和盆式开挖相反,它是先开挖基坑四周或两侧的土,并进行周边支撑,浇筑混凝土垫层或地下结构施工,然后进行中间余留土的开挖和结构施工。

以上这两种开挖法方式适用于土质较好的黏性土和砂土。对于特别大型的基坑,其内支撑体系设置有困难时,采用这种方式,可以节省投资,加快施工进度。

(2) 基坑(槽)土方开挖的工艺流程

测量放线→切线分层开挖→排降水→修边和清底。

(3) 基坑(槽)土方开挖施工要点

①开挖前,应根据工程结构形式、基坑深度、地质条件、周围环境、施工方法、施工工期和地面荷载等资料,确定基坑开挖方案和地下水控制施工方案。

②挖土应遵循"开槽支撑,先撑后挖,分层开挖,严禁超挖"和"分层、分段、对称、限时"的原则,自上而下水平分段分层进行,每层 0.3m 左右,边挖边检查坑底宽度及坡度,不够时及时修整,每 3m 左右修一次坡,至设计标高,再统一进行一次修坡清底,检查坑底宽和标高,要求坑底凹凸不超过 2.0cm。

③基坑开挖应尽量防止对地基土的扰动。当用人工挖土,基坑挖好后不能立即进行下道工序时,应预留 15～30cm 厚覆盖土层不挖,待下道工序开始再挖至设计标高。采用机械开挖基坑时,为避免破坏基底土,应在基底标高以上预留一层由人工挖掘修整。使用铲运机、推土机时,保留土层厚度为 15～20cm,使用正铲、反铲或拉铲挖土时为 20～30cm。

④基坑开挖过程中,应对平面控制桩、水准点、基坑平面位置、水平标高、边坡坡度等随

时复测检查。

⑤开挖基坑(槽)的土方,在场地有条件堆放时,一定留足回填需用的好土;多余的土方,应一次运走,避免二次搬运。

⑥在地下水位以下挖土,应在基坑(槽)四侧或两侧挖好临时排水沟和集水井,或采用井点降水,将水位降低至坑、槽底以下500mm,以利挖方进行。降水工作应持续到基础(包括地下水位下回填土)施工完成。

⑦雨季施工时,基坑(槽)应分段开挖,挖好一段浇筑一段垫层,并在基坑(槽)两侧围以土堤或挖排水沟,以防地面雨水流入基坑(槽),同时应经常检查边坡和支撑情况,以防止坑(槽)壁受水浸泡造成塌方。

⑧修帮和清底。在距槽底设计标高50cm槽帮处,抄出水平线,钉上小木橛,然后用人工方法将保留土层挖走。同时由两端轴线(中心线)引桩拉通线(用小线或铅丝),检查距槽边尺寸,确定槽宽标准,以此修整槽边。最后清除槽底土方。

⑨基坑开挖完成后,应及时清底、验槽,减少暴露时间,防止暴晒和雨水浸刷破坏地基土的原状结构。

【特别提示】 在基坑边缘堆置土方和建筑材料,或沿挖方边缘移动运输工具和机械,一般应距基坑上部边缘不少于2m,堆置高度不应超过1.5m。在垂直的坑壁边,此安全距离还应适当加大。软土地区不宜在基坑边堆置弃土。

⑩基坑开挖完毕应由施工单位、设计单位、监理单位或建设单位、质量监督部门等有关人员共同到现场进行检查、鉴定验槽。

【知识链接】 验槽:基槽开挖后,应核对地质资料,检查地基土与工程地质勘查报告、设计图纸要求是否相符合,有无破坏原状土结构或发生较大的扰动现象。一般用表面检查验槽法,必要时采用钎探检查或洛阳铲探检查,经检查合格,填写基坑(槽)验收、隐蔽工程记录,及时办理交接手续。

1.3 土方工程机械化施工

土方工程具有施工条件复杂、面大量大、劳动繁重、工期长等特点。因此,土方工程应尽可能采用机械化施工,以减轻繁重的体力劳动,提高劳动生产效率,加快施工进度。

1.3.1 土方施工机械的类型

挖掘机械:正铲、反铲、拉铲、抓铲;

挖运机械:推土机、装载机、铲运机、挖土机等;

运输机械:自卸汽车、翻斗车等;

密实机械:压路机、蛙式夯、振动夯等。

1.3.2 常用土方施工机械的施工特点、作业方法及适用范围

1. 推土机

推土机由拖拉机和推土铲刀组成,是一种自行式的挖土、运土工具。按行走的方式分履

带式和轮胎式;按铲刀的操作方式分为索式和液压式;按铲刀的安装方式又分为固定式和回转式。适用于运距在100m以内的平整场地、平土或移挖作填,以30～60m为最佳。一般可挖运一至三类土。推土机的特点是操作灵活,运输方便,所需工作面较小,行驶速度较快,易于转移,且具有多种用途。

为了提高推土机的工作效率,必须增大铲刀前的土壤体积,减少推土过程中土壤的散失,缩短切土、运土、回程等每一工作循环的延续时间。为此,常用以下几种作业方法:

(1) 下坡推土法(见图1.3.1)

推土机顺地面坡势沿下坡方向推土,借助机械往下的重力作用,可增加铲刀的切土力量、运铲土深度和运土数量,提高推土机能力和缩短推土时间,一般可提高生产效率30%～40%,在推土丘、回填管沟时均可采用,但推土坡高度应在0.5m以内。

(2) 分批集中,一次推送法

当运距较远而土质又比较坚硬时,由于切土的深度不大,一次铲土不多,宜采用多次铲土,分批集中,一次推送,以便在铲刀前保持满载,有效地利用推土机的功率,缩短运土时间,应用此法可提高生产效率12%～18%。

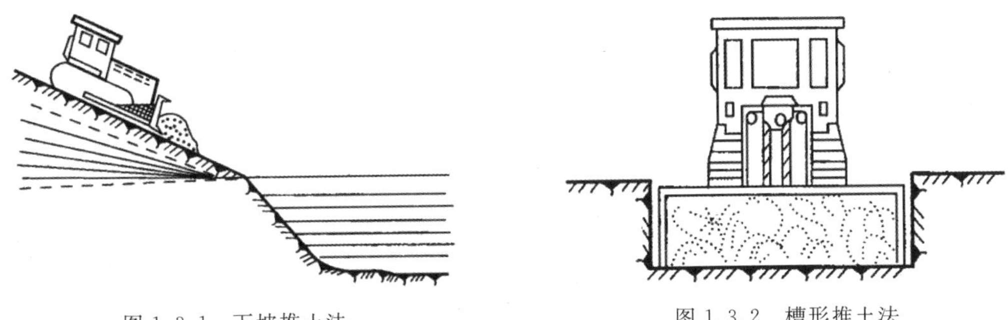

图1.3.1 下坡推土法

图1.3.2 槽形推土法

(3) 槽形推土法(见图1.3.2)

当运距远、挖土层较厚时,利用前次推土所形成的土埂能有效阻止土的散失,从而增大推土量。此法可以和分批集中、一次推送法联合运用,能更有效地利用推土机,缩短运土时间。

(4) 并列推土法(见图1.3.3)

在较大面积的平整场地施工中,采用两台或三台推土机并列推土,能减少土的散失面。一般可使每台推土机的推土量增加20%,提高运土效率。但需注意,相邻两台推土机的铲刀应保持150～300mm间距,避免相互影响,且并列台数不宜超过4台。

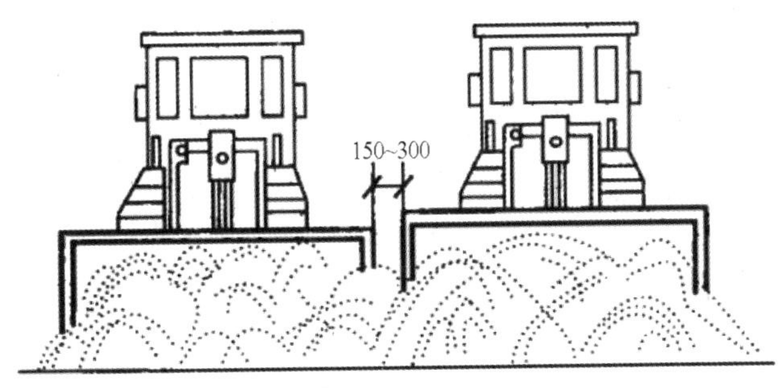

图1.3.3 并列推土法

(5) 斜角推土法(见图 1.3.4)

将回转式铲刀斜装在支架上,与推土机前进方向形成一定倾斜角度进行推土,可减少机械来回行驶的次数,提高效率。适于在基槽、管沟回填时采用。

此外,对于推运疏松土壤,且运距较大时,还应在铲刀两侧装置挡板,以增加铲刀前土壤的体积,减少土壤向两侧的散失。在土层较硬的情况下,则可在铲刀前面装置活动松土齿,当推土机倒退回程时,即可将土翻松。这样,便可减少切土时的阻力,从而提高切土运行速度。

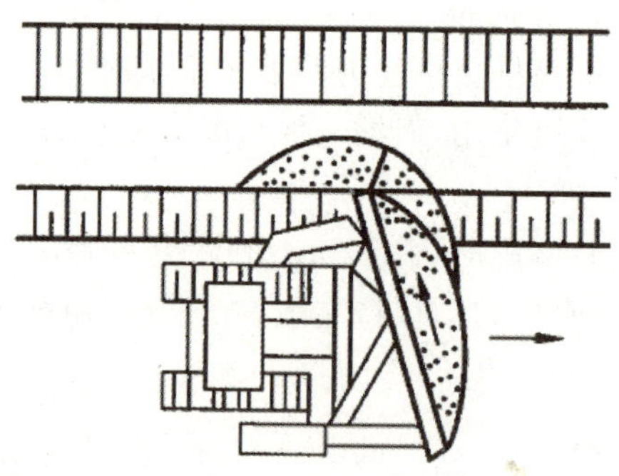

图 1.3.4　斜角推土法

2. 铲运机

铲运机是一种能独立完成挖土、运土、卸土、填筑等工作的土方机械。按有无动力设备,铲运机分为自行式铲运机(运距 800～1500m)和拖式铲运机(运距 200～350m)两种。自行式铲运机[见图 1.3.5(a)]的行驶和工作都靠本身的动力设备,不需要其他机械的牵引和操纵;拖式铲运机[见图 1.3.5(b)]是由拖拉机牵引,工作时亦靠拖拉机上的卷扬机或油泵进行操纵,所以,拖式铲运机又分为液压式和索式两种。

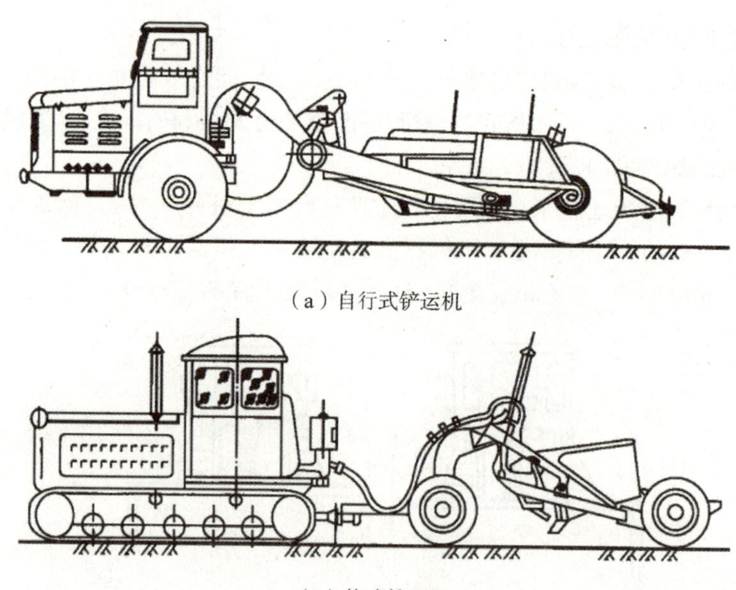

(a) 自行式铲运机

(b) 拖式铲运机

图 1.3.5　铲运机

(1) 铲运机的运行路线

铲运机的运行路线对提高生产效率影响很大，应根据填、挖方区的分布情况及具体条件进行合理选择。一般有以下两种形式：

①环形路线

对于地形起伏不大，而施工地段又较短(50～100m)和填方不高(0.1～1.5m)的路堤、基坑及场地平整工程宜采用图 1.3.6(a)、(b)所示的环形路线。当填、挖交替，且相互之间的距离又不大时，则可采用图 1.3.6(c)所示的环形路线。这样，可进行多次铲土和卸土，从而减少了铲运机转弯次数，相应提高了工作效率。采用环形路线时，铲运机应每隔一定时间按顺、反时针的方向交替行驶，以免长期沿一侧转弯，导致机件的单侧磨损。

②"8"字形路线

在地形起伏较大、施工地段狭长的情况下，宜采用"8"字形路线[见图 1.3.6(d)]。因这种运行路线，铲运机在上下坡时是斜向行驶的，所以坡度平缓。一个循环中两次转弯方向不同，故机械磨损均匀。一个循环完成两次铲土和卸土，减少了转弯次数及空车行驶距离，从而亦可缩短运行时间，提高生产率。

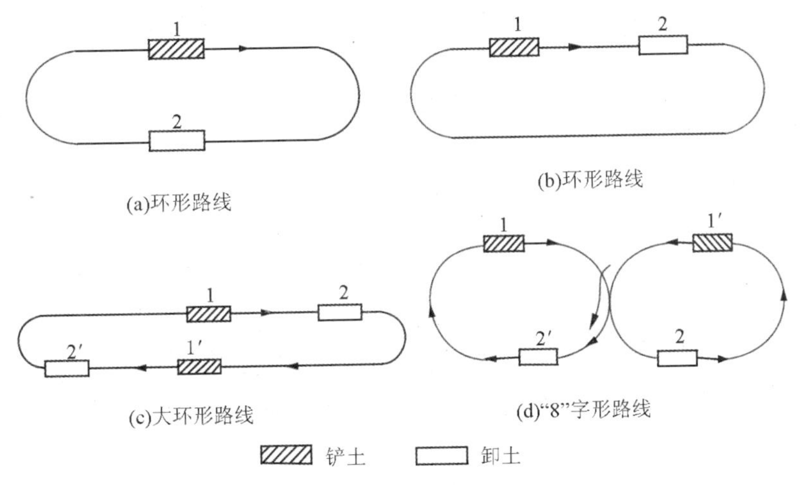

图 1.3.6 铲运机运行路线

需要指出，铲运机应避免在转弯时铲土，否则，铲刀受力不均易引起翻车事故。因此，为了充分发挥铲运机的效能，保证能在直线段上铲土并装满土斗，要求铲土区应有足够的最小铲土长度。

(2) 提高铲运机生产效率的措施

①下坡铲土

利用机械重力的水平分力来加大切土深度和缩短铲土时间，但纵坡不得超过 25°，横坡不大于 5°，铲运机不能在陡坡上急转弯，以免翻车。

②挖近填远，挖远填近

即挖土先从距离填土区最近一端开始，由近而远；填土则从距离挖土区最远一端开始，由远而近。这样，既可使铲运机始终在合理的运距内工作，又可创造下坡铲土的条件。

③推土机助铲(见图 1.3.7)

在较坚硬的土层中用推土机助铲，可加大铲刀切削力、切土深度和铲土速度。助铲间歇，推土机可兼作松土、平整工作。

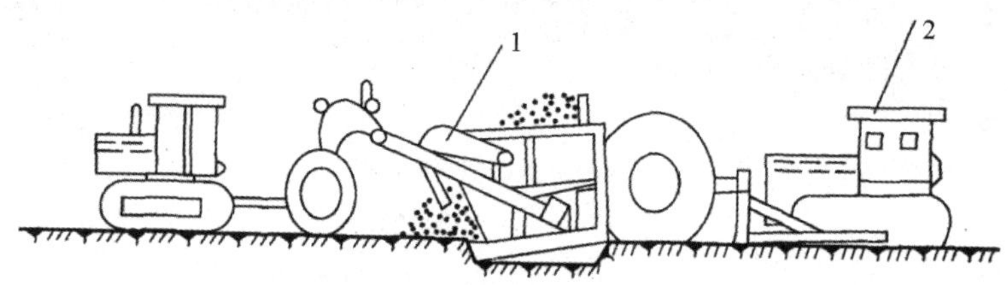

1-铲运机；2-推土机

图 1.3.7 助铲法示意

④双联铲运法

当拖式铲运机的动力有富余时，可在拖拉机后面串联两个铲斗进行双联铲运。对坚硬土层，可用双联单铲，即一个土斗铲满后，再铲另一土斗；对松软土层，则可用双联双铲，即两个土斗同时铲土。

⑤挂大斗铲运

在土质松软地区，可改挂大型铲土斗，以充分利用拖拉机的牵引力来提高工效。

⑥跨铲法

即预留土埂，间隔铲土，以减少土壤散失。铲除土埂时，又可减少铲土阻力，加快速度。

3. 挖土机

常用挖土机主要为单斗挖土机，只用于挖土，运土由自卸式汽车完成。根据挖土方式不同，单斗挖土机铲斗类型可分为正铲、反铲、拉铲和抓铲，如图 1.3.8 所示。

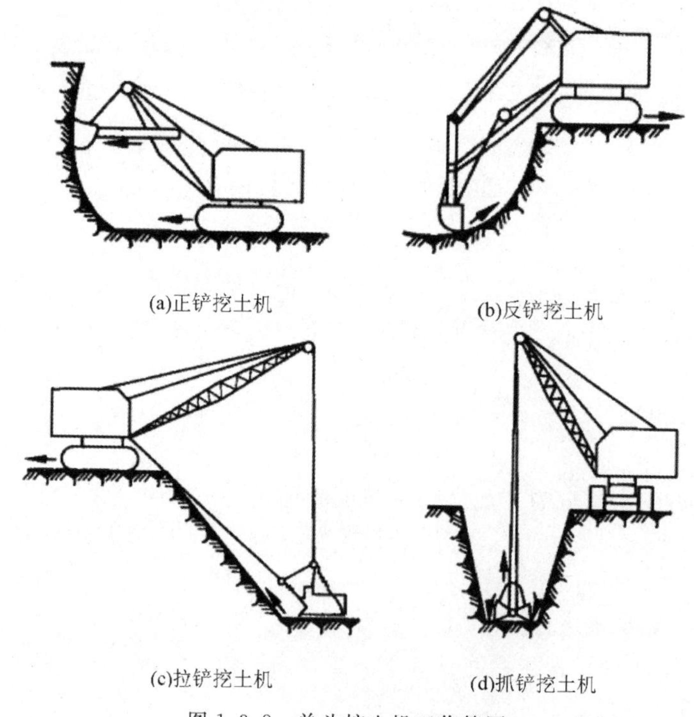

(a)正铲挖土机　(b)反铲挖土机

(c)拉铲挖土机　(d)抓铲挖土机

图 1.3.8 单斗挖土机工作简图

(1) 正铲挖土机(见图 1.3.9)

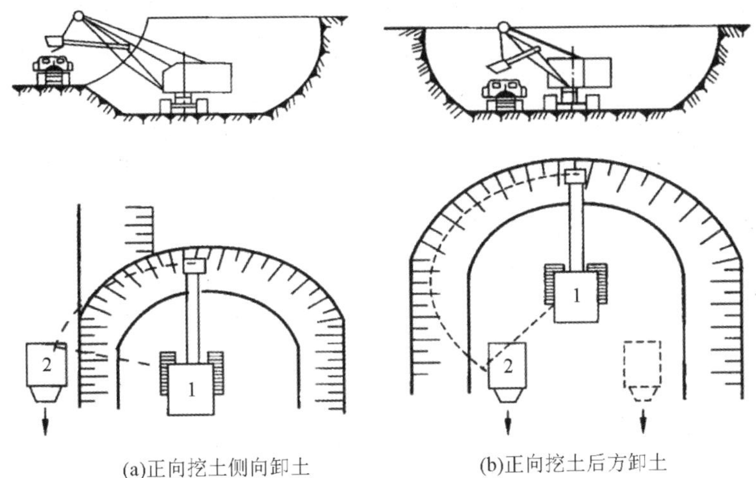

(a)正向挖土侧向卸土　　(b)正向挖土后方卸土

1-正铲挖土机;2-自卸汽车

图 1.3.9　正铲挖土机开挖方式

①工作特点:只能挖土,挖土机必须在工作面;"前进向上,强制切土";挖土深度大、装车效率高,易与汽车配合(见图 1.3.10)。

②适用于停机面以上、含水量 30%以下、工作面无涌水、一至四类土的大型基坑。

③作业方法:正向挖土后方卸土;正向挖土侧向卸土。

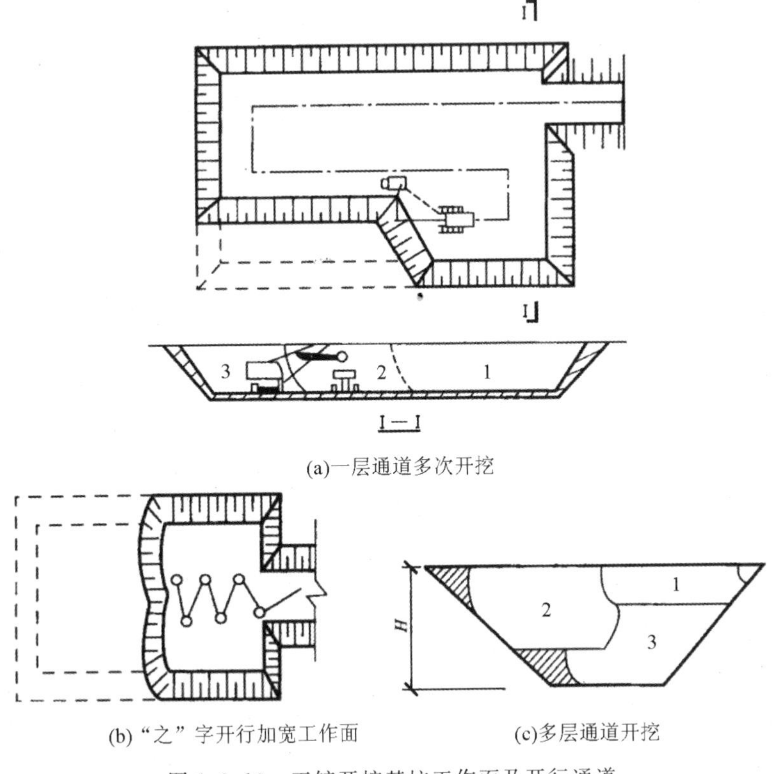

(a)一层通道多次开挖

(b)"之"字开行加宽工作面　　(c)多层通道开挖

图 1.3.10　正铲开挖基坑工作面及开行通道

(2) 反铲挖土机

①工作特点："后退向下，强制切土"，可与汽车配合。挖土机可在地面、边坡留土，挖土深度比正铲小。

②适用于停机面以下，一至三类土的基坑、基槽、独立柱基、管沟开挖。其挖掘力比正铲小，每层经济合理的开挖深度为 1.5～3.0m，对地下水位较高处也适用。

③作业方法：沟端开挖，即挖土机停在沟端，向后倒退挖土，汽车停在两旁装土；沟侧开挖，即挖土机沿沟一侧直线移动挖土，如图 1.3.11 所示。

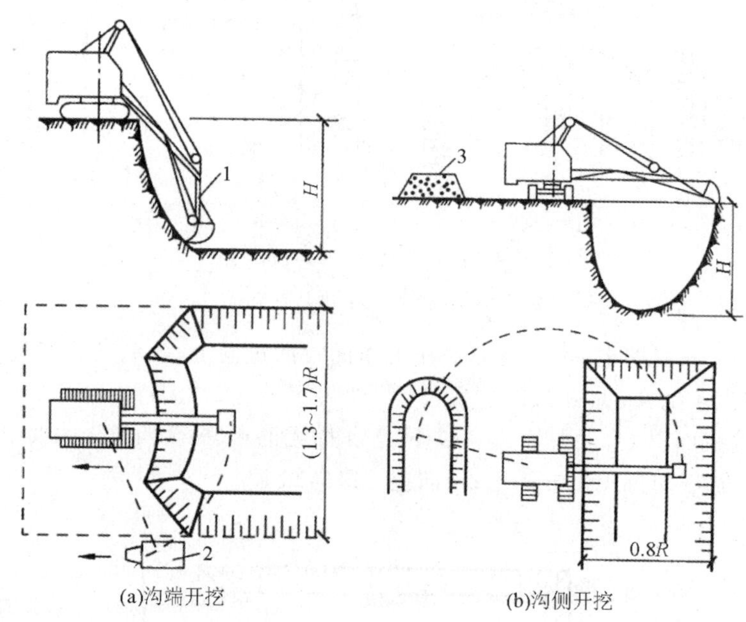

1-反铲挖掘机；2-自卸汽车；3-弃土堆

图 1.3.11　反铲挖土机开挖方式

(3) 拉铲挖土机

拉铲挖土机的铲斗悬挂在钢丝绳下，土斗借重力切入土中，可用于开挖一至二类土，开挖深度和宽度较大。由于开挖的精确性较差，边坡要留更多的土，且大多将土弃于土堆。

①挖土特点是"后退向下，自重切土"。其挖土半径和挖土深度较大，甩土方便，能开挖停机面以下的一至二类土。

②适用于停机面以下、一至二类土的较大基坑开挖，填筑堤坝，河道清淤。

③开挖方式与反铲挖土机相似，也分为沟端开挖和沟侧开挖，如图 1.3.12 所示。

(4) 抓铲挖土机(见图 1.3.13)

在挖土机臂端用钢索装一抓斗，可挖一至二类土，特别适合独立基坑水下挖土。

①工作特点："直上直下，自重切土"，效率较低。

②适用于停机面以下、一至二类土、面积小而深度较大的坑、井开挖；施工面狭窄而深的基坑、深槽、沉井等开挖；清理河泥等工程。最适于水下挖土或装卸碎石、矿渣等松散材料。

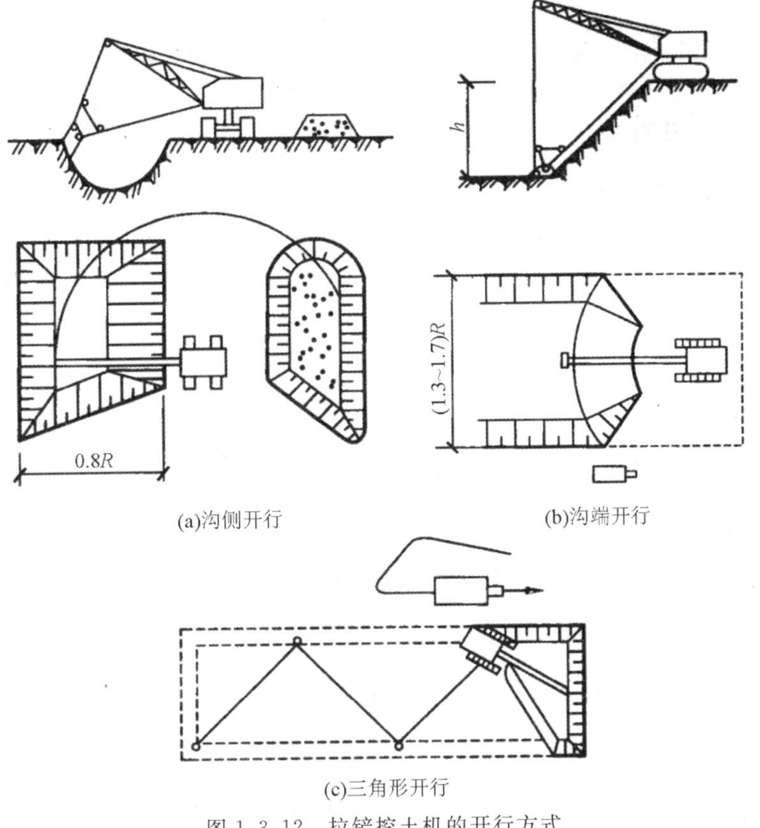

(a)沟侧开行　(b)沟端开行

(c)三角形开行

图 1.3.12　拉铲挖土机的开行方式

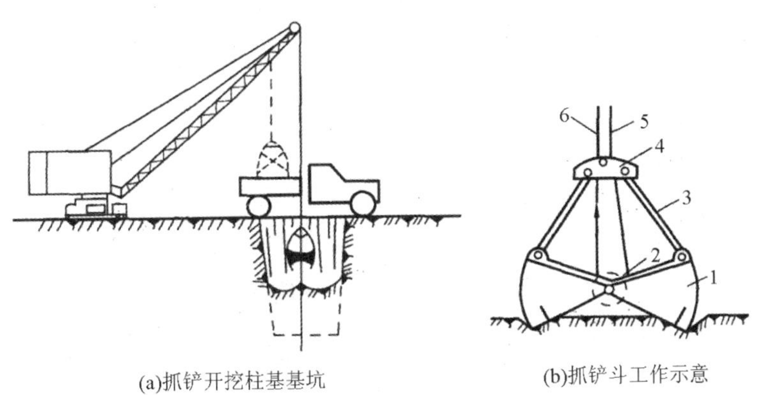

(a)抓铲开挖柱基基坑　(b)抓铲斗工作示意

1－斗瓣；2－中心铰；3－拉杆；4－顶铰；5－升降索；6－取土索

图 1.3.13　抓铲挖土机工作示意

1.3.3　挖土设备和运土设备数量的配套计算

原则：保证挖土机连续工作。

1. 挖土设备数量的计算

挖土设备数量 N 的计算式为

$$N=\frac{Q}{Q_d}\cdot\frac{1}{TCK} \tag{1.3.1}$$

式中：Q——土方量，m^3；

Q_d——挖土机生产率，m^3/台班；

T——工期(工作日)；

C——每天工作班数；

K——工作时间利用系数(0.8～0.9)。

2. 运土设备数量的计算

当用挖土机挖土时，运土设备数量应与挖土设备数量配套。运土汽车的数量 N 为

$$N=\frac{T}{t}\text{或}N=\frac{Q_1}{Q_2} \tag{1.3.2}$$

式中：T——汽车每一工作循环的延续时间；

t——每次装车时间；

Q_1——挖土机台班产量；

Q_2——汽车台班产量。

1.3.4 土方机械的选择及机械化施工要点

选择土方机械时，应根据现场的地形、水文地质、土质、工程量、工期、机械供应等条件进行技术经济比较，然后合理地选用。

1. 选择土方机械的依据

(1) 土方工程的类型及规模

不同类型的土方工程，如场地平整、基坑(槽)开挖、大型地下室土方开挖、构筑物填土等施工各有其特点，应依据开挖或填筑的断面(深度及宽度)、工程范围的大小、工程量多少来选择土方机械。

(2) 地质、水文及气候条件

如土的类型、土的含水量、地下水等条件。

(3) 机械设备条件

指现有土方机械的种类、数量及性能。

(4) 工期要求

如果有多种机械可供选择时，应当进行技术经济比较，选择效率高、费用低的机械进行施工，一般可选用土方施工单价最小的机械进行施工。但在大型建设项目中，土方工程量很大，而现有土方机械的类型及数量常受限制，此时必须将现有机械进行最优分配，使施工总费用最少。可应用线性规划的方法来确定土方机械的最优分配方案。

2. 土方工程机械化施工要点

(1) 应根据地下水位、机械条件、进度要求等合理选用施工机械，以充分发挥机械效率，节省机械费用，加快工程进度。

(2) 土方开挖应绘制土方开挖图，确定开挖路线、顺序、范围、基底标高、边坡坡度、排水沟、集水井位置以及挖出的土方堆放地点等。

(3) 基底标高不一时，可采取先整片挖至一平均标高，然后再挖个别较深部位。当一次开挖深度超过挖土机最大挖掘高度时，宜分层开挖，并修筑 10%～15%的坡道，以便挖土机及运输车辆进出。

(4) 基坑边角部位,机械开挖不到之处,应用少量人工配合清坡,将松土清至机械作业半径范围内,再用机械掏取运走。大基坑宜另配一台推土机清土、送土、运土。

(5) 挖土机、运土汽车进出基坑的运输道路,应尽量利用基础一侧或地下车库坡道部位作为运输通道,以减少挖土量。

(6) 软土地基或在雨期施工时,大型机械在坑下作业,需铺垫钢板或铺路基箱垫道。

(7) 对面积不大、深度较大的基坑,应尽量不开或少开坡道,采用机械接力挖运土方法,并使人工与机械合理地配合挖土,最后用搭枕木垛的方法,使挖土机开出基坑。

(8) 机械开挖应由深而浅,基底及边坡应预留一层 200~300mm 厚土层用人工清底、修坡、找平,以保证基底标高和边坡坡度正确,避免超挖和土层遭受扰动。

(9) 基坑挖好后,应紧接着进行下一工序,尽量减少暴露时间。否则,基坑底部应保留 100~200mm 厚的土暂时不挖,作为保护,待下一工序开始前再挖至设计标高。

3. 土方机械的选择

土方机械的选择,通常先根据工程特点和技术条件提出几种可行方案,然后进行技术经济比较,选择效率高、费用低的机械进行施工,一般可选用土方单价最小的机械。

现综合有关选择土方施工机械的要点如下:

(1) 当场地不大,平均运距在 100m 内时,可采用推土机进行平整。

(2) 当地形起伏不大、坡度在 20°以内的场地平整,挖填平整土方的面积较大,土的含水量适当(≤27%),平均运距短(一般在 1km 以内)时,采用铲运机较为合适。如果土质坚硬或冬季冻土层厚度超过 100~150mm 时,必须用其他机械辅助翻松再用铲运机施工;当一般土的含水量大于 25%,或黏土含水量超过 30%时,必须将水疏干后再施工,否则铲运机会陷车。

(3) 对于地形较大的丘陵地带,一般挖土高度在 3m 以上,运输距离超过 1km,工程量较大且又集中时,可采用以下 3 种方式进行挖土和运土。

①正铲挖土机配合自卸汽车进行施工,并在弃土区配备推土机平整土堆。选择铲斗容量时,要考虑土质情况、工程量和工作面高度。当开挖普通土,集中工程量在 1.5 万 m^3 以下时,可采用 0.5m^3 的铲斗;当开挖集中工程量为 1.5 万~5 万 m^3 时,以选用 1.0m^3 的铲斗为宜,此时,普通土和硬土都能开挖。

②用推土机将土推入漏斗,并用自卸汽车在漏斗下承土后运走。该法适用于挖土层厚度在 5~6m 以上的地段。漏斗上口用长 3m 左右、宽 3.5m 的框架支撑;其位置应选择在挖土段的较低处,并先挖平。漏斗左右及后侧土壁应予支撑。使用 73.5kW 推土机两次可装满 8t 自卸汽车,效率较高。

③用推土机预先把土推成一堆,用装载机把土装到汽车上运走,效率也很高。

(4) 开挖基坑时根据下述原则选择机械。

①土的含水量较小,可结合运距长短、挖掘深度,分别选用推土机、铲运机或正铲(反铲)挖土机配自卸汽车进行施工。当基坑深度在 1~2m,基坑不太长时,可采用推土机;长度较大、深度在 2m 以内的线状基坑,可用铲运机;当基坑较大,工程量集中时,可选用正铲挖土机挖土,自卸汽车配合运土。

②如地下水位较高,又不采用降水措施,或土质松软,可能造成机械陷车时,则采用反铲、拉铲或抓铲配自卸汽车施工较为合适。

(5) 移挖作填，以及基坑和管沟的回填，运距在60～100m以内可用推土机。

上述各种机械的适用范围都是相对的，选用机械时还应根据具体情况具体考虑。

1.4 土方工程质量标准与安全技术要求

1.4.1 土方工程质量标准

(1) 柱基、基坑、基槽和管沟基底的土质必须符合设计要求，并严禁扰动。

(2) 填方的基底处理，必须符合设计要求和施工规范规定。

(3) 填方柱基、基坑、基槽及管沟回填的土料，必须符合设计要求和施工规范规定。

(4) 填方和柱基、基坑、基槽、管沟的回填，必须按规定分层夯压密实。取样测定压实后的干密度，90%以上符合设计要求，其余10%的最低值与设计值的差不应大于0.08g/cm³，且不应集中。

(5) 土方工程的允许偏差和质量检验标准，应符合表1.4.1的规定。

表1.4.1 土方开挖工程质量检验标准

项	序号	项目	允许偏差或允许值(mm)					检验方法
			柱基、基坑、基槽	挖方场地平整		管沟	地(路)面基层	
				人工	机械			
主控项目	1	高程	−50	±30	±50	−50	−50	用水准仪检查
	2	长度、宽度(由设计中心向两边量)	+200 −50	+300 −100	+500 −150	+100	—	用经纬仪和钢尺量检查
	3	边坡坡度	按设计要求					观察或用坡度尺检查
一般项目	1	表面平整度	20	20	50	20	20	用2m靠尺和楔形厚薄规检查
	2	基本土性	按设计要求					观察或土样分析

注：地(路)面基层的偏差只适用于直接在挖、填方上做地面的基层

1.4.2 土方工程安全技术要求

(1) 基坑开挖时，两人操作间距大于2.5m，多台机械开挖，挖土机间距应大于10m。挖土应由上而下，逐层进行，严禁采用先挖底脚的施工方法。

(2) 基坑开挖应严格按要求放坡。操作时应随时注意土壁变动情况，如发现有裂纹或部分坍塌现象，应及时进行支撑或放坡，并注意支撑的稳固和土壁的变化。

(3) 基坑(槽)挖土深度超过3m以上，使用吊装设备吊土时，起吊后，坑内操作人员应立即离开吊点的垂直下方，起吊设备距坑边一般不得少于1.5m，坑内人员应戴安全帽。

(4) 用手推车运土，应先平整好道路。卸土回填，不得放手让车自动翻转。用翻斗汽车运土，运输道路的坡度、转弯半径应符合有关安全规定。

(5) 深基坑上下应先挖好阶梯或设置靠梯，或开斜坡道，采取防滑措施，禁止踩踏支撑上下。坑四周应设安全栏杆或悬挂危险标志。

(6) 基坑(槽)设置的支撑应经常检查是否有松动变形等不安全迹象，特别是雨后更应加强检查。

(7) 回填管沟时，应采用人工方法先在管子周围填土夯实，并应从管道两边同时对称进行，高差不超过 0.3m；管顶 0.5m 以上，在不损坏管道的情况下，方可采用机械回填和压实。

课程设计一：土方开挖方案与工程量计算

1. 课题目的

能根据施工图纸和现场实际情况进行土方施工方案的合理选择；能根据施工现场实际条件，应用测量仪器等工具进行场地平整土方工程量计算；能根据地形图和地质勘查报告等资料进行场地平整土方工程量计算。

2. 课题依据

(1) 本任务书要求；

(2) 主要规范规程：

①《建筑地基基础工程施工质量验收规范》(GB 50202—2002)；

②《建筑基坑支护技术规程》(JGJ 120—2012)。

3. 课题任务

完成以下拟建工程土方开挖施工方案的选择及场地平整土方工程量计算：

拟建场地地形图和方格网(边长 $a=20.0\text{m}$)布置如图 1.4.1 所示。该地属沉积平原区，地势总体上较平坦，场地空旷。土壤为二类土，场地地面泄水坡度 $i_x=0.3\%$，$i_y=0.2\%$。(注：不考虑土的可松性影响，余土加宽边坡)

图例：

角点编号	施工高度
角点标高	设计标高

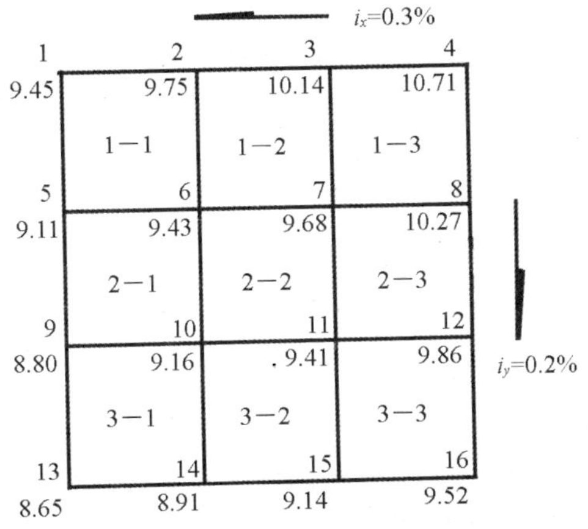

图 1.4.1 拟建场地现场地形图及方格网布置

4. 课题设计内容

(1) 土方施工方案选择说明书;

(2) 土方开挖平面图;

(3) 场地平整土方工程量计算书。

5. 工作要求

(1) 独立完成,不得抄袭;

(2) 课程设计以纸质文档提交,文字部分手写,图纸可以手绘也可以打印;

(3) 课题设计时间课内辅导为4课时,未足部分课外完成。

本章小结

本章主要内容有土方工程相关概念、场地平整的施工方法、土方工程量计算方法、基坑(槽)土方边坡与土壁支撑方法、常用土方施工机械的施工特点和作业方法,以及土方工程质量标准与安全技术要求等。通过本章的学习,具备对一般工程场地平整及土方工程量的计算能力,掌握常用土方施工机械的性能及适用范围,能够根据工程对象正确合理地选择土方施工机械设备,熟悉相关标准,为后期学习及工作打好基础。

1. 确定场地设计标高 H_0 时应考虑哪些因素?试述按挖、填土方量平衡法确定场地设计标高的步骤。

2. 土方量计算的基本方法有哪几种?如何计算沟槽和基坑的土方量?

3. 试述用方格网法计算土方量的步骤和方法。

4. 土方调配的基本原则有哪些?试述用"表上作业法"确定土方最优调配方案的步骤和方法。

5. 基坑开挖时应注意哪些问题?

6. 常用支护结构的挡墙形式、支撑形式有哪几种?各适用于何种情况?

7. 常用的土方机械有哪些?试述其工作特点及适用范围。

8. 土方挖运机械如何选择?

1. 土方边坡坡度系数以其(　　)表示。

A. 高度 H　　B. 底宽 B

C. 高度 H 的倒数　　D. 高度 H 与底宽 B 之比

2. 相邻基坑(槽)开挖时,应遵循(　　)进行的施工顺序,并应及时做好基础。

A. 先浅后深　　B. 分开

C. 先浅后深或同时　　D. 先深后浅或同时

3. 基坑挖好后应立即验槽做垫层,如不能,则应(　　)。

A. 在上面铺防护材料　　B. 放在那里等待验槽

C. 继续进行下一道工序　　D. 在基底上预留 20～30cm 厚的土层

4. 对于坚硬的黏土,其直壁开挖的最大深度是(　　)。

A. 1.00m　　B. 1.25m　　C. 1.50m　　D. 2.00m

5. 直壁(不加支撑)的允许开挖深度：硬塑、可塑的粉土及粉质黏土为(　　)m。

A. 1.25　　B. 1　　C. 2　　D. 1.5

6. 在地下水的处理方法中,属于降水法的是(　　)。

A. 集水坑　　B. 水泥旋喷桩　　C. 地下连续墙　　D. 深层搅拌水泥土桩

7. (　　)多用于场地清理和平整,开挖深度 1.5m 以内的基坑,填平沟坑以及配合铲运机、挖土机工作等。

A. 推土机　　B. 铲运机　　C. 单斗挖土机　　D. 装载机

8. 当基坑深度在(　　),基坑不太长时可采用推土机。

A. 2～3m　　B. 1～2m　　C. 大于 3m　　D. 小于 1m

9. 移挖作填以及基坑、管沟的回填,运距在(　　)m 以内可用推土机。

A. 50　　B. 80　　C. 100　　D. 150

10. 对基槽底以下 2～3 倍基础宽度的深度范围内,土的变化和分布情况,以及是否有空穴或软弱土层,需要(　　)。

A. 观察验槽　　B. 夯探　　C. 地基验槽　　D. 钎探

11. 一般情况下,基坑开挖时堆土或材料应距离挖方边缘(　　)。

A. 2.0m 以外　　B. 0.5m 以外　　C. 1.0m 以外　　D. 1.5m 以外

12. 在密集群桩附近开挖基坑时,应采取措施防止(　　)。

A. 塌方　　B. 桩基位移　　C. 边坡位移　　D. 基坑积水

13. 在下列支护结构中属于非重力式支护结构的是(　　)。

A. 水泥旋喷桩　　B. 土钉墙

C. 深层搅拌水泥土桩　　D. 地下连续墙

14. 用于地下水位较高的软土地基的支护结构是(　　)。

A. 排桩式挡墙　　B. 钢板桩　　C. 地下连续墙　　D. 水泥土墙

15. 场地平整前,必须(　　)。

A. 确定挖填方工程量　　B. 选择土方机械

C. 确定场地的设计标高　　D. 拟订施工方案

第2章　基础工程

1. 了解地基处理的加固原理及加固类型;

2. 了解锚杆和土钉的施工工艺;

3. 掌握几种常见的传统地基处理、复合地基处理和地下连续墙的施工方法和各自的施工工艺。

知识要点	能力要求
地基处理	了解地基处理的加固原理及处理方式的类型
	掌握换填法、强夯法和水泥搅拌桩法的施工工艺和注意事项
地下连续墙、锚杆和土钉	了解锚杆和土钉的施工工艺
	掌握地下连续墙的施工工艺及注意事项

【历史沿革】 地基处理在我国历史悠久,人民群众在长期的实践中积累了大量丰富的经验。据史料记载,早在3000年前,我国就采用过竹子、木头、麦秸来加固地基;而在2000多年前就开始采用向软土中夯入碎石等材料来挤密软土。此外,利用夯实的灰土和三合土等作为建筑物垫层,在我国建筑中就更为广泛。新中国成立以来,我国地基处理技术的发展历程大体经历了两大阶段。第一阶段:20世纪50—60年代的起步应用阶段。这一时期大量地基处理技术从苏联引进,最为广泛使用的是垫层等浅层处理法,主要为应用于工业与民用建筑的砂石垫层、砂桩挤密、石灰桩、灰土桩、化学灌浆、重锤夯实、予浸水及井点降水等,为我国地基处理技术的发展积累了很多经验和教训。第二阶段:20世纪70年代至今为应用、发展、创新阶段,是我国地基处理技术发展的最主要阶段,大批国外先进地基处理技术被引进国内,从而大大促进了我国地基处理技术的应用和研究。到目前为止,不仅国外已有的地基处理方法被我国专家全部掌握,而且还在工程实践中发展了适合我国国情的许多新的地基处理技术,如真空预压法、低强度桩复合地基技术、孔内夯扩技术等,地基综合处理能力达到世界先进水平。

总的来说,目前我国的地基处理技术已经有了长足的进步,在有的领域已接近或达到国际先进水平,能够为国民经济建设服务。但随着新技术、新工艺的出现,同时随着土建规模的进一步扩大,为减少占用良田,土建项目向地基土更加复杂地区转移,对地基处理技术提出了更高的要求，在这一前提下，地基处理技术呈现出了一些新的发展趋势。

地基处理技术包括地基加固技术（主要作用是增强软土地基的承载力，减少其沉降变形）、桩基技术（主要作用是把上部荷载传至地基深部）、地下连续墙技术（主要作用是提供侧向支护）。这三种不同施工工艺互相嫁接、移植、互相交叉渗透，从而又形成新技术、新工艺，能产生更好的技术效果、经济效益和社会效益，这是我国地基处理技术发展的一个十分可喜的新动向。随着地基处理技术水平的提高，多种地基处理技术的综合应用将是我国地基处理技术发展的新方向。

2.1 地基处理及加固

2.1.1 换土地基

1. 换土垫层法的原理

当软弱土地基的承载力和变形满足不了建筑物的功能要求，而软弱土层的厚度又不是很大时，将基础底面下一定范围内的软弱土层部分或全部挖除，然后分层换填强度较大的砂、砂石、素土、灰土、炉渣、粉煤灰或其他性能稳定、无侵蚀性的材料，并压实（夯实、振实）至要求的密实度为止，这种地基处理方法称为换土垫层法。

换土垫层法的加固原理是根据土中附加应力分布规律，让垫层承受上部较大的应力，软弱层承担较小的应力，以满足上部结构对地基的要求。

2. 垫层的分类和适用范围

垫层按其换填材料的不同，可分为砂垫层、砂卵石垫层、砂石垫层、碎石垫层、素土垫层、灰土垫层、粉煤灰垫层、矿渣垫层和水泥土垫层等。由于各种材料具有不同的性质，换填后所形成的垫层，其作用也就各不相同。因此，必须根据具体的工程情况和地基条件，选择恰当的换填材料，以满足其垫层作用的要求。如一般地基上荷载较大的工程，垫层的主要作用是提高地基强度和减小其变形，此时应选择砂石、水泥土等强度高、压缩性低的材料；又如软土地基垫层的主要作用是加速排水固结，应选用砂石等透水性大的材料，而不得使用素土、灰土等材料。

换填法适用于淤泥、淤泥质土、湿陷性黄土、素填土、杂填土地基及暗沟、暗塘等的浅层处理。常用垫层分类及其适用范围见表 2.1.1。

表 2.1.1 垫层分类及其适用范围

垫层分类	适用范围
砂（砂石、碎石）垫层	多用于中小型建筑工程的浜、塘、沟等的局部处理。适用于一般饱和、非饱和的软弱土和水下黄土地基处理，不宜用于湿陷性黄土地基，也不宜用于大面积堆载和动力基础的软土地基处理，砂垫层不宜用于有地下水、流速快的地基处理
素土垫层	适用于中小型工程及大面积杂填、湿陷性黄土地基的处理
灰土垫层	适用于中小型工程，尤其适用于湿陷性黄土地基的处理
粉煤灰垫层	适用于厂房、机场、港区陆域和堆场等大、中、小型工程的大面积填筑
矿渣垫层	适用于中小型建筑工程，尤其适用于地坪、堆场等工程大面积的地基处理和场地平整。但对于受酸性或碱性废水影响的地基不得采用矿渣垫层

通常基坑开挖后，利用分层回填压实，也可处理较深的软弱土层，但经常由于地下水位高而需要采用降水措施，坑壁放坡占地面积大或需要基坑支护，以及施工土方量大、弃土多等因素，从而使处理费用增加、工期延长，因此，换填法的处理深度通常宜控制在 3m 以内，但也不应小于 0.5m，因为垫层太薄，则换土垫层的作用不显著。在湿陷性黄土地区或土质较好场地，一般坑壁可直立或边坡稳定时，处理深度可限制在 5m 以内。

3. 垫层的作用

垫层具有以下作用：

(1) 提高地基承载力

浅基础的地基承载力取决于地基土的抗剪强度。因此，以抗剪强度较高的砂或其他填筑材料置换较软弱的土，可提高地基的承载力。

(2) 减少地基变形

一般地基浅层部分的沉降量在总沉降量中所占的比例是比较大的(如条形基础在相当于基础宽度的深度范围内的沉降量占总沉降量的 50%左右)。因此，以密实砂或其他填筑材料代替上部软弱土层，就可以减少浅层地基的沉降量。加之由于垫层对应力的扩散作用，使作用在下卧层上的附加应力减小，相应也会减小下卧层土的沉降量。

(3) 加速软弱土层的排水固结

对于软土地基，不仅强度低，压缩性大，而且渗透性差，固结速度慢。建筑物的不透水基础直接与软弱土层相接触时，在荷载作用下，软弱地基中的水被迫绕基础两侧排出，因而使基底下的软弱土不易固结，形成较大的孔隙水压力，还可导致由于地基强度降低而产生塑性破坏的危险。砂和砂石等材料组成的垫层透水性大，软弱土层受压后，垫层可作为良好的排水面，可以使基础下的孔隙水压力迅速消散，加速垫层下软弱土层的固结和提高其强度，避免地基土塑性破坏。

(4) 防止冻胀

因为粗颗粒的垫层材料孔隙大，不易产生毛细管现象，因此，可以防止寒冷地区土中结冰所造成的冻胀。这时，砂垫层的底面应满足当地冻结深度的要求。

(5) 消除膨胀土的胀缩作用

在膨胀土地基上采用换土垫层法时，一般可选用砂、碎石、块石、煤渣、土灰或灰土等材料作为垫层，基础两侧宜用与垫层相同的材料回填。

(6) 消除湿陷性黄土的湿陷作用

采用素土、灰土或二灰土垫层处理的湿陷性黄土，可用于消除 1～3m 厚黄土的湿陷性。必须指出的是，沙垫层不宜用于消除黄土地基湿陷性。因为砂垫层的透水性大，采用砂垫层时反而易造成黄土湿陷。

4. 土的压实原理

土体压实的效果主要取决于被压实土的含水量和压实机械的压实能量。在一定的外部压实能量作用下，当黏性土的土样含水量较小时，粒间引力较大(土体含黏粒越多、颗粒间引力越大)，若压实能量不能有效地克服引力而使土粒相对移动，这时压实效果就比较差；当增大土样含水量时，结合水膜逐渐增厚，减小了引力，土粒在相同压实能量下易于移动而挤密，故压实效果较好；但当土样含水量增大到一定程度后，孔隙中就出现了自由水，结合水膜的扩大作用就不大了，因而引力的减小也不显著，此时自由水填充在孔隙中，压实时孔隙中过多的水分不易立即排出，势必阻止土粒的移动，所以压实效果反而又有所下降，这就是土的压实机理。

因此，在一定的压实能量作用下使土最容易压实，并能达到最大密实度的含水量，就称为土的最优含水量（或称最佳含水量），用 ω_{op} 表示，相应的干密度称为最大干密度，用 ρ_{dmax} 表示。

在工程实践中，对垫层的碾压质量的检验，要求能获得填土的最大干密度 ρ_{dmax}，其最大干密度可用室内击实试验确定。击实试验的操作步骤如下：

①将具有代表性的风干的或在低于 60℃ 的温度下烘烤干的土样放在橡皮板上用木碾碾散，过 5mm 筛，以便备用。

②测定土样风干含水量，按土的塑限估计其最优含水量，依次相差约 2%，使其中有 2 个大于最优含水量、2 个小于最优含水量，计算所需加水量。

③按预定含水量制备试样。称取土样，每个约 2.5kg，平铺于一不吸水的平板上，用喷水设备往土样上均匀喷洒预定的水量，稍静置一段时间再装入塑料袋内或密封盛样器内浸润备用。浸润时间对高塑性黏土不得少于一昼夜，对低塑性黏土可酌情缩短，但不应少于 12h。

④将直径为 9.215cm、高为 15cm、体积为 $1000cm^3$ 的击实筒放在坚实地面上，将制备好的试样 600～800g（其数量应使击实后的试样略大于筒高的 1/3）倒入筒内，整平其表面，并用圆木板稍加压紧，然后用锤（锤重 2.5kg，锤底直径 5cm）进行击实，锤击时锤应自由铅直落下，落距 46cm，对砂土和粉土，每层为 20 击，对粉质黏土和黏土，每层为 30 击。锤迹必须均匀分布于土面。然后安装套环，把土面刨成毛面，重复上述步骤进行第二层及第三层的击实，击实后超出击实筒的余土高度不得大于 10mm。

⑤用修土刀沿套环内壁削挖后，扭动并取下套环齐筒顶，细心削平试样，拆除底板。

⑥用推土器推出击实筒内试样，从试样中心处取 2 个各约 15～30g 的土样测定其含水量 ω。

⑦重复步骤④～⑥，进行其他不同含水量试样的击实试验。

计算上述 5 个不同含水量 ω 试样的 5 个相应干密度 ρ_d，以干密度为纵坐标，含水量为横坐标，绘制 ρ_d 和 ω 关系曲线，如图 2.1.1 所示。在曲线上，ρ_d 的峰值即为最大干密度 ρ_{dmax}，与之相应的含水量即为最优含水量 ω_{op}。

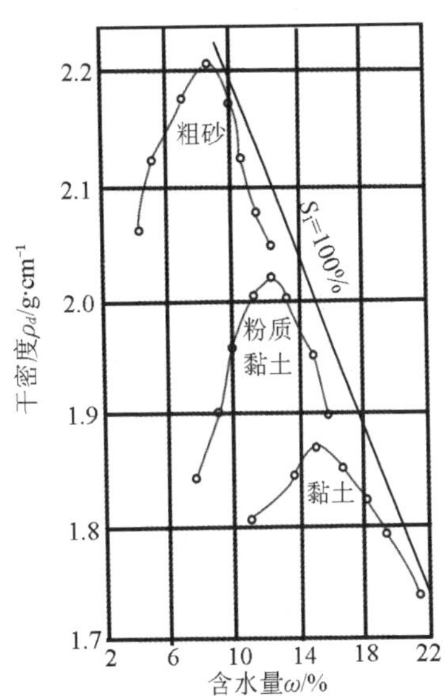

图 2.1.1　砂土和黏土的压实曲线

不同的土体，其最优含水量是不相同的。相同的击实功能对不同粒径的土的压实效果并不完全相同。黏粒含量较多的土，土粒间引力就愈大，只有在比较大的含水量时，才能达到最大干密度的压实状态。如果改变压实能量而土体含水量不变时，其压实效果显然不同。压实能量愈大，粒间引力愈易克服，土的最大干密度增大，最优含水量却减小。即击实功能愈大，则愈容易克服颗粒间的引力，因此，在较低含水量下可达到更大的密实程度。

击实试验是用锤击的方法使土体密度增加，是模拟现场土的室内压实试验。实际上击实试验是土样在有侧限的击实筒内进行，不可能发生侧向位移，力作用在有侧限的土体上，则夯实会均匀，且能在最优含水量状态下获得最大干密度。而现场施工的土料，土块大小不一，含水量和铺填厚度又很难控制均匀，则实际压实土的均匀性会稍差。因此，现场施工时，常以压实系数 λ_c（土的控制干密度 ρ_d 与最大干密度 ρ_{dmax} 之比）与施工含水量（最优含水量 $\omega_{op}\pm2\%$）作为控制指标进行施工质量的检验。

5. 垫层的设计与计算

虽然不同材料的垫层，其应力分布稍有差异，但从试验结果分析其极限承载力还是比较接近的。通过沉降观测资料得知，不同材料垫层（如砂垫层、粉煤灰垫层和矿渣垫层等）的特性基本相似，故可将各种材料的垫层设计都近似地按砂垫层的计算方法进行计算。但对湿陷性黄土、膨胀土、季节性冻土等某些特殊土采用换填法处理时，因其主要处理目的是为了消除或部分消除地基土的湿陷性、胀缩性或冻胀性，所以在设计时所需考虑解决问题的关键也应有所不同。

换土垫层法加固地基设计包括垫层材料的选用、垫层铺设范围、垫层厚度的确定，以及地基沉降计算等。

（1）垫层材料的选用

采用换土垫层法处理地基，垫层的材料应当按照“满足要求和因地制宜”的原则来执行。

①砂石

用砂石料作垫层填料时，宜选用颗粒级配良好、质地坚硬的中砂、粗砂、砾砂、圆砾、卵石或碎石等，填料中不得含有植物残体、垃圾等杂质，且含泥量不应超过5%。用粉细砂作填筑料时，应掺入不少于30%的碎石或卵石，且应分布均匀，最大粒径均不得大于50mm。当碾压（或夯、振）功能较大时，最大粒径亦不宜大于80mm。用于排水固结地基垫层的砂石料，含泥量不宜超过3%。对湿陷性黄土地基，不得选用砂石等渗水材料。

砂垫层材料应选用级配良好的中粗砂，含泥量不超过3%，并应除去树皮、草皮等杂质。

若用细砂作垫层填料时，应掺入30%～50%的碎石，碎石最大粒径不宜大于50mm，并应通过试验确定铺填厚度、振捣遍数、振捣器功率等技术参数。

开挖基坑时应避免坑底土层扰动，可保留200mm厚土层暂不挖去，待铺砂前再挖至设计标高，如果有浮土则必须清除。当坑底为饱和软土时，须在与土面接触处铺一层细砂起反滤作用，其厚度不计入砂垫层设计厚度内。

砂垫层施工一般可采用分层振实法，压实机械宜采用1.55～2.2kW的平板振捣器。

第一分层（底层）松砂铺填厚度宜为150～200mm，应仔细夯实并防止扰动坑底原状土，其余分层铺填厚度可取200～250mm。

施工时应重叠半板往复振实，宜由四周逐步向中间推进。每层压实量以50～70mm为宜。同一座建筑物下砂垫层设计厚度不同时，顶面标高应相同，厚度不同的砂垫层交接处或分段施工的交接处，应做成踏步或斜坡，加强捣实，并酌量增加质量检查点。

在基础做好后应立即回填基坑，建筑物完工后，在邻近进行低于砂垫层顶面开挖工作时，应采取措施以保证砂垫层的稳定。

对砂垫层可用环刀压入法或钢筋贯入法检验垫层质量。使用环刀容积不应小于200cm^3，以减少其偶然误差。砂垫层干密度控制标准：中砂为16kN/m^3，粗砂为17kN/m^3。用钢筋贯入法检验砂垫层质量时，通常可用ϕ20mm的平头钢筋，钢筋长1.25m，垂直举离砂面0.7m，自由落下，测其贯入度，检验点的间距应不小于4m。对砂石垫层可设置纯砂检验点，再按环刀法取样检验。垫层质量检验点：对大基坑每50～100m^{2}应不少于1个检验点；对基槽每10～20m应不少于1个检验点；每个单独柱基应不少于1个检验点。

②素土

素土（或灰土等）垫层材料的施工含水量宜控制在最优含水量$\omega_{op}\pm2\%$范围内。素土（或灰土等）垫层分段施工时不得在柱基、墙角及承重窗间墙下接缝。上、下两层的缝距不得大于500mm。灰土应拌和均匀，应当日铺填夯压，压实后3天内不得受水浸泡。

素土（或灰土等）可用环刀压入法或钢筋贯入法检验垫层质量。垫层的质量检验必须分层进行，每夯压完一层，应检验该层的平均压实系数。当压实系数符合设计要求后，才能铺填上层。当采用环刀压入法取样时，取样点应位于每层2/3的深度处。

当采用钢筋贯入法或环刀压入法检验垫层质量时，其检验点数量与砂垫层检验标准相同。

③粉煤灰

粉煤灰垫层可采用分层压实法，压实的仪器可用压路机、振动压路机、平板振动器和蛙式打夯机。机具选用应按工程性质、设计要求和工程地质条件等确定。

对过湿的粉煤灰应滤干装运，装运时含水量以15%～25%为宜。底层粉煤灰宜选用较粗的灰，并使含水量稍低于最佳含水量。

施工压实参数（ρ_{dmax}，ω_{op}）可由室内击实试验确定。压实系数一般可取0.9～0.95，根据工程性质、施工工具、地质条件等因素确定。

填筑应分层铺筑与碾压，设置泄水沟或排水盲沟。虚铺厚度、碾压遍数应通过现场小型试验确定。若无试验资料时，可选用铺筑厚度200～300mm，压实厚度150～200mm。小型工程可采用人工分层摊铺，在整平后用平板振动器或蛙式打夯机进行压实。施工时须一板压1/2～1/3板，往复压实，由外围向中间进行，直至达到设计密实度要求。

大中型工程可采用机械摊铺，在整平后用履带式机具初压2遍，然后用中型、重型压路机碾压。施工时须一轮压1/2～1/3轮，往复碾压，后轮必须超过两施工段的接缝，碾压遍数一般为4～6遍，直至达到设计密实度要求。

施工时宜当天铺筑、当天压实。若压实时呈松散状，则应洒水湿润再压实。洒水的水质应不含油质，pH＝6～9；若出现“橡皮土”现象，则应暂缓压实，采取开槽、翻开晾晒或换灰等方法处理，施工压实含水量可控制在$\omega_{op}\pm4\%$范围内。施工最低气温不低于0℃，以防粉煤灰含水冻胀。

每一层粉煤灰垫层经验收合格后，应及时铺筑上层或采用封层，以防干燥松散起尘污染环境，并禁止车辆在其上行驶通行。

粉煤灰质量检验可用环刀压入法或钢筋贯入法。大中型工程测点的布置要求：环刀压入法按100～400m^{2}布置3个测点；钢筋贯入法按20～50m^{2}布置1个测点。

④土工合成材料加碎石

由分层铺设的土工合成材料与地基土构成加筋垫层时，所用土工合成材料的品种与性能及填土类应根据工程特性和地基土条件，按照现行国家标准《土工合成材料应用技术规范》（GB 50290—2015）的要求，通过设计并进行现场试验后确定。

作为加筋的土工合成材料应采用抗拉强度较高，同时受力伸长率不大于4%～5%、耐久性好、抗腐蚀的土工格栅、土工格室、土工垫或土工织物等土工合成材料；垫层填料宜用碎石、角砾、砾砂、粗砂、中砂或粉质黏土等材料。当工程要求垫层具有排水功能时，垫层材料应具有良好的透水性。在软土地基上使用加筋垫层时，应保证建筑物稳定并满足允许变形的要求。

(2) 砂垫层设计要点

垫层是作为基础的持力层处理地基的，它是地基的主要受力部分。因此，垫层的设计不但要满足建筑物对地基变形及稳定的要求，而且应符合经济合理的原则。垫层设计时，既要求有足够的厚度来置换可能被剪切破坏的软弱土层，又要求有足够的宽度以防止垫层向两侧挤出。对于有排水要求的垫层来说，除要求有一定的厚度和宽度满足上述要求外，还需形成一个排水面，促进软弱土层的固结，提高其强度，以满足上部荷载的要求。所以，垫层的设计内容主要是确定其断面的合理厚度和宽度。

①垫层厚度的确定

垫层厚度一般是根据垫层底部下卧土层的承载力确定，即作用在垫层底面处土的自重应力与附加应力之和不大于垫层底面下土层的承载力(见图 2.1.2)。

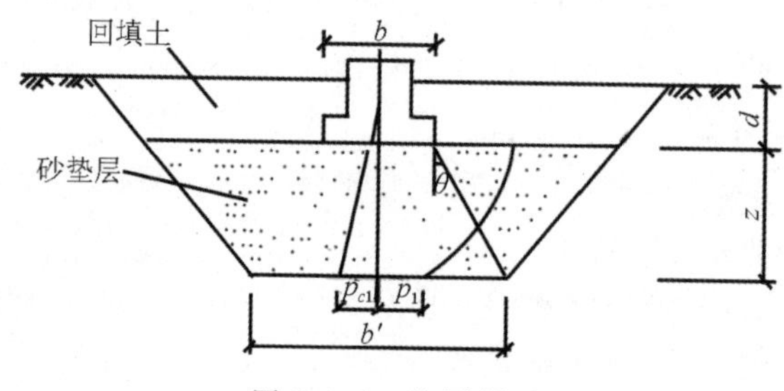

图 2.1.2 垫层断面

②垫层宽度的确定

垫层的宽度除应满足应力扩散的要求外，还应根据垫层侧面土的承载力，防止垫层向两边挤出。如果垫层宽度不足，四周侧面土质又较软弱时，垫层就有可能部分挤入侧面软弱土中，使基础沉降增大。垫层宽度的计算，目前还缺乏可靠的理论方法，在工程实践中常按照地区的经验确定或按扩散角法计算，如条形基础的垫层底面宽度应满足：

$$b' \geqslant b + 2z\tan\theta \tag{2.1.1}$$

垫层底面宽度确定后，再根据基坑开挖所要求的坡度延伸至地面，即得垫层的设计断面(见图 2.1.2)。

6. 施工与质量检验

换土垫层法施工包括开挖换土和铺填垫层两部分。开挖换土应注意避免坑底土层扰动，采用干挖土法。铺填垫层应根据不同的换填材料选用不同的施工机械。垫层需分层铺填，分层密实。砂石垫层宜采用振动碾碾压；粉煤灰垫层宜采用平碾、振动碾、平板振动器、蛙式打夯等碾压方法密实；灰土垫层宜采用平碾、振动碾等方法密实。

(1) 垫层施工

砂垫层选用的砂料应进行室内击实试验，确定其最大干密度和最优含水量。然后根据设计要求的压实系数确定设计要求的干密度，以此作为检验砂垫层质量控制的技术指标。

在无击实试验资料时，若砂垫层采用中粗砂，其中密状态的干密度可作为设计要求的干密度：中砂为 1.6t/m³，粗砂为 1.7t/m³，碎石和卵石为 2.0～2.2t/m³。由此作为施工碾压质量检验及施工控制的技术指标。

密实方法主要有机械碾压法和平板振动法。

①机械碾压法：采用各种压实机械来压实地基土。此法常用于基坑面积大和开挖土方量较大的工程。常用压实机械设备及相应施工要求见表 2.1.2。

表 2.1.2　垫层的每层铺填厚度及压实遍数

施工设备	每层铺填厚度/mm	每层压实遍数
平碾(8～12t)	200～300	6～8
羊足碾(5～16t)	200～350	8～16
蛙式夯(200kg)	200～250	3～4
振动碾(8～15t)	600～1300	6～8
振动压实机(2t 振动力 98kN)	1200～1500	10
插入式振动器	200～500	—
平板式振动器	130～250	—

为了将室内击实试验的结果用于设计和施工，必须研究室内击实试验和现场碾压的关系(见图 2.1.3)。

所有施工参数(如施工机械、铺筑厚度、碾压遍数与填筑含水量等)都必须由工地试验确定。由于现场条件与室内试验的条件有所不同，因而对现场应以压实系数 λ_c 与施工含水量进行控制。

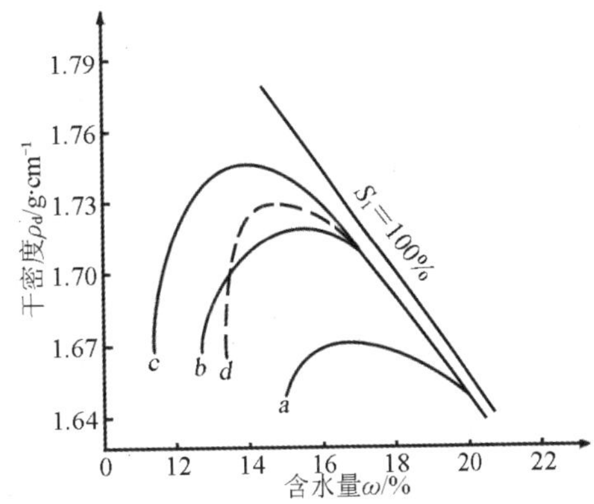

图 2.1.3　室内击实试验和现场碾压的关系

②平板振动法：使用振动压实机来处理无黏性土或黏粒含量少、透水性较好的松散杂填土等地基的一种方法。

振动压实机的工作原理是由电动机带动两个偏心块，以相同速度反向转动而产生很大的垂直振动力。这类振动压实的效果与填土成分、振动时间等因素有关。一般振动时间越长，效果越好。但振动时间超过某一值后，振动引起的下沉基本稳定，即使再继续振动也不能起到进一步压实的作用。为此，需要在施工前进行试振，得出稳定下沉量和时间的关系。对主要由炉渣、碎砖、瓦块组成的建筑垃圾，振动时间约在 1min 以上；对含炉灰等细颗粒填土，振实时间为 3～5min，有效振动深度为 1.2～1.5m。振实范围应从基础边缘放出 0.6m 左右，先振基槽两边，后振中间，其振实的标准是以振动机原地振实不再继续下沉为合格，并辅以轻便触探试验检验其均匀性及影响深度。振实后地基承载力宜通过现场载荷试验确定。一般经振实的杂填土地基承载力特征值可达 100～120kPa。

【注意事项】

a. 砂石料宜采用振动碾压密实，其压实效果、分层铺填厚度、压实遍数、最优含水量等应根据具体施工方法及施工机具通过现场试验确定，也可根据施工方法的不同控制最优含水量。用平板振动器振实时，最优含水量为15%～20%；用平碾及蛙式夯时最优含水量为8%～12%。用插入式振动器振实时，宜使碎石、卵石或矿渣充分洒水湿透后再进行夯压。

b. 对垫层底部有古井、古墓、洞穴、旧基础、暗塘等软硬不均的部位，应先清理，再用砂石逐层回填夯实，并经检验合格后，方可铺填砂石料。

c. 严禁扰动垫层下卧的软土，为防止受冻、浸泡或暴晒过久，坑底可保留200mm厚土层暂不挖去，待铺砂石料前再挖至设计标高，如有浮土必须清除。当坑底为饱和软土时，须在土面接触处铺一层细砂起反滤作用，其厚度不计入砂垫层设计厚度内。

d. 砂石垫层的底面宜铺设在同一标高上，如果置换深度不同，基底土层面应挖成阶梯或斜坡搭接，并按先深后浅的顺序施工，搭接处应夯压密实。垫层竣工后，应及时进行基础施工和基坑回填。

e. 垫层施工时，其分层铺填厚度、每层压实遍数等宜通过试验确定。为保证分层压实质量，应控制机械碾压速度，一般平碾为2km/h，羊足碾为3km/h，振动碾为2km/h。

f. 人工级配的砂石应拌和均匀。用细砂作填料时，应注意地下水的影响，且不宜使用平振法、插振法和水振法。

g. 当地下水位高于基坑底面时，宜采用排水或降水措施，并注意边坡稳定，以防止边坡坍塌使土混入砂石垫层中。

(2) 质量检验

砂(砂石、碎石)垫层的质量检验应随施工分层进行。检验方法主要有环刀压入法、钢筋贯入法。

环刀压入法：用容积不小于200cm^{3}的环刀压入每层2/3的深度处取样，取样前测点表面应刮去30～50mm厚的松砂，环刀内砂样应不包含尺寸大于10mm的泥团和石子。测定其干密度应符合设计才认为合格。砂石或卵(碎)石垫层的质量检验，可在砂石(或碎石、卵石、砾石)垫层中设置纯砂点，在相同的施工条件下，用环刀取样测定其干密度。

钢筋贯入法：先将砂垫层表面30～50mm厚的砂刮去，然后用钢筋的贯入度大小来定性地检查砂垫层的质量。根据砂垫层的控制干密度预先进行相关性试验确定贯入度值。可采用直径20mm及长为1.25m的平头钢筋，自700mm高处自由落下，贯入度以不大于根据该砂的控制干密度测定的深度为合格。检验点的间距应小于4m，当取样检验垫层的质量时，对大基坑每50～100m^{2}应不少于1个检验点；对基槽每10～20m应不少于1个检验点；每个独立柱基应不少于1个检验点。

砂(砂砾、碎石)垫层填筑工程竣工质量验收可用以下几种方法中的几种或一种方法进行检测：①静载荷试验法；②$N_{63.5}$标准贯入试验法；③轻便触探法；④动测法；⑤静力触探等。当有成熟经验表明通过分层施工质量检查能满足工程要求时，也可不进行工程质量的整体验收。

2.1.2 强夯地基

强夯法又名动力固结法或动力压实法，是1969年由法国Menard技术公司首创的一种地基加固方法。我国于1978年开始进行试验，20世纪80年代初强夯试验取得较好效果后，迅速在全国各地推广应用。

强夯法是反复将10～40t(最重可以达到200t)的夯锤提到10～40m的高度后使其自由落下,给地基以强大的冲击能和振动能,从而提高地基土的承载力并降低其压缩性,改善砂土的抗液化能力和消除湿陷性等。

对于软黏土地基,一般来说,用强夯法处理的效果尚无定论。但由于强夯法具有诸多优点,许多研究人员和工程技术人员仍尝试以各种途径将强夯法应用于软土地区。国内外相继采用了在夯坑内回填块石、碎石等粗颗粒材料的方法,通过夯击排开软土,在地基中形成有较高强度的(碎)石墩,与周围的软土构成复合地基,使其弹性模量和承载力都有明显的提高。这种方法称为强夯置换法。

1. 加固原理

关于强夯法加固地基的机理,国内外学者从不同的角度进行了大量的研究,看法不一致。这是因为土的类型多,不同类型的土的性状不同;同时,影响加固效果的因素复杂。从土自身来说,土的类型(黏性土、砂性土等)、土的结构(粗细、级配等)、内聚力、渗透性等都会影响加固效果。从强夯角度来说,单击夯击能、单位面积夯击能、夯点分布、锤底面积、夯击遍数等与加固效果密切相关。

从加固机理和作用来看,强夯法可分为动力夯实、动力固结和动力置换三种情况。其共同的特点是:破坏土的天然结构,达到新的稳定状态。

(1) 动力夯实

非饱和土体是由固相、液相和气相三部分组成的。巨大的夯击能量产生的冲击波和动应力在土中传播,使颗粒破碎或使颗粒产生瞬间的相对运动,土颗粒互相靠拢。孔隙中气泡迅速排出或压缩,孔隙体积减小,形成较密实的结构。就是这种体积变化和塑性变化使土体在外荷载作用下达到新的稳定状态。可以认为,对于非饱和土的夯实变形主要是由于土颗粒的相对位移引起的。实际工程表明,在冲击动能作用下,地面立即产生沉降,一般夯击一遍后,夯坑深度可达0.6～1.3m,夯坑底部形成一层超压密硬壳层,承载力比夯前提高2～3倍以上。在中等夯击能量1000～3000kN·m的作用下,主要产生冲切变形。加固范围内的气体体积将大大减小,最大可减小60%,土体接近二相状态,非饱和土变成饱和土,或者土体的饱和度提高。

(2) 动力固结

Menard教授认为饱和土是可压缩的,他根据强夯的实践提出,饱和二相土实际并非二相土,二相土的液体中存在一些封闭气泡,约占土体总体积的1%～3%,在夯击时,这部分气体可压缩,因而土体积也可压缩。Menard动力固结模型的特点如下。

①饱和土的压缩性:进行强夯时,气体体积压缩,孔压增大,随后气体有所膨胀,孔隙水排出的同时,孔压就减少。

②产生液化:土体中气体体积百分比为零时,就变成不可压缩的。相应于孔隙水压力上升到覆盖压力相等的能量级,土体即产生液化。继续施加能量,除了使土起重塑的破坏作用外,能量纯属是浪费。

③渗透性变化:超孔压大于颗粒间的侧向压力时,致使土颗粒间出现裂隙,形成排水通道。此时,土的渗透系数骤增,孔隙水得以顺利排出。

④触变恢复:土体的强度逐渐减低,当出现液化或接近液化时,强度达到最低值。此时土体产生裂隙,而吸附水部分变成自由水,随着孔压的消散,土的抗剪强度和变形模量都有

大幅度的增长。

由 Menard 的理论可知，强夯法加固饱和土是一个动力固结过程。在强夯过程中，根据土体中的孔隙水压力、动应力和应变关系，加固区内对土体的作用分为三个阶段。

①加载阶段。在夯击的一瞬间，夯锤的冲击使地基土体产生强烈的振动和动应力。在波动影响带内，动应力和孔隙水压力急剧上升。而动应力往往大于孔隙水压力，有效动应力使土产生塑性变形，破坏土的结构。对砂土，迫使土的颗粒重新排列而密实。对黏土，体积压缩的同时，当两者的动应力差大于土颗粒的吸附能时，土颗粒周围的部分结合水颗粒析出，产生动力水聚结，形成排水通道，制造动力排水条件。

②卸荷阶段。夯击能卸去后，总动应力很快消失，而土中孔隙水压力仍保持较高的水平，从而使土体中有效应力为负并且较大，这将引起砂土、粉土的液化。而在黏性土中，当孔隙水压力大于主应力、静止侧压力及土的抗拉强度之和时，土体开裂，渗透系数骤增，形成良好的排水通道。从宏观上看，在夯点周围产生垂直破裂面，夯坑周围出现冒气、冒水现象，孔隙水压力随之迅速下降。

③动力固结阶段。卸载之后，土体中原来保持的较高孔隙水压力将随时间迁延而消散，土体排水固结。在砂土中，由于孔隙水压力消散很快。这个阶段较短，大约需要 3～5min；但在黏性土中，孔隙水压力消散较慢，可能会延续 2～4 周。随着土体排水固结的发展，土颗粒进一步靠近，逐渐重新形成新的水膜和结构连接，土的强度随之恢复和提高，达到加固地基的目的。

(3) 动力置换

对透水性极低的饱和软土，强夯可使土的结构破坏，但难以使孔隙水压力迅速消散，表现为夯点周围地面隆起，土的体积没有明显减小，因而这种土的强夯效果不好。解决方法之一是，利用夯击时的冲击力，强行将砂、碎石、块石等挤填到饱和软土层中，置换原饱和软土，形成墩柱状砂石体或密实的砂石层。这些墩柱状的砂石体经强力夯击，一般结构紧密，承载力高，变形量小，并插入饱和软土中一定深度，众多的墩柱体与周围的原地基土形成了碎石墩复合地基。同时，未被置换的下卧饱和软土，可以密实墩体或密实砂石层，并成为排水通道，在动力作用下排水固结，变得更加密实，从而使地基承载力提高，沉降减小。动力置换分为整式置换和桩式置换。前者是采用强夯法将碎石整体挤入淤泥中，其作用机理类似于换土垫层；后者是通过强夯将碎石填筑土体中，形成桩式(或墩式)的碎石墩(或桩)，其作用机理类似碎石桩，主要靠碎石内摩擦角和墩间土的侧限来维持桩体平衡，并与墩间土共同作用。

2. 施工要求

(1) 夯点的布置与加固范围

夯点可根据基础平面形状进行布置：对于某些基础面积较大的建筑物或构筑物，为便于施工，可按等边三角形或正方形布置夯点；对于办公楼、住宅建筑等，可根据承重墙位置布置夯点，一般采用等腰三角形布点，这样可保证横向承重墙以及纵墙和横墙交接处墙基下均有夯点；对于工业厂房来说，也可以按柱网来设置夯击点。

强夯置换墩墩位布置宜采用等边三角形或正方形。对独立基础或条形基础可根据基础形状与宽度进行相应布置。

根据地基土的性质和要求加固深度来确定夯点间距，以保证夯击能量能传递到深处和保护邻近夯坑周围所产生的辐射向裂隙。对于细颗粒土，为了便于超孔隙水压力消散，夯点间距不宜过小。要求加固深度较大时，第一遍的夯点间距要适当大一些。

《建筑地基处理技术规范》规定，强夯第一遍夯点间距可取夯锤直径的 2.5～3.5 倍，第二遍夯点位于第一遍夯点之间，以后各遍夯点间距可适当减小。

强夯置换法夯点间距一般比强夯法大。其间距应根据荷载大小和原土的承载力选定，当满堂布置时可取夯锤直径的 2～3 倍。对独立基础或条形基础可取夯锤直径的 1.5～2.0 倍。墩的计算直径可取夯锤直径的 1.1～1.2 倍。

（2）夯击击数、遍数与时间间隔

夯击击数是指在一个夯点上夯击最有效的次数。各夯点的夯击数，应以使夯坑的压缩量最大、夯坑周围隆起量最小为确定原则，一般为 4～10 击。

对于碎石土、砂土、低饱和度的湿陷性黄土和填土等地基，夯击时夯坑周围往往没有隆起或隆起量很小，应尽量增多夯击次数，以减少夯击遍数。对于饱和度较高的黏性土地基，随着夯击击数的增加，土体积压缩，孔隙水压力升高，但由于此类土渗透性较差，使夯坑下的地基土产生较大的侧向位移，引起夯坑周围地面隆起。此时如果继续夯击，并不能使地基土得到有效的夯实，造成浪费，有时甚至造成地基土强度的降低。

对粗颗粒土组成的渗透性好的地基，夯击遍数可少些。对细颗粒土组成的渗透性差、含水量高的地基，夯击遍数要多些。一般情况下每个夯点夯 2～4 遍。常用夯击期间的沉降量达到计算最终沉降量的 60%～90%，或根据设计要求已经夯到预定标高来控制夯击遍数。能一次夯到底或已满足要求的，可一遍夯成。

满夯的作用是加固表层，即加固单夯点间未压密土、深层加固时的坑侧松土及整平夯坑填土。其加固深度可达 3～5m 或更大，故满夯单击能可选用 500～1000kN·m 或更大，布点选用一夯接一夯交错相切或一夯压半夯，每点击数 510 击，并控制最后两击的夯沉量宜小于 3cm。

采用强夯置换法时，主要将石和砂夯实下沉至要求的深度，可以增加击数，为方便施工尽量减少夯击遍数。

两遍夯击之间应有一定的时间间隔，以利于土中超静孔隙水压力的消散。所以，间隔时间取决于超静孔隙水压力的消散时间。但是孔隙水压力的消散速率与土的性质、夯点间距等因素有关。对土颗粒细、含水量高、土层厚的黏性土地基，孔隙水压消散慢，孔压叠加，故时间间隔要长。一般透水性较好的黏性土的时间间隔为 1～2 周，透水性差的黏性土、淤泥质土时间间隔不少于 3 周。对颗粒较粗、地下水位较低、透水性较好的砂土地基或含水量较小的回填土，孔隙水压消散快，间歇时间可短些，可以连续夯。此外，夯点间距对孔隙水压力的消散有很大影响。夯点间距小，夯击能的叠加使孔压升高，因此，消散所用的时间更长。反之，夯点间距大，孔压消散比较快。在强夯实施过程中，利用埋设孔隙水压力测头及时观测孔压变化情况，确定间隔时间。

在饱和软黏土地基上采用强夯置换法时，也会造成夯坑周围孔压的升高，但是所形成的砂石墩体是良好的排水通道，地基土中的超孔隙水压力会通过这个通道进行消散。因此，也无须设置间隔时间，可连续夯击。

（3）强夯前垫层铺设

强夯前要求拟加固的场地必须具有一层稍硬的表层，使其能支承起重设备，并便于让所施加的“夯击能”得到扩散。同时也可加大地下水位与地表面的距离，对场地地下水位在

—2m深度以下的砂砾石土层，可直接施行强夯，无须铺设垫层；对软弱饱和土或地下水很浅时，或是易液化流动的饱和砂土，需要铺设砂、砂砾或碎石垫层才能进行强夯，否则土体会发生流动。

垫层厚度由场地的土质条件、夯锤重量及其形状等条件而定。当场地土质条件好，夯锤小，起吊时吸力小者，也可减小垫层厚度。垫层厚度一般为 0.5～1.5m，保证地下水位低于坑底面以下 2m。铺设的垫层不能含有黏土。

3. 施工方法

(1) 施工机具

施工主要机具是强夯锤，根据要求处理的深度和起重机的起重能力选择强夯锤质量。我国至今采用的最大夯锤质量为 40t，常用的夯锤质量为 10～25t。夯锤可采用铸钢(铸铁)锤、外包钢板的混凝土锤。底面形状宜采用圆形或多边形。锤底面积宜按土的性质确定，锤底静接地压力值可取 25～40kPa，对于细颗粒土，锤底静接地压力宜取较小值。强夯置换锤底静接地压力值可取 100～200kPa。为了提高夯击效果，锤底应对称设置若干个与其顶面贯通的排气孔，以利于夯锤着地时将坑底空气迅速排出和起锤时减小坑底的吸力。

②其他施工机械

宜采用带有自动脱钩装置的履带式起重机或其他专用设备。采用履带式起重机时，可在臂杆端部设置辅助门架，或采取其他安全措施，防止落锤时机架倾覆。

自动脱钩装置有两种：一种利用吊车副卷扬机的钢丝绳，吊起特制的焊合件，使锤脱钩下落；另一种采用定高度自动脱锤索。

(2) 施工前的准备

当场地地表土软弱或地下水位较高，夯坑底积水影响施工时，宜采用人工降低地下水位或铺填一定厚度的松散性材料，使地下水位位于坑底面下 2m。坑内或场地积水应及时排除。

施工前应查明场地范围内的地下构筑物和各种地下管线的位置和标高等，并采取必要措施，以免因施工而造成损坏。

当强夯施工所产生的振动对邻近建筑物或设备会造成有害影响时，应设置监测点，并采取挖隔振沟等隔振或防振措施。对振动有特殊要求的建筑物或精密仪器设备等，当强夯振动有可能对其产生有害影响时，应采取隔振或防振措施。

(3) 施工的步骤及要求

强夯法施工步骤：

①清理并平整施工场地。

②铺设垫层，使在地表形成硬层，用以支承起重设备，确保机械通行和施工。同时可加大地下水和表层面的距离，防止夯击的效率降低。

③标出第一遍夯点的位置，并测量场地高程。

④起重机就位，使夯锤对准夯点位置。

⑤测量夯前锤顶标高。

⑥将夯锤起吊到预定高度，待夯锤脱钩自由下落后放下吊钩，测量锤顶高程，若发现因坑底倾斜而造成夯锤歪斜时，应及时将坑底整平。

⑦重复步骤⑥，按设计规定的夯击次数及控制标准，完成一个夯点的夯击。

⑧换夯点，重复步骤④～⑦，完成第一遍全部夯点的夯击。

⑨用推土机将夯坑填平，并测量场地高程。

⑩在规定的间隔时间后，按上述步骤逐次完成全部夯击遍数，最后用低能量满夯，将场地表层土夯实，并测量夯后场地高程。

强夯置换施工步骤：

当表层土松软时应铺设一层厚为1.0～2.0m的砂石施工垫层以利于施工机具运转。随着置换墩的加深，被挤出的软土渐多，夯点周围地面渐高，先铺的施工垫层在向夯坑中填料时往往被推入坑中成了填料，施工层越来越薄，因此，施工中须不断地在夯点周围加厚施工垫层，避免地面松软。

①清理并平整施工场地，当表层土松软时可铺设一层厚度为1.0～2.0m的砂石施工垫层。

②标出夯点位置，并测量场地高程。

③起重机就位，夯锤置于夯点位置。

④测量夯前锤顶高程。

⑤夯击并逐击记录夯坑深度。当夯坑过深而发生起锤困难时停夯，向坑内填料直至与坑顶平，记录填料数量，如此重复直至满足规定的夯击次数及控制标准，完成一个墩体的夯击；当夯点周围软土挤出影响施工时，可随时清理并在夯点周围铺垫碎石，继续施工。

⑥按由内向外，隔行跳打原则完成全部夯点的施工。

⑦推平场地，用低能量满夯，将场地表层松土夯实，并测量夯后场地高程。

⑧铺设垫层，并分层碾压密实。

采用强夯置换法形成墩柱式复合地基，组成墩柱体，主要是依靠自身骨料的内摩擦角和墩间土的侧限来维持墩身平衡的，因此，材料的选择很重要。可以选择块石、碎石、角砾、砾砂、粗砂，也可选用矿渣、水泥渣、建筑垃圾及其他质地较硬的散体材料。材料的选取是比较广泛的，但是就施工来说应选择最合适的优质散体材料，应符合下列条件：

①因复合地基要达到较高的地基承载力、减少沉降和良好的排水条件，首先应考虑选用高抗剪性能的块石、碎石，其次再考虑选用砾石和粗砂。

②所选用的材料要求质坚，不易风化，水稳性好，以便在较长的时期内保持坚实状态。

③选择合理的颗粒级配，形成最紧密的排列，以提高地基的承载力，减少地基沉降。

④控制含泥量，含泥量要小于10%，因为含泥量的增加或碎石风化成黏粒将大大影响墩柱体的排水效果，减缓地基固结。

⑤在选择矿渣、水泥渣、建筑垃圾及其他人工的散体材料时，除了考虑质坚的因素外，必须考虑这些材料使用后对环境的影响，要求保护环境和使地下水资源不受影响。

夯击过程的检测及记录：

①开夯前应检查夯锤质量和落距，以确保单击夯击能量符合设计要求。

②在每一遍夯击前，应对夯点放线进行复核，夯完后检查夯坑位置，发现偏差或漏夯应及时纠正。

③按设计要求检查每个夯点的夯击次数和每击的夯沉量，对强夯置换尚应检查置换深度。

④记录每个夯点的每击夯沉量、夯击深度、开口大小、夯坑体积、填料量。

⑤场地隆起、下沉记录，特别是邻近有建筑物时。

⑥每遍夯后场地的夯沉量、填料量记录。

⑦附近建筑物的变形监测。

⑧孔隙水压力增长、消散监测，每遍或每批夯点的加固效果检测，为避免时效的影响，最有效的是检验干密度，其次为静力触探，以及时了解加固效果。

⑨满夯前根据设计基底标高，考虑夯沉预留量并整平场地，使满夯后接近设计标高。

4. 质量检验

为了对强夯过的场地做出加固效果的评价，检验是否满足设计的预期目标，强夯后的检测是必须进行的项目。

首先检查施工过程中的各项测试数据和施工记录，不符合设计要求时应及时补夯或采取其他有效措施。强夯置换法施工中可采用超重型或重型圆锥动力触探检查置换墩底情况。

检测点位置可分别布置在夯坑内、夯坑外和夯击区边缘。检验深度应超过设计处理深度。

强夯检验的项目和方法：对于一般工程，应用两种或两种以上方法综合检验，如现场十字板剪切试验、动力触探试验(轻型动力触探、重型动力触探、超重型动力触探、标准贯入试验)、静力触探试验(包括单桥探头和双桥探头两种)、旁压试验、波速试验和载荷试验；对于重要工程，应增加现场大型载荷试验；对液化场地，应做标准贯入试验。

强夯检验应在场地施工完成经时效后才能检验。对粗粒土地基，应充分使孔压消散，一般间隔时间可取 7～14d；对饱和细粒粉土、黏性土则需孔压消散、土触变恢复后才能检验，一般需 14～28d。强夯置换地基的间隔时间可取 28d。由于孔压消散后土体积变化不大，取土检验孔隙比及干密度比较准确。土触变尚未完全恢复易重受扰动，故动力触探振动易引起对探杆的握裹力，常使测值偏大。一般来说，静力触探效果较好，可作为主要的使用方法。

竣工验收承载力检验点的数量，应根据场地复杂程度和建筑物的重要性确定。对于简单场地上的一般建筑物，每个建筑地基的载荷试验检验点不应少于 3 点；对于复杂场地或重要建筑地基应根据场地变化类型，每个类型不少于 3 处。强夯面积超过 $1000m^2$ 时，每增加 $1000m^2$ 以内，应增加 1 处。强夯置换地基载荷试验检验和置换墩着底情况检验数量均不应少于墩点数的 1%，且不应少于 3 点。

强夯场地地表夯击过程中标高变化较大，勘察检验时需认真测定孔口标高，换算为统一高程，以便于夯前夯后测定结果对比。

2.1.3 水泥搅拌桩

水泥土搅拌法利用水泥作为固化剂，通过特制的深层搅拌机械，边钻进边往软土中喷射浆液或雾状粉体，在深处就地将软土固化为具有足够强度、变形模量和稳定性的水泥土，从而加固土体，适用于处理淤泥与淤泥质土、粉土、饱和黄土、素填土、黏性土以及无流动地下水的饱和松散砂土等。水泥土桩与土构成复合地基，或者紧密排列成连续壁状墙体，形成支挡结构和防水帷幕。

1. 概述

该方法适用于处理正常固结的淤泥与淤泥质土、粉土、饱和黄土、素填土、黏性土以及无流动地下水的饱和松散砂土等。当土的天然含水量小于 30%(黄土含水量小于 25%)、大于 70%或地下水的 pH 值小于 4 时不宜采用此方法。一般情况下，含有高岭石、蒙脱石等黏土矿物的软土加固效果较好，而含有伊利石、氯化物等矿物的黏性土以及有机质含量高、酸碱度较低的黏性土加固效果较差。

水泥土搅拌法有湿法(水泥浆液)和干法(干水泥粉)两种，其施工方法也分为粉喷法和浆喷法。两者的固化剂形态不同，施工机械和控制不完全一致，使得二者有所差异。

2. 加固机理

水泥土和混凝土的硬化机理不同。在混凝土中，水泥在粗填充料(比表面小、活性弱)中进行水解和水化反应，凝结速度较快。在水泥土中，水泥在土(比表面大、有一定活性)中进行水解和水化反应，且水泥掺量很小，凝结速度缓慢且作用复杂。机械的切削搅拌作用不可避免地会留下一些未被粉碎的大小土团，出现水泥浆包裹土团的现象，土团之间的大孔隙基本上已被水泥颗粒填满。所以，水泥土中有一些水泥较多的微区，在大小土团内部则没有水泥。经过较长的时间，土团内的土颗粒在水泥水解产物渗透作用下，逐渐改变其性质。因此，在水泥土中不可避免地会产生强度较大且水稳定性较好的水泥石区和强度较低的土块区。两者在空间相互交替，形成一种独特的水泥土结构。强制搅拌越充分，土块被粉碎得越小，水泥分布到土中越均匀，水泥土强度的离散性就越小，其总体强度也就越高。

(1) 水泥的水解和水化反应

普通硅酸盐水泥的主要成分有氧化钙、二氧化硅、三氧化二铝和三氧化二铁，它们通常占95%以上，其余5%以下的成分有氧化镁、氧化硫等，由这些不同的氧化物分别组成了不同的水泥矿物：铝酸三钙、硅酸三钙、硅酸二钙、硫酸三钙、铁铝酸四钙、硫酸钙等。

水泥土发生物理化学反应使水泥土固化。加固软土时，水泥颗粒表面的矿物很快与土中的水发生水解和水化作用，生成氢氧化钙、含水硅酸钙、含水铝酸钙及含水铁酸钙等化合物。

(2) 黏土颗粒与水泥水化物的作用

软土和水结合时表现出一般的胶体特征，例如土中含量最多的二氧化硅遇水后，形成硅酸胶体微粒，其表面带有钠离子(Na^+)或钾离子(K^+)，它们能和水泥水化生成的氢氧化钙中的钙离子 Ca^{2+} 进行当量吸附交换，使较小的土粒形成较大的土团粒，从而提高土体强度。

水泥水化生成的凝胶粒子的比表面积约比原水泥颗粒大1000倍，产生很大的表面能，有强烈的吸附性，能使较大的土团粒进一步结合起来，形成水泥土的团粒结构，并封闭各土团之间的空隙，形成坚固的联结，使水泥土的强度大大提高。

随着水泥水化反应的深入，溶液中析出大量的钙离子，当其数量超过上述离子交换的需要量后，则在碱性的环境下，能使组成黏土矿物的二氧化硅及三氧化铝的一部分或大部分与钙离子进行化学反应。随着反应的深入，逐渐生成不溶于水的、稳定的结晶化合物。这些新生成的化合物在水和空气中逐渐硬化，增大了水泥土的强度。其结构比较紧密，水分不易侵入，使水泥土具有足够的水稳定性。

水泥水化物中游离的氢氧化钙能吸收软土中的水和土孔隙中的二氧化碳，发生碳酸化反应，生成不溶于水的碳酸钙。

$$Ca(OH)_2 + CO_2 \rightarrow CaCO_3 \downarrow + H_2O$$

这种反应能使水泥土强度增加，但增长的速度较慢，幅度也很小。

土中 CO_2 含量很少，且反应缓慢，碳酸化作用在实际工程中可以不予考虑。

3. 水泥土的基本性质

水泥土的基本性质包括物理性质、力学性质和抗冻性能等。

水泥土的物理性质：

（1）含水量

水泥土在凝硬过程中，由于水泥水化等反应，部分自由水以结晶水的形式固定下来。水泥土含水量比原土样含水量减少 0.5％～0.7％，且随着水泥掺入比的增加而减少。

（2）重度

水泥浆的重度与软土相近，水泥土的重度与天然软土的重度相差不大，仅比天然软土增加 0.5％～3.0％。

（3）相对密度

水泥的相对密度为 3.1，一般软土的相对密度为 2.65～2.75，故水泥土的相对密度比天然软土稍大。

（4）渗透系数

随水泥掺入比的增加和养护龄期的增长，水泥土的渗透系数减小，一般可达 10^{-8}～10^{-5} cm/s 数量级。

水泥土的力学性质：

水泥土无侧限抗压强度一般为 300～4000kPa，即比天然软土大几十倍至数百倍，其变形特征随强度不同而介于脆性体与弹塑性体之间。水泥土受力开始阶段，应力与应变关系基本上符合胡克定律。当外力达到极限强度的 70％～80％时，试块的应力和应变关系不再继续保持直线关系。当外力达到极限强度时，对于强度大于 2000kPa 的水泥土则表现为脆性破坏，破坏后残余强度很小，此时的轴向应变为 0.8％～1.2％（如图 2.1.4 中的 A_{20}、A_{25} 试件）；对强度小于 2000kPa 的水泥土则表现为塑性破坏（如图 2.1.4 的 A_5、A_{10} 和 A_{15} 试件）。

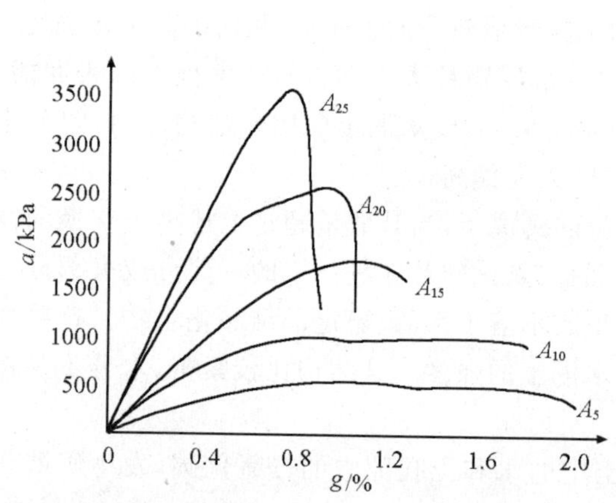

图 2.1.4　水泥土的应力—应变曲线

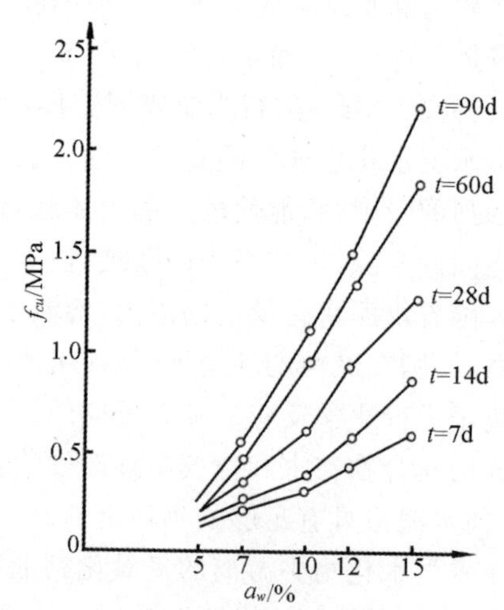

图 2.1.5　水泥土 f_{cu} 与 a_w 和 t 的关系曲线

影响水泥土强度的主要因素：

（1）水泥掺入比 a_w 对强度的影响

水泥土的强度 f_{cu} 随着水泥掺入比 a_w 的增加而增大（见图 2.1.5）。当 a_w＜5％时，由于水泥与土的反应过弱，水泥土固化程度低，强度离散性也较大，故在水泥土搅拌法的实际施工中，选用的水泥掺入比必须大于10%。

试验发现，当其他条件相同时，某水泥掺入比 a_w 的强度 f_{cux} 与水泥掺入比 $a_w=12\%$ 的强度 f_{cu12} 的比值与水泥掺入比 a_w 呈幂函数关系，其关系式如下：

$$\frac{f_{cux}}{f_{cu12}} = 41.582a_w^{1.7095} \tag{2.1.2}$$

在其他条件相同的前提下，两个不同掺入比的水泥土的无侧限抗压强度之比值随水泥掺入比的增大而增大。

(2) 龄期对强度的影响

水泥土的强度随着龄期的增长而提高。一般在龄期超过28d后仍有明显增长（见图2.1.6）。试验发现，在其他条件相同时，不同龄期的水泥土无侧限抗压强度间大致呈线性关系（见图2.1.7）。

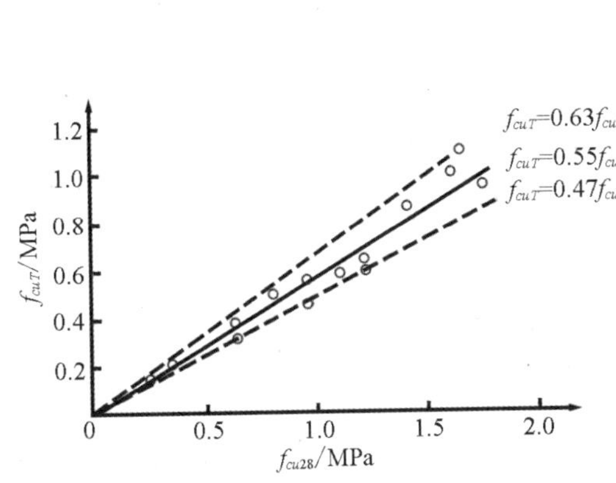

图2.1.6　水泥土的 f_{cuT} 和 f_{cu28} 的关系曲线

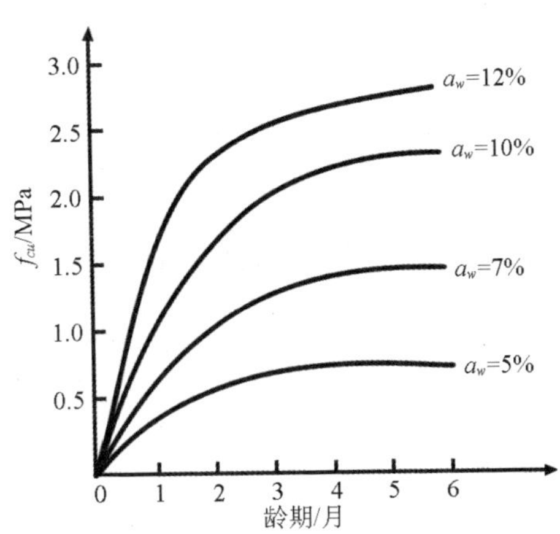

图2.1.7　水泥土掺入比、龄期与强度的关系曲线

当龄期超过3个月后，水泥土的强度增长减缓。同样，据电子显微镜观察，水泥和土的硬凝反应约需3个月才能充分完成。选用3个月龄期强度作为水泥土的标准强度较为适宜。回归分析还发现，在其他条件相同时，某个龄期（T）的无侧限抗压强度 f_{cuT} 与28d龄期的无侧限抗压强度 f_{cu28} 的比值与龄期 T 的关系具有较好的归一化性质，且大致呈幂函数关系。

(3) 水泥强度等级对强度的影响

水泥土的强度随水泥强度等级的提高而增加。水泥标号提高100号，水泥土的强度增大50%～90%。如果要求水泥土达到相同强度，水泥标号提高100号，可降低水泥掺入比2%～3%。

(4) 土样含水量对强度的影响

水泥土的无侧限抗压强度 f_{cu} 随着土样含水量的降低而增大。一般情况下，土样含水量每降低10%，则强度可增加10%～50%。

(5) 土样中有机质含量对强度的影响

有机质含量少的水泥土强度比有机质含量高的水泥土强度大。由于有机质使得土体具有较大的水溶性和塑性、较大的膨胀性和低渗透性，并使土具有酸性，这些因素都阻碍水泥水化反应的进行。因此，有机质含量高的软土，单纯用水泥加固的效果较差。

（6）外掺剂对强度的影响

不同的外掺剂对水泥土强度有着不同的影响，选择合适的外掺剂可提高水泥土强度和节约水泥用量。如木质素磺酸钙对水泥土强度的增长影响不大，主要起减水作用。石膏、三乙醇胺对水泥土强度有增强作用，而其增强效果对不同土样和不同水泥土掺入比又有所不同。

一般早强剂可选用三乙醇胺、氯化钙、碳酸钠或水玻璃等材料，其掺入量宜分别取水泥重量的 0.05%、2%、0.5%和 2%；减水剂可选用木质素磺酸钙，其掺入量可取水泥重量的 0.2%；石膏兼有缓凝和早强的双重作用，其掺入量可取水泥重量的 2%。

掺粉煤灰后，强度有所增长。不同水泥掺入比的水泥土，当掺入与水泥等量的粉煤灰后，强度均比不掺粉煤灰的提高 10%。

（7）养护方法对强度的影响

养护方法对水泥土强度的影响主要表现在养护环境的湿度和温度对其的影响。养护方法对短龄期水泥土强度的影响很大，随着时间的增长，不同养护方法下的无侧限抗压强度趋于一致，说明养护方法对水泥土后期强度的影响较小。

图 2.1.8　三轴水泥搅拌机

4. 施工方法

（1）水泥浆搅拌法

搅拌机由电动机、中心管、输浆管、搅拌轴和搅拌头组成，并有灰浆搅拌机、灰浆泵等配套设备。搅拌机可配有单搅头、双搅头或多搅头（见图 2.1.8），加固深度达 30m，形成的桩柱体直径达 60～80cm（双搅头形成“8 字”形桩柱体）。

国内搅拌机喷浆有中心管喷浆和叶片喷浆两种方式。

中心管喷浆方式中的水泥浆液是从两根搅拌轴间的另一中心管输出，这对于叶片直径在 1m 以下时，并不影响搅拌均匀度，而且它可适用于多种固化剂，除了纯水泥浆外，还可用水泥砂浆，甚至掺入工业废料等粗粒固化剂。叶片喷浆方式是使水泥浆从叶片上若干个小孔喷出，使水泥浆与土体混合较均匀，对大直径叶片和连续搅拌是合适的，但因喷浆孔小易被浆液堵塞，它只能使用纯水泥浆而不能采用其他固化剂，且加工制造较为复杂。

水泥浆搅拌法的施工工艺流程如图 2.1.9 所示。

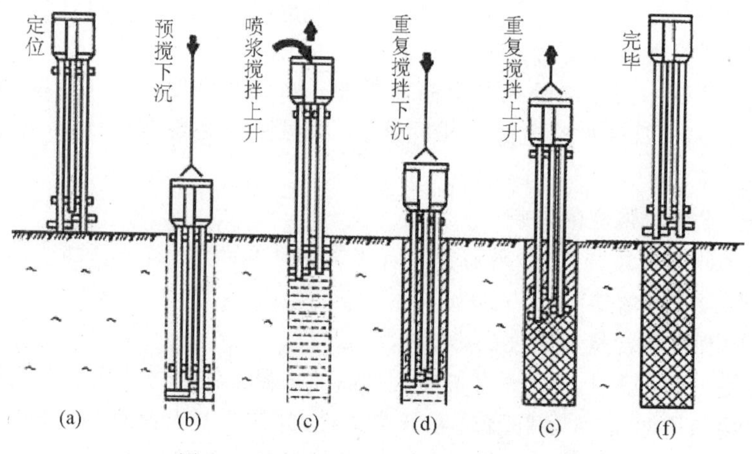

图 2.1.9　水泥浆搅拌法施工工艺流程

①定位

起重机或塔架悬吊搅拌机到达指定桩位，对中。当地面起伏不平时，应使起吊设备保持水平。

②预搅下沉

待搅拌机的冷却水循环正常后，启动电机，放松起重机钢丝绳，使搅拌机沿导向架搅拌切土下沉，下沉的速度可由电机的电流监测表控制。工作电流不应大于 70A。如果下沉速度太慢，可从输浆系统补给清水以利于钻进。

③喷浆搅拌上升

待搅拌机下沉到一定深度时，即开始按设计确定的配合比拌制水泥浆，压浆前将水泥浆倒入集料中。当水泥浆液到达出浆口后，应喷浆搅拌 30s，在水泥浆与桩端土充分搅拌后，再开始提升搅拌头。

④重复搅拌下沉、上升

搅拌机提升至设计加固深度的顶面标高时，集料斗中的水泥浆应正好排空。为使软土和水泥浆搅拌均匀，可再次将搅拌机边旋转边沉入土中，至设计加固深度后再将搅拌机提出地面。搅拌桩顶部与基础或承台接触部分受力较大，通常还可对桩顶 1.0～1.5m 范围内增加一次输浆，以提高其强度。

⑤清洗

向集料斗中注入适量清水，开启灰浆泵，清洗全部管路中残存的水泥浆，并将黏附在搅拌头上的软土清洗干净。

⑥移位

重复以上步骤，再进行下一根桩的施工。

控制施工质量的主要指标为：水泥用量、提升速度、喷浆的均匀性和连续性以及施工机械性能。

(2) 粉体喷射搅拌法

如图 2.1.10 所示，粉体喷射搅拌机械一般由搅拌主机、粉体固化材料供给机、空气压缩机、搅拌头(见图 2.1.11)和动力部分等组成。搅拌主机有单搅拌轴和双搅拌轴两种，它们都是利用压缩空气通过水泥供给机，经过高压软管和搅拌轴(中空的)将水泥粉输送到搅拌叶

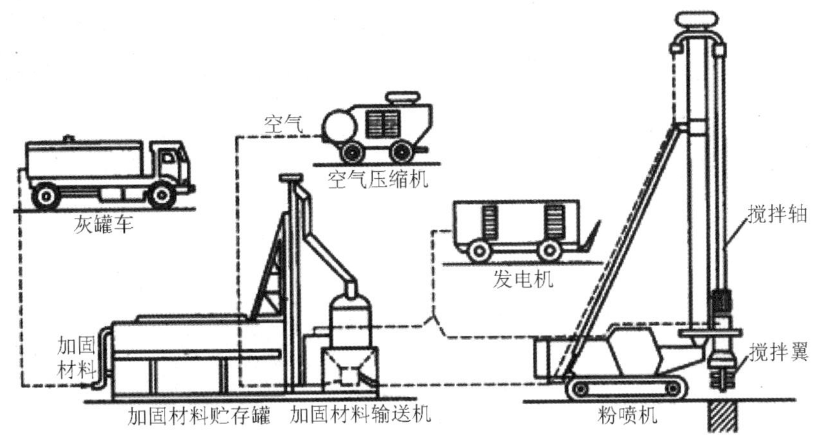

图 2.1.10 粉体喷射搅拌法的施工设备

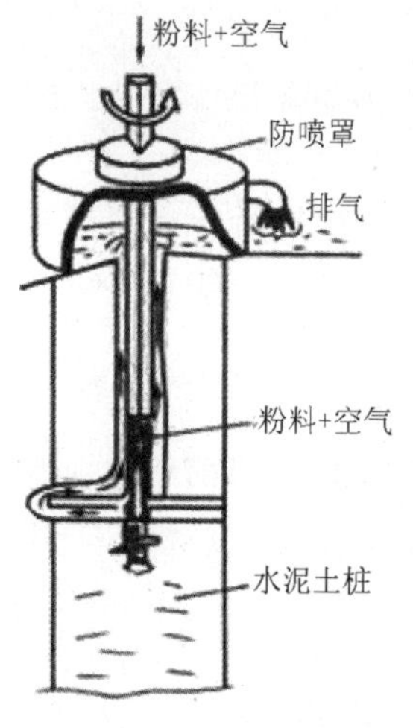

图 2.1.11　粉体喷射搅拌头

片背后喷嘴口喷出，旋转到半周的另一搅拌叶片把土与水泥搅拌混合在一起。这样周而复始的搅拌、喷射、提升，在土体内形成一个圆柱形水泥土，而与水泥材料分离出的空气通过搅拌轴周围的空隙上升到地面释放。

粉体喷射搅拌法的施工工序如图 2.1.12 所示，图 2.1.13 所示为开挖的水泥粉喷桩。

①搅拌机对准桩位

先放样定位，后移动钻进，准确对孔。对孔误差不得大于 50mm。利用支腿油缸调平钻机，钻机主轴垂直度误差应不大于 1%。

②下钻

启动主电动机，根据施工要求，以Ⅰ、Ⅱ、Ⅲ挡逐级加速，正转预搅下沉。

③钻进结束

钻至接近设计深度时，应用低速慢钻，钻机应原位钻进 1～2min。为保持钻杆中间送风通道的干燥，从预搅下沉开始直至喷粉为止，应在轴杆内连续输送压缩空气。当搅拌头下沉至设计桩底以上 1.5m 时，应立即开启喷粉机，提前进行喷粉作业直到设计桩底。

④提升喷射搅拌

搅拌头旋转一周，提升高度不得超过 16mm。提升喷灰过程中，须有自动计量装置。该装置为控制和检验喷粉桩的关键。

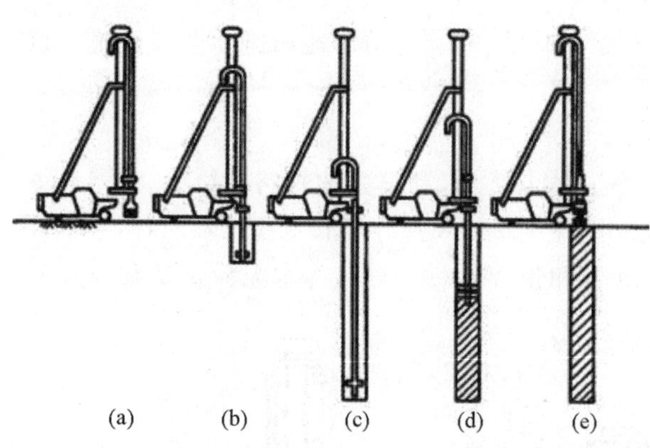

(a) 搅拌机对准桩位；(b) 下钻；(c) 钻进结束；
(d) 提升喷射搅拌；(e) 提升结束

图 2.1.12　粉体喷射搅拌法施工工序

图 2.1.13　开挖的水泥粉喷桩

⑤提升结束

当提升到设计停灰标高后，应慢速原地搅拌 1～2min。为保证粉体搅拌均匀，有时须再次将搅拌头下沉至设计深度。钻具提升至地面后，钻机移位对孔，按上述步骤进行下一根桩的施工。

5. 质量检验

质量控制贯穿于施工全过程。施工中必须随时检查施工和计量记录，逐桩评定。检查重点是：水泥用量、桩长、搅拌头转数和提升速度、复搅次数和复搅深度、停浆处理方法等。施工质量可采用以下方法检验：

(1) 轻便触探或标准贯入试验

成桩后 3d 内，可用轻型动力触探（N_{10}）检查桩身的均匀性。检验数量为施工总桩数的 1%，且不少于 3 根。用轻便触探器中附带的勺钻，在水泥土桩桩身钻孔，取出水泥土桩芯，观察其颜色是否一致、是否存在水泥浆液富集的结核或未被搅拌均匀的土团。也可用轻便触探击数判断桩身强度。

标准贯入试验可通过贯入阻抗估算水泥土的物理力学指标，检验不同龄期的桩体强度变化和均匀性。用锤击数估算桩体强度需积累足够的工程资料，可借鉴同类工程，或采用 Terzaghi 和 Peck 的经验公式：

$$f_{cu} = \frac{N}{80}$$

式中：f_{cu}——桩体无侧限抗压强度，MPa；

N——标准贯入试验的贯入击数，击。

(2) 静力触探试验

静力触探试验可连续检查桩体的强度变化。用比贯入阻力 p_s（MPa）估算桩体强度 f_{cu}（MPa）须有足够的工程试验资料，可借鉴同类工程经验或用下式估算桩体无侧限抗压强度：

$$f_{cu} = \frac{1}{10} p_s$$

用静力触探试验测试桩身强度沿深度的分布图，并与原始地基的静力触探曲线比较，可得到桩身强度的增长幅度，并能测得断浆（粉）、少浆（粉）的位置和桩长。粉喷桩中心普遍存在 5～10cm 的软芯，而直径只有 50cm，检测时，触探杆不易保持垂直，容易偏移至强度较低部位。

(3) 开挖试验

成桩 7d 后，采用浅部开挖桩头（深度宜超过停浆面下 0.5m），检查搅拌均匀性，测量成桩直径。检查量为总桩数的 5%。

(4) 截取桩段做抗压强度试验

在桩体上部不同深度现场挖取 50cm 桩段，上、下截面用水泥砂浆整平，装入压力架后用千斤顶加压，即可测得桩身抗压强度及桩身变形模量。

(5) 小应变动测方法

在 28d 龄期后，宜采用小应变动测方法检测桩身完整性，检验数量不少于桩总数的 10%。

(6) 静载荷试验

《建筑地基处理技术规范》(JGJ 79—2012)强制规定，竖向承载水泥土搅拌桩地基竣工验收时，承载力检测应采用复合地基载荷试验和单桩载荷试验。对于单桩复合地基载荷试验，静载板面积应为一根桩所承担的处理面积，否则，应予修正。试验标高应与基础底面设计标高相同。对单桩静载荷试验，在板顶上要做一个桩帽，以便受力均匀。

载荷试验宜在 28d 龄期后进行，检验数量为桩总数的 0.5%～1%，且每个场地不得少于

3 点。若试验值不符合设计要求时，应增加检验孔的数量。

应当注意的是，设计时的参数均以 90d 标准选取，其承载力对于龄期的换算关系完全不同于室内水泥土强度的换算关系。根据经验及资料分析，一般认为由 28d 龄期的单桩承载力推算 90d 龄期的单桩承载力可以乘以 1.2～1.3 的系数(主要与单桩试验的破坏模式有关)，由 28d 龄期的单桩复合地基承载力推算 90d 龄期的单桩复合地基承载力可以乘以 1.1 左右的系数(主要与桩土模量比例等因素有关)。

(7) 取芯检验

钻芯法可直观地检验桩体强度和搅拌的均匀性。取芯通常用 ϕ108 双管单动取样器，并做无侧限抗压强度试验。钻芯法应有良好的取芯设备和技术，确保桩芯的完整性和原状强度。进行无侧限强度试验时，可视取样时对桩芯的损害程度，将设计强度指标乘以 0.7～0.9 的折减系数。钻芯法应在 28d 龄期后进行，检验数量为桩总数的 0.5%，且每个场地不少于 3 根。

(8) 沉降观测

建筑物竣工后，尚应观测沉降、侧向位移等，这是最为直观的理想方法。沉降观察资料的积累，对设计计算方法的进一步完善有着重要的指导价值。

(9) 围护水泥土搅拌桩检验内容

检验内容包括墙面渗漏水情况，桩墙的垂直和整齐度情况，桩体的裂缝、缺损和漏桩情况，桩体强度和均匀性，桩顶水平位移量，坑底渗漏和隆起情况等。

2.2 地下连续墙

2.2.1 施工过程

1. 地下连续墙的分类

地下连续墙按其填筑的材料，分为土质墙、混凝土墙、钢筋混凝土墙(又有现浇和预制之分)和组合墙(预制钢筋混凝土墙板和现浇混凝土的组合，或预制钢筋混凝土墙板和自凝水泥膨润土泥浆的组合)；按其成墙方式，分为桩排式、壁板式、桩壁组合式；按其用途分为临时挡土墙、防渗墙、用作主体结构兼作临时挡土墙的地下连续墙、用作多边形基础兼作墙体的地下连续墙。

所谓桩排式地下连续墙，实际上就是把钻孔灌注桩并排连接所形成的地下墙。在上海地区深基坑围护结构用得相当广泛。由于它可归类于钻孔灌注桩，此处不作讨论。

目前，我国建筑工程中应用最多的还是现浇钢筋混凝土壁板式连续墙，这是本书讨论重点。壁板式地下墙既可作为临时性的挡土结构，也可兼作地下工程永久性结构的一部分。其构造形式又可分为四种，如表 2.2.1 所示。其中分离式、整体式、重壁式均是基坑开挖以后再浇筑一层内衬而成。内衬厚度可取 20～40cm。

表 2.2.1　地下连续墙的构造形式

方　式	结合法	方　式	结合法
分离式	中间支点 本体构造构物 地下连续墙 支点	独壁式	结合部 地下连续墙 本体构造物
整体式	结合部 本体构造物 地下连续墙	重壁式	衬垫材料 地下连续墙 本体构造物

2. 地下连续墙施工方法简述

地下连续墙采用逐段施工方法，且周而复始地进行。每段的施工过程大致可分为五步，如图 2.2.1 所示。

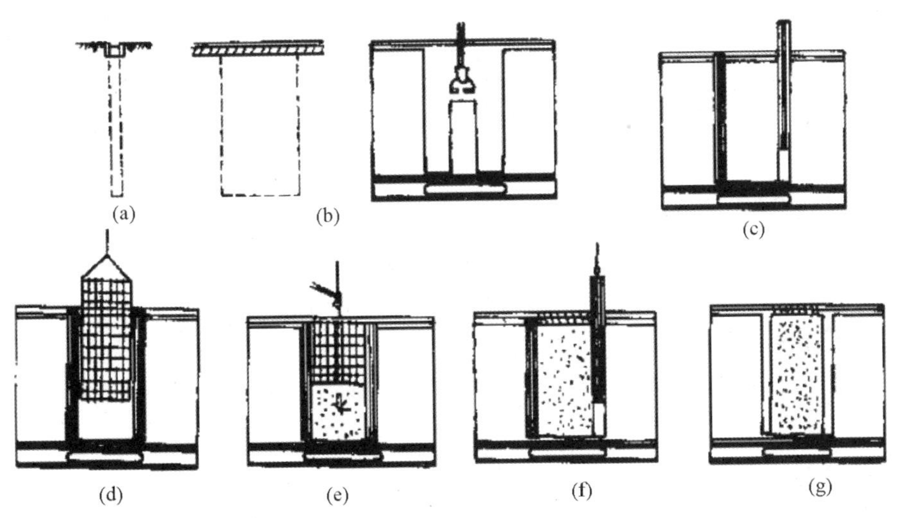

(a) 准备开挖的地下连续墙沟槽；(b) 用专用机械进行沟槽开挖；(c) 安放接头管；
(d) 安放钢筋笼；(e) 水下混凝土灌筑；(f) 拔除接头管；(g) 已完工的槽段

图 2.2.1　地下连续墙施工程序

①利用专用挖槽机械开挖地下连续墙槽段，在进行挖槽过程中，沟槽内始终充满泥浆，以保证槽壁的稳定。

②当槽段开挖完成后，在沟槽两端放入接头管（又称锁口管）。

③将先加工好的钢筋笼插入槽段内，下沉到设计高度。当钢筋笼太长，一次吊沉有困难时，须将钢筋笼分段焊接，逐节下沉。

④待插入用于水下灌筑混凝土的导管后，即可进行混凝土灌筑。

⑤待混凝土初凝后，及时拔去接头管。这样，便形成一个单元的地下连续墙。

作为地下连续墙的整个施工工艺过程，还包括施工前的准备，泥浆的制备、处理和废弃等许多细节。图 2.2.2 展示了地下连续墙的整个施工过程。

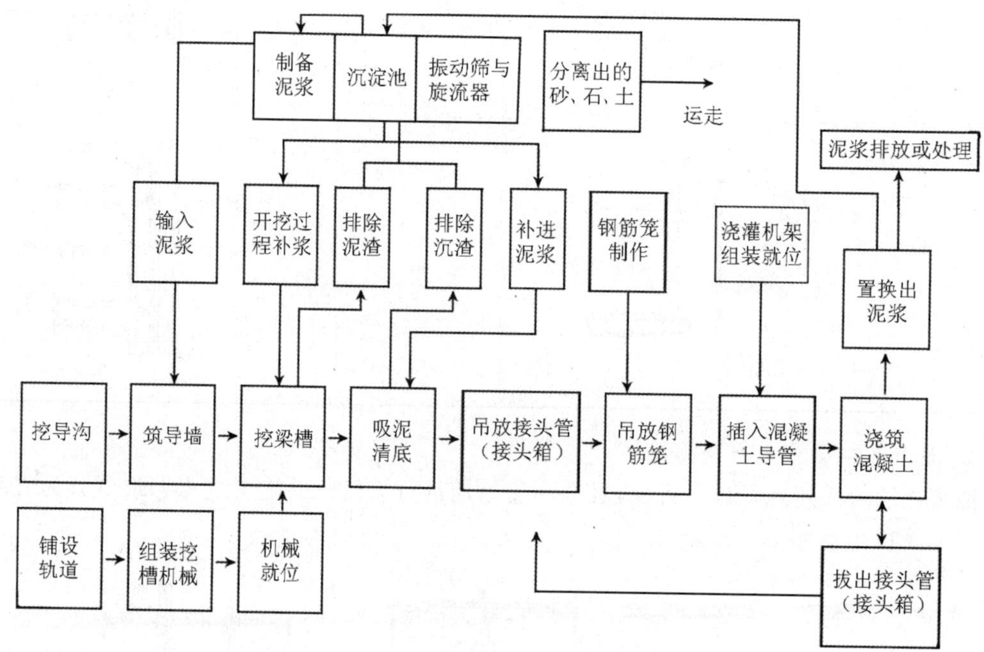

图 2.2.2　现浇钢筋混凝土地下连续墙的施工过程

2.2.2　主要施工工序

地下连续墙作为一种地下工程的施工方法，由诸多工序组成。作为一个代表性例子，图 2.2.3 描述了采用多头钻钻机挖掘和稳定液护壁的施工场面。

虽然地下连续墙的施工过程较为复杂，施工工序颇多，但其中修筑导墙、泥浆的制备和处理、槽段开挖、钢筋笼的制作和吊装以及水下混凝土浇灌是主要的工序。现分述如下。

1. 修筑导墙

(1) 导墙的作用

导墙作为地下连续墙施工中必不可少的构筑物，具有以下作用。

①控制地下连续墙施工精度

导墙与地下墙中心相一致，规定了沟槽的位置走向，可作为量测挖槽标高、垂直度的基准，导墙顶面又作为机架式挖土机械导向钢轨的架设定位。

②挡土作用

由于地表土层受地面超载影响，容易坍陷，导墙起到挡土作用。为防止导墙在侧向土压作用下产生位移,一般应在导墙内侧每隔 1~2m 加设上下两道木支撑。

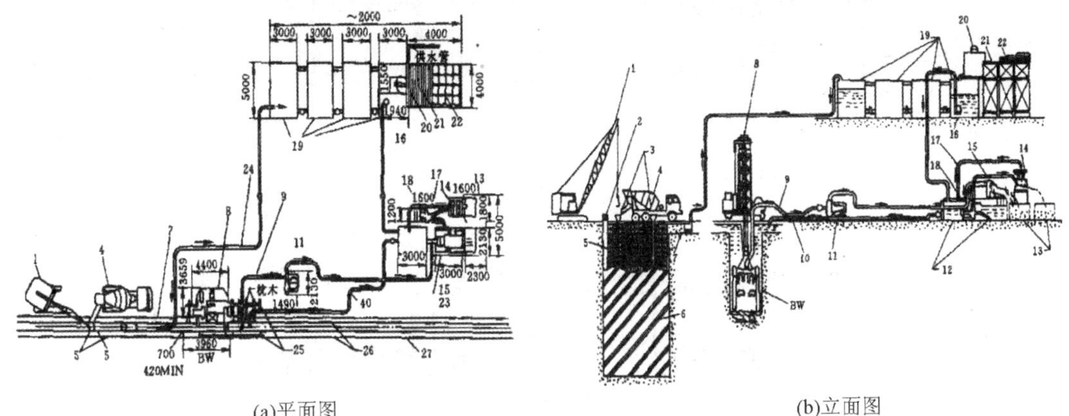

(a)平面图　　(b)立面图

1-履带式起重机;2-连锁管;3-水下灌筑混凝土导管;4-混凝土搅拌机;5-钢筋笼;6-正在灌筑的混凝土;7-潜水式砂石泵;8-多头钻钻机及机架;9-反循环管;10-稳定液供应管;11-反循环吸扬泵;12-稳定液处理罐;13-排渣容器;14-旋流器;15-振动筛;16-潜水式砂石泵;17-旋流器溢流管;18-旋流器泥浆泵;19-具有 2m 高度的稳定液储藏罐;20-制作稳定液的搅拌机;21-工作平台;22-膨润土;23-具有 2m 高度的稳定液处理储藏罐;24-灌筑混凝土后被溢出的稳定液的回收管;25-钢轨;26-导墙;27-横撑

图 2.2.3　地下连续墙施工场地布置

③重物支承台

施工期间,承受钢筋笼、灌筑混凝土用的导管、接头管以及其他施工机械的静、动荷载。

④维持稳定液面的作用

导墙内存蓄泥浆,为保证槽壁的稳定,要使泥浆液面始终保持高于地下水位一定的高度。关于此高度值的确定,各国的规定和有关文献不尽一致,大多数规定为 1.25~2.0m。类似于上海这样的沿海地区,地下水位一般在地面以下 0.5~1.0m,故如要满足上述要求,将大大增加施工困难和提高施工成本。实际操作时,导墙并没有因此而专门加高,绝大多数工程也是成功的。因此认为导墙顶标高的确定,只要使泥浆液面保持高于地下水位 1.0m,一般能满足要求。

(2) 导墙的形式

导墙一般采用现浇钢筋混凝土结构。但也有钢制的或预制钢筋混凝土的装配式结构,目的是想能多次重复使用。但根据工程实践,采用现场浇筑的混凝土导墙容易做到底部与土层贴合,防止泥浆流失,而其他预制式导墙较难做到这一点。图 2.2.4 所示为各种形式的现浇钢筋混凝土导墙。

其中形式(a)、(b)断面较简单,它适用于表层土质良好(如密实的黏性土等)和导墙上荷载较小的情况。形式(c)、(d)为应用较多的两种,适用于表层土为杂填土、软黏土等承载能力较弱的土层。形式(e)适用于作用在导墙上的荷载很大的情况,可根据荷载的大小计算并确定其伸出部分的长度。形式(f)适用于邻近建筑物的情况,有相邻建筑物的一侧应适当加强。当地下水位很高而又不采用井点降水时,为确保导墙内泥浆液面高于地下水位 1m 以上,需将导墙上提而高出地面。在这种情况下,需在导墙周边填土,可采用形式(g)的导墙。

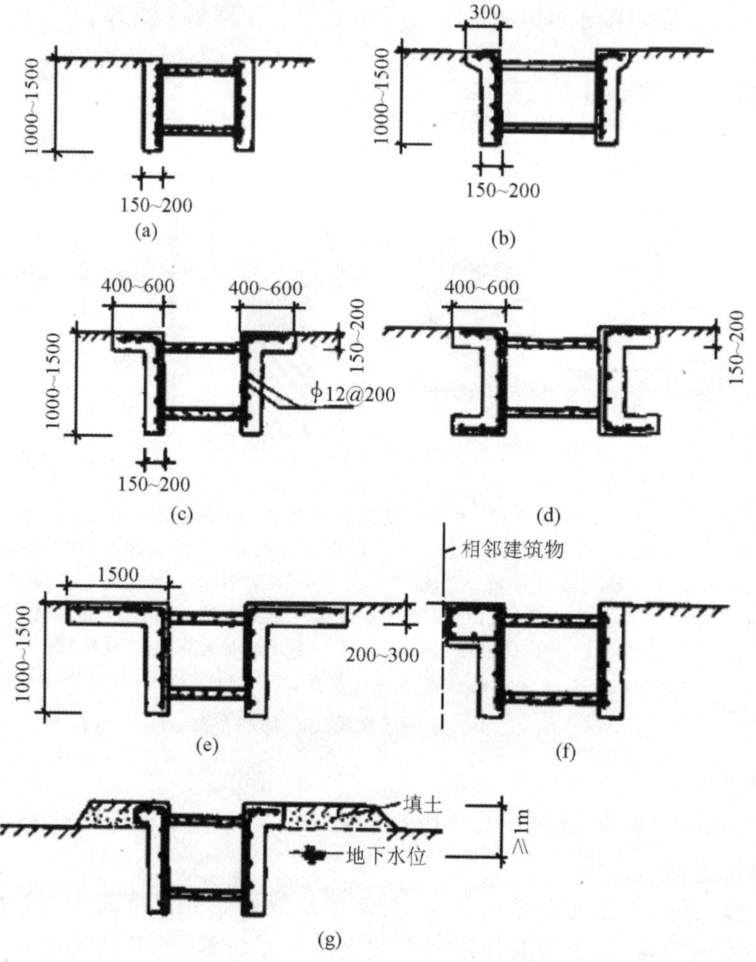

图 2.2.4　各种形式的导墙

(3) 导墙施工

导墙一般采用 C20 混凝土浇筑，配筋通常为 $\phi12\sim\phi14@200$。当表土较好，在导墙施工期间能保持外侧土壁垂直自立时，则以土壁代替外模板，避免回填土，以防槽外地表水渗入槽内。如表土开挖后外侧土壁不能垂直自立，外侧需设模板。导墙外侧的回填土应用黏土回填密实以防止地面水从导墙背后渗入槽内，引起槽段塌方。

地下墙两侧导墙内表面之间的净距，应比地下连续墙厚度略宽，一般为 40mm 左右。导墙顶面应高于地面 100mm 左右，以防雨水流入槽内稀释及污染泥浆。

现浇钢筋混凝土导墙拆模以后，应沿其纵向每隔 1m 左右设上、下两道木支撑，将两片导墙支撑起来，在导墙的混凝土达到设计强度之前，禁止任何重型机械和运输设备在旁边行驶，以防导墙受压变形。

2. 泥浆的制备和处理

(1) 泥浆的作用

在地下连续墙挖槽过程中，泥浆的作用是护壁、携渣、冷却机具和切土滑润，其中护壁为最重要的功能。泥浆的正确使用，是保证挖槽成败的关键。

泥浆具有一定的密度，在槽内对槽壁有一定的静水压力，相当于一种液体支撑。泥浆能渗入土壁形成一层透水性很低的泥皮，有助于维护土壁的稳定性。

泥浆具有较高的黏性，能在挖槽过程中将土渣悬浮起来。这样就可使钻头时刻钻进新鲜土层，避免土渣堆积在工作面上影响挖槽效率，又便于土渣随同泥浆排出槽外。泥浆既可降低钻具因连续冲击或回转而上升的温度，又可减轻钻具的磨损消耗，有利于提高挖槽效率并延长钻具的使用时间。

挖槽筑墙所用的泥浆不仅要有良好的固壁性能，而且要便于灌筑混凝土。如果泥浆的膨润土浓度不够、密度太小、黏度不大，则难以形成泥饼、难以固壁、难以保证其携砂作用。但如果黏度过大，也会发生泥浆循环阻力过大、携带在泥浆中的泥砂难以除去、灌筑混凝土的质量难以保证以及泥浆不易从钢筋笼上驱除等弊病。泥浆还应有一定的稳定性，保证在一定时间内不出现分层现象。

(2) 沟槽开挖临界深度

沟槽的允许开挖深度，与土质情况、开槽的形状、长度、宽度及施工方法等诸多因素有关。当然也与护壁泥浆的性能密切相关。开挖临界深度的确定，一般应根据经验或通过现场实地试验确定。

(3) 护壁泥浆的成分

地下连续墙挖槽护壁用的泥浆除通常使用的膨润土泥浆外，还有聚合物泥浆、CMC泥浆及盐水泥浆，其主要成分和外加剂如表2.2.2所示。

表2.2.2 护壁泥浆的主要成分和外加剂

泥浆种类	主要成分	常用的外加剂
膨润土泥浆	膨润土、水	分散剂、增黏剂、加重剂、防漏剂
聚合物泥浆	聚合物、水	—
CMC泥浆	CMC、水	膨润土
盐水泥浆	膨润土、盐水	分散剂、特殊黏土

目前，我国工程中使用最多的是膨润土泥浆。膨润土泥浆的成分为膨润土、水和一些外加剂。膨润土是一种颗粒极其细小、遇水显著膨胀(在水中膨胀后的重量可增到原来干重量的600%～700%)、黏性和可塑性都很大的特殊黏土。

膨润土并不是单一的黏土矿物，而是由几种黏土矿物所组成，其中最主要的是蒙脱石。其矿物成分见表2.2.3。

表2.2.3 膨润土的矿物成分

产地	SiO_2	Al_2O_3	Fe_2O_3	CaO	MgO	细度(目/cm^2)	硅铝率
吉林九台	75.46	13.23	1.52	1.45	2.09	300	5.1
浙江临安	64.09	15.21	2.57	0.96	0.19	260	3.6
南京龙泉	61.75	15.68	2.15	2.21	2.57	260	3.4

注：硅铝率$=\dfrac{SiO_2}{Al_2O_3+Fe_2O_3}$，硅铝率≥4称膨润土，<4称高岭土。

膨润土分散在水中，其片状颗粒表面带负电荷，端头带正电荷。如膨润土的含量足够多，则颗粒之间的电键使分散系形成一种机械结构，膨润土水溶液呈固体状态。这种水溶液一经触动（摇晃、搅拌、振动成通过超声波、电流），颗粒之间的电键即遭到破坏，膨润土水溶液就随之而变为流体状态。如果外界因素停止作用，该水溶液复又变作固体状态。这种特性称作触变性，这种水溶液就称为触变泥浆。

制备泥浆的水一般选用纯净的自来水，水中的杂质和 pH 值过高或过低，均会影响泥浆的质量。

为了使泥浆的性能适合于地下连续墙挖槽施工的要求，通常要在泥浆中加入适当的外加剂。

外加剂按其功能可分为四类。

①加重剂

有时为了对付很松软的土层、较高的地下水位或承压水的压力，需要加大泥浆的密度，以维护槽壁的稳定性。这单靠增大膨润土的浓度是不行的，因为泥浆太浓既难于运送也影响挖槽速度。于是加入一些密度较大的物质，以增大泥浆的密度。这类外加剂就称之为"加重剂"，如重晶石、珍珠岩（密度在 4.15g/cm^3 以上）、方铅矿（密度 6.8g/cm^3）粉末和铁砂等。

②增黏剂

有时为了增大泥浆的黏度，可掺入适量的"增黏剂"。增黏剂一般用 CMC。这是一种白色粉末状的掺合物，其主要成分是羧甲基钠纤维素。在泥浆中掺入少量的 CMC，可提高泥浆的黏度，增大屈服值，防止沉淀，维护槽壁的稳定性。

如果单独使用 CMC，会降低钢筋与混凝土间的握裹力，宜与分散剂共同使用，常用量为：增黏剂 CMC 为水重的 0.050％～0.10％，分散剂 PCL 为 0.10％～0.50％。

③分散剂

由于水泥中的钙离子、地下水中钠离子、锰离子混入泥浆，能使泥浆密度增大、pH 值增大、凝胶化倾向增大、黏性增大、形成泥皮的能力降低、膨润土颗粒凝聚、影响挖槽精度，甚至导致槽壁坍塌。分散剂的作用一般为：增多膨润土颗粒表面吸附的负电荷，以便有阳离子混入与之中和；使有害的离子产生惰性；对有害的离子进行置换。

"分散剂"大体有以下四类。

木质素矾酸盐类：一般采用铁铬木质素矾盐钠（商品名为泰钠特 FCL）。这是以纸浆废液为原料的特殊木质素矾酸盐，黑褐色，易溶于清水或盐水。

复合磷酸盐类：所用为六甲基磷酸钠、板状硅藻岩，过去主要用于石油钻井，能置换有害离子，用量一般是 0.1％～0.5％。

腐殖酸系：一般采用腐殖酸钠（商品名为泰尔钠特 B）。这是在黑煤等原料中加入稀硝酸，再用苛性钠与之中和而获得的，易溶于清水，但不溶于盐水而要发生沉淀，具有提高膨润土颗粒的电位和置换有害离子的作用。

碱类：一般用碳酸钠（Na_2CO_3）、碳酸氢钠（$NaHCO_3$）。这样能使 Ca 离子产生惰性而不使 Na 离子产生惰性。混入海水易使膨润土颗粒凝聚。用量适当，对防止水泥污染泥浆效果很好，但若过量反而会降低效果，其限值依膨润土种类而异，一般为 0.05％～0.1％。

④防漏剂

开挖沟槽时，如槽壁为透水性较大的砂或砂砾层，或由于泥浆黏度不够、形成泥皮的能力较弱等因素，会出现泥浆漏失现象。此时，需在泥浆中掺一定数量的防漏剂，如锯末（用量为1%～2%)、蛭石粉末、稻草末、水泥(用量在$17kg/m^3$以下)、有机纤维素聚合物等。

表2.2.4给出了不同地层中的泥浆配合比的取值范围,表2.2.5给出了处于淤泥质土层中某地下连续墙工程的泥浆配合比及其性能指标。

表2.2.4 在不同地层中的泥浆配合比

地　层	膨润土/%	增黏剂CMC/%	分散剂/%	其　他
黏性土	5～8	0～0.02	0～0.5	
砂	5～8	0～0.05	0～0.5	
砂砾	8～12	0.05～0.1	0～0.5	堵漏剂

表2.2.5 淤泥质黏土中某工程采用的泥浆配合比及性能指标

水	100g	泥皮厚/(mg/30min)	1.0
陶土粉	7.9g	静切力10min/(mg/cm^2)	20
纯　碱	0.37g	含砂率10min/%	4
CMC	0.093g	pH值	8～9
比　重	1.05	胶体率	100
黏度、秒/(500cc/700cc)	25	稳定率	<0.005
失水量/(mL/30min)	7～8		

(4)泥浆质量的控制指标

在施工过程中,要保证泥浆的物理、化学的稳定性和合适的流动特性。既要使泥浆在长时间静置情况下,不至于产生离析沉淀,又要使泥浆有很好的触变性。因此要对泥浆的各项控制指标进行监控,以便及时调整,通常可对以下指标进行测定和控制。

①泥浆密度

在地下连续墙施工方法中,泥浆的密度是一项极为重要的指标,须严格控制。通常每隔2h用密度计量测一次。在保证正常工作的前提下,泥浆密度应尽量低(小于$1.15g/cm^3$)。否则既影响混凝土的灌筑工作,又会因为黏度大、流动性差而消耗循环设备的功率。

②泥浆黏度和切力

黏度是液体内部阻碍其相对流动的一种特性。黏度可用漏斗黏度计进行量测。泥浆中的黏土颗粒由于形状不规则,表面带电性质和亲水性不均匀,常形成网状结构。破坏泥浆中网状结构单位面积上所需的力,称为泥浆极限静切力,也简称泥浆切力。

泥浆切力常用符号θ表示,其单位常采用mg/cm^2。

③泥浆失水量和泥饼厚度

泥浆在沟槽内受压差的作用,部分水掺入土层,这种现象叫泥浆的失水。滤失的多少叫泥浆的失水量。在泥浆失水的同时,槽壁上形成一层固体颗粒的胶结物叫泥饼。若泥浆失水量小,泥饼薄而致密,有利于稳定槽壁。泥饼厚度的测试通常和测定泥浆失水量一起进行,即利用泥浆失水量测定器,在其下部加设滤纸,在30min后,取出滤纸泥饼,量其厚度即可。

④泥浆含砂量

泥浆含砂量是指泥浆中不能通过200号筛孔,即直径大于0.074mm的砂子所占泥浆体积的百分数。泥浆含砂量高，易磨损钻具，影响泥饼质量。

⑤泥浆 pH 值

泥浆 pH 值也叫泥浆酸碱值。泥浆 pH 值的大小表示了泥浆碱性的强弱。pH=7 时，泥浆为中性；pH>7 时，泥浆为碱性；pH 越大，碱性越强。pH 一般以 7.5～8.5 为宜。

⑥泥浆胶体率和稳定性

胶体率：将 100mL 泥浆倾入 100mL 的量筒中，用玻璃片盖上静置 24h 后，观察量筒上部澄清液的体积。如其澄清液为 5mL，则该泥浆的胶体率为 95%，沉淀率为 5%。泥浆胶体率一般应大于 95%。

沉降稳定性是衡量地心吸引力作用下，泥浆是否容易下沉的性质。若下沉速度很小甚至可略而不计，则称此泥浆具有沉降稳定性。进行稳定性试验时，对已静置 1h 以上的泥浆，从其容器的上部 1/3 和下部 1/3 处各取出泥浆试样，分别测定其密度，如这两者没有差别则认为泥浆质量合格。对于一般的软土地基，泥浆质量的控制指标如表 2.2.6 所示。

表 2.2.6　泥浆质量的控制指标

指标名称	新制备的泥浆	使用过的循环泥浆
黏度/s	19～21	19～28
密度/(g/cm^3)	<1.05	<1.20
失水量/(mL/30min)	<10	<20
泥皮厚度/mm	<1	<2.5
稳定性/%	100	—
pH 值	8～9	<11

(5) 泥浆的制作和再生处理

地下连续墙施工中所需的泥浆数量，决定于一次同时开挖槽段的大小、泥浆的各种损失及制备和回收处理泥浆的机械能力。一般是参考类似工程的经验决定。

用于地下连续墙施工的泥浆，其制作基本流程见图 2.2.5，主要机械及设备见表 2.2.7。

表 2.2.7　有关泥浆设施的主要机械及设备

设　施		主要机械和设备
搅拌设备		泥浆材料储存库；工作平台；清水池和给水设备；搅拌器；新鲜泥浆储浆；送浆泵
再生处理设施	物理再生处理	振动筛和出渣槽；旋流器和出渣槽；沉淀池；送泥泵(旋流器用)
	化学再生处理	分散剂；其他掺和物的供给装置和混合装置
再生调制设施		搅拌器；储浆池
循环泥浆储浆池		新鲜泥浆储浆池；可用泥浆储浆池、沉淀池
出渣设施		出渣槽；皮带输送机；料斗
废弃设施		废弃泥浆处理机；出渣设备

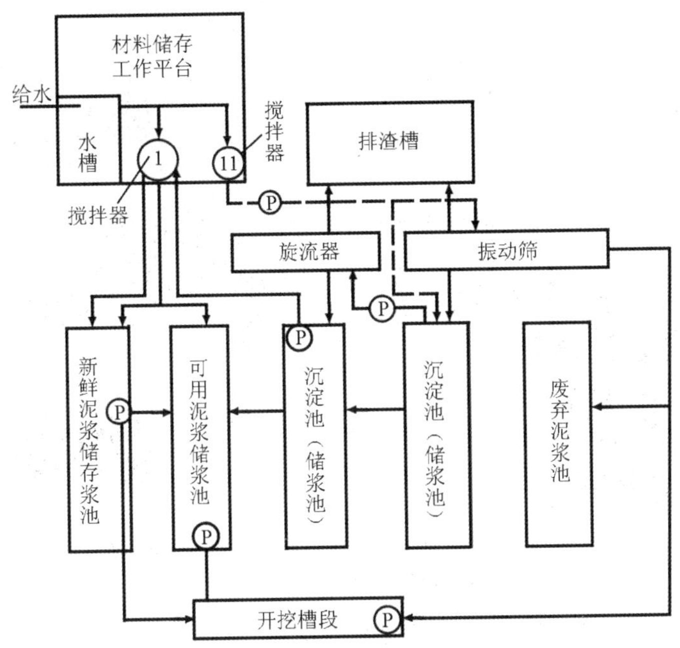

1 -泥浆搅拌器；11 -化学制作处理搅拌器；P -循环用泵

图 2.2.5　泥浆制作基本流程

搅拌泥浆的方法和设备有：(1) 胶质灰浆搅拌器；(2) 螺旋桨式搅拌器；(3) 压缩空气搅拌(把压缩空气喷入膨润土和水的混合物从而引起充分搅动)；(4) 离心泵重复循环(离心泵将膨润土和水的混合物以高速送回料斗，在料斗底部形成旋涡)。

通过沟槽循环或混凝土置换而排出的泥浆，由于膨润土、CMC 等主要成分的消耗以及土渣和电解质离子的混入，其质量比原泥浆显著恶化。其恶化程度因挖槽方法、地基条件和混凝土灌筑方法等施工条件而异。应根据泥浆的恶化程度，决定舍弃或进行再生处理。

对于携带土渣的泥浆一般采用重力沉降和机械处理等方法。最好是将这两种方法组合使用。

重力沉降处理是利用泥浆和土渣的密度差使土渣沉淀的方法。沉淀池的容积愈大或停留时间愈长，沉淀分离的效果愈显著。所以最好是采用大沉淀池。其容积一般为一个单元槽段的有效容积的 2 倍以上。沉淀池设在地上或地下均可，要考虑循环、再生、舍弃、移动等操作方便，再结合现场条件进行合理配置。

机械处理方法通常是使用振动筛和旋流器(见图 2.2.6)。

振动筛是通过强力振动将土渣与泥浆分离的设备。经过振动筛除去较大土渣的泥浆，尚带有一定量的细小砂粒。旋流器是使泥浆产生旋流，使砂粒在离心力作用下集聚在旋流器内壁，再在自重作用下沉落排渣。给浆压力一般控制在 2.5～3.5kg/cm^2。旋流器的尺寸取决于泥浆的处理量、黏度、密度、土颗粒的混入率等，通过底部阀门来调节处理效果。

无法再回收使用的废弃泥浆，在运走以前，应对泥浆进行预处理，通常是进行泥水分离。废弃泥浆的泥水分离是在现场或在指定地方通过化学方法和机械方法，将含水量较大的废弃泥浆分离成水和泥渣两部分，水可排入河流或下水道，泥渣可用作填土，从而减少废弃泥

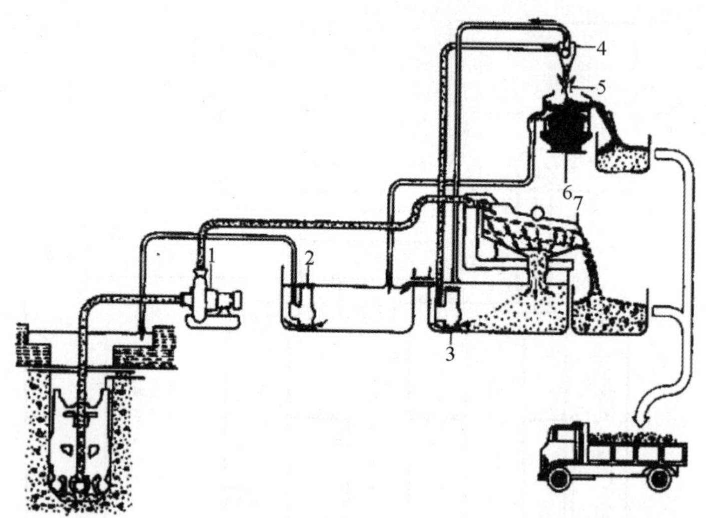

1 -吸扬泵;2 -回流泵;3 -旋流器供给泵;4 -旋流器;
5 -排渣管;6 -脱水机;7 -振动筛

图 2.2.6 泥浆、土渣机械处理

浆的运输量。

3. 槽段开挖

开挖槽段是地下连续墙施工中的重要环节,约占工期的一半,挖槽精度又决定了墙体制作精度,所以是决定施工进度和质量的关键工序。地下连续墙通常是分段施工的,每一段称为地下连续墙的一个槽段(又称为一个单元),一个槽段是一次混凝土灌筑单位。

(1) 槽段长度的确定

槽段长度的选择,从理论上说,除去小于钻机长度的尺寸不能施工外,各种长度均可施工,且越长越好,这样能减少地下墙的接头数,以提高地下连续墙防水性能和整体性。但实际上槽段长度确定是由许多因素决定的,一般应考虑以下的因素。

①地质情况的好坏:当地层很不稳定时,为了防止沟槽壁面坍塌,应减少槽段长度,以缩短造孔时间。

②周围环境:假使近旁有高大建筑物或有较大的地面荷重时,为了确保沟槽的稳定,也应缩减槽段长度,缩短槽壁暴露时间。

③工地所具备的起重机能力:根据工地所具备的起重机能力是否能方便地起吊钢筋笼等重物,来决定槽段长度。

④单位时间内供应混凝土的能力:通常可规定每槽段长度内全部混凝土量须在 4h 内灌筑完毕。

⑤工地上所具备的稳定液槽容积:稳定液槽的容积一般应是每一槽段沟槽容积的 2 倍。

⑥工地所占用的场地面积以及能够连续作业的时间:例如,在交通繁忙而又狭窄的街道上进行施工,或仅允许在晚上进行作业的情况下,为了缩短每道工序的施工时间,不得不减小槽段的长度。

在日本虽然能施工的最大槽段长度为 20m,但通常一段不超过 10m。从我国的施工经验看,槽段以 6~8m 长较合适。

(2) 槽段平面形状和接头位置

作为深基坑的围护结构或地下构筑物外墙的地下连续墙，一般多为纵向连续一字形。但为了增加地下连续墙的抗挠曲刚度，也可采用 L 形、T 形及多边形，墙身还可设计成格栅形。

地下连续墙的墙厚根据结构受力计算确定，一般为 600～1000mm，最大为 1200mm。

图 2.2.7 为地下连续墙的平面形状以及槽段划分的示意图。图中：①为矩形槽段；②为转角 L 形槽段；③为 T 形槽段；④为 U 形槽段。划分单元槽段应十分注意槽段之间的接头位置的合理设置，一般情况下应避免接头设在转角处及地下连续墙与内部结构的连接处，以保证地下连续墙有较好的整体性。

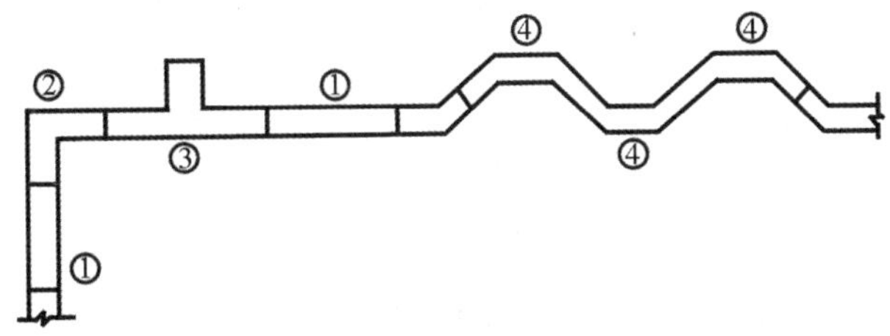

图 2.2.7　地下连续墙的平面形状以及槽段划分示意

4. 钢筋笼加工和吊放

(1) 钢筋笼加工

地下连续墙的受力钢筋一般采用Ⅰ级钢，直径不宜小于 16mm，构造筋可采用Ⅰ级钢，直径不宜小于 12mm。

钢筋笼根据地下连续墙墙体配筋图和单元槽段的划分来制作，钢筋笼最好按单元槽段做成一个整体。如果地下连续墙很深或受起重设备起重能力的限制，可分段制作，然后在吊放时再逐段连接。钢筋笼的拼接一般应采用焊接，且宜用绑条焊，不宜采用绑扎搭接接头。

钢筋笼端部与接头管或混凝土接头面间应留有 15～20cm 的空隙。主筋净保护层厚度通常为 7～8cm，保护层垫块厚 5cm，在垫块和墙面之间留有 2～3cm 的间隙。由于用砂浆制作的垫块容易在吊放钢筋笼时破碎，又易擦伤槽壁面，所以一般用薄钢板制作垫块，焊于钢筋笼上。

制作钢筋笼时，要在密集的钢筋中预留出导管的位置，以便于浇筑水下混凝土时导管的插入。由于横向钢筋有时会阻碍导管插入，所以纵向主筋应放在内侧，横向钢筋放在外侧(见图 2.2.8)。纵向钢筋的底端应距离槽底面 10～20cm。纵向钢筋底端应稍向内弯折，以防止吊放钢筋笼时擦伤槽壁，但向内弯折的程度亦不应影响浇灌混凝土的导管插入。加工钢筋笼时，要根据钢筋笼重量、尺寸以及起吊方式和吊点布置，在钢筋笼内布置一定数量的纵向桁架。

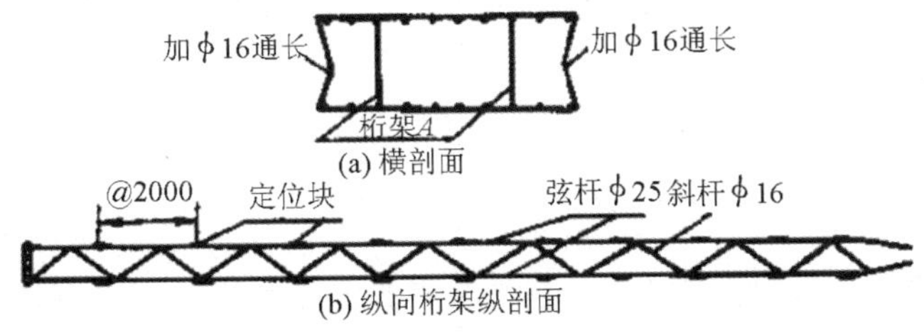

图 2.2.8　钢筋笼构造示意

地下连续墙与基础底板以及内部结构板、梁、柱、墙的连接，如采用预留锚固钢筋的方式，锚固筋一般用光圆钢筋，直径不宜超过 20mm。

钢筋笼加工场地应尽量设置在工地现场，以便于运输，且减少钢筋笼在运输途中的变形或损坏的可能性。

(2) 钢筋笼的吊放

钢筋笼起吊时，顶部要用一根横梁(常用工字钢)，其长度要和钢筋笼尺寸相适应。钢丝绳须吊住四个角。为了不使钢筋笼在起吊时产生很大的弯曲变形，通常采用两台吊车同时操作，其中一钩吊住顶部，另一钩吊住中间部位，如图 2.2.9 所示。为了不使钢筋笼在空中晃动，钢筋笼下端可系绳索用人力控制。起吊时不允许使钢筋笼下端在地面上拖引，以防造成下端钢筋弯曲变形。

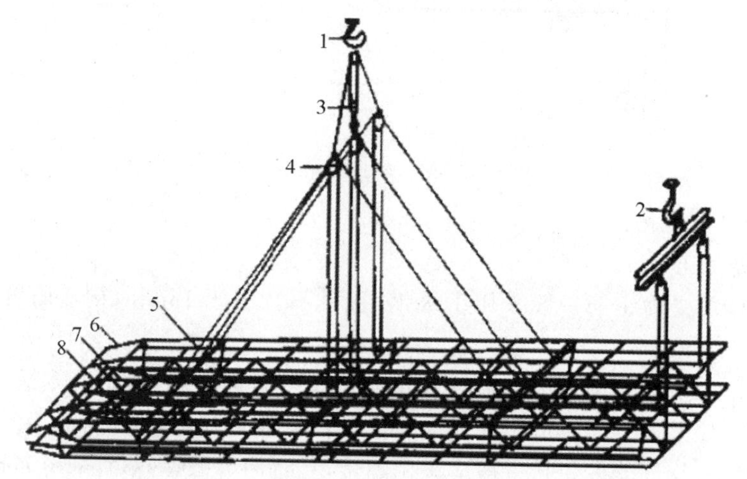

1、2 -吊钩；3、4 -滑轮；5 -卸甲；6 -钢筋笼底端向内弯折；
7 -纵向桁架；8 -横向架立桁架

图 2.2.9 钢筋笼的构造与起吊方法

插入钢筋笼时，吊点中心必须对准槽段中心，然后徐徐下降，垂直而又准确地将钢筋笼吊入槽内。在钢筋笼进入槽内时，必须注意不要使钢筋笼产生横向摆动，造成槽壁坍塌。钢筋笼插入槽内后，检查其顶端高度是否符合设计要求，然后用槽钢等将其搁置在导墙上。

如果钢筋笼是分段制作，吊放时需要接长时，下段钢筋笼要垂直悬挂在导墙上，然后将上段钢筋笼垂直吊起，上段钢筋笼的下端与下段钢筋笼上端用电焊直线连接。

如果钢筋笼不能顺利插入槽内，应该重新吊出，查明原因加以解决。如有必要，则在修槽之后再吊放。不能将钢筋笼作自由坠落状强行插入基槽，否则会引起钢筋笼变形或使槽壁坍塌，产生大量沉渣。

5. 水下混凝土灌筑

(1) 浇灌混凝土前的清底工作

槽段开挖到设计标高后，要测定槽底残留的土渣厚度。沉渣过多时，会使钢筋笼插不到设计位置，或降低地下连续墙的承载力，增大墙体的沉降。所以清除沉渣的工作非常重要。清除沉渣的工作称为清底。

清底的方法一般有沉淀法和置换法两种。沉淀法是在土渣基本都沉淀到槽底之后再进行清底;置换法是在挖槽结束之后,对槽底进行认真清理,然后在土渣还没有沉淀之前就用新泥浆把槽内的泥浆置换出来,使槽内泥浆的密度在 1.15g/cm³ 以下。我国多用后者的置换法进行清底。

清除沉渣的方法,常用的有:①砂石吸力泵排泥法;②压缩空气升液排泥法;⑧带搅动翼的潜水泥浆泵排泥法;④抓斗直接排泥法。

(2) 对混凝土的要求

由于地下连续墙槽段的浇筑过程具有一般水下混凝土浇筑的施工特点,混凝土强度等级一般不应低于 C20。混凝土的级配除了满足结构强度要求外,还要满足水下混凝土施工的要求。比如流态混凝土的坍落度宜控制在 15～20cm 左右,混凝土具有良好的和易性和流动性。

混凝土配比中水泥用量一般大于 400kg/m³,水灰比一般须小于 0.6。有资料表明,水灰比 0.6 是一个临界值。水灰比大于 0.6,则混凝土的抗渗性能将急剧下降。表 2.1.8 给出了几种典型的混凝土配合比。

表 2.1.8 混凝土几种典型配合比

混凝土强度等级	水泥标号	砂率/%	水灰比	材料用量/(kg/m³)				坍落度/cm	R28/MPa	木质素掺量/‰
				水	水泥	砂	石子			
C25	525	38	0.60	240	400	599.5	1028.9	18～22	28.5	2
C30	525	38	0.60	233	388	609.7	1046.5	15～18	31.1	2
C35	525	38	0.55	234	425	597.6	1025.6	16～18	36.4	2

(3) 混凝土浇筑

地下连续墙混凝土是用导管在泥浆中灌筑的,图 2.2.10 为导管法混凝土浇筑的示意图。

导管的数量与槽段长度有关,槽段长度小于 4m 时,可使用一根导管;大于 4m 时,应使用 2 根或 2 根以上导管。导管内径约为粗骨料粒径的 8 倍左右,不得小于粗骨料粒径 4 倍。导管间距根据导管直径决定,使用 150mm 导管时,间距为 2m;使用 200mm 导管时,间距为 3m。导管应尽量靠近接头。

在混凝土浇筑过程中,导管下口插入混凝土深度应控制在 2～4m,不宜过深或过浅。插入深度太深,容易使下部沉积过多的粗骨料,而混凝土面层聚积较多的砂浆。导管插入太浅,则泥浆容易混入混凝土,影响混凝土的强度。因此导管埋入混凝土深度不得小于 1.5m,亦不宜大于 6m。只有当混凝土浇灌到地下连续墙墙顶附近,导管内混凝土不易流出的时候,方可将导管的埋入深度减为 1m 左右,并可将导管适当地做上下运动,促使混凝土流出导管。

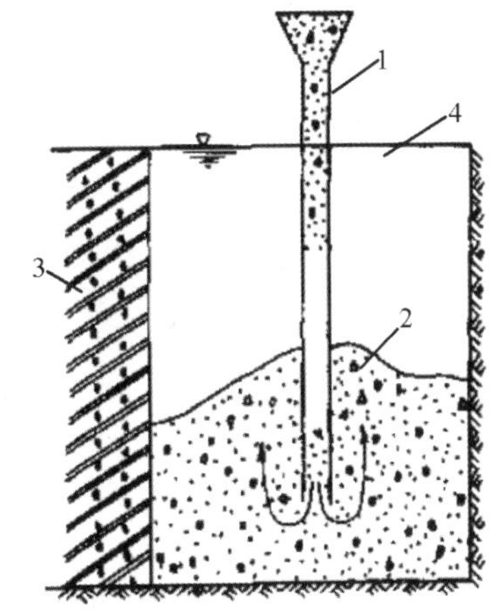

1-导管;2-正在浇灌的混凝土;3-已浇筑混凝土的槽段;4-泥浆

图 2.2.10 导管法混凝土浇灌示意

值得注意的是，混凝土要连续灌筑，不能长时间中断。一般可允许中断5～10min，最长只允许中断20～30min，以保持混凝土的均匀性。混凝土搅拌好之后，应在1.5h内灌筑完毕。在夏天由于混凝土凝结较快，所以必须在搅拌好之后1h内尽快浇完，否则应掺入适当的缓凝剂。

在灌筑过程中，要经常量测混凝土灌注量和上升高度。量测混凝土上升高度可用测锤。由于混凝土上升面一般都不是水平的，所以要在3个以上的位置进行量测。

在浇筑完成后的地下连续墙墙顶存在一层浮浆层，因此混凝土顶面需要比设计标高超浇0.5m以上。凿去该层浮浆层后，地下连续墙墙顶才能与主体结构或支撑相连成整体。

2.3 土层锚杆和土钉支护

2.3.1 土层锚杆支护

开挖大型基坑时，为减少土压力对钢板桩或排桩所引起的较大弯矩，常采用增设单层或多层土层锚杆的方法。土层锚杆是埋杆在土层深处的受拉杆体，由设置在钻孔内的钢绞线或钢筋与注浆体组成。钢绞线或钢筋一端与支护结构相连，另一端伸入稳定土层中承受内土压力和水压力产生的拉力，维护支护结构稳定。土层锚杆按使用要求分为临时性锚杆和永久性锚杆，按承载方式分为摩擦承载锚杆和支压承载锚杆，按施工方式分为钻孔溜浆锚杆（一般灌浆锚杆、高压灌浆锚杆）和直接插入式锚杆以及预应力锚杆。

土层锚杆由锚头、拉杆和锚固体组成。锚头由锚具、承压板、横梁和台座组成，拉杆采用钢筋、钢绞线制成；锚固体是由水泥浆或水泥砂浆将拉杆与土体连接成一体的抗拔构件，如图2.3.1所示。

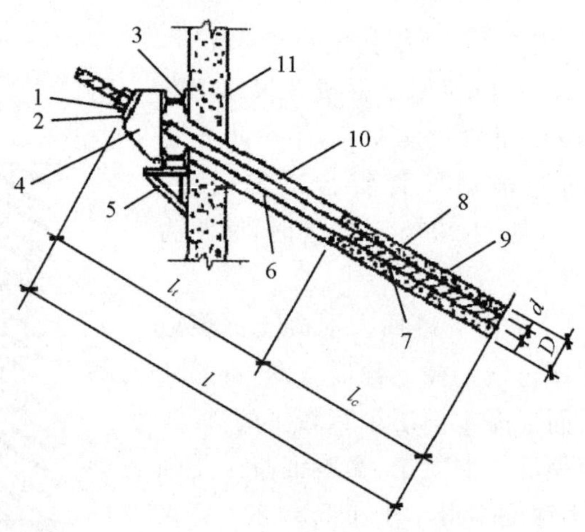

1－锚具；2－承压板；3－横梁；4－台座；5－承托支架；6－套管；7－钢拉杆；8－砂浆；9－锚固体；10－钻孔；11－挡墙；l_t－非锚固段（自由段）长度；l_c－锚固段长度；l－锚杆全长；D－锚固体直径；d－拉杆直径

图2.3.1 土层锚杆构造

锚杆以土的主动滑动面为界，分为非锚固段（自由段）和锚固段。非锚固段处在可能滑动的小稳定土层中，可以自由伸缩，其作用是将锚头所承受的荷载传递到主动滑动面外的锚固段；锚固段处在稳定土层中，与周围土层牢固结合，将荷载分散到稳定土体中去。非锚固段长度不宜小于 5m，锚固段长度由计算确定。

锚杆的埋置深度要使最上层锚杆上面的覆土厚度不小于 4m，以避免地面出现隆起现象。锚杆的层数根据基坑深度和土压力大小设置一层或多层。锚杆上、下层垂直间距不宜小于 2m，水平间距不宜小于 1.5m，避免产生群锚效应而降低单根锚杆的承载力。锚杆的倾角宜为 10°～25°，但不应大于 45°。允许的倾角范围内根据地层结构，应使锚杆的锚固置于较好的土层中。

土层锚杆是锚固在土层中的受拉杆体，其承载力是由拉杆强度、拉杆与锚固体间的握裹力（黏结力）、锚固体与土壁间的摩擦阻力确定的。土层锚杆的锚固段受力时，首先通过拉杆与周边浆体的握裹力将力传递给水泥砂浆，再通过浆体将力传递给周围土体。随着荷载增加，拉杆与浆体的握裹力逐渐发展到锚固段下端，达到最大握裹力时，拉杆将与土体发生相对位移，产生拉杆与土体间的摩擦阻力。当拉杆与土体间的摩擦阻力达到极限状态时，土层锚杆进入破坏阶段。

土层锚杆施工工艺：定位→钻孔→安放拉杆→注浆→张拉锚固。

锚杆施工又分为干作业和湿作业，湿作业是在干作业上增加水冲钻孔。钻孔要求孔壁顺直，不得坍塌和松动。常用清水循环钻法，适用于较硬土层。拉杆应平直并进行防腐处理；安放锚杆要防止扭曲、扰动孔壁。灌浆管宜与拉杆绑在一起放在孔内，一次注浆管距孔底宜为 100～200mm，二次注浆应进行可灌密封处理。

注浆是土层锚杆施工的重要工序，分一次注浆法和二次注浆法。一次注浆法宜先用灰砂比 1∶1～1∶2、水灰比 0.38～0.45 的水泥砂浆，水灰比 0.45～0.5 的水泥浆，二次注浆法宜使用水灰比 0.45～0.55 的水泥浆，采用高压注浆，压力宜控制在 2.5～5.0MPa。一次注浆法用一根注浆管，二次注浆法用两根注浆管，第一次注浆的浆体达到 5MPa 后进行第二次高压注浆。由于高压注浆使浆液冲破第一次的浆体向锚固体与土的接触面间扩散，提高了锚杆的承载力。

预应力锚杆张拉锚固应在锚固段强度大于 15MPa 并达到设计强度等级的 75%后方可进行。张拉顺序应考虑对邻近锚杆的影响，采取分级加载，取设计拉力值的 10%～20%预张拉 1～2 次，使各部位接触紧密，锚筋平直，张拉至设计拉力值的 0.9～1.0 倍，按设计要求锁定。锚杆的张拉控制应力不应超过锚杆杆体强度标准值的 0.75 倍。土层锚杆锚固段采用水泥砂浆封闭防腐。拉杆周围保护层厚度不小于 10mm，自由段涂润滑油或防腐漆，外包塑料布，锚头采用沥青防腐。

2.3.2 土钉支护

土钉支护是以土钉作为主要受力构件的边坡支护技术，它由密集的土钉群、被加固的原位土体、喷射的混凝土面层和必要的防水系统组成，又称土钉墙。土钉是用作加固或同时锚固原位土体的细长杆件。通常采取土层中钻孔，置入变形钢筋并沿全长注浆的方法做成。土钉依靠与土体之间界面黏结力或摩擦力，在土体发生变形的条件下被动受力，主要是受拉力作用。

土钉支护由土钉、面层和防水系统组成。

土钉采用直径16～32mm的螺纹钢筋；与水平面夹角一般为5°～20°；长度在非饱和土中宜为基坑深度的0.6～1.2倍；软塑黏性土中宜为基坑深度的1.0倍；水平间距和垂直间距相等且乘积应不大于6m²，坚硬黏土或风化岩中可为2m，软土中为1m；土钉孔径为70～120mm，注浆强度不低于10MPa。四层采用喷射混凝土，强度等级不低于C20，厚度80～200mm，配置的钢筋网采用直径6～10mm钢筋，间距150～300mm。土钉与混凝土面层必须有效地连接成整体，混凝土面层应深入基坑底部不少于0.2m。

土钉支护具有以下特点：材料用量和工程量少，施工速度快，施工设备和操作方法简单，施工操作场地较小，对环境干扰小，适合在城市地区施工，土钉与土体形成复合土体，提高了边坡整体性和承受坡顶荷载的能力，增强了土体破坏的延性，利于安全施工；土钉支护位移小，对相邻建筑物影响小，经济效益好；土钉支护适用于地下水位以上或经降水措施后的砂土、粉土、黏性土等土体中。

土钉支扩作用机理：土钉墙是由土钉锚体与基坑侧壁土体形成的复合体，土钉锚体由于本身具有较大的刚度和强度，并在其分布的空间内与土体组成了复合体的骨架，起到约束土体变形的作用，弥补了土体抗拉强度低的缺点，与土体共同作用，可显著提高基坑侧壁的承载能力和稳定性。土钉与基坑侧壁土体共同承受外荷载和自重应力，土钉起着分担作用。土钉具有较高的抗拉、抗剪强度和抗弯刚度：当土体进入塑性状态后，应力逐渐向土钉转移；当土体开裂时，土钉内出现弯剪、拉剪等复合应力，最后导致土钉锚体碎裂，钢筋屈服。出于土钉的应力分担、应力传递与扩散作用，增强了土体变形的延性，降低了应力集中程度，从而改善了土钉墙复合体塑性变形和破坏状态。喷射混凝土面层对坡面变形起约束作用，约束力取决于土钉表面与土的摩擦阻力，摩擦阻力主要来自复合土体开裂区后面的稳定复合土体。土钉墙体是通过土钉与土体的相互作用实现其对基坑侧墙的支护作用的。

土钉支护的施工工艺：定位—钻机就位—成孔—插钢筋—注浆—喷射混凝土。

成孔钻机可采用螺旋钻机、冲击钻机、地质钻机，按规定进行钻孔施工。土钉支护应按设计规定的分层开挖深度按顺序施工，在完成上层作业面的土钉与喷射混凝土以前，不得进行下一层的开挖。插入孔中的Ⅱ级以上的螺纹钢筋必须除锈，保持平直。注浆可采用重力、低压(0.4～0.6MPa)或高压(1～2MPa)方法，水平孔应采用低压或高压注浆方法。注浆用水泥砂浆其配合比为1∶1或1∶2，用水泥浆则水灰比为0.45～0.5。

喷射混凝土的强度等级不低于C20，水灰比为0.4～0.45，砂率为45%～55%，水泥与砂石质量比为1∶4～1∶4.5，粗骨料最大粒径不得大于12mm。喷射混凝土顺序应自下而上，喷射分两次进行。第一次喷射后铺设钢筋网，并使钢筋网与土钉采用各种方法连接牢固。喷射第二层混凝土，要求表面湿润、平整，无干斑或滑移流淌现象，待混凝土终凝后2h，浇水养护7d。

本章小结

本章主要讲述了换填法、强夯法、水泥搅拌桩法、地下连续墙、土层锚杆和土钉支护的工作原理及施工工艺，涉及面大、内容多，并且和实际工程联系紧密。为了较好地掌握本章内容，学生在课外要阅读相关书籍，有条件的应进行现场学习。

思考题

1. 什么是换土垫层法？换土垫层法的原理是什么？
2. 换填垫层有哪些主要作用？
3. 换填垫层法常用的材料有哪些？如何选用换填材料？
4. 如何确定砂垫层的厚度和宽度？
5. 对灰土和素土垫层材料的要求是什么？
6. 对碎石和矿渣垫层材料的要求是什么？
7. 矿渣垫层的特性是什么？
8. 碎石垫层和矿渣垫层各有什么构造要求？
9. 粉煤灰垫层具有什么特点？
10. 何谓强夯法？试述其加固原理及适用范围。
11. 试述强夯法中夯击能转化成不同波型对地基土的作用。
12. 强夯法与重夯夯实法有何不同？
13. 何谓强夯置换法？其加固原理与强夯法加固原理有什么异同？
14. 试述强夯法和强夯置换法的施工要点。
15. 粉喷法和浆喷法形成水泥土有何差异？
16. 试述水泥土的固化机理。
17. 水泥土无侧限抗压强度的影响因素有哪些？如何影响？
18. 如何确定水泥土桩复合地基的置换率？
19. 水泥土桩的质量检验方法有哪些？现行规范有哪些具体规定？

习题

1. 关于预压排水固结法，下列说法错误的是（　　）。

A. 加压系统和排水系统必须结合到一起才能起到加速固结的作用

B. 加压系统的作用主要是增加地基土中地下水渗透时的水力坡度

C. 排水系统的作用主要是增大地基土的渗透系数

D. 排水系统的作用主要是缩短渗透路径

2. 换填法处理地基的有效深度一般为（　　）。

A. 5～10m　　B. 0.5～3m　　C. 6～15m　　D. 10m 以上

3. 砂井或塑料排水板的作用是（　　）。

A. 预压荷载下的排水通道　　B. 提升复合模量

C. 起竖向增强体的作用　　D. 形成复合地基

4. 经过水泥土搅拌法处理后的水泥土最突出的力学性质是（　　）。

A. 无侧限抗压强度　　B. 抗拉强度

C. 抗剪强度　　D. 压缩模量

5. 在选择地基处理方案时,应主要考虑(　　)的共同作用。

A. 地质勘查资料和荷载场地土类别　　B. 荷载、变形和稳定性

C. 水文地质、地基承载力和上部结构　　D. 上部结构、基础和地基

6. 在强夯法施工中,两遍夯击之间应有一定的时间间隔。在下列叙述中,关于间隔时间的说明,(　　)是正确的。

A. 间隔时间取决于土中超静孔隙水压力的消散时间

B. 间隔时间取决于起重设备的起吊时间

C. 对于渗透性较差的黏性土地基的间隔时间,应不小于 3～4 周

D. 当缺少实测资料时,可根据地基土的渗透性确定

7. 以下地基加固方法属于复合地基加固的为(　　)。

a. 深层搅拌法　b. 换填法　c. 沉管砂石桩法　d. 真空预压法　e. 强夯法

A. a 和 b　　B. a 和 c　　C. a 和 d　　D. a 和 c

8. 下列哪种说法是不正确的(　　)。

A. 土钉长度绝大部分和土层相接触,而土层锚杆则通过在锚杆末端固定的长度传递荷载

B. 土层锚杆在安装后便于张拉,土钉则不予张拉,在发生少量位移后才可发生作用

C. 土钉和土层锚杆均为预应力状态

D. 土钉安装密度很高,单筋破坏的后果未必严重

9. 水泥搅拌桩单桩承载力(R)公式为 $R_k = q_a u_p l + aA_p q_p$,式中 q_p 是指(　　)。

A. 桩头阻力　　B. 桩端地基土承载力特征值

C. 桩头平均阻力　　D. 桩周摩阻力

10. 土桩和灰土桩挤密法适用于处理(　　)地基土。

A. 地下水位以上,深度 5～15m 的湿陷性黄土

B. 地下水位以下,含水量大于 25%的素填土

C. 地下水位以上,深度小于 15m 的人工填土

D. 地下水位以下,饱和度大于 0.65 的杂填土

第3章　脚手架工程

脚手架是建筑工程施工时搭设的一种临时设施，其用途主要是为建筑物空间作业时提供材料堆放和工人施工作业的场所。脚手架的各项性能（构造形式、装拆速度、安全可靠性、周转率、多功能性和经济合理性等）直接影响工程质量、施工安全和劳动生产率。

1. 熟悉脚手架的种类和搭设；
2. 掌握一般脚手架的构造要求和计算方法；
3. 掌握脚手架的安全措施。

学习要求

知识要点	能力要求
脚手架构造类型	了解脚手架的各种类型
	熟悉脚手架的专用名词
	熟悉碗扣型脚手架和门式脚手架的配件和构造
	掌握扣件式脚手架的配件和构造
脚手架计算	了解杆件稳定原理和计算方法
	了解结构简化分析方法
	熟悉脚手架荷载的组成
	熟悉风荷载的计算方法
	掌握脚手架立杆的受压计算和弯压计算
脚手架施工	熟悉脚手架的施工顺序和要求
	熟悉脚手架的施工安全要求
	掌握脚手架的质量验收要求

【历史沿革】 脚手架是建筑施工的重要辅助设施，它以轻巧之躯支撑着建设者身躯和沉重建筑材料从而帮助完成工程建筑任务。“脚手架”是指因施工作业需要而搭设的架子，随着技术发展，脚手架品种和功能增多，现在一般指使用脚手架材料所搭设的、用于施工的

各种临时设施构架。

脚手架历史很久远，具体年份无从考究，其经历了较长的自然发展阶段。在新中国成立后的第一、第二个五年计划期间，我国进行了大规模的工业建设。在当时的技术条件下砖石结构仍然是结构主体，跨度较大的工业厂房多采用预制柱和桁架装配式结构，只有多层的工业厂房采用现浇钢筋混凝土结构。当时脚手架主要用于砌筑施工，采用的是传统的单排或双排外脚手架，对于现浇结构则需搭设满足支模、钢筋绑扎和浇筑混凝土的脚手架体系，这种脚手架还是有较大难度的。

由于建筑机械化的发展，施工工艺改革的进行，由外脚手架逐步发展为内脚手架，于是出现了用于砌筑工程的平台架取代了外脚手架。对于特殊的工业构筑物施工，我国的架子工充分发挥其技能，创造了一些专门的脚手架体系。譬如砌筑砖烟囱的挂架子及提升砖和砂浆的扒杆构成的专用脚手架，对于钢筋混凝土烟囱及冷却塔等引入了内钢架体系(用螺栓连接的钢管架)，等等，可以说传统技艺发挥了不可估量的作用。随着建设规模的不断扩大，脚手架木的供应日趋紧张，于是出现了“以钢代木”的革新运动。到了 20 世纪 70 年代，钢管架开始引入我国，使脚手架技术发展到了一个新阶段。钢管架的引入是国内杉篙资源的日渐减少，不能满足建设工程需要的必然结果。

20 世纪 70 年代末期，我国进入建设发展的新阶段，迎来了民用建筑的建设高潮，出现了“大模板体系”、“装配式大板体系”等新型钢筋混凝土结构，建筑高度也由 6 层发展到 10 层以上。由于这些新型建筑体系的出现，对脚手架提出了一些新的要求，相应开发了桥架、插口架、挂架、吊篮架等专用脚手架体系。

80 年代以后，高层建筑由原有的几种体系走向全现浇结构，大型公共建筑也开始出现。脚手架技术方面，开发了碗扣架，引进了门形架。到了 90 年代，适应高层建筑的发展，陆续出现了爬架、爬模等高技术脚手架体系。

3.1 脚手架的种类与布置

脚手架可以按照其材料、搭设方式等分为不同类别：按位置可分为外脚手架和内脚手架两大类；按搭设和支撑方式可分为多立杆式、门式、桥式、悬挂式、爬升式脚手架等。脚手架可用木、竹和钢管等材料制作。下面分别就工程中常用的脚手架进行介绍。

3.1.1 多立杆式脚手架及其结构

1. 竹木脚手架

多立杆式脚手架是脚手架的最早形式，其以杉篙和竹篙为主体材料搭设。作为脚手架的杆件，其基本条件是竹材或木材要保持直线形，为了便于操作，杆件的直径也不能太大，立杆要尽量避免由于弯曲或其他因素产生附加弯矩，立杆的间距一般控制在 2.0m 以内。

竹木脚手架的基本搭设方法是立杆与水平杆相互垂直交叉放置，在交叉点采用铁丝扣或竹篾绑扎连接，形成十字形网格结构，然后在平面内或平面外采用斜杆，以保证其几何不变性。

2. 木脚手架的主要结构体系

杉篙搭设的脚手架主要体系有砌筑工程用的单排脚手架和双排脚手架，如图 3.1.1 所示。单排脚手架较为简单，主要组成杆件为立杆（站杆）、顺水（大横杆）和排木（小横杆）。排木上铺脚手板后可用作堆放材料并作为操作场所。排木插入墙体，一端支撑在墙体上，同时起侧向支撑作用，确保单排架的稳定。

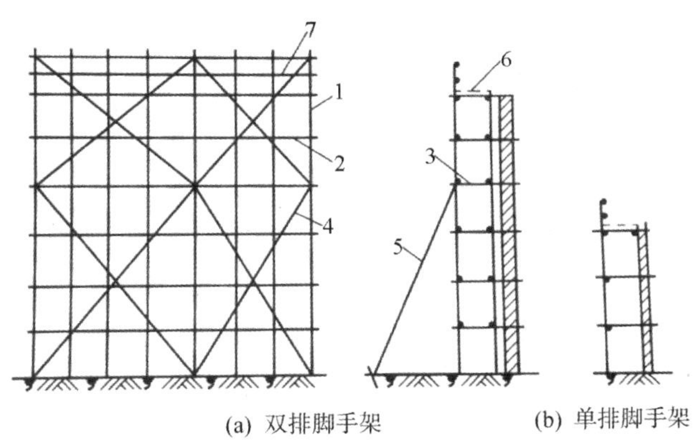

1－立杆；2－顺水；3－排木；4－十字盖（斜杆）；
5－压栏子（支撑杆）；6－脚手板；7－护身栏

图 3.1.1 脚手架结构体系示意

双排脚手架在正面布置上与单排脚手架类似，但采用双排立杆并列，以加强自身的稳定性，同时需要与建筑物拉结以承受水平荷载。双排脚手架可不依靠脚手眼施工，因而可适用于非砌筑工程。除此之外，为保持脚手架结构几何不变性，还需有十字盖（斜杆）、压栏子（支撑杆）、斜戗等斜向杆件。

除单、双排脚手架之外，还有满堂红脚手架。其实际上可以看作双向延伸的双排脚手架，一般用于大厅或厂房内部的施工。

脚手架的结构尺寸主要由架子服务对象的要求、横杆抗弯能力和架子工操作条件决定。脚手架的部件如图 3.1.2 所示，其主要几个尺寸如下。

柱距（杆距）：沿纵向立杆之间的距离，一般小于 2.0m。

排距：双排脚手架两排立杆之间的距离，一般为 0.8～1.2m。

步距：顺水杆（大横杆）之间的垂直距离。符合砌筑操作要求的承重架为 1.2m，装修架为 1.8m。承重架由于要堆放砖、灰浆槽及承受双轮车运输，要有较大的承载力；装修架主要用于抹灰、饰面工程及相应的材料运输，因而承载力要求较低。

除上述主要结构体系之外，木脚手架还可以根据施工的需要搭设斜坡道、梯架、混凝土小车的运输架、挑架、跨越式桥架等附属设施。木脚手架根部地面应垫实，采用垫块以使立（站）杆的荷载均匀分布。同时为保证立杆根部不移位，应绑扫地杆将其固定。当支撑地面为土地面时，应铺垫脚手板以使地基荷载均布；也可采用挖 50cm 深的坑埋置立杆的办法。

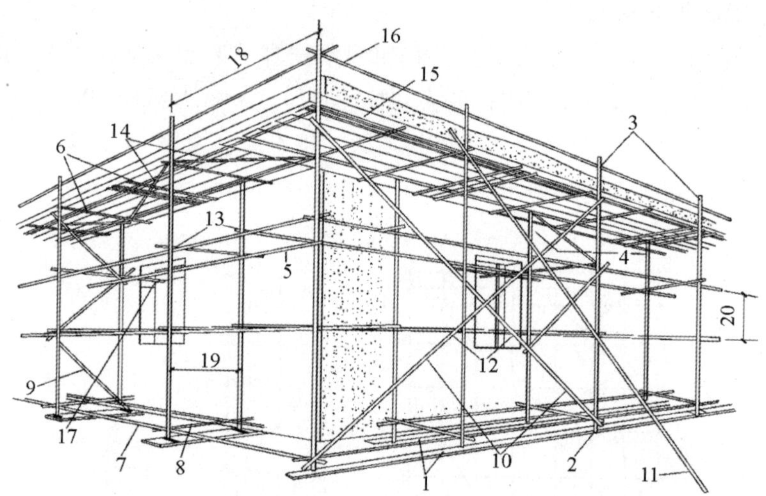

1-垫板;2-底座;3-外立杆;4-内立杆;5-大横杆;6-小横杆;
7-纵向扫地杆;8-横向扫地杆;9-横向斜撑;10-剪刀撑;11-抛撑;
12-旋转扣件;13-直角扣件;14-水平斜撑;15-挡脚板;16-防护栏杆;
17-连墙固定杆;18-柱距;19-排距;20-步距

图 3.1.2 脚手架主要部件示意

3.1.2 扣件式钢管架

1. 扣件式钢管架的元件及特点

木质和竹质材料强度低,节点连接可靠性不好,材料重复使用率低。随着经济的发展,扣件式钢管架逐渐代替了竹木脚手架,以钢管代替杉篙,扣件代替铁丝及扎绑绳。连接扣件在这种体系中起十分重要的作用,主要有三类:横立杆连接用的“直角扣件”、斜杆连接用的“旋转扣件”以及杆件接长用的“对接扣件”,详见图 3.1.3。

钢管架应用的初期采用了两种管径:ϕ51mm 和 ϕ48mm,目前工程上在使用的主要是 ϕ48mm×3.5mm 钢管。脚手架的搭设方法与木脚手架相同,但其连接点依靠拧紧螺栓之后的摩擦力。影响其承载力的主要因素是立杆的细长比和扣件的抗滑力。

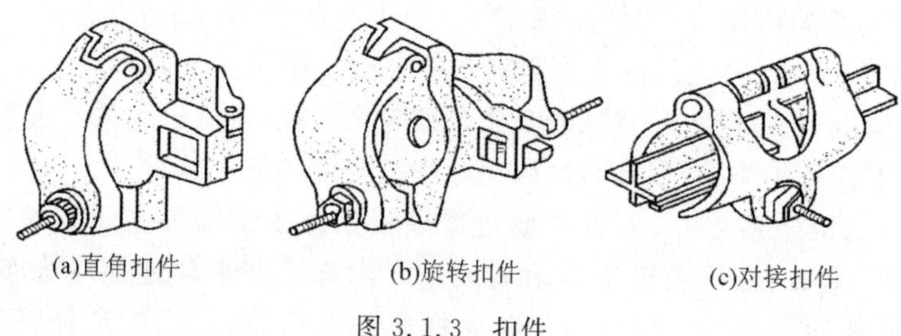

(a)直角扣件　(b)旋转扣件　(c)对接扣件

图 3.1.3 扣件

钢管脚手架的优点是不用进行复杂加工,只要将 ϕ48mm 钢管截成所需长度即可,可以任意搭建,因而具有较大通用性。由于其上述优点,其他一些脚手架构件时常要用它来作辅助构件。

其缺点主要是横、竖、斜杆之间有偏心,对结构受力有不利影响;其次是节点处的连接力受螺栓拧紧程度的影响,因而其搭设质量受人为因素影响较大。钢管架除了上述主要连接件之外,其根部必须采用专用底座(见图 3.1.4),以保证立杆不会在土中下陷。

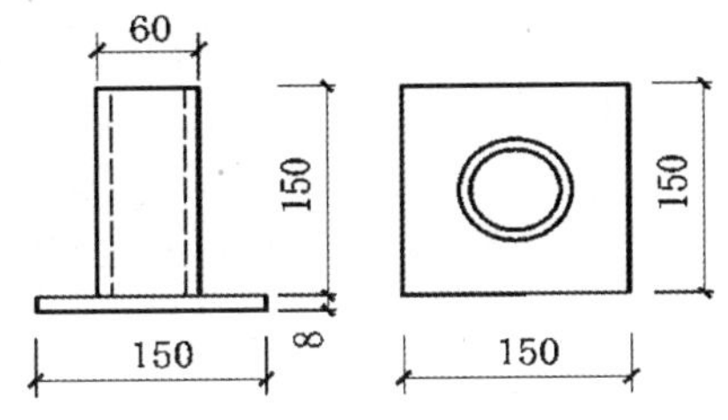

图 3.1.4 钢管立杆底座

2. 钢管架的结构体系

钢管架的设计思路来源于木脚手架,因而其组成的结构体系与木脚手架基本相同。其组成形式十分自由,可以搭设单排、双排以及满堂红脚手架,也可搭设斜坡马道、梯架、桥架等。不仅如此,它还可以组合成专用的脚手架,甚至爬架的架体,也可以用作门式架、碗扣架等的辅助构件。钢管架结构尺寸除按照操作需要确定外,其排距和柱距均按钢管抗弯能力所确定,这里不再细述。

【注意事项】 钢管架的连墙件与木脚手架不同,一般可采用扣件与 ϕ48mm×3.5mm 钢管扣接而形成,有时要考虑与混凝土结构的预埋件连接。

3.1.3 碗扣型脚手架

1. 基本结构及特点

碗扣型脚手架(简称碗扣架)主要杆件仍然是 ϕ48mm 钢管,但是钢管的连接点采用“碗扣”。碗扣由上、下碗扣构成,下碗扣焊接在立管上,上碗扣套在立管上。水平杆两端焊有“插头”,该插头插入下碗扣,然后上碗扣利用立杆上焊的“锁销”旋紧而扣住横杆插头(见图 3.1.5)。

碗扣型脚手架的缺点是部件全部需要加工。除横杆两端要焊插头外,立杆上还需焊接下碗扣及锁销。这样带来的结果是横杆与立杆的间距变成固定的,没有钢管架的灵活性好,同时也提高了成本。

其优点是由于采用了中心线连接,大大提高了承载能力,同时承受横杆垂直力的下碗扣与立杆采用焊接,改善了节点的受力性能(扣件式脚手架主要依靠扣件握紧时的摩擦力极限承载力,约 8kN),使其达到安全可靠的程度。

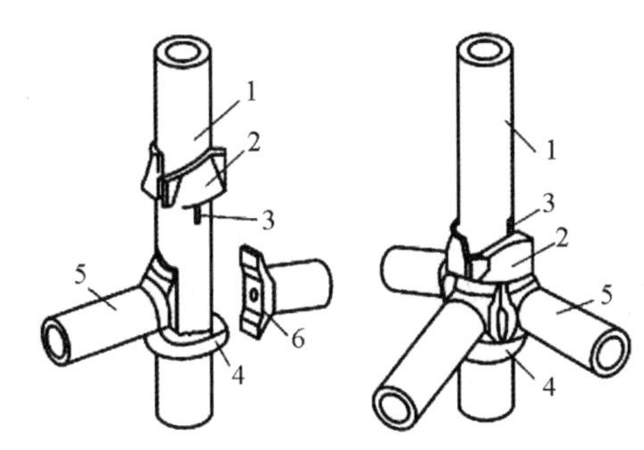

1-立杆;2-上碗扣;3-限位销;4-下碗扣;
5-横杆;6-横杆接头

图 3.1.5 碗扣架节点

从安装操作上讲,较钢管架方便,只需用小锤楔紧上碗扣即可。同时在保管上减少了扣件丢失,降低了应用的成本。

【历史沿革】 碗扣型脚手架是铁道部专业设计院之专利制品,曾获 1986 年“全国第二届发明展览会”铜牌奖和 1987 年“第十五届日内瓦国际发明和新技术展览会”镀金奖。

2. 碗扣架结构的几何尺寸

碗扣架与钢管架最突出的差别是其为定型产品,其结构尺寸由构件所确定,也就是说其柱距、步距、排距不是在施工场地可以任意改变的,只能以一些标准尺寸作模数进行调整。因而在选择元件的尺寸时应慎重,以便在使用上有更大的通用性。现对星河模架公司生产的一种较通用的元件予以介绍。

立杆:如图 3.1.6(a)所示,长度 3.0m,碗扣的间距为 600mm。这种立杆配备的扣件较多,但可以选用 1.2m 和 1.8m 两种步距搭设以及斜杆的多种设置方法。

横杆：长度(按中心线计)采用 1.2m 和 1.5m 两种，其目的在于适应建筑物长度的变化。以上两种长度搭配在多数情况下可以满足施工需要。

斜杆：选用柱距 1.2m，步距 1.8m 一种。在平面布局中将 1.2m 杆配置在大角处，装斜杆可以使其规格减少到只有一种。斜杆的构造如图 3.1.6(b)所示，碗两端有插头插入碗扣内，需要占据碗扣四个插头位置之一。

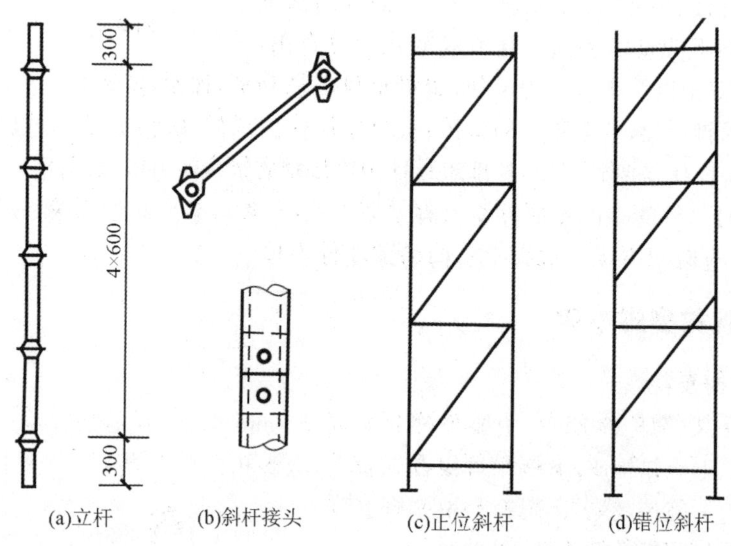

图 3.1.6　碗扣架立杆与斜杆的连接

【注意事项】 斜杆的设置应在立杆与横杆交叉之节点处，使脚手架杆件形成三角形体系，保证结构不成为机动体系，如图 3.1.6(c)所示。当节点四个插头都被占据时，斜杆可采用错位连接，如图 3.1.6(d)所示。但根据荷载试验结果，这种连接方式由于产生横向推力，使立杆承载力有所降低。

3. 碗扣架的辅助件

除碗扣架主体构件之外，还有与设计配套的专用横杆、金属脚手板、挑梁、爬梯等。但由于其尺寸固定，重复使用率低而多不被采用。

【注意事项】 碗扣架侧边不像一般排木可以挑出，如要实现挑出需配备短挑梁。

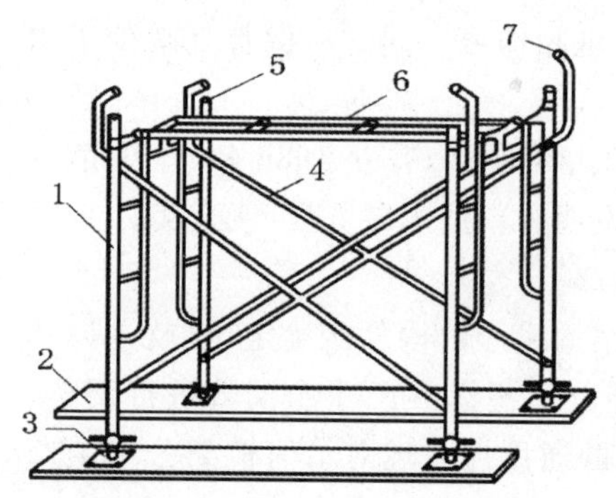

1-门架；2-平板；3-旋转基脚；4-剪刀撑；5-连接棒；6-水平梁架；7-锁臂

图 3.1.7　门式脚手架基本单元

3.1.4　门式脚手架

1. 基本构件及特点

门式脚手架(简称门式架)打破了单根杆件组合脚手架的模式，以单片式门架作为主要结构构件，是很大的创新。主要结构构件有：门架、十字撑、平行架或专用钢脚手板(见图 3.1.7)。辅助构件有连接销、锁臂等。

门式脚手架的主立杆：门式脚手架的主立杆采用ϕ42.7mm×2.4mm 薄壁钢管，横梁及辅助立杆等采用 ϕ27.2mm×1.9mm 薄壁钢管。充分发挥了薄壁构件的特性，相对于其他脚手架其重量达到最轻。

门式脚手架除了重量轻的优点外，每一组脚手架自身可形成稳定的结构体系。钢管架则达不到这种要求(它必须增加斜杆或与建筑物拉结才能稳定)。门式架的缺点是体形和尺寸单一，只能构成双排脚手架，而且其平面尺寸是固定的。此外，由于是薄壁构件，坚固性较差，对拆装过程有较高要求，否则会造成过度变形。

【历史沿革】 门式脚手架于20世纪80年代初引入我国。它是由美国Beatty脚手架公司所首创，于20世纪60年代初引入日本，1961年列入日本工业标准，1963年《日本劳动安全卫生规则》做出了有关使用的规定。这种脚手架引入我国后，在钢管的规格上以及脚手架的结构尺寸(长、宽、高)上各个厂家的规格有所不同，因而其标准化程度较差。

2. 门式架的结构组成

(1) 门式架的元件是配套的，这是它结构组成时特别需注意之点。其原设计脚手板两端带有环形钩爪，与门架横杆搭接之后形成传递水平力的横杆，是其组成时必不可少的。但是我国一般习惯用木脚手板，因而这种专用脚手板一般不选用。木脚手板与门架之间无可靠连接，因而不能成为传力之横杆。此时必须采用两端带钩之平行架，也有些施工单位不配备平行架而改用 $\phi48mm \times 3.5mm$ 钢管作为横向结构传力杆件。但由于门架立柱管径为42.7mm，所以必须配备专门的连接件，使其作为结构水平杆。

(2) 门式架的纵向支撑体系是靠十字撑来实现的。但门式架的十字撑的连接点不在横、竖杆件的交点处，这就使它违背了结构几何构成的原则。由此相应地还引起立杆计算长度的选择问题。十字撑采用了柔性杆件，因而它的支撑作用与钢结构十字撑的原理一样只计其受拉作用而不考虑其受压作用。

(3) 门式架的横梁及立柱上端都采用了双杆，其目的显然是为了加强其刚度，增加其抗弯能力。但是，由于其弦杆及腹杆的几何组成不符合几何不变性原则，也使其受力计算复杂化。为了解决这一问题，它是靠荷载试验方法确定其承载力的。此外，横梁及立柱上的弯矩主要来自横梁均布荷载(脚手板及施工荷载)和脚手架横向风荷载，其数值都是局部的，数值有限，这也是其实际可以承载的原因。

(4) 门式架本身是一次超静定结构，多层门式架的叠加从几何构成上是可自立的。但是，由于其组成杆件的柔弱，在多层门式架时仍应注意与建筑物的拉结问题。按照其原使用说明，每个楼层都要有连墙杆。

(5) 门式架原设计配备有悬挑架、接高架、桥架等，但是由于其重复利用率低而不被用户采纳。因而需要悬挑或跨越时，都采用钢管架来解决。门式架除作为脚手架之外，还作为模板支撑架受到一些研究单位重视。作为模板支撑的改型门式架着眼点放在支撑作用上，因而其杆件的型钢规格以及杆件结构都有较大变更。

3.2 脚手架安全设施辅件

脚手架除去主体的承重结构之外，为了满足施工的具体要求尚需很多辅助配件。这些辅件多数具有保证安全使用的技术要求，有些辅件是保证安全施工的配件，因而要符合安全技术条件。由于以上原因，脚手架的辅件在脚手架的设计和使用中有着相当重要的作用。

施工人员应当掌握其特点及应用条件，以解决现场施工中的实际问题。

3.2.1 脚手板

脚手板是脚手架搭设中的基本辅件，因为脚手架本身是杆件结构，不能构成操作台。一般是依靠脚手板的搭设而形成操作台。脚手板用作操作台是承受施工荷载的受弯构件，因而最重要的是要满足承载能力的要求。

应用最广泛的脚手板是木脚手板，一般采用松木板，厚度50mm，规定宽度应为230～250mm。脚手板除能承受3kN/m^{2}的均布荷载外，还承受双轮车的集中荷载100kg。脚手板一般是搭设于排木之上，主要承受弯曲应力。其承载能力的确定除荷载之外，即是其跨度。支撑脚手板的排木间距以≤2m为宜。脚手板挠度大不利于安全使用。

除了木脚手板之外，尚有薄钢板制作的多孔型脚手板、竹片编制的竹拍子以及其他专用的脚手板（见图3.2.1），根据施工的具体情况予以选用。

(a)竹脚手板

(b)钢脚手板

(c)专用脚手板

图3.2.1 脚手板

3.2.2 安全网

作为安全“三宝”之一的安全网（见图3.2.2）时常作为保证脚手架安全的主要设施。安全网的主要功能是作为高空作业人员坠落时的承接与保护物，因而要有足够强度，并须柔软且具有一定弹性以确保坠落人员不受伤害。最早的安全网是由麻绳制作，四周为主绳，中间为网绳，网眼的孔径稍大。为了使安全网处于展开状态，一般需用杉篙或钢管作为支撑杆，形成防护网。

图3.2.2 安全网

普通的建筑物周围的防护网由支杆与安全网构成（见图3.2.3），支杆下端支撑在建筑物上并可以旋转，支杆上端扣接安全网一端，安全网的另一端固定在建筑物上。操作时将立杆立在建筑物旁，安全网固定好之后利用支杆自重放下成倾斜状态并将安全网展开。为了保证支杆上端之间的距离，支杆两端都可采用钢管固定。当作为整体建筑安全网时，此端部纵向连杆可采用钢丝绳，但为了使钢丝绳保持绷紧状态，在建筑物四角要设抱角架。抱角架的结构除要能与建筑物连接之外，还要使架子工能够操作。

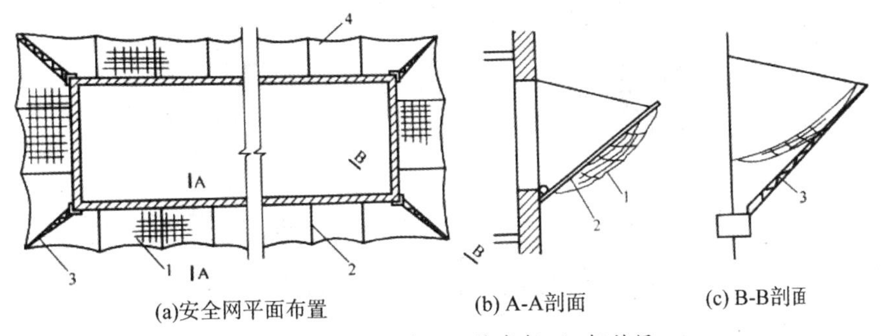

(a)安全网平面布置　(b) A-A剖面　(c) B-B剖面

1-安全网；2-支杆；3-抱角架；4-钢丝绳

图 3.2.3　防护网整体构造

为了提高安全网的耐久性，现在安全网已多由尼龙绳制作。1985 年我国颁布了中华人民共和国国家标准《安全网力学性能试验方法》(GB 5726—1985)，对安全网的各项技术要求及试验检测方法作了具体规定。关于安全网设置的要求，可按照各地区脚手架的操作规程予以确定。随着高层建筑高度的不断增加，挂设安全网的难度也愈来愈大。这是由于安全网采用自底往上多层(每层相距 10m)悬挂式。为了减少挂安全网的工作，增加操作安全，常采用全封闭的密目安全网。此种安全网采用尼龙丝编制，孔径很小，因而不仅可以防止人员坠落而且可以防止物体坠落。这种安全网一般是附着于脚手架的外面，因而不需要受很大冲击力。

3.2.3　爬梯和马道

为了满足人员上下以及搬运建材及工具的需要，脚手架时常要附带搭设爬梯或马道。在木脚手架中时常采用斜脚手板上钉防滑条的方式形成爬梯，但在钢管脚手架中使用定型的爬梯件(见图 3.2.4)似乎更为合理。

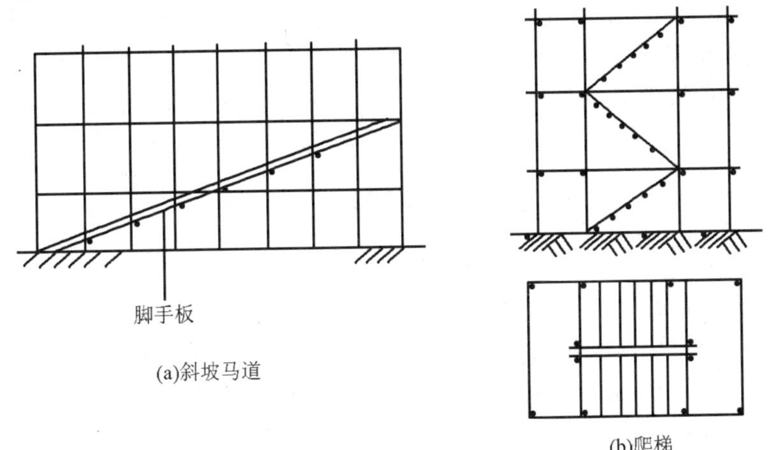

(a)斜坡马道　(b)爬梯

图 3.2.4　斜坡马道与爬梯

3.2.4 承料平台

配合高层现浇结构的施工，一般要装设承料平台，用于堆放钢模及支撑杆等。承料平台一般采用钢制，采用钢丝绳作为斜拉杆，支撑于楼板或立柱上(见图3.2.5)。

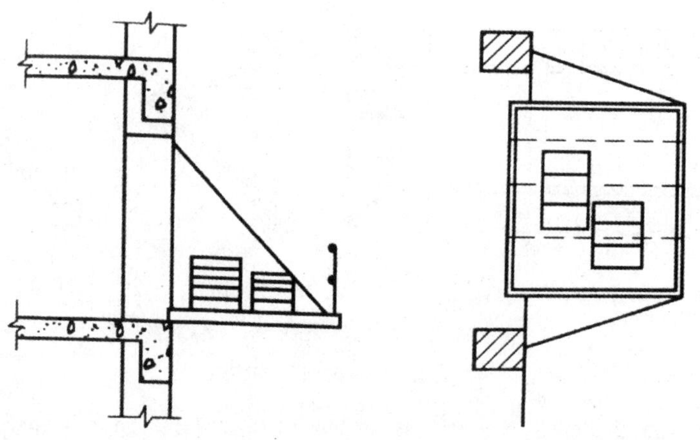

图3.2.5 承料平台

3.2.5 连墙杆

脚手架与建筑物相接的连墙杆是极为重要的安全保证构件，它是保证单排及双排脚手架侧向稳定和确定立杆计算长度的构件。连墙杆与建筑物连接的好坏直接影响到脚手架的承载力，因为脚手架主要受力构件是立杆，作为细长受压构件，其承载能力决定于其细长比，也就是连墙杆之间的距离。如果连墙杆不够牢固，则其细长比将会加大而降低承载力。连墙杆在建筑物上有预留口(砖混结构)或预留孔处，可采用ϕ48mm钢管与扣件扣接而成。当建筑物为钢筋混凝土结构而无预留口时，可在混凝土中放置预埋件，形成连墙杆。

连墙杆的埋件应便于固定在模板上并与结构可靠地连接；连墙杆与埋件的连接既要足够牢固又应有一定的活动余量，以满足与脚手架杆件的连接。根据这种要求，对于专门的脚手架体系(例如碗扣架、门式架)设计有专用的连墙杆和埋件。连墙杆的埋件应按照脚手架搭设方案预埋，其位置应与脚手架的结构相协调，否则可能造成埋件无法使用。

3.3 脚手架结构计算

脚手架的安全首先取决于计算的正确性，很多施工过程中脚手架事故的发生首先是因为其没有达到构造要求，其次就是没有经过必要的结构计算。脚手架结构计算一直是被忽略的也是施工人员难于掌握的问题，惨痛的事故教训要求我们施工人员必须要掌握脚手架结构的计算方法，以确保工程的安全性。

3.3.1 压杆稳定计算

脚手架是一个临时构筑物，其结构杆件相对来说较为柔弱，对它的结构计算要求不低于建筑结构。脚手架主结构一般均由细长杆组成，在轴向力作用下，细长杆容易发生屈曲，因此对脚手架杆件来说主要须解决稳定问题。下面从回顾弹性压杆开始，阐述一下脚手架计算的原理和方法。

通过试验研究，欧拉发现细长杆件受压时，杆件中部产生"凸出"(见图 3.3.1)，此变形的结果使轴向力在杆件中产生附加弯矩。随着凸出变形的加大，弯矩进一步加大，最终导致完全丧失承载能力。这就是有名的"压杆稳定"问题。

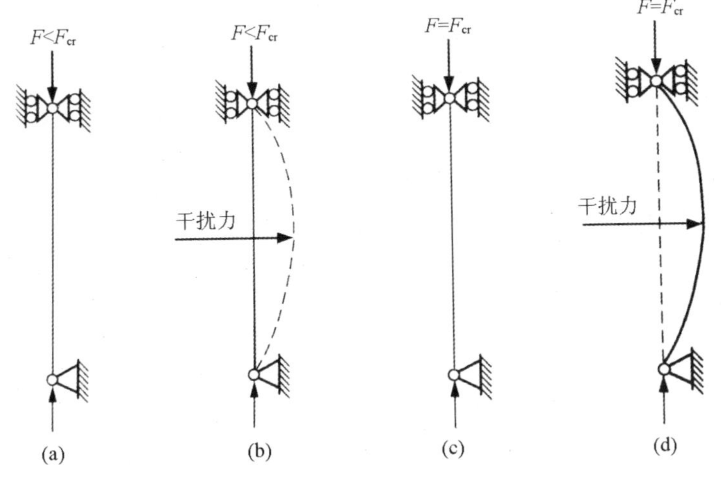

图 3.3.1　等直细长杆受压稳定示意

图 3.3.1 为一两端铰接的中心受压杆。细长压杆临界力计算由欧拉公式给出：

$$F_{cr} = \frac{\pi^2 EI}{(\mu l)^2} \tag{3.3.1}$$

式中：E——杆件材料的弹性模量，Pa；

I——杆件截面惯性矩，m^4；

l——杆件几何长度，m；

μl——计算长度，m。

其中 μ 与杆件两端支承情况相关。钢管脚手架截面特性和立杆计算长度详见表 3.3.1 和表 3.3.2。

表 3.3.1　脚手架钢管截面特性

外径 d/mm	壁厚 t/mm	截面积 A/cm^2	惯性矩 I/cm^4	截面模量 W/cm^3	回转半径 i/cm	每米长质量/kg/m
48.3	3.6	5.06	12.71	5.26	1.59	3.97
48	3.5	4.89	12.19	5.08	1.58	3.84

表 3.3.2 脚手架立杆计算长度系数 μ 取值

类 别	立杆横距/m	连墙件布置	
		二步三跨	三步三跨
双排架	1.05	1.50	1.70
	1.30	1.55	1.75
	1.55	1.60	1.80
单排架	≤1.50	1.80	2.00

式(3.3.1)还可以写成应力形式：

$$\sigma_{cr} = \frac{\pi^2 E}{\lambda^2} \tag{3.3.2}$$

式中：$\lambda=\mu l/i$ 称为长细比，i 为惯性半径，可以根据材料截面查到数值。长细比最大值是受限制的，详见表 3.3.3。

表 3.3.3 轴心受压构件稳定系数

构件类别		容许长细比[λ]
立 杆	双排架 满堂支撑架	210
	单排架	230
	满堂脚手架	250
横向斜撑和剪力撑中的压杆		250
拉杆		350

在实际工程应用中，杆件不仅要考虑稳定问题，还要考虑强度问题，因此在钢结构中对受压构件由式(3.3.3)验算强度与稳定问题：

$$\sigma \leqslant \varphi f \tag{3.3.3}$$

式中：σ——实际计算应力，kN；

f——材料设计强度值，kN；

φ——稳定系数，与 λ 有关(见表 3.3.4)。

表 3.3.4 轴心受压构件稳定系数 φ

λ	0	1	2	3	4	5	6	7	8	9
0	1.000	0.997	0.995	0.992	0.989	0.987	0.984	0.981	0.979	0.976
10	0.974	0.971	0.968	0.966	0.963	0.960	0.958	0.955	0.952	0.949
20	0.947	0.944	0.941	0.938	0.936	0.933	0.930	0.927	0.924	0.921
30	0.918	0.915	0.912	0.909	0.906	0.903	0.899	0.896	0.893	0.889
40	0.886	0.882	0.879	0.875	0.872	0.868	0.864	0.861	0.858	0.855

续 表

λ	0	1	2	3	4	5	6	7	8	9
50	0.852	0.849	0.846	0.843	0.839	0.836	0.832	0.829	0.825	0.822
60	0.818	0.814	0.810	0.806	0.802	0.797	0.793	0.789	0.784	0.779
70	0.775	0.770	0.765	0.760	0.755	0.750	0.744	0.739	0.733	0.728
80	0.722	0.716	0.710	0.704	0.698	0.692	0.686	0.680	0.673	0.667
90	0.661	0.654	0.648	0.641	0.634	0.626	0.618	0.611	0.603	0.595
100	0.588	0.580	0.573	0.566	0.558	0.551	0.544	0.537	0.530	0.523
110	0.516	0.509	0.502	0.496	0.489	0.483	0.476	0.470	0.464	0.458
120	0.452	0.446	0.440	0.434	0.428	0.423	0.417	0.412	0.406	0.401
130	0.396	0.391	0.386	0.381	0.376	0.371	0.367	0.362	0.357	0.353
140	0.349	0.344	0.340	0.336	0.332	0.328	0.324	0.320	0.316	0.312
150	0.308	0.305	0.301	0.298	0.294	0.291	0.287	0.284	0.281	0.277
160	0.274	0.271	0.268	0.265	0.262	0.259	0.256	0.253	0.251	0.248
170	0.245	0.243	0.240	0.237	0.235	0.232	0.230	0.227	0.225	0.223
180	0.220	0.218	0.216	0.214	0.211	0.209	0.207	0.205	0.203	0.201
190	0.199	0.197	0.195	0.193	0.191	0.189	0.188	0.186	0.184	0.182
200	0.180	0.179	0.177	0.175	0.174	0.172	0.171	0.169	0.167	0.166
210	0.164	0.163	0.161	0.160	0.159	0.157	0.159	0.154	0.153	0.152
220	0.150	0.149	0.148	0.146	0.145	0.144	0.143	0.141	0.140	0.139
230	0.138	0.137	0.136	0.139	0.133	0.132	0.131	0.130	0.129	0.128
240	0.127	0.126	0.125	0.124	0.123	0.122	0.121	0.120	0.119	0.118
250	0.117	—	—	—	—	—	—	—	—	—

3.3.2 结构分析方法

1. 节点假设

前面已经讲到杆件计算长度与端点设置有关系，力学简化模型中有两种：一种是“铰”接，一种是“刚”接。铰接的概念系指杆件端部的连接为铰，即杆件之间可以转动，该节点无弯矩存在；而刚接意味着杆件端部的连接为刚体，不可产生相对转角，也就是说杆端存在着弯矩。以上两种假设并非只是一种“说法”，这些假设条件形成了结构力学的计算方法。以铰接为例，一根杆件两端为铰，则认为它只出现轴向力(或称之为二力杆)。当节点为刚接，相连诸杆在节点处产生的弯矩之和为零成为该节点的平衡条件之一；将该节点的整体转动角作为计算参数，分别计算相连诸杆的端部弯矩。概括起来即利用节点的变形协调条件来解算结构内力。但是脚手架节点实际状况既非刚节点也非铰节点，如果按刚节点计算结果就偏于不安全，按铰节点计算结果就偏于保守。

在实际工程的验算中，建议采用节点为"铰"的假设，因为这可使得杆件强度验算变得简单，按铰节点分析杆件的计算长度可按几何长度来计算。同时这样验算结果能确保结构安全。在杆件交接处扣件、底座的承载力也需要验算，其设计值应按表 3.3.5 选取。

表 3.3.5 扣件、底座承载力设计值

项　目	承载力设计值/kN
双接扣件(抗滑)	3.20
直角扣件、旋转扣件(抗滑)	8.00
底座(抗压)	40.00

注：扣件螺栓拧紧扭力矩值不应小于 40N · m，且不应大于 65N · m

2. 荷载计算

脚手架的传力途径是通过脚手板到横杆，再到立杆，最后到地基，如图 3.3.2 所示。

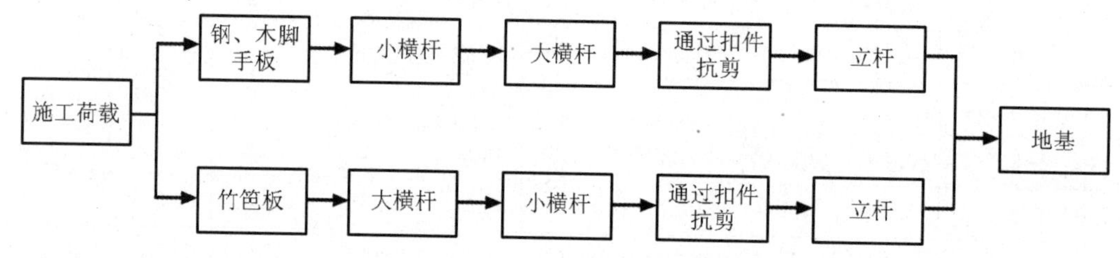

图 3.3.2 脚手架受力传递

作用于脚手架上的荷载可以分为永久荷载(恒荷载)和可变荷载(活荷载)，永久荷载包括架子自重及其附件自重，可变荷载主要由施工荷载和风荷载组成。

永久荷载主要由组成架子所有杆件、扣件、脚手板、安全网、挡脚板、钢丝绳等自重组成，杆件自重可由表 3.3.6 确定，其他的配件荷载详见表 3.3.7。

表 3.3.6 脚手板自重标准值

类　别	标准值/(kN/m^2)	类　别	标准值/(kN/m^2)
冲压钢脚手板	0.30	木脚手板	0.35
竹串片脚手板	0.35	竹笆脚手板	0.10

表 3.3.7 栏杆、挡脚板线荷载标准值

类　别	标准值/(kN/m)	类　别	标准值/(kN/m)	类　别	标准值/(kN/m)
栏杆、冲压钢脚手板挡板	0.16	栏杆、竹串片脚手板挡板	0.17	栏杆、木脚手板挡板	0.17

施工荷载是指作用于脚手架操作层的荷载，包括作业层上人员、器具和材料等重量，可以按照表 3.3.8 取值。脚手架上施工荷载按照实际情况取值不应低于规范规定的数值，如表 3.3.9 所示。

表 3.3.8 常用构配件、材料和人员的自重

名称	单位	自重	备注
扣件：直角扣件 旋转扣件 对接扣件	N/个	13.2 14.6 18.4	
人	N	800～850	
灰浆车、砖车	kN/辆	2.04～2.50	
普通砖	kN/m^3	18～19	240mm×115mm×53mm 684 块/m^3，湿
灰砂砖	kN/m^3	18	砂：石灰=92：8
瓷面砖	kN/m^3	17.8	150mm×150mm×8mm 5556 块/m^3
陶瓷马赛克	kN/m^3	0.12	δ=5mm
石灰砂浆、混合砂浆	kN/m^3	17	
水泥砂浆	kN/m^3	20	
素混凝土	kN/m^3	22～24	
加气混凝土	kN/块	5.5～7.5	
泡沫混凝土	kN/m^3	4～6	

表 3.3.9 施工均布荷载标准值

类别	标准值/(kN/m^2)	类别	标准值/(kN/m^2)
装修脚手架	2.0	轻型钢结构及空间网架结构脚手架	2.0
混凝土、砌筑脚手架	3.0	普通钢结构脚手架	3.0

风荷载是作用于脚手架的水平方向荷载，其标准值可以按下式计算：

$$w_k = \beta_z \mu_s \mu_z w_0 \tag{3.3.4}$$

式中：w_k—— 风荷载标准值，kN/m^2；

β_z—— 高度 z 处的风振系数；

μ_s—— 风荷载体型系数；

μ_z—— 风荷载高度变化系数；

w_0—— 基本风荷载值，kN/m^2。

根据现行《建筑结构荷载规范》(GB 50009—2012)，脚手架是临时结构，其基本风荷载按10年一遇选用，详见规范附表 E.5。其次由于脚手架依附于主体结构，风荷载系数主要由主体结构决定，当脚手架低于 30m 情况下，可以不考虑风荷载系数的影响。脚手架风荷载高度变化系数 μ_z 和体型系数 μ_s 可以按表 3.3.10 和表 3.3.11 确定。表 3.3.10 中 A、B、C、D

为地面粗糙度分类：A 类指近海海面和海岛、海岸、湖岸及沙漠地区；B 类指田野、乡村、丛林、丘陵以及房屋比较稀疏的乡镇；C 类指有密集建筑群的城市市区；D 类指有密集建筑群且房屋较高的城市市区。

表 3.3.10 脚手架风荷载高度变化系数 μ_z

离地面或海平面高度/m	地面粗糙度类别			
	A	B	C	D
5	1.17	1.00	0.74	0.62
10	1.38	1.00	0.74	0.62
15	1.52	1.14	0.74	0.62
20	1.63	1.25	0.84	0.62
30	1.80	1.42	1.00	0.62
40	1.92	1.56	1.13	0.73
50	2.03	1.67	1.25	0.84
60	2.12	1.77	1.35	0.93
70	2.20	1.86	1.45	1.02
80	2.27	1.95	1.54	1.11
90	2.34	2.02	1.62	1.19
100	2.40	2.09	1.70	1.27
150	2.64	2.38	2.03	1.61
200	2.83	2.61	2.30	1.92
250	2.99	2.80	2.54	2.19
300	3.12	2.97	2.75	2.45
350	3.12	3.12	2.94	2.68
400	3.12	3.12	3.12	2.91
≥450	3.12	3.12	3.12	3.12

表 3.3.11 脚手架风荷载体型系数 μ_s

背靠建筑物的状况		全封闭墙	敞开、框架和开洞墙
脚手架状况	全封闭、半封闭	1.0Φ	1.3Φ
	敞开	μ_{stw}	

注：1. μ_{stw} 值可以将脚手架视作桁架，按国家标准《建筑结构荷载规范》(GB 50009—2012)的规定计算；
2. Φ 为挡风系数，$\Phi=1.2A_n/A_w$，其中：A_n 为挡风面积；A_w 为迎风面积。敞开式脚手架的 Φ 值可以按表 3.3.12 选取

表 3.3.12 敞开式单排、双排脚手架挡风系数 Φ 值

步距/m	纵距/m										
	0.40	0.60	0.75	0.90	1.00	1.20	1.30	1.35	1.50	1.80	2.00
0.60	0.260	0.212	0.193	0.180	0.173	0.164	0.160	0.158	0.154	0.148	0.144
0.75	0.241	0.192	0.173	0.161	0.154	0.144	0.141	0.139	0.135	0.128	0.125
0.90	0.228	0.180	0.161	0.148	0.141	0.130	0.128	0.126	0.122	0.115	0.112
1.05	0.219	0.171	0.151	0.138	0.132	0.122	0.119	0.117	0.113	0.106	0.103
1.20	0.212	0.164	0.144	0.132	0.125	0.115	0.112	0.110	0.106	0.099	0.096
1.35	0.207	0.158	0.139	0.126	0.120	0.110	0.106	0.105	0.100	0.094	0.091
1.50	0.202	0.154	0.135	0.122	0.115	0.106	0.102	0.100	0.096	0.090	0.086
1.60	0.200	0.152	0.132	0.119	0.113	0.103	0.100	0.098	0.094	0.087	0.084
1.80	0.196	0.148	0.128	0.115	0.109	0.099	0.096	0.094	0.090	0.083	0.080
2.00	0.193	0.144	0.125	0.112	0.106	0.096	0.092	0.091	0.086	0.080	0.077

综上所述，脚手架在工作时受多种荷载作用，但是在同一时段各种荷载出现的概率是不一样的，在脚手架的计算中要针对不同阶段的要求进行荷载的组合，可以按照表 3.3.13 给出的状况选取。

表 3.3.13 荷载组合

计算项目	荷载效应组合
纵向、横向水平杆强度与变形	永久荷载＋施工荷载
脚手架立杆地基承载力型钢悬挑梁的强度、稳定与变形	①永久荷载＋施工荷载
	②永久荷载＋0.9×(施工荷载＋风荷载)
立杆稳定	①永久荷载＋施工荷载
	②永久荷载＋0.9×(施工荷载＋风荷载)
连墙杆强度与稳定	单排架，风荷载＋2.0kN；双排架，风荷载＋3.0kN

3. 计算简图

在确定了结果节点后就可以画出结构的计算简图，如图 3.3.3 所示，这里要注意的是两点：①要进行结构机动分析，不能让结构成为几何可变体系；②要注意荷载的类型和数量，不能遗漏，脚手架除了竖向施工荷载外，还需要考虑水平的风荷载。

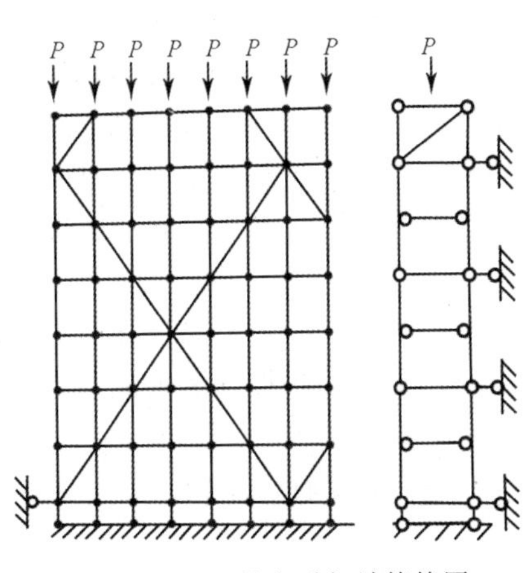

图 3.3.3 双排脚手架计算简图

值得注意的是，整体结构是几何不变的(或整体结构是静定的)，也就是说不能人为地确定中心受压杆的计算长度。其中表现最明显的是双排脚手架，如要成为静定结构而不在廊道内设斜杆，其计算长度应为连墙件竖向间距，如要缩小其计算长度为步距，则必须设置廊道斜杆。

3.3.3 脚手架计算方法

简单脚手架计算可以采用手算方式，计算受力最不利处杆件的稳定性，但这种计算模型只能是平面的简单的情况，下节算例中会给出具体计算步骤。随着计算机软件应用的逐渐普及，我们可以采用有限元软件进行求解，有限元软件不但能求解二维问题，而且能三维求解，比较容易获得较为精确解。有限元软件可以分为专业力学软件和脚手架软件，前者如ANSYS、SAP等，后者如广联达模板脚手架安全计算软件、品茗脚手架智能计算软件等。专业力学软件建模不是十分方便，建议选用市面上的常用脚手架计算软件。

1. 水平杆计算

纵向、横向水平杆的抗弯强度应按下式计算：

$$\sigma = M/W \leqslant f \tag{3.3.5}$$

式中：M—— 弯矩设计值，应按本节第2条的规定计算；

W—— 截面模量，按表3.3.1选用；

f—— 钢材的抗弯强度设计值。

纵向、横向水平杆弯矩设计值，应按下式计算：

$$M = 1.2M_{Gk} + 1.4\sum M_{Qk} \tag{3.3.6}$$

式中：M_{Gk}—— 脚手板自重标准值产生的弯矩；

M_{Qk}—— 施工荷载标准值产生的弯矩。

纵向、横向水平杆的挠度应符合下式规定：

$$v \leqslant [v] \tag{3.3.7}$$

式中：v—— 挠度；

$[v]$—— 容许挠度，应按表3.3.14采用。

表3.3.14 水平杆挠度限制值

构件类别	容许挠度[v]
脚手板，脚手架纵向、横向水平杆	1/150与10mm
脚手架悬挑受弯构件	1/400
型钢脚手架悬挑钢梁	1/250

计算纵向、横向水平杆的内力与挠度时，纵向水平杆宜按三跨连续梁计算，计算跨度取纵距 l_a；横向水平杆宜按简支梁计算，计算跨度 l_0 可按图3.3.4采用；双排脚手架的横向水平杆的构造外伸长度 a=500mm时，其计算外伸长度 a_1 可取300mm。

纵向或横向水平与立杆连接时，其扣件的抗滑承载力应符合下式规定：

$$R \leqslant R_c \tag{3.3.8}$$

式中：R—— 纵向、横向水平杆传给立杆的竖向作用力设计值；

R_c—— 扣件抗滑承载力设计值，应按表3.3.5采用。

2. 立杆计算

杆件只受轴力作用

$$\frac{N}{\varphi A} \leqslant f \tag{3.3.9}$$

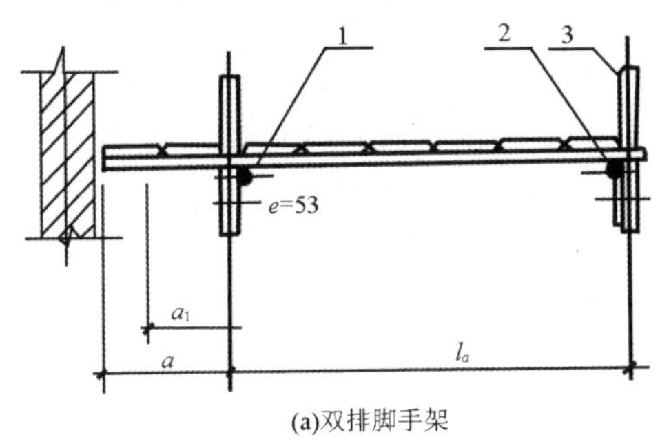

(a)双排脚手架

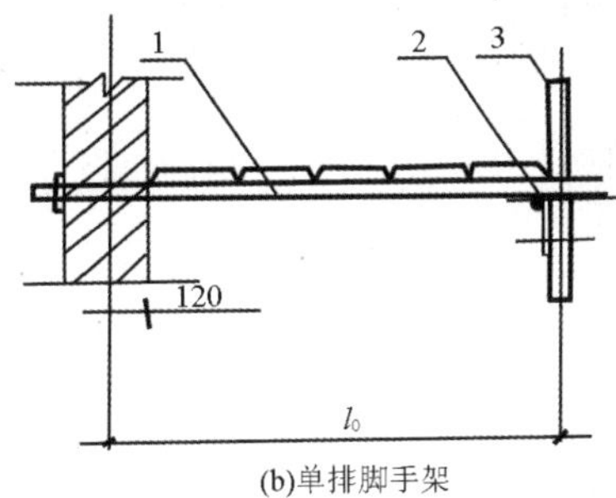

(b)单排脚手架

1-横向水平杆；2-纵向水平杆；3-立杆

图 3.3.4　横向水平杆计算跨度

杆件受到轴力和风荷载共同作用

$$\frac{N}{\varphi A}+\frac{M}{W}\leqslant f \tag{3.3.10}$$

式(3.3.10)中 W 为钢管的截面模量，M 为钢管所受的弯矩，若由风荷载产生，可由下式计算：

$$M=0.9\times 1.4M_k=\frac{0.9\times 1.4w_k l_a h^2}{10}\leqslant f \tag{3.3.11}$$

式中：M_k—— 风荷载产生的弯矩标准值，kN·m；

w_k—— 风荷载标准值，kN/m^2；

l_a—— 立杆纵距，m。

3.3.4　算例

某工程位于浙江省绍兴市市区，基本风荷载为 0.4N/m^2，建筑截面为方形。在主体结构完成后需要搭设装修外脚手架，采用竹脚手片，在施工过程中脚手片满铺各层，但同一时间只有一层施工。脚手架外遮安全网。楼层高度：首层高度 5m，二层及以上为标准层，高度为 3m。共 12 层，脚手架上需铺设脚手板以便于作业。脚手架采用扣件钢管架，钢管规格为 ϕ48×3.5mm，步距为 1.8m，双排立杆排距为 1.5m，纵距为 1.2m。连墙件竖向间距为 3.6m，水平间距为 3.6m，斜杆每 6m 高度设一根。如图 3.3.5 所示。

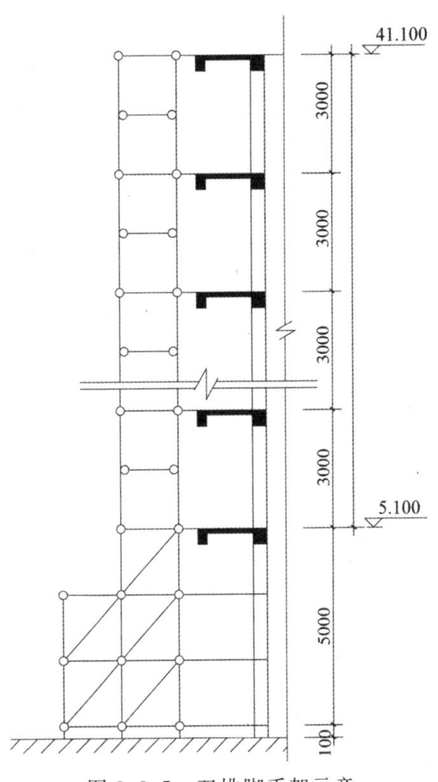

图 3.3.5　双排脚手架示意

分析：底部首层层高过高，按立杆全高作为计算长度，钢管回转半径为 1.58cm，长细比 $\lambda=l/i>230$，超出了压杆折算系数，因此需要分成几层设计，如图 3.3.5 所示，双立杆之间增加斜杆和水平杆使之成为桁架体系，压杆计算长度缩小到 1.7m，达到承载要求。下面计算结构(图 3.3.6)。

1. 计算 5m 以上的立杆验算

立杆自重：(3×12)×3.84×10=1382(N)

小横杆自重：3×12/1.5×0.75×3.84×10=691(N)

横杆自重：12×1.2×3.84×10=553(N)

斜杆自重：(3×12)/6×$(1.8^2+1.2^2)^{1/2}$×3.84×10=498(N)

脚手板重量：350×(1.2×0.75)×12=3780(N)

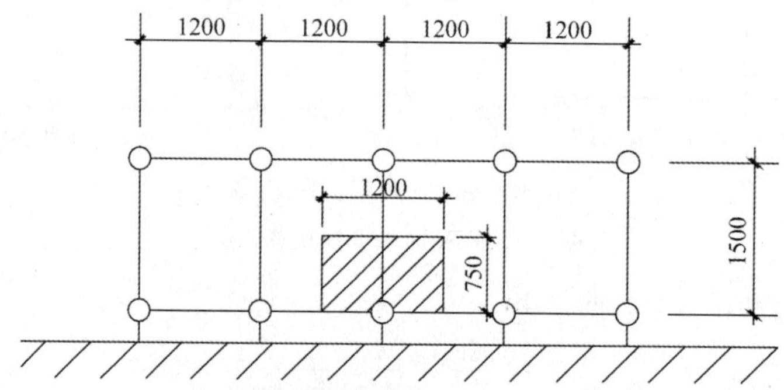

图 3.3.6　竖杆承受荷载面积示意

扣件重量：14.6×24=350(N)

施工荷载：3000×(1.2×0.75)=2700(N)

立杆竖向设计轴力：

N=1.2×(1382+691+553+498+3780+350)+1.4×2700

=1.2×7254+1.4×2700=12485(N)

立杆承载力计算：

$\lambda=l_0/i$=300/1.580=189.9,查表得 φ=0.199

承载力：$N/(\varphi A)$=12485/(0.199×4.89×10^{-4})=128(MPa)<f=205MPa

承载力符合要求。

2. 5m 以下立杆验算

相比于 5m 以上的立杆,结构自重增加。

立杆自重：(3×12+5)×3.84×10=1574(N)

小横杆自重：(3×12/1.5+4)×0.75×3.84×10=806(N)

横杆自重：(16×1.2)×3.84×10=737(N)

斜杆自重：(3×12/6+1)×$(1.8^2+1.2^2)^{1/2}$×3.84×10=582(N)

脚手板重量：350×(1.2×0.75)×12=3780(N)

扣件重量：14.6×28=409(N)

施工荷载：3000×(1.2×0.75)=2700(N)

立杆竖向设计轴力：

N=1.2×(1574+806+737+498+3780+409)+1.4×2700

=1.2×7804++1.4×2700=13145(N)

立杆承载力计算：

$\lambda=l_0/i$=(500/3)/1.580=105,查表得 φ=0.551

立杆应力：$N/(\varphi A)$=13145/(0.551×4.89×10^{-4})=49(MPa)<f=205MPa

承载力符合要求。以上验算值远小于上部计算的原因是由于立杆计算长度大大减小。

3. 组合风荷载计算

根据给定的条件，基本风荷载 $w_0=0.4\text{kN/m}^2$，安全网挡风系数 Φ 取 0.8，建筑体型系数查荷载规范 $\mu_s=0.8$，建筑物所在地貌为 C 类，高度 5m 处 $\mu_z=0.74$。

风荷载的标准值为 $w_k=0.8\times0.8\times0.74\times0.4=0.1894(\text{kN/m}^2)$

作用于立杆上的均布力：$w=1.4\times1.2\times0.18944=0.3183(\text{kN/m}^2)$

结构整体精确分析需要有限元编程计算，在实际工程中可以偏保守简化计算，如图 3.3.7 所示。

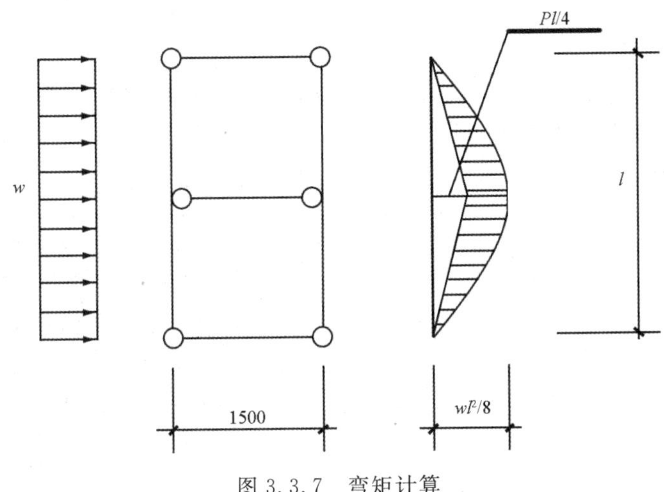

图 3.3.7 弯矩计算

小横杆的支撑反力：$P=(5/16)wl_0=(5/16)\times0.3183\times3=0.2984(\text{kN}\cdot\text{m})$

立杆跨中弯矩：$M=wl_0^2/8-Pl_0/4=0.3183\times3^2/8-0.2984\times3/4=0.1343(\text{kN}\cdot\text{m})$

立杆抗弯强度：$\sigma=N/(\varphi A)+0.9M/W=12485/(0.199\times4.89\times10^{-4})+0.9\times134.3\times10^3/5080$

$=128+24=152(\text{MPa})<f=205\text{MPa}$

符合要求。

同样可以计算 5m 以下抗风符合要求，请读者按以上步骤进行验算。

3.4 脚手架施工与质量管理

脚手架种类繁多，每种脚手架都有其构造特点，因此施工工艺和安全措施也有所差异。扣件式脚手架是最常见的形式，本节以此为例介绍脚手架施工工艺与安全措施。

3.4.1 施工前的准备工作

整个脚手架施工包括准备阶段、施工阶段和验收阶段。这里先着重讲述一下施工准备阶段的要求和施工阶段的工艺。准备阶段包括技术交底、劳动力准备和材料准备。

在分项工程开始前，单位工程负责人应按施工组织设计中有关脚手架的要求，向脚手架搭设和使用人员进行技术交底。这包括施工位置、脚手架方案、安全管理和验收要求。

劳动力准备：整个外脚手架工程涉及搭设、维护及拆除三个阶段，根据各个阶段的不同工作内容，劳动力的需用情况不同。要根据不同的结构工期，合理安排劳动力，同时要确保架子工均持证上岗。

材料准备是按施工组织设计的要求对钢管、扣件、脚手板等进行检查验收，不合格产品不得使用。具体要求如下。

1. 脚手架钢管可以使用焊接钢管，其应选用符合现行国家标准《直缝电焊钢管》(GB/T 13793)或《低压流体输送用焊接钢管》(GB/T 3091)中 Q235A 级的普通钢管，其材料性能应符合现行国家标准《碳素结构钢》(GB/T 700)的有关规定。用于立杆、纵向水平杆、剪刀撑和斜杆的钢管长度为 4～6m(这样的长度一般重 25kg 以内，适合人工操作)。用于横向水平杆的钢管长度为 1.2～1.5m，以适应脚手架宽度的需要。钢管上严禁打孔，使用钢管质量必须符合表 3.4.1 的要求。

表 3.4.1　钢管检查与验收要求

<table>
<tr><th colspan="2">项　次</th><th colspan="3">检查项目</th><th>验收要求</th></tr>
<tr><td rowspan="6">新管</td><td>1</td><td colspan="3">产品合格证</td><td rowspan="2">必须具备</td></tr>
<tr><td>2</td><td colspan="3">钢管材质证明书</td></tr>
<tr><td>3</td><td colspan="3">表面质量</td><td>表面应平直光滑，不应有裂缝、结疤、分层、错位、硬弯、毛刺、压痕和划道，并统一涂刷</td></tr>
<tr><td>4</td><td colspan="3">外径，壁厚</td><td>外径±0.5mm，壁厚±0.36mm</td></tr>
<tr><td>5</td><td colspan="3">端面</td><td>应平整，端面切斜的偏差$<$1.70mm</td></tr>
<tr><td>6</td><td colspan="3">防锈处理</td><td>必须进行防锈处理，涂锌或刷防锈漆</td></tr>
<tr><td rowspan="6">旧管</td><td>7</td><td colspan="3">钢管锈蚀程度应每年检查一次</td><td>管壁上的锈蚀深度$\leqslant$0.18mm</td></tr>
<tr><td rowspan="4">8</td><td rowspan="4">钢管弯曲变形</td><td colspan="2">端部弯曲 $l\leqslant 1.5\text{m}$</td><td>偏差$\leqslant$5mm</td></tr>
<tr><td rowspan="2">立杆钢管弯曲</td><td>$3\text{m}<l\leqslant 4\text{m}$</td><td>偏差$\leqslant$12mm</td></tr>
<tr><td>$4\text{m}<l\leqslant 6.5\text{m}$</td><td>偏差$\leqslant$20mm</td></tr>
<tr><td colspan="2">水平杆弯曲 $l\leqslant 6.5\text{m}$</td><td>偏差$\leqslant$30mm</td></tr>
<tr><td>9</td><td colspan="3">其他项目同新管 3、4、5</td><td>同新管 3、4、5</td></tr>
</table>

2. 扣件应采用锻铁制造，其材质应符合现行国家标准《钢管脚手架扣件》(GB 15831—2006)的有关规定。扣件首先需要观察外形，不允许有裂缝、变形、滑丝的螺栓存在，与钢管接触部位不应有氧化皮，活动部位应能灵活转动，旋转扣件两旋转面间隙应小于 1mm。扣件与钢管的贴合面必须严格整形，应保证与钢管扣紧时接触良好。当扣件紧夹钢管时，开口处的最小距离应不小于 5mm。在螺栓拧紧扭力矩达到 65N·m 时，不得发生破坏。在使用前扣件表面应进行防锈处理。扣件质量检验要符合表 3.4.2 的要求。

表 3.4.2 扣件检查要求

项　次		检查项目	要　求
新扣件	1	产品质量合格证,生产许可证,法定检测单位测试报告(抽样复试)	必须具备
	2	表面质量及性能	应符合技术要求本段规定
	3	螺栓	不得滑丝
旧扣件	4	同新扣件的项次 2、3,应进行抽样复试	

3. 脚手板可以根据实际情况选用各种类型,采用竹木脚手板的两端要使用 4mm 镀锌钢丝箍两道,并应符合现行行业标准《建筑施工扣件式钢管脚手架安全技术规范》(JGJ 130—2011)的规定。

4. 安全网在出厂前,必须有国家指定的监督检测部门批量验证和检验合格证,已使用的安全网必须经过检查和试验合格后方可使用,超过使用期限的安全网严禁使用,应符合现行国家标准《安全网》(GB 5725—2009)的规定。安全网绳不得损坏和腐朽,平支安全网用锦纶安全网,密目式阻燃安全网除满足网目要求外,其锁扣间距应控制在 300mm 以内。

经检验合格的脚手架构配件应按品种、规格分类,堆放整齐、平稳,堆放场地不得有积水。在搭设前应清除搭设场地杂物,平整搭设场地,并使排水畅通。当脚手架基础下有设备基础、管沟时,在脚手架使用过程中不应开挖,否则必须采取加固措施。脚手架搭设范围内的地基,表面应平整,排水畅通,如表层土质松软,可加约 150mm 厚的碎石或碎砖夯实。对高层建筑脚手架基础应进行验算,脚手架底座底面标高宜高于自然地坪 50mm。

3.4.2 脚手架搭设要求

落地式脚手架的工艺流程如下：场地平整、夯实→基础承载试验→材料配备→定位设置通长脚手板→钢底座→纵向扫地杆→立杆→横向扫地杆→小横杆→大横杆(搁栅)→抛撑→剪刀撑→连墙杆→铺脚手板→防护栏杆→安全网。

落地式脚手架定位要根据构造要求在建筑物四角用尺量出内、外立杆距离,并做好标记。用钢卷尺拉直,分出立杆位置,并用小竹片点出立杆标记。注意垫板底座应准确地放在定位线上,垫板必须铺放平稳,不得悬空。在搭设首层脚手架的过程中,沿四周每框架格内设一道斜支撑,拐角处双向增设,待该部位脚手架与主体结构的连墙件可靠拉结后方可拆除。当脚手架操作层高出连墙件两步时,应采取临时稳定措施,直到连墙件搭设完毕后方可拆除。双排架宜先立里排立杆,后立外排立杆。每排立杆宜先立两头的,再立中间一根,互相看齐后,立中间部分各立杆。双排架内、外排两立杆的连线要与墙面垂直。立杆接长时,宜先立外排,后立内排,按照构造要求依次搭设脚手架的立杆、扫地杆、纵向水横向水平杆、连墙件、剪刀撑和横向斜撑以及铺脚手板和搭设护身栏杆、挂安全网。

悬挑式脚手架施工流程与落地式脚手架有所不同,其流程为：埋锚固钢筋环→安装型钢悬挑梁→竖立杆→搭设扫地杆→纵向水平杆→横向水平杆→加设剪刀撑、横向斜撑→铺设脚手板→在作业面搭设护身栏杆→挂安全网。

其中预埋锚固钢筋环钢筋锚环采用直径为 20mm 左右的圆钢进行制作,每根钢梁设三个，其中一个为保险钢筋环，第一个钢筋环埋在梁内，要求预埋钢筋环在一条直线上，且与结构外边缘垂直。锚固入混凝土不少于 30d，钢筋环露出板面不超过 250mm，且不少于 220mm。型钢悬挑梁应与钢筋锚环用木楔卡紧。型钢安装时应拉好通线，防止偏位。悬挑梁端应按梁长度起拱 0.5%～1%，同时安装钢梁的混凝土强度不得低于 C20。型钢上可焊接高 200mm、直径 25mm 钢，其间距与双排脚手架的横距相一致，距端部 100mm，以防止钢管产生滑移。同时保证脚手架距结构外边缘一定距离。

在架体搭设过程中，按照构造要求依次搭设脚手架的立杆、扫地杆、纵向水平杆、横向水平杆、连墙件、剪刀撑和横向斜撑以及铺脚手板和搭设护身栏杆、挂安全网。

【注意事项】

(1) 脚手架必须配合施工进度搭设，一次搭设高度不超过相邻连墙件以上两步。

(2) 每搭设完成一步脚手架后，按照验收标准的规定校正步距、纵距、横距及立杆垂直度。

(3) 底座、垫板准确地放在定位线上；垫板为长度不小于 2 跨(3m)、厚度不小于 50mm 的木板。

(4) 立杆搭设时禁止外径不同的钢管混合使用，对接接头扣件开口方向应向下或向内，以防雨进入。立杆上的对接扣件应交错布置，相邻立杆接头位置的错开不小于 500mm。各接头与中心节点相距不大于步距的 1/3 即 500mm。立杆的搭接长度不应小于 1m，不少于两个扣件固定，端部扣件盖板的边缘至杆端不应小于 100mm。开始搭设立杆时，每隔 6 跨一根抛撑，直至连墙件安装稳定以后，方可根据情况拆除。当搭设至有连墙件的构造点时，在搭设完该处的立杆、纵向水平杆、横向水平杆后，立即设置连墙件。立杆的步距、纵距、横距以及伸出建筑物的高度必须符合构造要求。

(5) 纵向水平杆的搭设必须严格满足构造要求。在封闭型脚手架的同一步中，纵向水平杆四周交圈，用直角扣件与内外角部立杆固定。

(6) 横向水平杆的搭设严格满足构造要求，靠墙一端距装饰面的距离不大于 150mm，伸出大横杆外的长度应控制在 100～150mm。

(7) 扫地杆脚手架必须设置纵、横向扫地杆。纵向扫地杆应采用直角扣件固定在距底座上皮 200mm 高的立杆上。横向扫地杆采用直角扣件固定在紧靠纵向扫地杆下方的立杆上。其连接方式及接头位置同纵向水平杆。

(8) 脚手架每纵向 5 步、横向 5 跨设置一道剪刀撑，沿脚手架外侧及全高方向连续设置，剪刀撑与地面呈 45°角，剪刀撑夹角为 90°，剪刀撑主要采用 6m 长钢管，最下面的斜杆与立杆的连接点离支撑面不大于 500mm。剪刀撑斜杆采用搭接，搭接长度不小于 1000mm，不少于三个扣件，扣件盖板外边缘距端部距离不小于 100mm。剪刀撑斜杆用旋转扣件固定在与之相交的横向水平杆的伸出端或立杆上，旋转扣件中心线距主节点的距离不应大于 150mm。脚手架非封闭端如转截面处、施工电梯断开处脚手架端头应设置横向斜撑及连墙件。剪刀撑与横向斜撑应与立杆、纵向水平杆和横向水平杆等同步搭设。

(9) 连墙件为防止外架受水平力产生变形，外架应和结构层进行拉结，拉结采用两种形式：一种是钢管抱柱的形式，每层至少设一道，采用钢管将柱四面箍紧，伸出钢管采用直角扣件扣在主节点或纵向水平杆上，柱角采用模板及木方做好保护。当在无法采用抱柱的地方，采用在边梁面预留短钢管方式与外架相连，在连接的立杆上搭设“之”字杆，加强连墙立杆的刚度。

(10) 安全网与层间隔断。脚手架在两层立杆之间以及内立杆到结构边的范围内采用模板及木方进行封闭，并设 200mm 高的挡脚板，防止坠物伤人。往上每隔四层设置一道水平大眼网。在操作层设水平兜网，并满铺脚手板，水平安全网接口处连接严密。严禁使用损坏和腐朽的安全网。

(11) 脚手板铺满、铺稳，离开墙面一定距离，采用对接平铺或搭接铺设，脚手板探头用直径 3.2mm 的镀锌铁丝固定在支杆上。在拐角、斜道平台口处的脚手板，应与横向水平杆可靠连接，防止滑动。

(12) 扣件规格必须与钢管外径(ϕ48mm)相同。螺栓扭紧力矩不小于 40N·m，且不大于 65N·m。主节点处固定横向水平杆、纵向水平杆、剪刀撑、横向斜撑等用的直角扣件、旋转扣件的中心相互距离不大于 150mm。对接扣件开口朝上或朝内。各杆件端头伸出扣件盖板边缘的长度不小于 100mm。

(13) 在铺脚手板的操作层上必须在外排立杆内侧距脚手板面 1200mm 处设一道护栏。

3.4.3 脚手架施工质量要求与验收

脚手架验收包括构配件验收和脚手架搭设完成后的整体验收，构配件验收前面已经做了介绍，本部分主要介绍整体的验收工作。脚手架检查和验收时必须准备好相关的技术文件，包括验收记录、施工组织设计及变更文件和技术交底文件。

规范规定脚手架及其地基基础在以下情况下应该进行检查和验收：基础完工后及脚手架搭设前；作业层上施加荷载前；每搭设完 10～13m 高度后；搭设高度达到设计高度后。此外，遇到特殊情况也需要重新检查和验收，例如遭遇过六级大风与大雨后、寒冷地区开冻后或者脚手架停用超过一个月时。

除了上述情况下检查和验收外，脚手架在使用过程中也会出现各种问题，因此也需要进行定期检查，这些检查包括杆件的设置和连接，连墙件、支撑、门洞桁架等的构造是否符合要求；地基是否积水，底座是否松动，立杆是否悬空；扣件螺栓是否松动；高度在 24m 以上的脚手架，其立杆的沉降与垂直度的偏差是否符合本规范要求；安全防护措施是否恰当；脚手架上堆载是否超过规定要求，特别是冬季下雪要做好积雪清理工作。

脚手架搭设的技术要求、允许偏差与检验方法应符合表 3.4.3 的规定。

表 3.4.3 脚手架搭设的技术要求、允许偏差与检验方法

项　次	项　目		技术要求	允许偏差 Δ/mm	示意图	检查方法与工具
1	地基基础	表面	坚实平整	—	—	观察
		排水	不积水			
		垫板	不晃动			
		底座	不晃动			
			不沉降	−10		

续 表

<table>
<tr><th>项 次</th><th colspan="2">项 目</th><th>技术要求</th><th>允许偏差Δ/mm</th><th colspan="2">示意图</th><th>检查方法与工具</th></tr>
<tr><td rowspan="4">2</td><td rowspan="4">立杆垂直度</td><td>最后验收垂直度</td><td>—</td><td>±100</td><td colspan="2"> 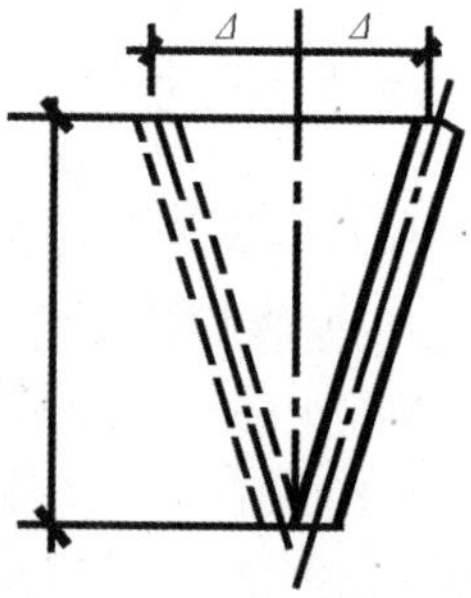</td><td rowspan="4">用经纬仪或吊线和卷尺</td></tr>
<tr><td>搭设中检查偏差的高度(m)</td><td colspan="4">总高度
50m | 40m | 20m</td></tr>
<tr><td>H=2
H=10
H=20
H=30
H=40
H=50</td><td>±7
±20
±40
±60
±80
±100</td><td>±7
±25
±50
±75
±100</td><td colspan="2">±7
±50
±100</td></tr>
<tr><td colspan="5">中间档次用插入法</td></tr>
<tr><td>3</td><td>间距</td><td>步距
纵距
横距</td><td>—</td><td>±20
±50
±20</td><td colspan="2">—</td><td>钢板尺</td></tr>
<tr><td rowspan="2">4</td><td rowspan="2">纵向水平杆高度</td><td>一根杆的两端</td><td>—</td><td>±20</td><td colspan="2"> 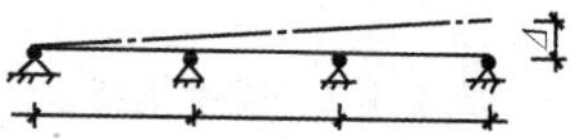</td><td rowspan="2">水平仪或水平尺</td></tr>
<tr><td>同跨内两根纵向水平杆高差</td><td>—</td><td>±10</td><td colspan="2"> 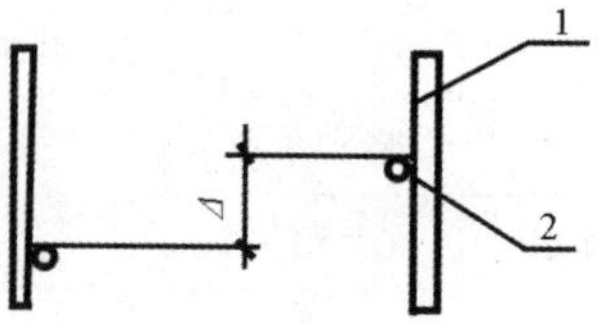</td></tr>
<tr><td>5</td><td colspan="2">双排脚手架横向水平杆外伸长度偏差</td><td>外伸 500mm</td><td>−50</td><td colspan="2">—</td><td>钢板尺</td></tr>
</table>

续 表

项 次	项 目		技术要求	允许偏差 Δ/mm	示意图	检查方法与工具
6	扣件安装	主节点各扣件中心点相互距离	$a\leqslant 150$mm	—	1 a 2 a 3 4	钢板尺
		同步立杆上两个相隔对接扣件的高度	$a\geqslant 500$mm	—	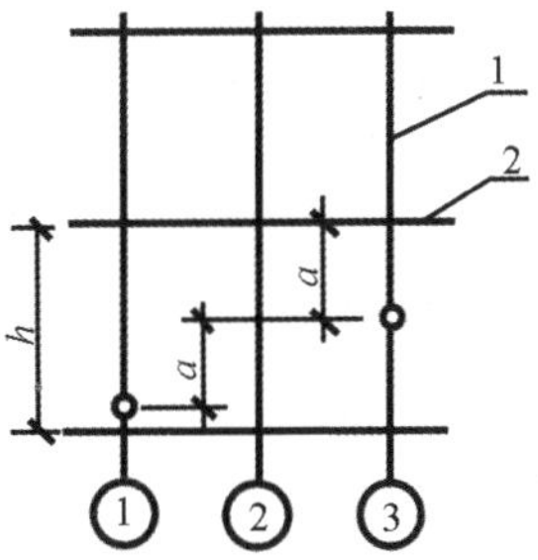 1 2 a h a ① ② ③	钢卷尺
		立杆上对接扣件至主节点的距离	$a\leqslant h/3$			
		纵向水平杆上的对接扣件至主节点的距离	$a\leqslant 10/3$	—	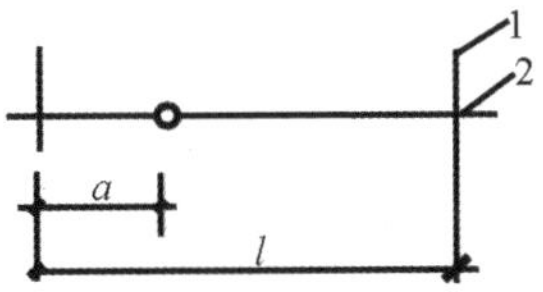 1 2 a l	钢卷尺
		扣件螺栓拧紧扭力矩	40～65N·m	—	—	扭力扳手
7	剪刀撑斜杆与地面的倾角		45°～60°	—	—	角尺
8	脚手板外伸长度	对接	$a=130\sim 150$mm $l\leqslant 300$mm	—	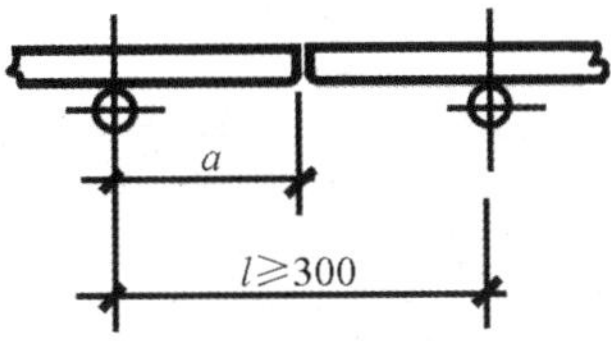 a $l\geqslant 300$	卷尺
		搭接	$a\geqslant 100$mm $l\geqslant 200$mm	—	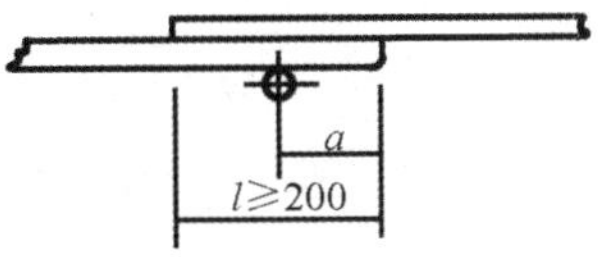 a $l\geqslant 200$	卷尺

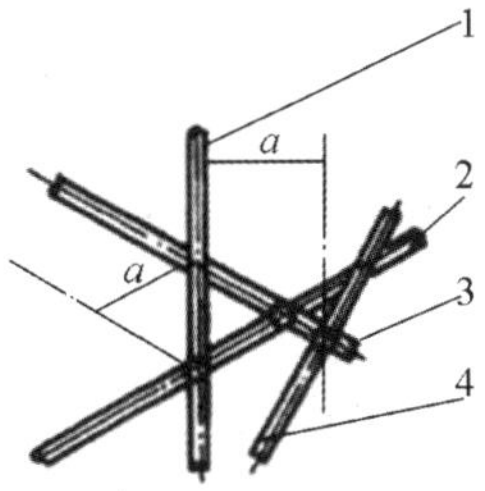

注：图中 1 -立杆；2 -纵向水平杆；3 -横向水平杆；4 -剪刀撑

扣件安装后的扣件螺栓拧紧扭力矩应采用扭力扳手检查，抽样方法应按随机分布原则进行。抽样检查数目与质量判定标准，应按表 3.4.4 的规定确定。不合格的必须重新拧紧，直至合格为止。

表 3.4.4　扣件拧紧抽样检查数目及质量判定标准

项　次	检查项目	安装扣件数量/个	抽检数量	允许的不合格数
1	连接立杆与纵(横)向水平杆或剪刀撑的扣件；接长立杆、纵向水平杆或剪刀撑的扣件	51～90 91～150 151～280 281～500 501～1200 1201～3200	5 8 13 20 32 50	0 1 1 2 3 5
2	连接横向水平杆与纵向水平杆的扣件(非主节点处)	51～90 91～150 151～280 501～1200 1201～3200	5 8 13 20 32 50	1 2 3 5 7 10

3.5　脚手架施工安全管理和安全措施

如前所述，脚手架工程是建筑施工中发生事故中出现频率较高的部分(见图 3.5.1)。脚手架在搭设、使用和拆除过程中发生的安全事故，一般都会造成不同程度的人员伤亡和经济损失，甚至出现导致死亡 3 人以上的重大事故，带来严重的后果和不良的影响。这些事故给予我们的教训是深刻的，从对事故的分析中可以得到许多有益的启示，帮助我们改进技术和管理工作，防止或减少事故的发生。

【事故案例】　2004 年 5 月 12 日，河南安阳信益电子玻璃有限责任公司刚竣工 68m 高烟囱工程，在准备拆除烟囱四周脚手架时，上料架突然倾翻，30 名正在施工的民工全部翻落，造成 21 人死亡，9 人受伤。

图 3.5.1　脚手架坍塌

2014年9月1日7点15分许，伴随着一阵巨响，位于宁波市北仑区四明山路上的一处建筑工地的脚手架发生坍塌(见图3.5.2)。已搭建至13层的脚手架，如“剥皮”般向外倒伏在地上，正在涂漆作业的7名工人随脚手架摔下，被困在废墟里。脚手架倒塌最主要的原因是不按规定计算和搭拆，而是凭习惯和感觉。最直接的原因多数是没有重视甚至没有硬拉结，使脚手架发生倾斜变形，进而坍塌。

图3.5.2 事故现场

3.5.1 脚手架施工安全管理工作

为了确保脚手架施工安全，健全安全管理制度是最重要的一步。首先要制订对脚手架工程进行规范管理的文件，例如规范、标准、工法、规定等。其次是在实施具体工程中需要编制施工组织设计、技术措施以及其他指导施工的文件；项目部应建立有效的安全管理机制和办法，检查验收的实施措施。如果发现问题要及时处理和解决，不要忽略。如果发生事故，要做好调查、定性、处理及其善后安排。最后在项目结束时要做好施工总结，包括好的管理经验和存在的问题。

3.5.2 脚手架工程事故

脚手架事故类型很多，一般可以概括为五种：整架倾倒或局部垮架；整架失稳、垂直坍塌；人员从脚手架上高处坠落；落物伤人；不当操作事故(闪失、碰撞等)。

对于这些事故，在造成事故的原因中，有直接原因也有间接原因。在直接原因中有技术方面的、操作和指挥方面的以及自然因素的作用。诱发以下两类多发事故的主要直接原因如下。

(1) 整架倾倒、垂直坍塌或局部垮架

产生垮塌一般由三个因素引起：一是构架缺陷，构架缺少必需的结构杆件，未按规定数量和要求设连墙件等，或在使用过程中任意拆除必不可少的杆件和连墙件；二是构架尺寸过大、承载能力不足或设计安全度不够与严重超载；三是地基出现过大的不均匀沉降。

(2) 人员高空坠落

一般也有三个潜在因素：一是作业层未按规定设置围挡防护；二是作业层未满铺脚手

板或架面与墙之间的间隙过大；三是脚手板和杆件因搁置不稳、扎结不牢或发生断裂而坠落；由不当操作产生的碰撞和闪失。特别要注意以下情形：用力过猛，致使身体失去平衡；在架面上拉车退着行走；拥挤碰撞；集中多人搬运重物或安装较重的构件；架面上的冰雪未清除，造成滑跌。

根据事故教训提供的启示，为防止事故发生应采取以下措施。

（1）必须确保脚手架的构架和防护设施达到承载可靠和使用安全的要求。在编制施工组织设计、技术措施和施工应用中，必须对以下方面做出明确的安排和规定：①对脚手架杆配件的质量和允许缺陷的规定；②脚手架的构架方案、尺寸以及对控制误差的要求；③连墙点的设置方式、布点间距，对支撑物的加固要求（需要时）以及某些部位不能设置时的弥补措施；④在工程体形和施工要求变化部位的构架措施；⑤作业层铺板和防护的设置要求；⑥对脚手架中载荷大、跨度大、高空间部位的加固措施；⑦对实际使用载荷（包括架上人员、材料机具以及多层同时作业）的限制；⑧对施工过程中需要临时拆除杆部件和拉结件的限制以及在恢复前的安全弥补措施；⑨安全网及其他防（围）护措施的设置要求；⑩脚手架地基或其他支撑物的技术要求和处理措施。

（2）必须严格地按照规范、设计要求和有关规定进行脚手架的搭设、使用和拆除，坚决制止乱搭、乱改和乱用情况。在这方面出现的问题很多，难以全面归纳，大致归纳如下。

有关乱改和乱搭问题：①任意改变构架结构及其尺寸；②任意改变连墙件设置位置，减少设置数量；③使用不合格的杆配件和材料；④任意减少铺板数量、防护杆件和设施；⑤在不符合要求的地基和支撑物上搭设；⑥不按质量要求搭设，立杆偏斜，连接点松弛；⑦不按规定的程序和要求进行搭设和拆除作业，在搭设时未及时设置拉撑杆件，在拆除时过早地拆除拉结杆件和连接件；⑧在搭、拆作业中未采取安全防护措施，包括不设置防（围）护和不使用安全防护用品；⑨不按规定要求设置安全网。

有关乱用问题：①随意增加上架的人员和材料，引起超载；②任意拆去构架的杆配件和拉结；③任意抽掉、减少作业层脚手板；④在架面上任意采取加高措施，增加了载荷，加高部分无可靠固定、不稳定，防护设施也未相应加高；⑤站在不具备操作条件的横杆或单块板上操作；⑥工人进行搭设和拆除作业不按规定使用安全防护用品；⑦在把脚手架作为支撑和拉结的支撑物时，未对构架采用相应的加强措施；⑧在架上搬运超重构件和进行安装作业；⑨在不安全的天气条件（六级以上风天、雷雨天和雪天）下继续施工；⑩在长期搁置以后未做检查的情况下重新启用。

3.5.3 防止脚手架事故的技术与管理措施

在安全生产管理中，人是最重要的因素。完善防护措施和提高施工管理人员的自我保护意识和素质是加强脚手架安全的重要措施，脚手架搭设人员必须是经过按现行国家标准《特种作业人员安全技术考核管理规则》（GB 5036—2010）考核合格的专业架子工。上岗人员应定期体检，合格者方可持证上岗。在施工过程中，搭设脚手架人员必须戴安全帽、系安全带、穿防滑鞋。项目部要加强安全管理，制止和杜绝违章指挥和违章作业。

加强脚手架工程的规范化管理。为了确保脚手架工程的施工安全，预防和杜绝事故的发生，必须加强以确保安全为基本要求的规范化管理。这就需要尽快完善有关脚手架方面的施工安全标准，需要施工企业和项目经理部建立起相应的管理细则。脚手架安全技术规范是实施规范化管理的依据，其编制工作已进行近30年，目前已公布实施的有《建筑施工扣件式钢管脚手架安全技术规范》(JGJ 130—2011)、《建筑施工门式钢管脚手架安全技术规范》(JGJ 128—2010)以及对附着升降脚手架管理的暂行规定等。

加强脚手架工程的技术与管理措施，应特别注意以下六个方面可能出现的新的情况和问题。

(1) 随着高层和高难度施工工程的大量出现，多层建筑脚手架的构架做法已不能适应和满足施工要求，不能仅靠工人的经验进行搭设，必须进行严格的设计计算，并使施工管理人员掌握其技术和施工要求，以确保安全。

(2) 对于首次使用，没有先例的高、难、新脚手架，在周密设计的基础上，还需要进行必要的载荷试验，检验其承载能力和安全储备，在确保可靠后才能正式使用。

(3) 对于高层、高耸、大跨建筑以及有其他特殊要求的脚手架，由于在安全防护方面的要求相应提高，因此，必须对其设置、构造和使用要求加以严格的限制，并认真监控。

(4) 建筑脚手架多功能用途的发展，对其承载和变形性能(例如作模板支撑架时，将同时承受垂直和侧向载荷的作用)提出了更高的要求，必须予以考虑。

(5) 按提高综合管理水平的要求，除了技术的可靠性和安全保证性外，还要考虑进度、质量、材料的周转与消耗等综合性管理要求。

(6) 对已经落后或较落后的架设工具的改造与更新要求。

课程设计二：脚手架设计

1. 课题目的

掌握脚手架选用和布置方法，掌握脚手架手工验算，熟悉脚手架施工工艺和质量控制要求以及安全措施。

2. 课题依据

(1) 本任务书要求；

(2) 主要规范规程

《建筑施工扣件式钢管脚手架安全技术规范》(JGJ 130—2011)

《建筑施工高处作业安全技术规范》(JGJ 80—91)

《建筑结构荷载规范》(GB 50009—2012)

《钢管脚手架、模板支架安全选用技术规程》(DB 11/T583—2008)

3. 课题任务

完成以下工程外墙装饰脚手架施工专项设计：

某南方一乡镇建一栋钢筋混凝土短肢剪力墙结构的住宅楼，当地基本风压为0.5kN/m^2，建筑平面为长方形，尺寸为28m×11m，建筑物高度为34.8m，其中底层4m，上部11层层高2.8m。第一层土为0.4～2.1m厚的回填土，第二层土为粉质黏土，0.8～2.5m厚。施工现场场地平整，并已做了硬化。

4. 课题设计内容

(1) 脚手架选项及依据；

(2) 脚手架平面布置图、立面图和剖面图；

(3) 脚手架搭设前的劳动力和材料准备要求；

(4) 脚手架设计，包括基础设计、搭设要求和立杆受力最不利处的验算；

(5) 搭设工艺和技术要求描述；

(6) 脚手架验收要求；

(7) 安全保障措施。

5. 工作要求

(1) 独立完成，不得抄袭；

(2) 课程设计以纸质文档形式提交，文字部分手写，图纸可以手绘也可以打印；

(3) 课题设计时间安排：课内辅导为4课时，未足部分课外完成。

本章小结

本章的主要内容囊括了工程中常用脚手架的种类及其构造特点，对脚手架计算做了比较详细的阐述，同时对脚手架搭设施工工艺、质量验收要求和安全管理等内容进行了描述。学习本章之后，应该能够对一般钢管脚手架进行验算。在学习本章内容的同时要求读者在课外自学相关软件，能使用软件进行脚手架专项设计。读者对照现行脚手架安全规范，细读熟记规范中的强制性条文，作为本章学习的一个有益补充。

1. 脚手架有哪些类型？其构造有哪些优、缺点？
2. 在脚手架体系中有哪些部件？其中斜撑起什么作用？
3. 钢、竹混搭脚手架是否可用？为什么？
4. 脚手架及其地基基础在哪些阶段应进行检查与验收？
5. 脚手架使用期间，严禁拆除哪些杆件？
6. 脚手架支承钢管为什么会失稳破坏而不是材料强度不足破坏？
7. 脚手架施工应做哪些安全防范措施？

1. 脚手架主节点处(　　)设置一根横向水平杆，用直角扣件扣接且(　　)拆除。

A. 宜；不宜　　B. 必须；设置

C. 可；不得　　D. 必须；严禁

2. 脚手架立杆基础不在同一高度，必须将高处的纵向扫地杆向低处延长(　　)与立杆固定，高低差不应大于(　　)，靠边坡上方的立杆轴线到边坡的距离不应小于(　　)。

A. 一跨；0.8m；300mm　　B. 两跨；1m；400mm

C. 两跨；1m；500mm　　D. 三跨；1.2m；600mm

3. 开口型脚手架的两端(　　)设置连墙件,连墙件的垂直间距不应大于建筑物的层高,并且不应大于(　　)。

A. 宜;3m　　B. 应;3.3m　　C. 必须;3.6m　　D. 必须;4m

4. 横向水平杆伸出的长度应为(　　)。

A. 大于 200mm 和不小于 150mm　　B. 大于 80mm

C. 大于 40mm 和不小于 200mm　　D. 大于 100mm;

5. 脚手架底层步距不应(　　)。

A. 大于 2m　　B. 大于 3m

C. 大于 3.5m　　D. 大于 4m

6. 有一双排脚手架,搭设高度为 48m;步距为 1.5m,跨距为 1.8m,此脚手架连墙件布置除应满足计算要求外,其最大竖向间距和最大水平间距还应不大于(　　)。

A. 竖向 6m、水平向 6m　　B. 竖向 5m、水平向 5.4m

C. 竖向 4.5m、水平向 5.4m　　D. 竖向 4.5m、水平向 6m

7. 连墙件应靠近主节点设置,这是为了(　　)。

A. 便于施工　　B. 便于连墙件设置

C. 便于立杆接长　　D. 保证连墙件对脚手架起到约束作用

8. 连墙件设置要求是(　　)。

A. 应靠近主节点,偏离主节点的距离不应大于 600mm

B. 应靠近主节点,偏离主节点的距离不应大于 300mm

C. 应远离主节点,偏离主节点的距离不应小于 400mm

D. 应远离主节点,偏离主节点的距离不应小于 600mm

9. 高度 24m 以上的双排脚手架连墙件构造规定为(　　)。

A. 可以采用拉筋和顶撑配合的连墙件

B. 可以采用仅有拉筋的柔性连墙件

C. 可采用顶撑顶在建筑物上的连墙件

D. 必须采用刚性连墙件与建筑物可靠连接

10. 剪刀撑的设置宽度(　　)。

A. 不应小于 4 跨,且不应小于 6m

B. 不应小于 3 跨,且不应小于 4.5m

C. 不应小于 3 跨,且不应小于 5m

D. 不应大于 4 跨,且不应大于 6m

11. 剪刀撑斜杆与地面的倾角宜(　　)。

A. 在 45°到 75°之间　　B. 在 45°到 60°之间

C. 在 30°到 60°之间　　D. 在 30°到 75°之间

12. 剪刀撑斜杆用旋转扣件固定在与其相交的横向水平杆伸出端或立杆上,旋转扣件中心线至主节点的距离不应(　　)。

A. 大于 150mm　　B. 小于 150mm　　C. 大于 300mm　　D. 小于 300mm

13. 运料斜道的宽度和坡度的规定是(　　)。

A. 不宜小于 0.8m 和宜采用 1∶6

B. 不宜小于 1.5m 和宜采用 1∶6

C. 不宜小于 0.5m 和宜采用 1∶3

D. 不宜小于 1.5m 和宜采用 1∶7

14. 人行斜道的宽度和坡度的规定是(　　)。

A. 不宜小于 1m 和宜采用 1∶8

B. 不宜小于 0.8m 和宜采用 1∶6

C. 不宜小于 1m 和宜采用 1∶3

D. 不宜小于 1.5m 和宜采用 1∶7

15. 双排脚手架横向水平杆靠墙一端至墙装饰面的距离不宜(　　)。

A. 大于 100mm　　B. 大于 600mm

C. 大于 500mm　　D. 大于 400mm

16. 脚手架立杆底座底面标高宜高于自然地坪(　　)。

A. 100mm　　B. 70mm

C. 50mm　　D. 30mm

17. 立杆底座下的垫板长度和厚度尺寸是(　　)。

A. 不宜小于 3 跨和小于 50mm

B. 不宜小于 2 跨和小于 50mm

C. 不宜小于 2 跨和小于 30mm

D. 不宜小于 3 跨和小于 30mm

18. 脚手架施工荷载按均布荷载计算取值共分为(　　)。

A. 承重架(结构施工架)$3kN/m^2$,装修架 $2kN/m^2$

B. 承重架 $2.7kN/m^2$,装修架 $2.5kN/m^2$

C. 承重架 $2kN/m^2$,装修架 $1kN/m^2$

D. 承重架 $5kN/m^2$,装修架 $4kN/m^2$

19. 脚手架搭设时,应遵守(　　)。

A. 一次搭设高度不应超过相邻连墙件以上两步

B. 一次搭设高度可以不考虑连墙件的位置

C. 一次搭设高度可以在相邻连墙件以上四步

D. 一次搭设高度可以在相邻连墙件以上五步

20. 开始搭设立杆时,应遵守下列规定:(　　)。

A. 每隔 6 跨设置一根抛撑,直至连墙件安装稳定后,方可拆除

B. 搭设立杆时,不必设置抛撑,可以一直搭到顶

C. 待立杆搭设到顶后,再回过头来安装连墙件

D. 相邻立杆的对接扣件都可在同一个水平面内

21. 纵向水平杆的对接扣件应符合下列规定:(　　)。

A. 应交错布置,两根相邻杆的接头,在不同步或不同跨的水平方向错开的距离应不小于 500mm,各接头中心距最近的主节点的距离不大于纵距的 1/3

B. 两根相邻杆的接头,应在同一步和同一跨内布置

C. 两根相邻杆的接头,可在同一个竖向平面内

D. 两根相邻杆的接头,在水平方向的接头可在 200mm 以内

22. 各类杆件端头伸出扣件盖板边缘的长度,应为(　　)。

A. 100mm　　B. 80mm　　C. 50mm　　D. 200mm

23. 脚手架拆除时(　　)。

A. 必须由上而下逐层进行,严禁上下同时作业

B. 可以上下同时拆除

C. 由下部往上逐层拆除

D. 对于不需要的部分,可以随意拆除

24. 当脚手架采取分段、分立面拆除时,对不拆除的脚手架(　　)。

A. 应在两端按规定设置连墙件和横向斜撑加固

B. 可不设加固措施

C. 不必设连墙件

D. 设置卸荷措施

25. 遇有(　　)以上强风、浓雾等恶劣气候,不得进行露天攀登与悬空高处作业。

A. 5 级　　B. 6 级　　C. 7 级　　D. 8 级

第4章　钢筋混凝土工程

随着我国经济建设的飞速发展，高层建筑、超高层建筑的大量涌现，对钢筋混凝土工程提出了更新更高的要求。一方面，滑模、爬模、大模板、早拆模板等各种先进模板的引入，促进了建筑现代化的发展；另一方面，装配整体式结构的发展，预制钢筋混凝土构件的模板、成型、养护等先进工艺的应用，加速了建筑工业化的实现。目前，先进模板、大体积混凝土、预制构件是现代钢筋混凝土工程的三驾马车，其施工工艺与施工质量都日益受到相关部门与专业人士的重视。

1. 掌握先进模板体系的组成、构造要求及施工工艺；
2. 掌握模板的设计、拆除及施工质量检查验收；
3. 掌握大体积混凝土施工工艺；
4. 掌握钢筋混凝土预制构件的制作工艺及质量验收方法。

知识要点	能力要求
模板工程施工	了解先进模板的各种类型
	熟悉各种模板的专用名词
	熟悉利建模板等其他模板的配件和构造
	熟悉模板的荷载计算
	掌握大模板的配件和构造
	掌握滑升、爬升模板的配件和构造
大体积混凝土施工	熟悉大体积混凝土裂缝防治
	掌握大体积混凝土施工工艺
预制构件施工	了解预制构件的专用名词
	熟悉预制构件的制作工艺
	熟悉预制构件质量标准与验收方法

续 表

知识要点	能力要求
质量标准	熟悉混凝土构件尺寸允许偏差
	熟悉混凝土设备基础尺寸允许偏差
	熟悉混凝土工程的检验方法
	掌握混凝土的外观缺陷
安全技术	熟悉混凝土工程的安全技术

【知识回顾】 在中职阶段学习中,我们已经学习了钢筋混凝土工程的相关知识。对钢筋混凝土工程有了一个初步的认识和了解。

钢筋混凝土工程包括现浇混凝土结构施工和装配式预制钢筋混凝土构件制作两个方面,由模板、钢筋和混凝土等多个工程组成。

模板工程方面,通过前面的学习,我们掌握了木模板、胶合板模板、组合模板等的特点、构造要求和规格。重点学习了基础、柱子、梁和楼板的模板的制作安装工艺和简单的模板支撑。

钢筋工程方面,我们学习了钢筋的配料与代换、钢筋进场验收、钢筋加工与连接、钢筋的绑扎与安装及钢筋工程质量检查与验收等方面的内容。通过学习,掌握了钢筋下料的计算,钢筋的冷拉、冷拔等加工和焊接连接、机械连接等方法,以及钢筋的绑扎与安装要点。学会了钢筋的绑扎和安装操作。

混凝土工程方面,从混凝土的进场验收、混凝土的运输、浇筑、养护四个方面学习了混凝土工程。掌握了混凝土进场验收的要点、浇筑和振捣的施工工艺,养护的方法以及混凝土工程的质量控制要点。

中职阶段对钢筋混凝土工程的学习,内容涵盖广泛,基本上囊括了施工用具、材料、工艺等方面,是建筑施工技术中最重要的部分,为本章的学习打下了坚实的基础。

【历史沿革】 模板工程作为混凝土建筑工程中的特殊内容,在国内外都已有相当长的发展过程。最初的混凝土模板是采用木制散板,按结构形状拼装成混凝土的成型模型,这种模板装拆费时又费力,拆模后成一堆散板,材料损耗很大。

20 世纪初,开始出现了装配式定型木模板,根据工程需要,预先设计出一套有几种不同尺寸的定型模板,由加工单位进行批量生产,施工时要按结构型式,预先做出配板设计,在现场按配板图进行拼装,拆模后还可以继续周转使用。这种装配式定型木模板使用了很长一段时间,直到现在一些地方仍然在采用。

20 世纪 50 年代后半期,法国等国家开始出现了大型模板,采用机械代替人工,进行大块模板的安装、拆除和搬动,用流水法进行施工,从而可以提高劳动效率,节省劳动力和缩短施工工期,这种模板的施工方法很快就普及到欧洲各国。

到了 60 年代开始出现了组合式定型模板。这种模板是在原来的装配式定型模板的基础上加以改进的,加上配套的拼装附件,可以拼装成不同尺寸的大型模板。它与以前的尺寸固定的大型模板不同,由于它采用模数制设计,可以通过板块的组合,变化大型模板的尺寸。它既可以一次拼装,多次重复使用,又可以灵活拼装,随时变化拼装模板的尺寸,因而使用范围更广,已成为目前现浇混凝土工程中最主要的模板形式。

从模板材料的发展过程来看,最早的模板是使用木材制作的。到了 1908 年美国最早使用钢模板。日本由于二战后木材资源很缺乏，从美国引进钢模板。起初，钢模板的发展很慢，到了60年代初，随着钢模板在工程中的大量应用，它的优越性越来越显示出来，一些企业开始对钢模板的设计、制作和管理等问题进行了研究，钢模板才得到快速的发展，在建筑工程中得到广泛的应用。1964年又出现了铝合金模板，但至今还未得到广泛的使用。胶合板式模板在欧洲也曾很早使用。日本最早使用胶合板式模板是在1956年，但是由于胶合板式模板在工程应用中尚有一些问题未解决，直到1965年后才开始大量应用。我国在50年代基本上都使用木散板和定型木模板，进入80年代，我国建设步伐加快，现浇钢筋混凝土结构得到迅速发展，模板需求量大增。我国是木材资源贫乏的国家，在“以钢代木”方针的指引下，组合钢模板得到很大发展，在3～5年内就成了建筑模板的主体，占现浇钢筋混凝土模板总用量的70%，施工现场面貌变化很大，人们普遍接受了这种模板，称之为模板技术的更新换代。

4.1 模板工程

模板是浇捣混凝土的模壳，是使结构或构件成型的模型，是钢筋混凝土工程的重要组成部分。现浇钢筋混凝土结构用模板的造价约占钢筋混凝土工程总造价的30%，总用工量的50%，因此，采用先进的模板技术，对于提高工程质量、加快施工速度、提高劳动生产率、降低工程成本和实现文明施工都具有十分重要的意义。

模板的设计、制作和施工等应符合《高层建筑混凝土结构技术规程》(JGJ 3—2010、J 186—2010)中关于模板工程的规定，其中，大模板、滑升模板、爬升模板等的设计、制作和施工尚应符合国家现行标准《组合钢模板技术规范》(GB 50214—2013)、《大模板多层住宅结构设计与施工规程》(JGJ 20)、《液压滑动模板施工安全技术规程》(JGJ 65—2013)中的相应规定。

模板系统由模板和支撑两部分组成。模板按其形式不同可以分为整体式模板、定型模板、滑升模板、移动模板、台模等；按材料不同可以分为木模板、钢模板、塑料模板、玻璃钢模板等。对模板系统的基本要求是：

(1) 保证结构和构件各部分的尺寸和相互位置的正确；

(2) 具有足够的承载能力、刚度和稳定性，能可靠地承受混凝土的自重和侧压力，以及在施工过程中所产生的荷载；

(3) 构造简单，装拆方便，并满足便于钢筋的绑扎、安装和混凝土的浇筑、养护等要求；

(4) 模板的接缝应严密，不漏浆。

目前，在我国高层建筑的现浇钢筋混凝土中，为简化模板安装、拆除，节省模板材料，加快施工工程进度，在墙体结构施工中，使用的模板形式除定型组合模板外，也使用了一些大型工具式模板，如液压滑模、爬升模板、大模板等；在楼盖施工中，除采用定型组合模板外，还使用了钢框复合胶合板模板、利建模板、台模、永久性模板等一系列施工速度快、成型效果好的工具式模板。

4.1.1 大模板

1. 大模板的组成

大模板主要是由板面系统、支撑系统、操作平台和附件组成，如图4.1.1所示。

(1) 板面系统

板面系统包括面板、小肋板、横肋和竖楞。板面直接与混凝土接触，要求表面平整，拼接严密，具有足够的刚度、强度和稳定性。板面一般用 3～5mm 厚钢板或用 12～24mm 厚胶合板制成；小肋板可用 40mm×6mm 扁钢，垂直肋间距 400～500mm；横肋可用 8 号槽钢，水平肋间距 300～350mm；竖楞(竖肋)可用成对的 8 号槽钢，间距 1000～1400mm。其作用是加强模板刚度，保证模板的几何形状，作为穿墙螺栓的固定支点，承受由模板传来的垂直力和水平力，间距一般为 1000～1200mm。

(2) 支撑系统

支撑系统包括支撑架和地脚螺栓。其作用是传递水平荷载，防止模板倾覆。每块大模板用 2～4 榀桁架形成支撑机构，桁架用螺栓或焊接方法与竖楞连接起来。在支撑架和板面下各安装 2 个地脚螺丝，可以用来调节模板的垂直度及水平标高。

(3) 操作平台

操作平台包括平台架、脚手架平台和防护栏杆，是施工人员操作的场所和运行的通道。平台架插放在焊于竖肋上的平台套管内，脚手架铺在平台架上，防护栏杆可伸缩。为了便于运输和存放，支撑架和操作平台可以拆卸，使模板重叠平放，以防止变形。

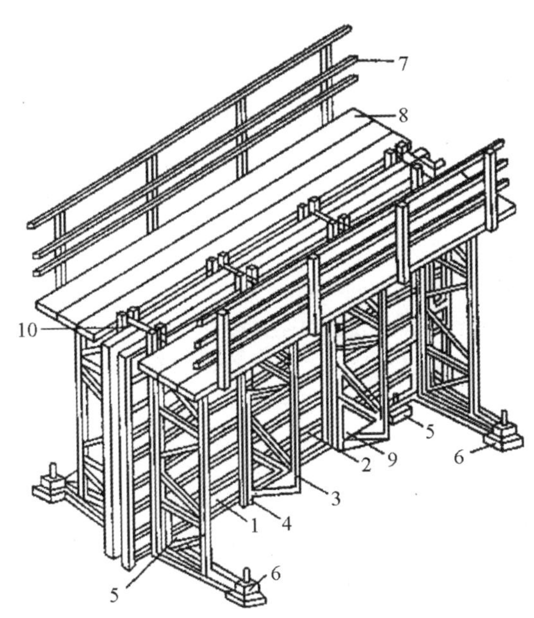

1-板面；2-水平加劲肋；3-支撑桁架；4-竖楞；5-调整水平度的螺旋千斤顶；6-调整垂直度的螺旋千斤顶；7-栏杆；8-脚手板；9-穿墙螺栓；10-固定卡具

图 4.1.1 大模板组成构造示意

(4) 附件

附件主要是指穿墙螺栓和上口卡子。穿墙螺栓的作用是加强模板的刚度，控制模板的间距。使用时，为了避免混凝土与穿墙螺栓黏结，在穿墙螺栓外部套一硬塑料管。上口卡子又称铁卡，用来控制墙体厚度和承受一部分混凝土侧压力。

【注意事项】 穿墙螺栓一般用 ϕ30mm 的 45 号钢制作，长度视墙厚而定，一般设置在大模板的上、中、下三个部位。上穿墙螺栓距模板顶部 250mm 左右，下穿墙螺栓距模板底部 200mm

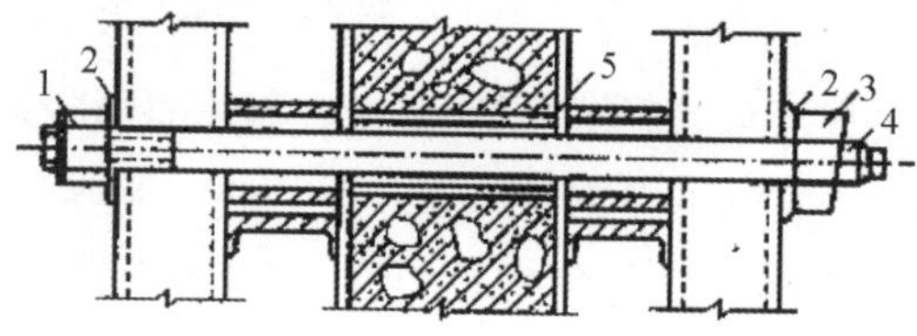

1 -螺母；2 -垫板；3 -板销；4 -螺杆；5 -套管

图 4.1.2　穿墙螺栓连接构造

左右。穿墙螺栓的连接构造如图 4.1.2 所示。

2. 大模板的构造

常用的大模板类型主要有平模、小角模、大角模、筒子模。

(1) 平模

平模(见图 4.1.1)是以一个整面墙面制作成一块模板，能较好地保证墙面的平整度。当房间四面墙体都采用平模布置时，其主要特点是横墙与纵墙混凝土分两次浇筑；在一个流水段范围内，先支横墙模板，待拆模后再支纵墙模板，所有模板接缝均在纵、横墙交接的阴角处，因此，便于接缝处理，减少修理用工，模板加工量较少，周转次数多，适用性强，模板组装和拆卸方便，模板不落地或少落地。但由于纵、横墙须分开浇筑，故竖向施工缝多，从而影响房屋的整体性，并且安排施工比较麻烦。

(2) 小角模

小角模(见图 4.1.3)是为了适应纵、横墙一起浇筑而在纵、横墙相交处附加的一种模板，它设置平模转角，并在其一端焊上角钢制成，从而使每个房间的内模形成封闭的支撑体系。采用小角模布置时，模板的整体性好，组拆方便，墙面平整，但墙面接缝多，修理工作量大，角模加工精度也要求较高。小角模有两种做法，如图 4.1.4 和图 4.1.5 所示，一种是在角钢内侧焊扁钢，拆模后会在墙面形成凸出的棱；另一种是在角钢外侧焊扁钢，拆模后会在墙面留有扁钢的凹槽。

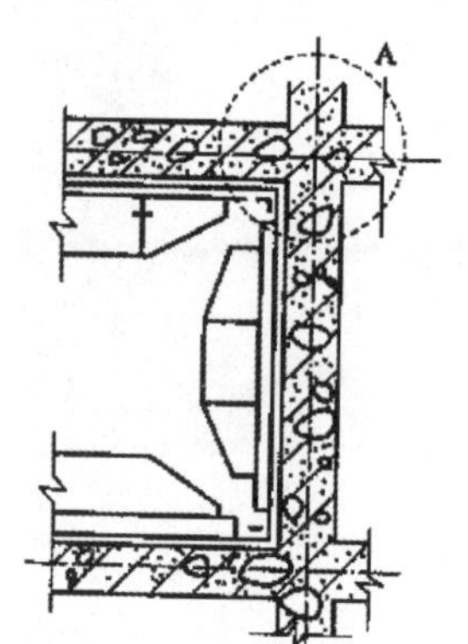

图 4.1.3　小角模布置

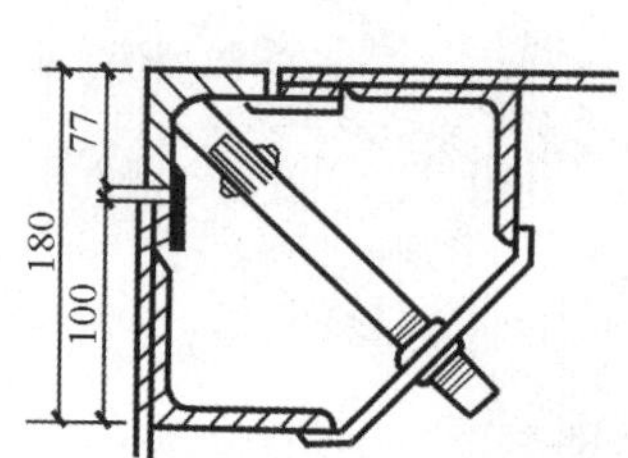

图 4.1.4　扁钢焊在角钢内侧

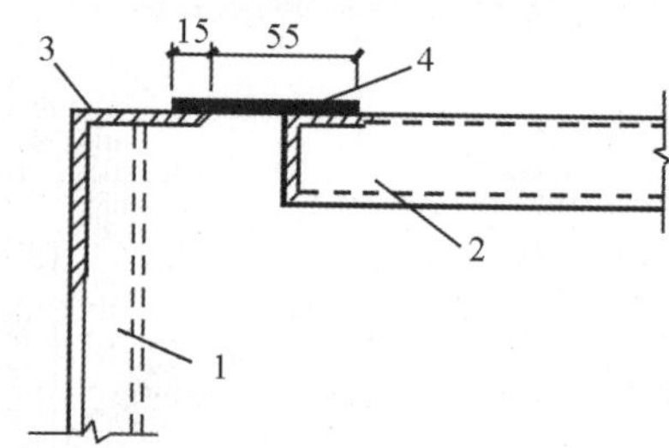

1 -横墙模板；2 -纵墙模板；
3 -角钢 100mm×63mm×6mm；
4 -扁钢 70mm×5mm

图 4.1.5　扁钢焊在角钢外侧

(3) 大角模

大角模(见图 4.1.6)是由上下 4 个大合页连接起来的两块平模，由 3 道活动支撑和地脚螺栓等组成。采用大角模布置时，房间的纵横墙体混凝土可以同时浇筑，房屋的整体性好，且还具有稳定、拆装方便、墙体阴角方整、施工质量好等特点；但是，大角模也存在加工要求精细、运转麻烦、墙面平整度差、接缝在墙的中部等缺点。

(4) 筒子模

筒子模(见图 4.1.7)是将一个房间的 3 面或 4 面现浇墙体的大模板通过挂轴悬挂在同

一钢架上，墙角用小角模封闭而构成一个筒形单元体。采用筒子模布置时，由于模板的稳定性好，纵横墙体混凝土能同时浇筑，故结构的整体性好，施工简单，减少了模板的吊装次数，操作安全，劳动条件好；缺点是模板每次都要落地，且模板自重大，需要大吨位的起重设备，模板加工精度要求高，灵活性差，安装时必须按房间弹出十字中线就位，比较麻烦。

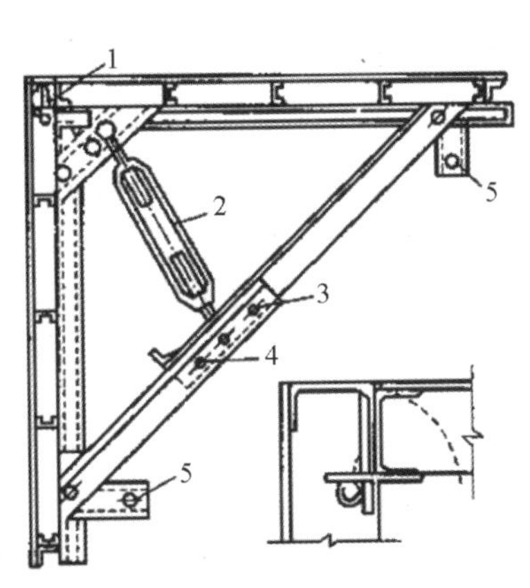

1-合页；2-花篮螺丝；3-固定销子；4-活动销子；5-调整用螺旋千斤顶

图 4.1.6 大角模构造示意

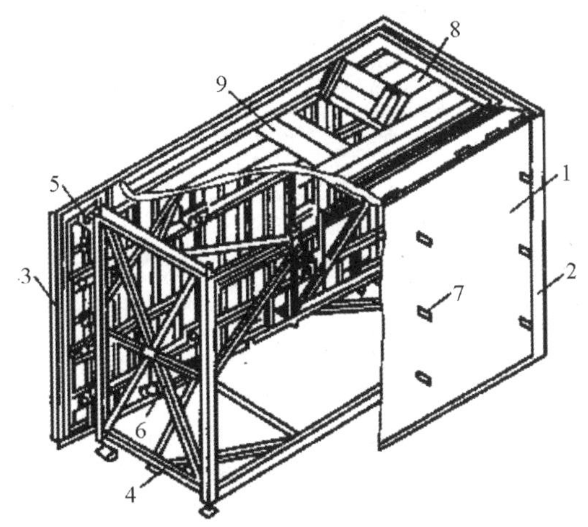

1-模板；2-内角模；3-外角模；4-钢架；5-挂轴；6-支杆；7-穿墙螺栓；8-操作平台；9-出入孔

图 4.1.7 筒子模构造示意

3. 大模板的施工

大模板结构施工按外墙施工方式不同分为内墙现浇、外墙预制(内浇外制)；内墙现浇、外墙砌筑(内浇外砌)；内外墙全现浇三类。目前，高层建筑以全现浇结构居多，这里主要介绍内外墙全现浇体系大模板的施工。大模板工程施工的机械化程度高，必须根据其工艺特点，合理进行施工组织设计，保证工程施工有条不紊地正常开展。

(1) 内外墙全现浇

内外墙全现浇的大模板施工工艺，其内墙及外墙的内侧模板支承在楼板上；外墙外侧模板按形式不同，分为悬挑式外模(见图 4.1.8)和外承式外模(见图 4.1.9)两种，它们的施工工艺流程分别如图 4.1.10 与图 4.1.11 所示。

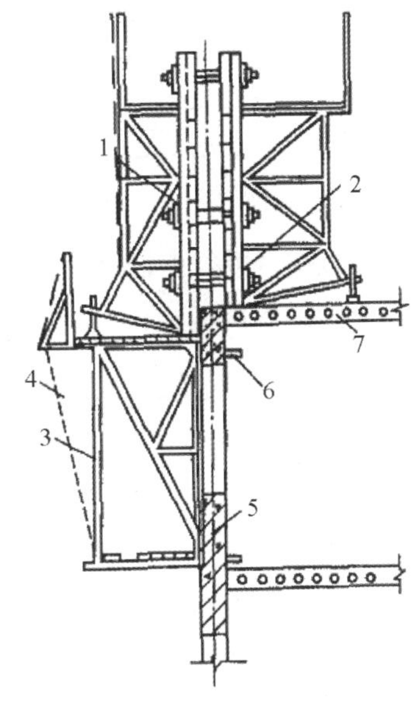

1-外墙外模；2-外墙内模；3-外承架；4-安全网；5-现浇外墙；6-穿墙卡具；7-楼板

图 4.1.9 外承式外模

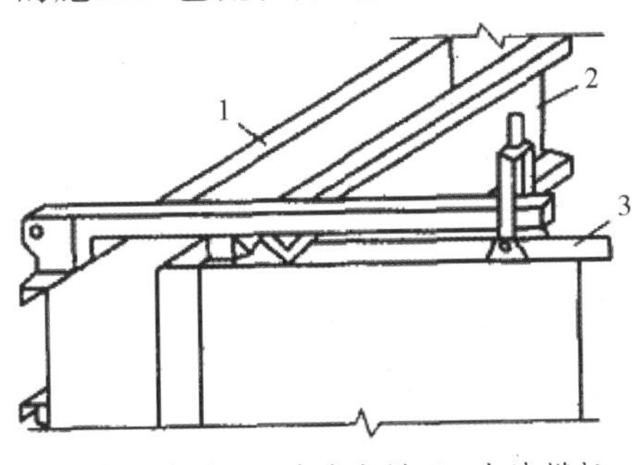

1-外墙外模；2-外墙内模；3-内墙模板

图 4.1.8 悬挑式外模

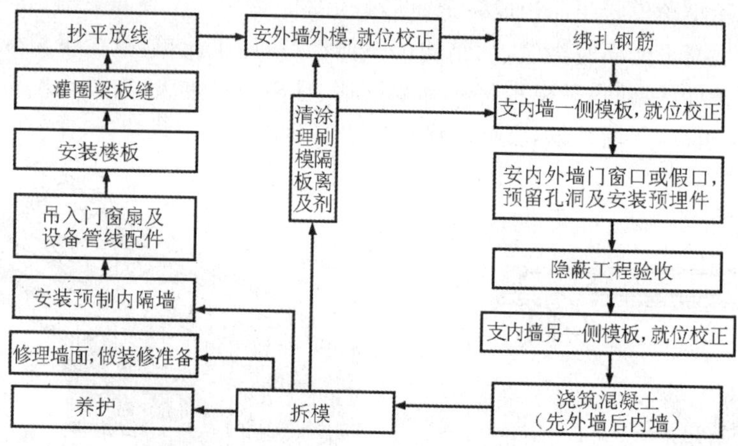

图 4.1.10　悬挂式外模施工工艺流程

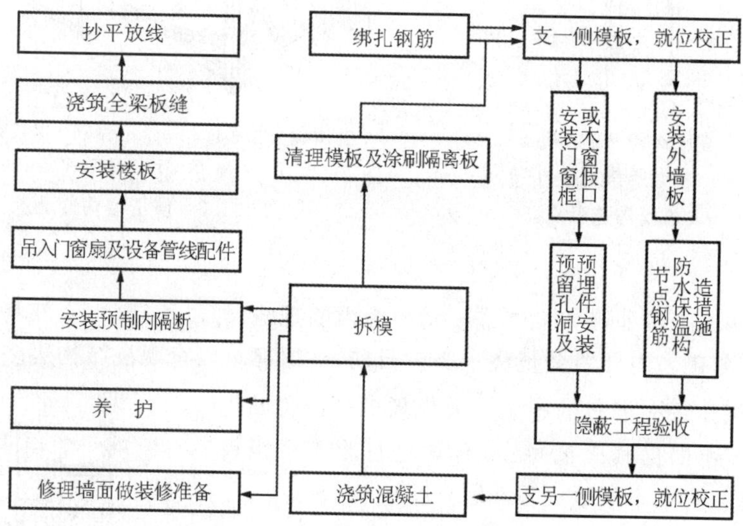

图 4.1.11　外承式外模施工工艺流程

(2) 外墙预制内墙现浇(内浇外挂)

外墙预制内墙现浇的施工工艺流程如图 4.1.12 所示。

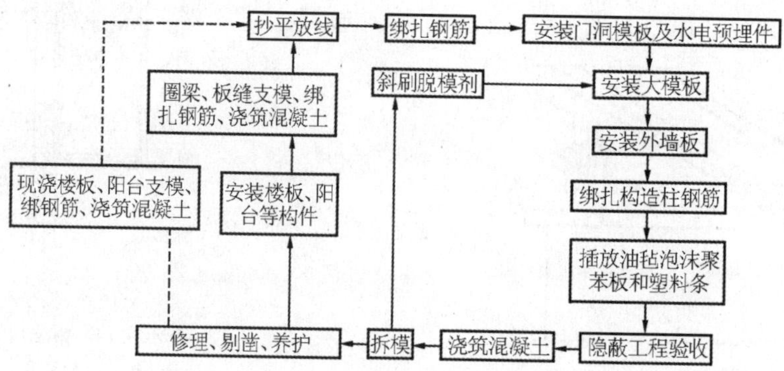

图 4.1.12　外墙预制内墙现浇的施工工艺流程

4.1.2 滑升模板

滑升模板(简称滑模)是随着混凝土的浇筑而沿结构或构件表面向上垂直移动的模板,施工时,在建筑物或构筑物的底都按照建筑物或构筑物平面,沿其结构周边安装高 1.2m 左右的模板和操作平台,随着向模板内不断分层浇筑混凝土,利用液压提升设备不断使模板向上滑升,使结构连续成型,从而逐步完成建筑物或构筑物的混凝土浇筑工作。滑模的施工工艺开始时仅应用于较高的仓储和高耸的水塔、烟囱等筒壁构筑物的施工,由于其施工的工业化程度较高、施工速度快、结构整体性能好、操作条件方便,从 20 世纪 70 年代起,逐渐被引进高层建筑施工。

采用液压滑升模板(见图 4.1.13)可大量节约模板,节省劳动力,减轻劳动强度,降低工程成本,加快施工进度,提高施工机械化程度,但耗钢量大,一次投资多。

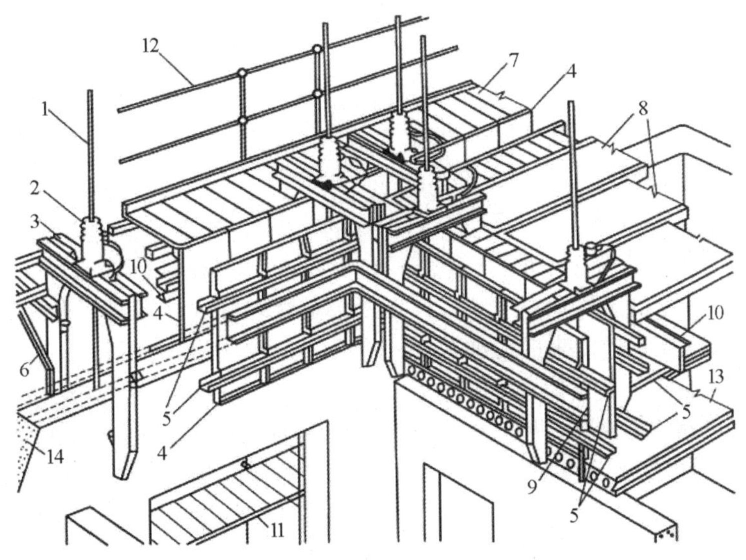

1-支承杆;2-液压千斤顶;3-提升架;4-模板;5-围圈;6-外挑三脚架;
7-外挑操作平台;8-活动操作平台;9-内围梁;10-外围梁;11-吊脚手架;
12-栏杆;13-楼板;14-混凝土墙

图 4.1.13 滑模装置示意

1. 滑模的组成

滑模的装置由模板系统、操作平台系统和液压提升系统以及施工精度控制系统等组成。

(1) 模板系统

模板系统由模板、围圈、提升架及其附属配件组成。

模板又称围板,其作用是使混凝土能按照设计的几何形状及尺寸准确成形,并保证表面质量符合要求;主要承受浇筑混凝土时的冲击力、侧压力以及滑动时的摩阻力和模板滑空、纠偏等情况下的外加荷载。

为了防止混凝土在浇筑时的外溅,在采取滑空方法来处理建筑物水平结构施工时,外模板上端应比内模板高出 100～200mm,下端应比内模板长 300mm 左右。模板的材料可以选用木材、钢材或钢木混合材料制成,目前以钢材为主;如采用定型组合钢模板时,则需在边框增加与围圈固定相适应的连接孔。模板的高度，当用于墙模时为1m，柱模时为1.2m，筒壁结构为1.2～1.6m；模板的宽度以考虑组装及拆卸方便为宜，一般为300mm。

模板之间的连接，可采用螺栓(M8)或U形卡。为了减少滑动时模板与混凝土的摩阻力，便于滑升脱模，模板的上、下口应形成一定的锥度(斜度)。模板支承在围圈上的方法有挂在围圈上和搁在围圈上，亦可采用U形螺栓(模板背面有横楞)和钩头螺栓(模板背面无横楞)连接。

围圈又称围檩，其横向布置在模板外侧，一般上、下各布置一道，分别支承在提升架的立柱上，并把模板与提升架联系在一起，构成模板系统。围圈的作用是固定模板，保证模板所构成的几何形状及尺寸，也可作为操作平台、内外挑挂架子的支承部件，因此，主要承受模板传来的荷载(包括水平和垂直两个方向)以及操作平台、内外挑挂架子传来的荷载。

上下围圈的间距视模板的高度而定，以使模板受力时变形最小为原则，若模板高1～1.2m，上、下围圈间距宜在600～700mm；围圈距模板上口不宜大于250mm，距模板下口不宜大于150mm。

围圈可使用角钢、槽钢或工字钢，一般采用8～10号的槽钢或工字钢；围圈的连接宜采用等刚度的型钢连接，连接螺栓每边不少于2个，并形成刚性节点；围圈放置在提升架立柱的支托上，用U形螺栓固定。

提升架又称千斤顶架或门架，它是安装千斤顶并与围圈、模板形成整体的主要构件，其作用是约束固定围圈的位置，防止模板的侧向变形，并将模板系统和操作平台系统连成一体，将其全部荷载传递给千斤顶和支承杆。提升架承受的荷载有围圈传来的垂直、水平荷载和操作平台、内外挑挂架子传来的荷载等。

提升架的平面构造形式一般为I形、Y形、X形、Π形、口形等几种(见图4.1.14)，立面构造形式常用的有开形和门形两种。提升架一般用12号槽钢制作横梁，立柱可用12～16号槽钢做成单肢式、格构式或桁架式；横梁与立柱的拼装连接，可采用焊接连接，亦可采用螺栓拼装。提升架立柱的高度，应使模板上口到提升架横梁下皮间的空间能满足施工要求。

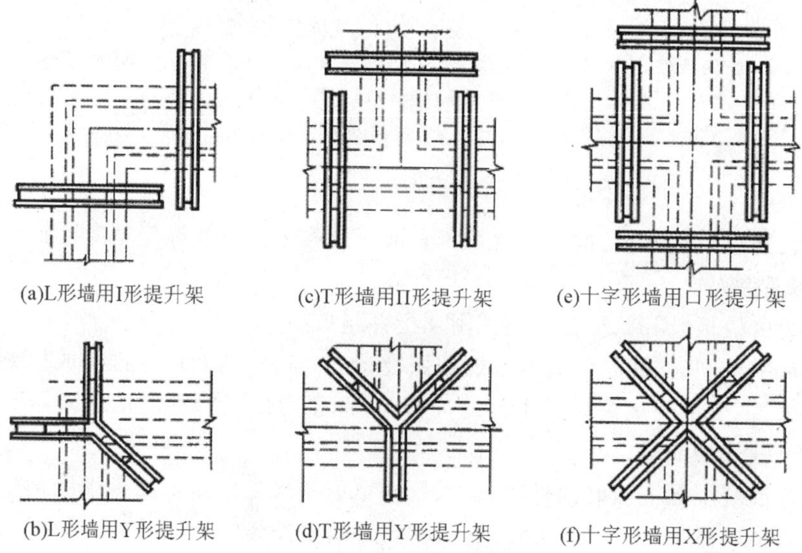

图4.1.14 提升架平面构造形式

在沉降缝(伸缩缝)、圆弧形墙体交叉处、厚墙壁等摩阻力及局部荷载较大部位,可采用双千斤顶提升架(见图 4.1.15)。当提升架上布置两个以上(含两个)的千斤顶时,其荷载的分配必须均匀,以免支承杆因偏心受压,造成弯曲变形。

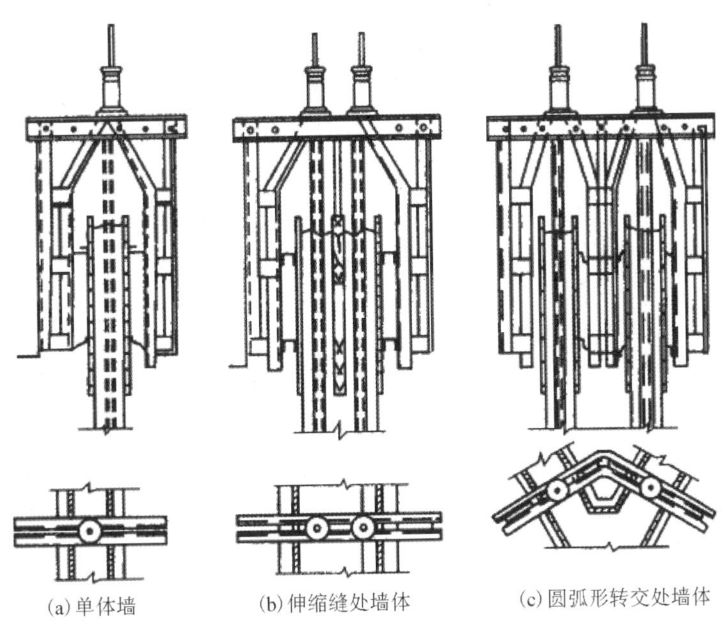

图 4.1.15 不同结构部位提升架构造示意

(2) 操作平台系统

操作平台系统(见图 4.1.16)主要包括主操作平台、外挑脚手架、吊脚手架等,在施工需要时,还可设置辅助平台,以供材料、工具、设备堆放和作为施工人员进行操作的场所。

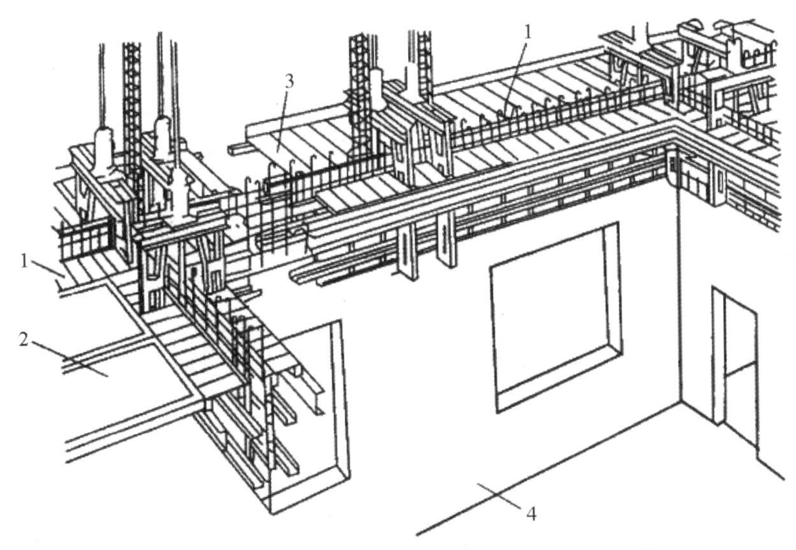

1-固定平台板;2-活动平台板;3-外挑操作平台;
4-下一层已施工完的现浇墙体

图 4.1.16 活动平台板操作平台

主操作平台既是施工人员进行绑扎钢筋、浇筑混凝土、提升模板的操作场所，也是材料、工具、设备等堆放的场所。对于逐层空滑楼板同时施工的施工工艺，要求操作平台板采用活动式，便于反复揭开，进行楼板施工。一般将提升架立柱内侧、提升架之间的平台板采用固定式，而提升架立柱外侧的平台板采用活动式。活动式平台板宜用型钢作框架，上铺多层胶合板或木板，再铺设铁板保护。

外挑脚手架一般由三角挑架、楞木、铺板等组成，其外挑宽度为 0.8～1.0m；外侧一般需设安全护栏，三角挑架可支承在立柱上或挂在围圈上。

吊脚手架是供检查墙(柱)体混凝土质量并进行修饰、调整，拆除模板(包括洞口模板)，引设轴线、高程，以及支设梁底模板等操作之用。外吊脚手架悬挂在提升架外侧立柱和三角挑架上，内吊脚手架悬挂在提升架内侧立柱和操作平台上。

(3) 液压提升系统

液压提升系统是承担全部滑升模板装置、设备及施工荷载向上滑升的动力装置，由支承杆、千斤顶、液压控制系统和油路等组成。提升系统的工作原理是由电动机带动高压油泵，将油液通过换向阀、分油器、截止阀及管路输送到各台千斤顶；在不断供油、回流的过程中，使千斤顶活塞不断地压缩、复位，将全部滑动模板装置向上提升到需要的高度。

液压滑动模板施工所用的千斤顶为专用穿心式千斤顶，按其卡头形式的不同可分为钢珠式和楔块式。

支承杆又称爬杆，它既是千斤顶向上爬升的轨道，又是滑动模板装置的承重支柱，承受着施工过程中的全部荷载。支承杆一般采用直径为 25mm 的圆钢筋，其连接方法有丝扣连接、榫接、焊接三种(见图 4.1.17)，也可用 25～28mm 的螺纹钢筋。支承杆的长度一般为 3～5m，当支承杆接长时，其相邻的接头要互相错开，使在同一标高上的接头数量不超过 25%。为节约钢材和投资，应尽量采用加套管的工具式支承杆。

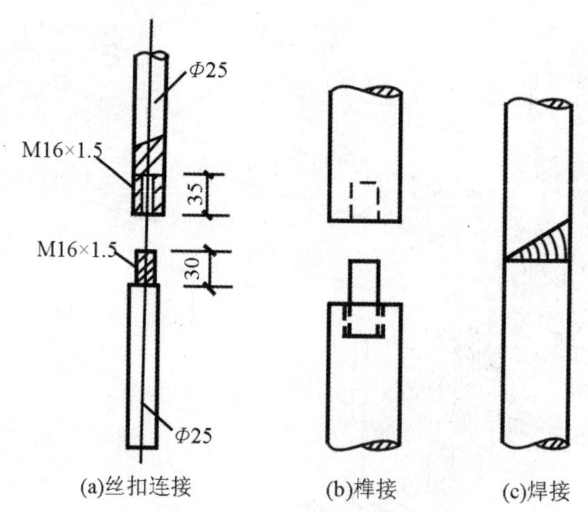

图 4.1.17 支承杆的连接

液压控制系统是提升系统的心脏，主要由能量转换装置(电动机、高压齿轮泵等)、能量控制和调节装置(如换向阀、溢流阀、分油器等)以及辅助装置(油箱、滤油器、油管、管接头等)三部分组成。

2. 墙(柱)滑模施工工艺

(1) 滑模系统的组装

模板在组装前,要检查起滑线以下已经施工好的基础或结构的标高和平面尺寸,并标出建筑物的设计轴线、墙体边线和提升架的位置。滑模的组装顺序如图 4.1.18 所示。

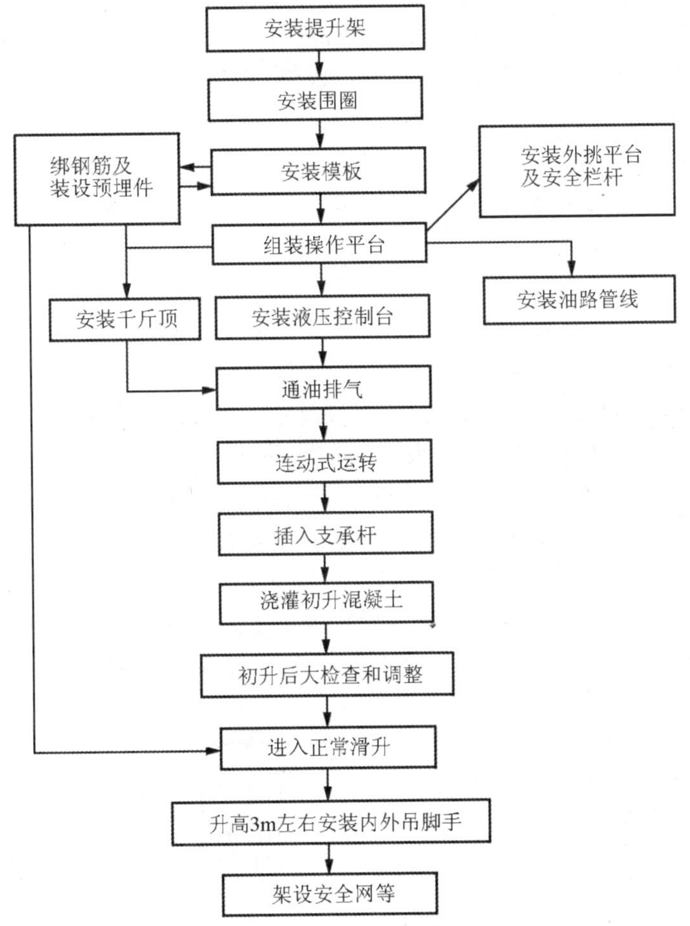

图 4.1.18 滑模装置的组装顺序

(2) 滑升工艺

模板的滑升可分为初滑、正常滑升和末滑三个主要阶段。

初滑阶段是指工程开始时进行的初次提升模板阶段(包括在模板空滑后的首次继续滑升),主要对滑模装置和混凝土凝结状态进行检查。

【注意事项】 初滑操作的基本做法是混凝土分层(分层厚度为 300mm 左右,分层间隔时间应小于混凝土初凝时间)浇筑到模板高度的 2/3,当第一层混凝土的强度达到出模强度时,进行试探性的提升,即将模板提升 1~2 个千斤顶行程(3~6mm),观察并全面检查液压系统和模板系统的工作情况。试升后,每浇筑 200~300mm 高度,再提升 3~5 个行程,直至浇筑到距模板上口 50~100mm,即正常滑升阶段。

在正常滑升阶段,模板滑升速度是影响混凝土施工质量和工程进度的关键因素,原则上滑升速度应与混凝土出模强度相适应,并应根据滑升模板结构的支承情况来确定。当支承杆不会发生失稳时，滑升速度可按混凝土出模强度来确定；当支承杆受压可能会发生失稳时，滑升速度由支承杆的稳定性来确定。

【注意事项】 在正常气温条件下，滑升速度一般控制在150～300mm/h范围内，出模强度以0.2～0.4N/mm^{2}为宜。

末滑阶段是配合混凝土的最后浇筑阶段，模板滑升速度比正常滑升时稍慢。混凝土浇完后，应继续滑升，直至楼板与混凝土脱离不致被黏住为止。

在滑升过程中浇筑混凝土应严格执行分层浇筑、均匀交圈的制度。每层混凝土浇筑厚度应控制在300mm左右，并保持水平，不得出现高差过大的现象；每个浇筑区段中混凝土的布料，一般从中间部分开始，各层浇筑方向要交错进行，并经常交换方向，尽量使布料均匀；混凝土的浇筑宜由人工均匀浇入模板，不得用料斗直接向模板内倾倒，以免对模板造成过大侧压力和冲击力。

(3) 滑框倒模工艺

滑框倒模施工工艺是在滑模施工工艺的基础上发展而成的一种施工方法，兼有滑模和倒模的优点，因此，易于保证工程质量，但操作较为烦琐，劳动量较大，速度略低于滑模。

滑框倒模的模板不与围圈直接挂钩，模板与围圈之间增设竖向滑道，滑道固定于围圈内侧，可随围圈滑升。滑道的作用相当于模板的支承系统，既能抵抗混凝土的侧压力，又可约束模板的位移，且便于模板的安装。滑道的间距按模板的材质和厚度决定，一般为300～400mm，长度为1～1.5m，可采用外径30mm左右的钢管。

模板在施工时与混凝土之间不产生滑动，而与滑道之间产生相对滑动，即只滑框，不滑模。当滑道随围圈滑升时，模板附着于新浇灌的混凝土表面留在原位，待滑道滑升一层模板高度后，即可拆除最下一层模板，清理后倒至上层使用，如图4.1.19所示。

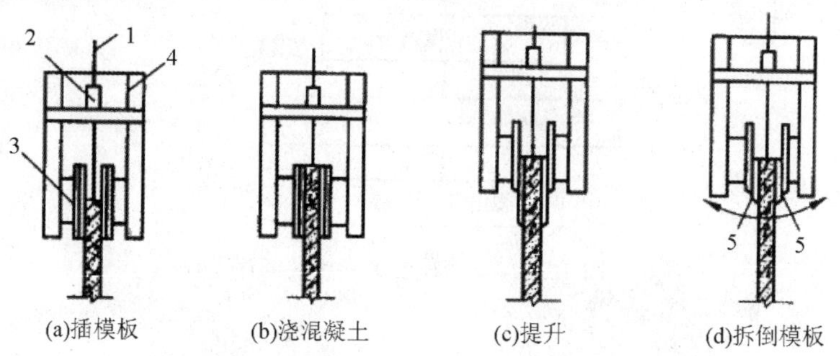

1-爬杆；2-千斤顶；3-滑道；4-提升架；5-模板

图4.1.19 滑框倒模示意

在滑框倒模工艺中，将滑模时模板与混凝土之间滑动变为滑道与模板的滑动，而模板附着于新浇灌的混凝土表面无滑动，因此，模板由滑动脱模变为拆倒脱模。与之相应，滑升阻力也由滑模施工时模板与混凝土之间的摩阻力变为滑框倒模时的模板与滑道之间的摩阻力，由于该摩阻力远小于滑模工艺的摩阻力，相应地可减少提升设备，与滑模相比，可节省1/6的千斤顶和15%的平台用钢量。另外，滑框倒模工艺只需控制滑道脱离模板时的混凝土强度下限大于0.05MPa，不致引起混凝土坍塌和支承杆失稳，保证滑升平台安全即可，而无须考虑混凝土硬化时间延长造成的混凝土黏模、拉裂等现象，给施工创造很多便利条件。

3. 楼板、梁的滑模施工工艺

(1) 现浇楼板模板

采用滑模施工的建筑物，其现浇楼板结构的施工多采用“逐层空滑楼板并进法”“先滑墙体楼板跟进法”和“降模法”。

a. 逐层空滑楼板并进法

当每层墙体滑动至上一层楼板底标高位置时，停止墙体混凝土的浇筑，待混凝土达到脱模强度后，将模板进行连续提升，直至墙体混凝土脱模，再将模板向上空滑，使模板下口与墙体上皮脱空一段高度(高度由楼板厚度决定)，然后将操作平台的活动平台吊开，进行现浇楼板模板的吊装和支模等工序。为了防止模板全部脱空后产生平移或扭转变形，当楼板为单向板，且横墙承重时，只需将横墙模板脱空，非承重纵墙可比横墙多浇筑 50cm 左右，使纵墙模板与纵墙不脱空，以保持模板的稳定；当楼板为双向板时，则内、外墙模板全部需脱空，故应将外墙外模板适当加长。

b. 先滑墙体楼板跟进法

当墙体连续滑动数层后，即可自下而上地进行逐层楼板的施工。先将每间操作平台的活动平台板揭开，由活动平台洞口吊入楼板的模板、钢筋和混凝土材料；亦可从已完墙体窗口处的受料挑台将所需模板等材料输入房间内施工。

c. 降模法

利用桁架或纵横梁结构将每间的楼板模板组成整体，通过吊杆、钢丝绳或链条悬吊于建筑物上(见图 4.1.20)，先浇筑屋面板和梁，待混凝土达到一定强度后，用手推降模车将降模平台下降到下一层楼板的高度，加以固定后进行浇筑，如此反复进行，直至底层，最后将降模平台在地面上拆除。

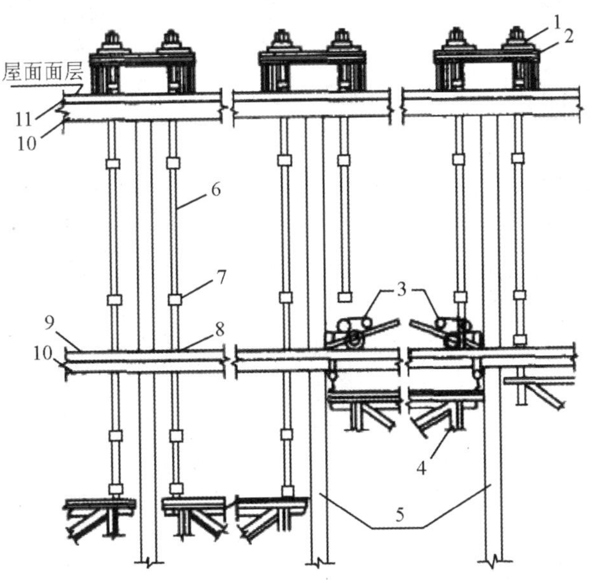

1-螺帽；2-槽钢；3-降模车；4-平台桁架；5-柱；6-吊杆；
7-接头；8-楼板留孔；9-楼板；10-梁；11-屋面板

图 4.1.20 楼板降模施工示意

(2) 梁模板

当梁的断面高度较小时,可在墙顶留出梁窝(两侧用钢板网卡住),待模板滑空后支梁和楼板的模板梁与楼板一起浇筑施工;当梁的断面高度较大时,应优先选择梁、墙、柱模板同时组装的方案。

由于梁在施工中是间断的,垂直方向不连续,因此,在梁的端头部位应设置堵头板。当只施工柱、墙时,用堵头板将梁的端头隔断,仅浇筑墙、柱混凝土,梁的模板处于空滑状态,此时梁的支承杆需加固处理;当模板滑动到梁底标高时,将堵头板插销拔去或进行活动挂钩,并在柱、墙主筋上焊上短钢筋头,用以阻止堵头板上移;墙、柱、梁模板继续向上滑动时,堵头板不动,逐渐从模板下脱出,这样墙、柱、梁模板互相连通,在绑扎钢筋后,即可同时浇筑混凝土。

4.1.3 爬升模板

爬升模板是一种自行爬升、不需起重机吊运的模板,可以一次成型一个墙面,且可以自行升降,同时具有大模板施工和滑模施工的优点,又避免了它们的不足。爬升模板可减少起重机的吊运工作量;大风对其施工的影响较小;施工工期较易控制;爬升平稳,工作安全可靠;墙体模板安装时易于校正,施工精度较高;模板与爬架的爬升、安装、校正等工序与楼层施工的其他工序可平行作业。

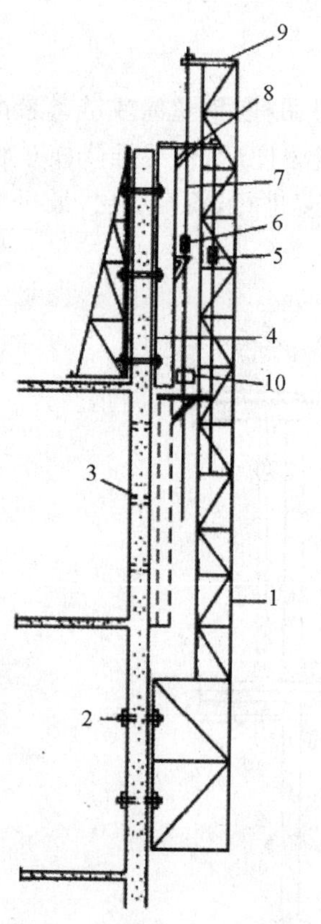

1-爬架;2-螺栓;3-预留爬架孔;4-爬模;5-爬架千斤顶;6-爬模千斤顶;7-爬杆;8-模板挑横梁;9-爬架挑横梁;10-脱模架千斤顶

图 4.1.21 有爬架的爬模

爬模分为有爬架爬模和无爬架爬模,而有爬架爬模又分为外墙爬模和内、外墙整体爬模两种。

1. 有爬架爬模的构造及施工工艺

有爬架爬升模板是利用爬架和模板相互交替作支承,由爬升设备分别带动它们逐层向上爬升,以完成钢筋混凝土竖向结构的浇筑。

(1) 外墙爬模

外墙有爬架爬模的构造如图 4.1.21 所示,其由模板、爬架和爬升设备三部分组成。

模板与大模板中的平模作用相同,构造也基本相同,其高度一般为层高增加 100~300mm,与下层已浇筑的墙体有一定的搭接,用作模板下端的固定和定位。

【注意事项】 外爬架的作用是悬挂模板和爬升模板。一般采用格构式钢桁架制成,包括 1 节下部与墙体固定连接的附墙架和 2~3 节上部支托大模板的支撑架;顶部装有悬吊爬升模板爬杆的挑横梁,以及爬升爬架的千斤顶架等。爬架顶端一般要超出施工层 0.8~1.0m,因此,外爬架一般高度为 3~3.5 个楼层。

爬升装置可采用单作用液压千斤顶、双作用液压千斤顶或专用爬升千斤顶,也可采用手拉葫芦、电动葫芦和倒链等。

在每个楼层的外墙爬模施工过程中，大多数的时间内是由爬架支承模板的，待模板拆除后启动爬升设备，并带动模板向上爬升，达到要求的标高后进行绑扎钢筋、安装内模、浇筑墙体混凝土。爬架也要随着施工层数的上升而爬升，当爬架爬升时，以模板作支承，爬升设备安装在模板上，并用其悬吊爬架，拆除爬架与墙体的连接螺栓，启动爬升设备，即可将爬架爬升一个施工层，再用附墙连接螺柱将爬架固定在上一层墙上，其施工工艺流程见图 4.1.22。

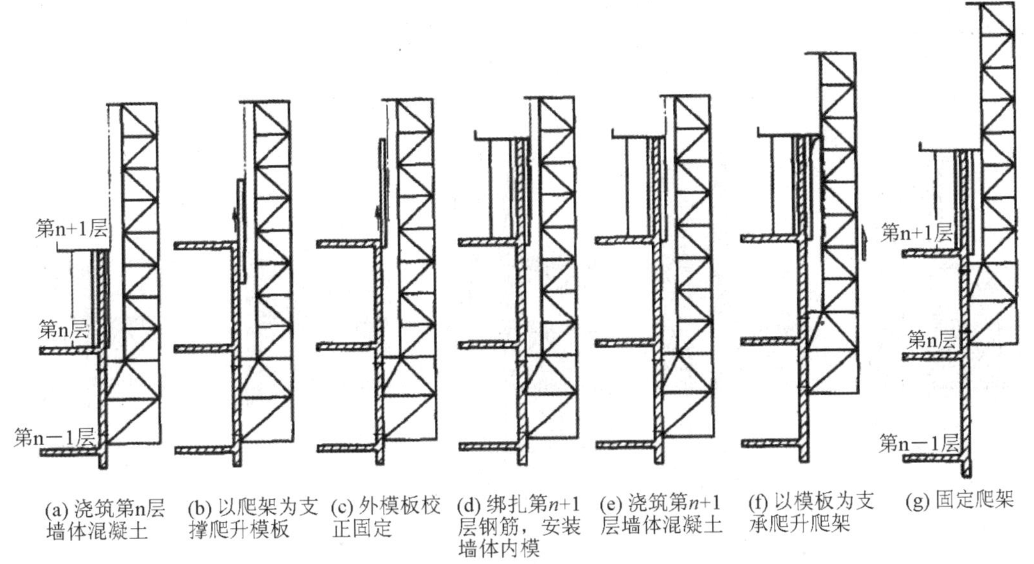

图 4.1.22　有爬架爬模的工艺流程

(2) 内、外墙整体爬模

用内、外墙整体爬模可以同时施工内、外墙体，外墙内模和内墙模板需与外墙外模同时爬升，故除外爬架外，还需要设置内爬架。内爬架设置在纵、横墙交接处，其高度略大于两个楼层高，也采用格构式钢构件，截面较小。

内、外墙整体爬模的施工工艺流程见图 4.1.23。

4.1.4　其他模板

在高层建筑中，为满足抗震要求或方便施工，楼板往往要求采用现浇楼板。楼盖模板常用的形式有利建模板、台模、永久性模板，以及可以同时施工墙体和楼板的隧道模等。

1. 利建模板

利建模板是中国建筑工程总公司为适应建筑施工技术发展需要而重点开发的科技项目，由北京利建模板联合公司研制开发了利建模板系列，包括模板系列、支撑系列、滑模系列等。利建楼盖模板(见图 4.1.24)，主要由模板、空腹工字钢梁(钢木工字钢梁)和独立钢支撑组成，模板可采用多层胶合板、三夹板、木丝板和组合钢模板；空腹工字钢梁的上、下冀缘由冷轧薄钢板压制而成，其附杆为 40mm×35mm 的薄壁矩形焊接钢管；钢木工字梁的上、下冀缘均为方木，腹板为薄钢板，独立钢支撑(见图 4.1.25)可伸缩及微调，由支撑杆、支撑头和折叠三脚架组成。

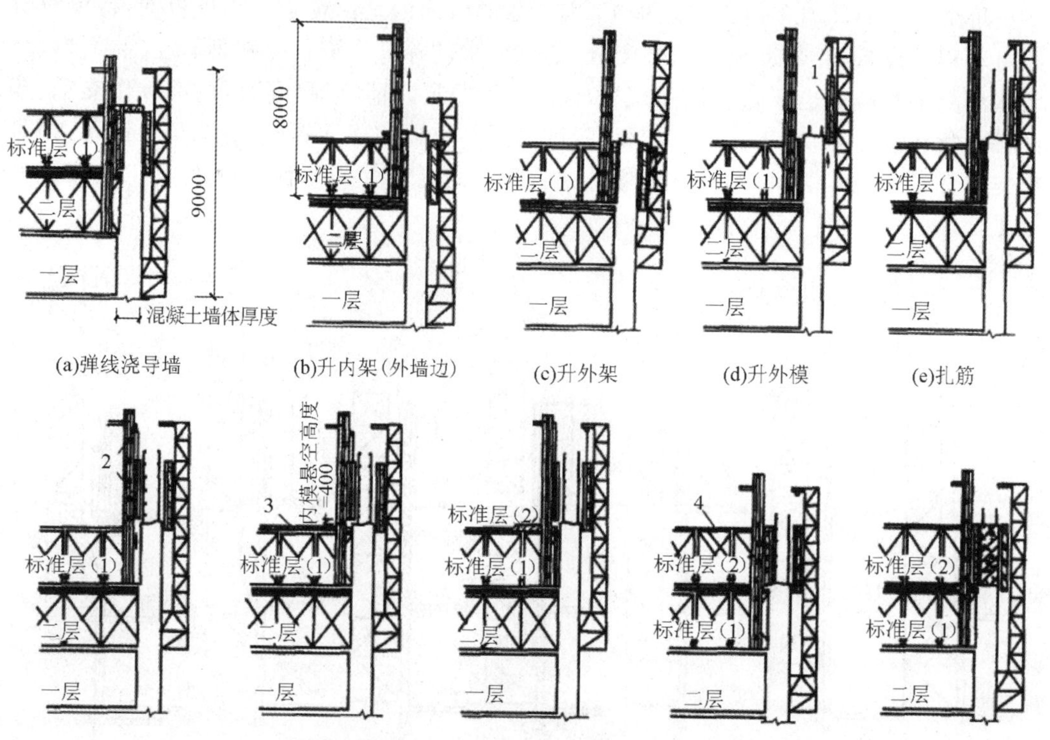

1 -外模板;2 -内模板;3 -楼面底模;4 -上层底模架

图 4.1.23　内、外墙整体爬模工艺流程

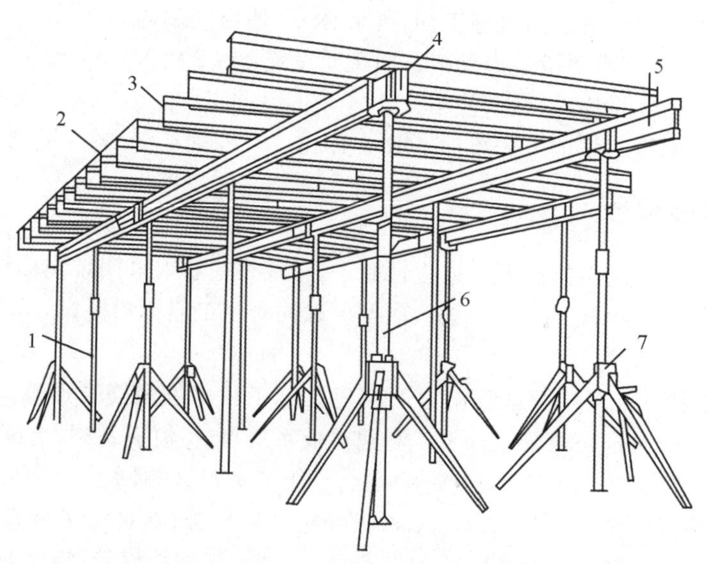

1 -活动式支撑;2 -三夹板;3 -横梁;4 -四向接头;
5 -纵梁;6 -独立式钢支撑;7 -折叠三脚架;

图 4.1.24　利建楼盖模板

2. 台模

台模是一种大型的工具式模板，因外形如桌，又称桌模，它可以整体安装、脱模和转运，并利用起重机从已浇的楼板下飞出转移至上层重复使用，所以又称为飞模。台模主要由平台板、支撑体系(包括梁、支架、支撑、支腿等)和其他配件(如升降和行走机构等)组成，适用于大开间、大柱网、大进深的现浇钢筋混凝土楼盖施工，尤其适用于现浇无柱帽的板柱楼盖。台模按支承方式不同，可分为立柱式台模、桁架式台模、悬架式台模三类。

立柱式台模是由传统的满堂支模形式演变过来的，由面板、次梁、主梁和立柱等组成。根据立柱的形式又分为双肢柱管架式[图 4.1.26(a)]、钢管脚手架式[图 4.1.26(b)]和门型组合式(图 4.1.27)三种。

台模拼装完毕后，利用塔式起重机的 4 个点起吊至楼层，待台模吊至楼层一定高度时，安装台架的 4 根可调支撑，然后按设计要求调整台模的水平与垂直位置，梁侧模可在台模就位后挂在台模边缘上，梁底模直接用可调支撑支承。

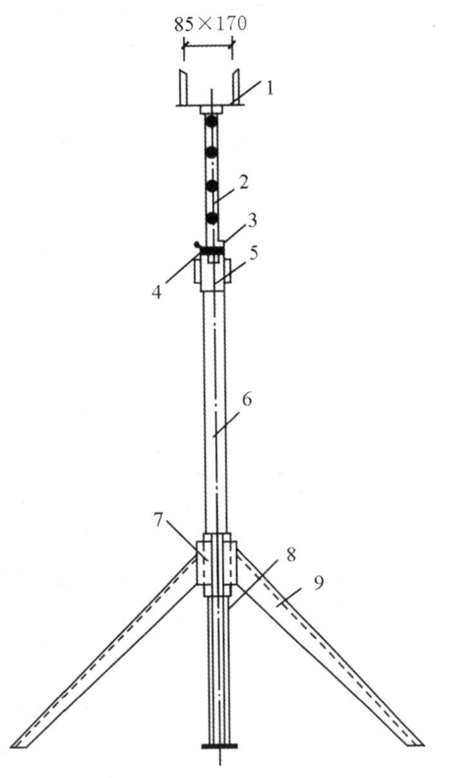

1-支撑头；2-内杆；3-回形销钉；4-碟形垫圈；5-微调螺母；6-外杆；7-左右卡瓦；8-锁紧把手；9-折叠三脚架

图 4.1.25 独立钢支撑

台模的降落与推出可采用台模转运车，此车由装有万向导轮的平面转运和垂直升降部件组成。当脱模时，将台模转运车推入被拆台模的底部，转动该车丝杆，使该车上方的支撑槽钢

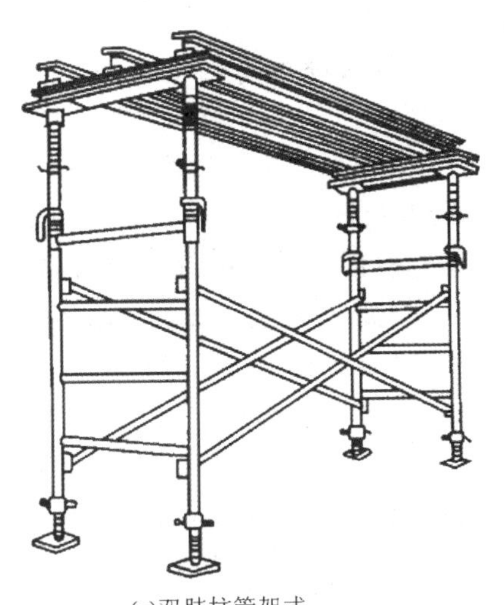

(a)双肢柱管架式

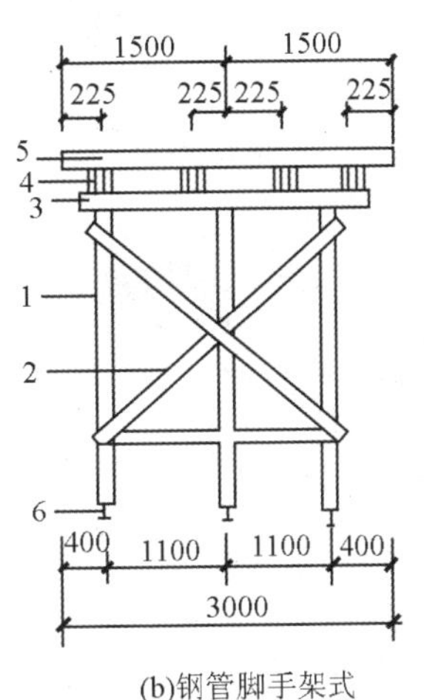

(b)钢管脚手架式

1-支柱；2-支撑；3-主梁；4-次梁；5-面板；6-内缩式伸缩腿

图 4.1.26 立柱式台模(一)

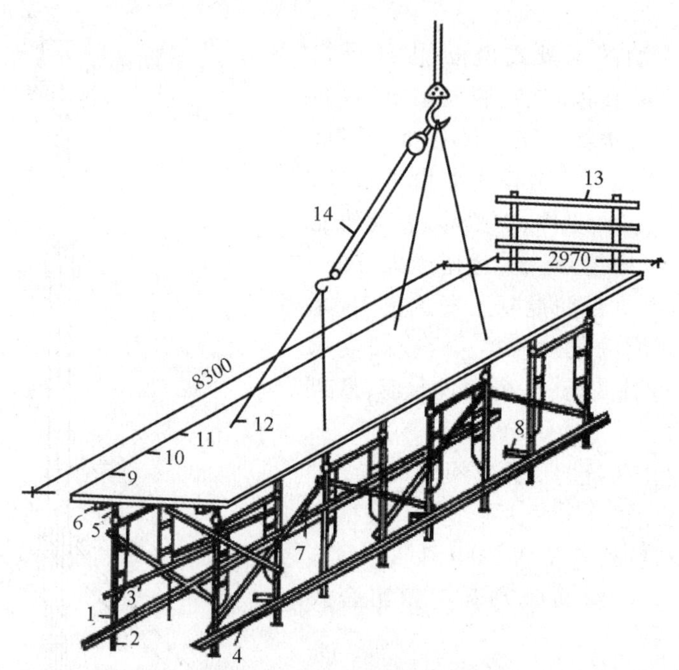

1 -门型组合式脚手架；2 -可调节的底托；3 -拉杆；4 -长角钢；
5 -顶托；6 -大龙骨；7 -人字撑；8 -水平拉杆；9 -小龙骨；10 -木板；
11 -薄钢板；12 -吊环；13 -栏杆；14 -电动环链

图 4.1.27 立柱式台模(二)—门型组合式

托住台模后，把台模 4 个支承腿收缩至规定的高度固定。为使台模转移时保持重心低，继续将台模降落至适当高度，然后由转运车把台模转移到活动金属平台上，用塔式起重机吊至上一楼层。

3. 永久性模板

永久性模板亦称一次性模板，其在结构构件混凝土浇筑后不拆除，并构成构件受力或非受力的组成部分，一般广泛应用于房屋建筑的现浇钢筋混凝土楼板工程。目前，我国常用的永久性模板的材料一般有压型钢板模板和预应力钢筋混凝土薄板模板两种。

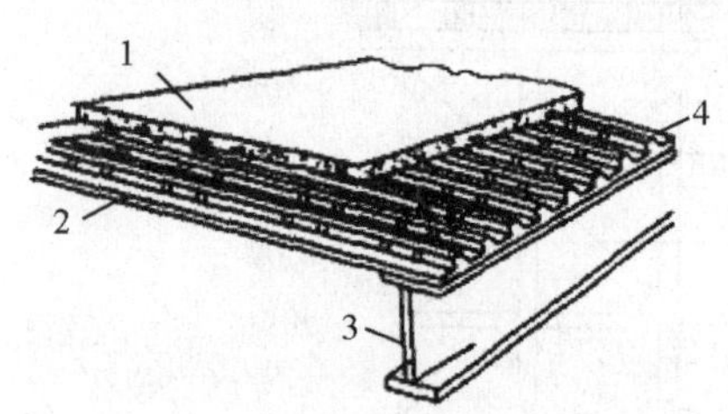

1 -混凝土；2 -压型钢板；
3 -钢梁；4 -剪力钢筋

图 4.1.28 压型钢板组合楼板

(1) 压型钢板模板

压型钢板模板是采用镀锌或经防腐处理的薄钢板，经成型机冷轧成具有梯形截面的槽形钢板或开口式方盒状钢壳的一种工程模板材料，一般应用于现浇密肋楼板工程(见图 4.1.28)中。当压型钢板安装后，在肋底内面铺设受拉钢筋，在肋的顶面焊接横向钢筋或在其上部受压区铺设网状钢筋，待楼板混凝土浇筑后，压型钢板不再拆除，并成为密肋楼板结构的组成部分。

当无吊顶天棚设置要求时，压型钢板下表面可直接喷、刷装饰涂层，并能获得较好的装饰效果。为了形成平整的天棚面，还可以在压型钢板下表面连接一层附加钢板，这样既可提高模板的刚度，又可以在空格内布置电器设备线路等。

为确保压型钢板与混凝土能共同作用,应做好叠合面的处理,如图 4.1.29 所示。

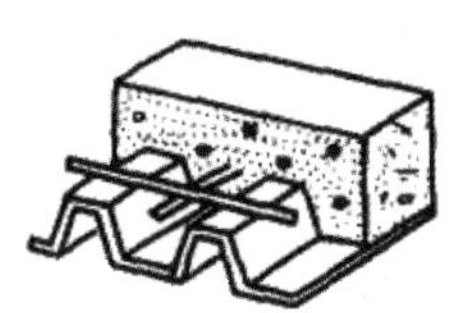

(a)无痕开口式压型钢板,

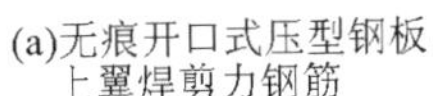

上翼焊剪力钢筋

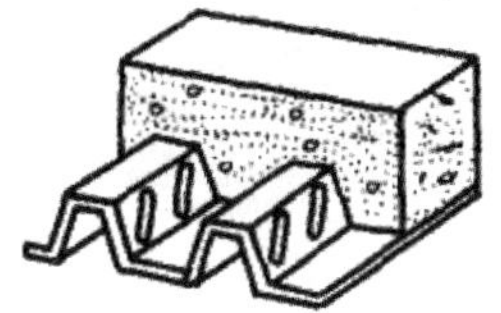

(b)有痕开口式压型钢板

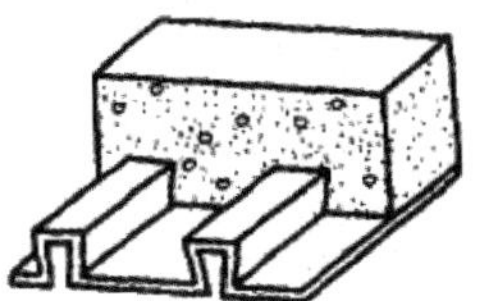

(c)无痕闭口式压型钢板

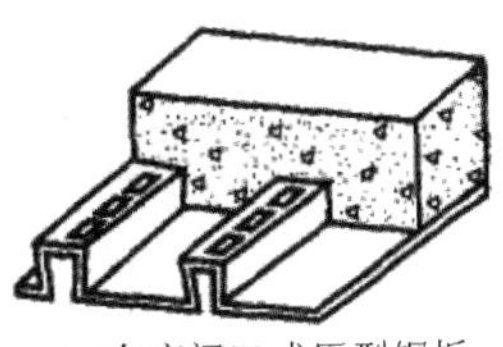

(d)有痕闭口式压型钢板

图 4.1.29　压型钢板与混凝土的叠合面处理

(2) 预应力薄板模板

预应力钢筋混凝土薄板一般在构件预制工厂的台座上生产,是施加预应力配筋制作成的一种预应力钢筋混凝土薄板构件。薄板本身既是现浇楼板的永久性模板,与楼板的现浇混凝土叠合后,又是构成楼板的受力结构部分,与楼板组成组合板(见图 4.1.30),或构成楼板的非受力结构部分。

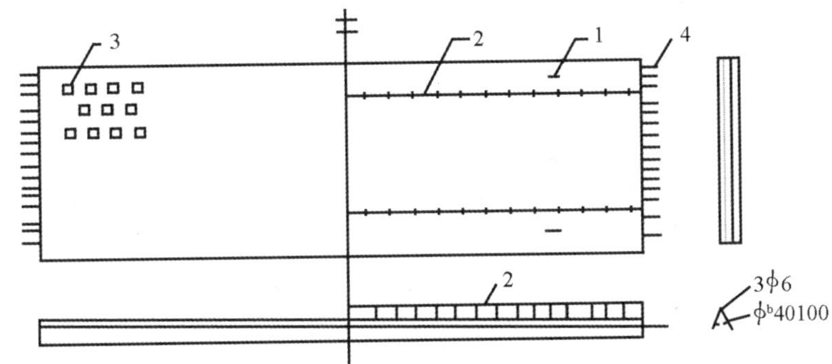

1 -吊环;2 -预留结合钢筋;3 -凹槽;4 -预应力钢丝

图 4.1.30　预应力薄板

预应力薄板叠合楼板有较好的整体性和抗震性能,特别适用于高层建筑和大开间房屋的楼板;预应力薄板作为永久性模板,板底平整,减少了现场混凝土的浇筑量,顶棚可不做抹灰,也减少了装修工程的湿作业量。由于不用支模,节省了模板和支模的人工。预应力薄板的钢丝保护层较厚,有较好的防火性能。

4.1.5　早拆模板

钢框木(竹)组合模板是以热轧异型钢为钢框架,以覆面胶合板作板面,并加焊若干钢肋承托面板的一种组合式模板,由模板块、连接件、支承件等组成。模板块包括平面模板和角模,其与组合钢模板的组成与搭设都很相似;连接件和支承件可以与组合钢模板的相同,也可采用由底脚螺栓、支柱、柱头、桁架梁、水平撑、斜撑等组成的支承系统。支柱间距在 2m 以内,其上部有一快拆柱头,上设可升降的梁托;将支承模板的桁架梁挂在柱头梁托上,快拆柱头的上表面与模板面齐平。当混凝土浇筑 3～7d,达到设计强度的 50%时,即可降下梁托(此时支柱顶板仍与混凝土面接触);拆卸桁架梁后即可拆除模板,待混凝土养护到规定强度时,再拆除支柱,这样可以加快模板的周转,所以称为快拆模板体系或早拆模板体系,如图 4.1.31所示。

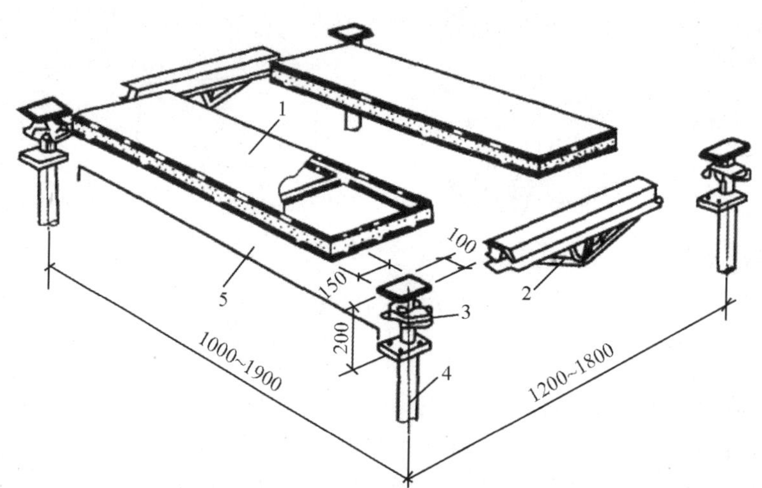

1 -模板块；2 -托梁；3 -升降头；4 -可调支柱；5 -跨度定位杆

图 4.1.31 早拆模板体系

4.1.6 模板设计

定型模板和专用模板的拼装在其适用范围内一般不需要进行设计或验算，但重要结构的模板、特殊形式的模板或超出适用范围的定型和专用模板均应该进行设计或验算，以确保安全，保证质量。

模板工程设计的目的在于合理选择模板的材料和支撑体系；确保模板及支撑系统有足够的承载能力、刚度和稳定性，便于安装与拆除。模板工程设计的内容有选型、选材、荷载计算、结构计算、构造设计、拟订制作安装和拆除方案、绘制模板图等。

1. 模板构造与计算简图

面板主要承受垂直作用于其上的均布荷载，并传给次肋，面板设计时主要由刚度控制。当次肋间距 l 与面板厚度 t 之比 $l/t \leqslant 100$ 时，可按小挠度连续板计算；否则按大挠度板计算，大挠度板一般刚度不满足要求。在小挠度连续板中，按照次肋布置的方式又分单向板和双向板，前者加工容易，但刚度小，后者刚度大，结构合理，但加工复杂、焊缝多、易变形。单向板面板计算时，取 1m 宽的计算单元，次肋视为支承，按连续梁计算，强度和挠度都要满足要求；双向板面板计算时，取一个区格作为计算单元，其四边支承情况取决于混凝土的浇筑情况，在满载情况下，可取三边固定、一边简支的不利情况进行计算。

次肋的作用是固定面板，并把面板传来的混凝土侧压力传递给主肋。面板若按单向板设计，则只有水平(或垂直)次肋；面板若按双向板设计，则水平肋、垂直肋都有。次肋的计算简图是以主肋为支承的连续梁，为降低耗钢量，设计时应考虑使之与面板共同工作，按组合截面计算截面抵抗矩，验算强度和挠度。

主肋以穿墙螺栓为固定支点，承受次肋传来的水平力，其计算简图为以穿墙螺栓为支点的连续梁。计算时，亦可考虑面板、竖向次肋和主肋共同工作，此时按组合截面进行验算。

穿墙螺栓作为主肋的支点，承担支座集中力，螺栓承担的拉应力应满足小于钢材的抗拉强度的要求。

2. 模板设计荷载

模板设计时,应考虑模板及其支架的自重、新浇混凝土自重、钢筋自重、施工人员及设备荷载、振捣混凝土产生的荷载、新浇混凝土对模板侧面的压力以及倾倒混凝土时产生的荷载等。

(1) 模板及其支架的自重标准值

模板及其支架的自重标准值应根据模板设计图纸确定,对肋形楼板及无梁楼板,其模板的自重标准值可按表 4.1.1 采用。

表 4.1.1 楼板模板自重标准值 (单位:kN/m^2)

模板构件的名称	木模板	定型组合钢模板	钢框胶合板模板
平板的模板及小楞	0.3	0.5	0.4
楼板模板(包括梁模板)	0.5	0.75	0.6
楼板模板及其支架自重(楼层高度 4m 以下)	0.7	1.1	0.95

(2) 新浇混凝土自重标准值

新浇混凝土的自重标准值,对普通混凝土用 24kN/m,对其他混凝土可根据实际重力密度确定。

(3) 钢筋自重标准值

钢筋自重标准值根据设计图纸确定,一般梁板结构每立方米钢筋混凝土的钢筋自重标准值,楼板为 1.1kN,梁为 1.5kN。

(4) 施工人员及设备荷载标准值

计算模板及直接支承模板的小楞时,均布活荷载为 $2.5kN/m^2$,另以集中荷载 2.5kN 进行验算,取二者中较大的弯矩值;计算支承小楞的构件时,均布活荷载为 $1.5kN/m^2$;计算支架立柱及其他支承结构构件时,均布活荷载为 $1.0kN/m^2$。放置在模板上的大型浇筑设备(上料平台等)、混凝土泵等荷载按实际情况计算,当木模板板条宽度小于 150mm 时,集中荷载可以考虑由相邻两块板共同承受;如混凝土堆集料的高度超过 100mm 时,则按实际情况计算。

(5) 振捣混凝土时产生的荷载标准值

振捣混凝土时产生的荷载标准值,对水平面模板取 $2.0kN/m^2$,对垂直面模板取 $4.0kN/m^2$(作用范围在有效压头高度之内)。

(6) 新浇混凝土对模板侧面的压力标准值

影响混凝土侧压力的因素很多,如与混凝土组成有关的骨料种类、水泥用量、外加剂、坍落度等都有影响,但更重要的还是外界影响,如混凝土的浇筑速度、混凝土的温度、振捣方式、模板情况、构件厚度等。混凝土的浇筑速度是一个重要的影响因素,最大侧压力一般与其成正比,但当其达到一定速度后,再提高浇筑速度,则对最大侧压力的影响就不明显。混凝土的温度影响混凝土的凝结速度,温度低,凝结慢,混凝土侧压力的有效压头高,最大侧压力就大;反之,最大侧压力就小。模板情况和构件厚度影响混凝土作用的发挥,因此对侧压力也有影响。

我国规范推荐的计算公式系采用内部振捣器时新浇混凝土作用于模板的侧压力标准值,按式(4.1.1)和(4.1.2)计算,并取两式中的较小值,即

$$F = 0.22\gamma_c t_0 \beta_1 \beta_2 V^{\frac{1}{2}} \tag{4.1.1}$$

$$F = \gamma_c H \tag{4.1.2}$$

式中：F—— 新浇混凝土对模板的侧压力标准值，kN/m^2；

γ_c—— 混凝土的重力密度，kN/m^3；

t_0—— 新浇混凝土的初凝时间，h，可按实测确定，但当缺乏试验资料时，可采用 $t_0 = 200/(T+15)$ 计算，T 为混凝土入模时的温度，℃；

V—— 混凝土的浇筑速度，m/h；

H—— 混凝土侧压力计算位置处至新浇混凝土顶面的总高度，m；

β_1—— 外加剂影响修正系数，当不掺外加剂时取 1.0，掺具有缓凝作用的外加剂时取 1.2；

β_2—— 混凝土坍落度影响修正系数，当坍落度小于 30mm 时，取 0.85；当坍落度为 50～90mm 时，取 1.0；当坍落度为 110～150mm 时，取 1.15。

（7）倾倒混凝土时产生的荷载标准值

倾倒混凝土时，对垂直面模板产生的水平荷载标准值按表 4.1.2 采用。当采用滑升模板、水平移动式模板等特种模板时，应按相应的规范、规程或规定计算荷载标准值；对利用模板张拉和锚固预应力筋等产生的荷载亦应另行计算。

表 4.1.2　倾倒混凝土时产生的水平荷载标准值　（单位：kN/m^2）

项　次	向模板中供料的方法	定型组合钢模板
1	用溜槽、串筒或由导管输出	2
2	用容量为小于 $0.2m^3$ 的运输器具倾倒	2
3	用容量为 0.2～$0.8m^3$ 的运输器具倾倒	4
4	用容量为大于 $0.8m^3$ 的运输器具倾倒	6

【注意事项】 作用范围在有效压头高度以内。

当计算模板及其支架荷载的设计值时，应采用荷载标准值乘以相应的荷载分项系数求得，其荷载分项系数按表 4.1.3 采用；参与模板及其支架荷载效应组合的各项荷载，应符合表 4.1.4 规定。

表 4.1.3　荷载分项系数

项　次	荷载类别	γ_i
1	模板及支架自重	1.2
2	新浇筑混凝土自重	
3	钢筋自重	
4	施工人员及施工设备荷载	1.4
5	振捣混凝土时产生的荷载	
6	新浇筑混凝土对模板侧面的压力	1.2
7	倾倒混凝土时产生的荷载	1.4

3. 计算规定

计算钢模板、木模板及支架时都应遵守相应结构的设计规范。验算模板及其支架的刚度时，其最大变形值不得超过下列允许值：对结构表面外露的模板，其允许值为模板构件计算跨度的 1/400；对结构表面隐蔽的模板，其允许值为模板构件计算跨度的 1/250；对支架的压缩变形值或弹性挠度，其允许值为相应的结构计算跨度的 1/1000。

支架立柱或桁架应保持稳定，并用撑拉杆件固定。验算模板及其支架在自重和风荷载作用下的抗倾倒稳定性时，应符合有关的规定。

表 4.1.4 参与模板及支架荷载效应组合的各项荷载

模板类别	参与组合的荷载项	
	计算承载能力	验算刚度
平板和薄壳的模板及支架	1、2、3、4	1、2、3
梁和拱模板的底板及支架	1、2、3、5	1、2、3
梁、拱、柱（边长≤300mm）、墙（厚度≤100mm）的侧面模板	6	6
大体积结构、柱（边长＞300mm）、墙（厚度＞100mm）的侧面模板	6、7	6

4.1.7 模板拆除

1. 拆除要求

混凝土成型后，经过一段时间养护，当强度达到一定要求时，即可拆除模板。模板的拆除日期，取决于混凝土硬化的快慢、各个模板的用途、结构的性质、混凝土硬化时的气温。及时拆模，可提高模板的周转率，也可为其他工作创造条件，加快工程进度。如过早拆模，混凝土会因为未达到一定强度而不能担负本身重量或受外力而变形，甚至断裂，造成重大的质量事故。现浇结构的模板及支架的拆除，如设计无要求时，应符合下列规定。

(1) 侧模

应在混凝土强度能保证其表面及棱角不因拆模板而受损坏时，方可拆除。

(2) 底模

应在与结构同条件养护的试块达到表 4.1.5 的规定强度时，方可拆除。

(3) 快速施工的高层建筑的梁和楼板模板

如 3～5d 完成一层结构，对其底模及支柱拆除时混凝土的强度发展情况进行核算，确保下层楼板及梁能安全承载，方可拆除。

表 4.1.5 现浇结构拆模时所需混凝土强度

结构类型	结构跨度/m	按设计混凝土强度标准值的百分率计/%
板	≤2	50
	＞2，≤8	75
	＞8	100

续 表

结构类型	结构跨度/m	按设计混凝土强度标准值的百分率计/%
梁、拱、壳	≤8	75
	>8	100
悬臂构件	≤2	75
	>2	100

2. 拆模顺序

拆模应按一定的顺序进行。一般应遵循先支后拆、后支先拆、先非承重部位、后承重部位以及自上而下的原则。重大复杂模板的拆除,事前应制订拆除方案。

(1) 柱模

单块组拼的应先拆除钢楞、柱箍和对拉螺栓等连接、支撑件,再由上而下逐步拆除;预组拼的则应先拆除两个对角的卡件,并作临时支撑后,再拆除另两个对角的卡件,待吊钩挂好,拆除临时支撑,方能脱模起吊。

(2) 墙模

单块组拼的在拆除对拉螺栓、大小钢楞和连接件后,从上而下逐步水平拆除;预组拼的应在挂好吊钩,检查所有连接件是否拆除后,方能拆除临时支撑,脱模起吊。

对拉螺栓拆除时,可将对拉螺栓齐混凝土表面切断,亦可在混凝土内加埋套管,将对拉螺栓从容管中抽出重复使用。

(3) 梁、楼板模板

应先拆梁侧模,再拆楼板底模,最后拆除梁底模。拆除跨度较大的梁下支柱时,应先从跨中开始分别拆向两端。

多层楼板模板支柱的拆除,应按下列要求进行:

上层楼板正在浇筑混凝土时,下一层楼板的模板支柱不得拆除,再下层楼板的支柱,仅可拆除一部分;跨度 4m 及 4m 以下的梁下均应保留支柱,其间距不得大于 3m。

3. 拆模注意事项

(1) 拆模时,操作人员应站在安全处,以免发生安全事故。

(2) 拆模时应尽量不要用力过猛、过急,严禁用大锤和撬棍硬砸硬撬,以避免混凝土表面或模板受到损坏。

(3) 拆下的模板及配件,严禁抛扔,要有人接应传递,按指定地点堆放;并做到及时清理、维修和涂刷好隔离剂,以备待用。

在拆除模板过程中,如发现混凝土有影响结构安全的质量问题时,应暂停拆除,经过处理后,方可继续拆除。对已拆除模板及支撑的结构,应在混凝土强度达到设计混凝土强度等级的要求后,才允许承受全部使用荷载。

4.1.8 模板工程施工质量检查验收

在浇筑混凝土之前,应对模板工程进行验收。

模板及其支架应具有足够的承载能力、刚度和稳定性,能可靠地承受浇筑混凝土的重量、侧压力以及施工荷载。模板安装和浇筑混凝土时，应对模板及其支架进行观察和维护。发生异常情况时，应按施工技术方案及时进行处理。

模板工程的施工质量检验应按主控项目和一般项目规定的检验方法进行。检验批合格质量应符合下列规定：主控项目的质量经抽样检验合格；一般项目的质量经抽样检验合格；当采用计数检验时，除有专门要求外，一般项目的合格率应达到 80%及以上，且不得有严重缺陷；具有完整的施工操作依据和质量验收记录。

1. 主控项目

(1) 安装现浇结构的上层模板及其支架，下层楼板应具有承受上层荷载的承载能力或加设支架；上、下层支架的立柱应对准，并铺设垫板。

检查数量：全数检查。

检验方法：对照模板设计文件和施工技术方案观察。

(2) 在涂刷模板隔离剂时，不得沾污钢筋和混凝土接槎处。

检查数量：全数检查。

检验方法：观察。

(3) 底模及其支架拆除时的混凝土强度应符合规范要求。

检查数量：全数检查。

检验方法：检查同条件养护试件强度试验报告。

(4) 后浇带模板的拆除和支项应按施工技术方案执行。

检查数量：全数检查。

检验方法：观察。

2. 一般项目

(1) 模板安装应满足如下要求：

①模板的接缝不应漏浆；在浇筑混凝土前，木模板应浇水湿润，但模板内不应有积水。

②模板与混凝土的接触面上应清理干净并涂刷隔离剂，但不得采用影响结构性能或妨碍装饰工程施工的隔离剂。

③浇筑混凝土前，模板内的杂物应清理干净。

④对清水混凝土工程及装饰混凝土工程，应使用能达到设计效果的模板。

检查数量：全数检查。

检验方法：观察。

(2) 用作模板的地坪、胎膜等应平整光洁，不得产生影响构件质量的下沉、裂缝、起砂或起鼓。

检查数量：全数检查。

检验方法：观察。

(3) 对跨度不小于 4m 的现浇钢筋混凝土梁、板，其模板应按设计要求起拱；当设计无具体要求时，起拱高度宜为跨度的 1/1000～3/1000。

检查数量：在同一检验批内，梁应抽查构件数量的 10%，且不少于 3 件，板应按有代表性的自然间抽查 10%，且不少于 3 间；大空间结构，板可按纵、横轴线划分检查面，抽查 10%，且不少于 3 面。

检验方法：水准仪或拉线、钢尺检查。

(4) 固定在模板上的预埋件、预留孔和预留洞均不得遗漏，且应安装牢固，其偏差应符合表 4.1.6 的规定。现浇结构模板安装的偏差及检查方法应符合表 4.1.7 的规定。

表 4.1.6 预埋件和预留孔洞的允许偏差

项　目		允许偏差/mm
预埋钢板中心线位置		3
预埋管、预留孔中心线位置		3
插　筋	中心线位置	5
	外露长度	+10、0
预埋螺栓	中心线位置	2
	外露长度	+10、0
预留孔	中心线位置	10
	尺寸	+10、0

【注意事项】 检查中心线位置时，应沿纵、横两个方向测量，并取其中的较大值。

检查数量：在同一检验批内，对梁、柱和独立基础，应抽查构件数量的 10%，且不少于 3 件；对墙和板，应按有代表性的自然间抽查 10%，且不少于 3 间；对大空间结构，墙可按相邻轴线间高度 5m 左右划分检查面，板可按纵横轴线划分检查面，抽查 10%，且均不少于 3 面。

检验方法：钢尺检查。

表 4.1.7 现浇结构模板安装的允许偏差及检验方法

项　目		允许偏差/mm	检验方法
轴线位置		5	钢尺检查
底模上表面标高		±5	水准仪或拉线、钢尺检查
截面内部尺寸	基础	±10	钢尺检查
	柱、墙、梁	+4、−5	钢尺检查
层高垂直度	≤5m	6	经纬仪或吊线、钢尺检查
	<5m	8	
相邻两板表面高低差		2	钢尺检查
表面平整度		5	2m 靠尺和塞尺检查

【注意事项】 检查轴线位置时，应沿纵、横两个方向测量，并取其中的较大值。

(5) 预制构件模板安装的允许偏差及检验方法见表 4.1.8。

表 4.1.8 预制构件模板安装的允许偏差及检验方法

项　目		允许偏差/mm	检验方法
长度	板、梁	±5	钢尺量两角边，取其中较大值
	薄腹梁、桁架	±10	
	柱	0、−10	
	墙板	0、−5	

续 表

项目		允许偏差/mm	检验方法
宽度	板、墙板	0、−5	钢尺量一端及中部，取其中较大值
	梁、薄腹梁、桁架、柱	+2、−5	
高(厚)度	板	+2、−3	钢尺量一端及中部，取其中较大值
	墙板	0、−5	
	梁、薄腹梁、桁架、柱	+2、−5	
侧向弯曲	梁、板、柱	$L/1000$ 且≤15	拉线、钢尺量最大弯矩处
	墙板、薄腹梁、桁架	$L/1500$ 且≤15	
板的表面平整度		3	2m 靠尺和塞尺检查
相邻两板表面高低差		1	钢尺检查
对角线差	板	7	钢尺量两个对角线
	墙板	5	
翘曲	板、墙板	$L/1500$	调平尺在两端量测
设计起拱	梁、薄腹梁、桁架、柱	±3	拉线、钢尺量跨中

检查数量：首次使用及大修后的模板应全数检查；使用中的模板应定期检查，并根据使用情况不定期抽查。

(6) 侧模拆除时的混凝土强度应能保证其表面及棱角不受损伤。模板拆除时，不应对楼层形成冲击荷载。拆除的模板和支架宜分散堆放并及时清运。

检查数量：全数检查。

检验方法：观察。

4.2 大体积混凝土施工

大体积混凝土是指混凝土结构物实体最小断面任何一个方向尺寸等于或大于 0.8m，少数特厚结构(大于 1.5～2.0m)的混凝土结构或预计会因水泥水化热引起混凝土内外温差过大到必须采取相应的技术措施降低其温差、控制温度应力与裂缝开展的混凝土。

4.2.1 大体积混凝土施工工艺和技术要求

1. 混凝土的浇筑

对于大体积混凝土的浇筑，为保证结构的整体性和施工的连续性，采用分层浇筑时，应保证在下层混凝土初凝前将上层混凝土浇筑完毕。分层又可分为三种方式。全面分层：将结构分成若干个厚度相等的浇筑层，浇筑区的面积即为基础平面面积。浇筑混凝土时从短边开始，沿长边方向进行浇筑。分段分层：浇筑混凝土时结构沿长边方向分成若干段，浇筑工作从底层开始。斜面分层：由于自然流淌而形成斜面，混凝土一次浇筑到顶，从浇筑层下端开始逐渐上移。斜面分层方案多用于长度较大的结构。混凝土浇筑温度宜控制在25℃以内。底板厚1.0m以内宜采用平推浇筑法，同一坡度循序推进，依次浇到顶；厚1.0m以上宜分层浇筑，在每一次浇筑层采用平推浇筑法；厚度超过2.0m时，应考虑留置水平施工缝，间断施工。

2. 大体积混凝土振捣

在振动界限以前，用振动棒对混凝土进行二次振捣，排除混凝土泌水在粗骨料及水平钢筋下部生成的水分和空隙，提高混凝土与钢筋的握裹力，防止由混凝土沉落而出现裂纹，减少内部微裂，增加混凝土密实度，使混凝土的抗压强度提高，从而提高抗裂性。

3. 大体积混凝土养护

为了确保新浇筑的混凝土有适宜的硬化条件，防止在早期由于干缩而产生裂缝，大体积混凝土浇筑完毕后，应在12h内加以覆盖和浇水。普通硅酸盐水泥拌制的混凝土养护时间不得少于14d；矿渣水泥、火山灰水泥等拌制的混凝土养护时间不得少于21d。

养护方法分为保湿法和保温法两种。保湿法即在混凝土浇筑成型后，用蓄水、洒水或喷水养护；保温法是在混凝土成型后，使用保温材料覆盖养护（如塑料薄膜、草袋等）及薄膜养生液养护。混凝土养护时，温度越高，湿度越大，徐变越小。

4. 其他

在可能的情况下，争取降低大体积混凝土的设计强度，混凝土配合比按设计抗渗水压加0.2MPa控制，储备不可过高。

混凝土配合比试验报告需提供混凝土的初凝、终凝时间，附按预定程序施工的坍落度现场调整方法，普通混凝土7d、28d的实测收缩率，所选用外加剂的种类和技术要求，对补偿收缩混凝土尚应按GBJ119的试验方法提供本试验室的试块在水中养护14d的限制膨胀率，该值应大于0.015%（结构厚度在1m以下）或0.02%（结构厚度在1m以上）。一般底板混凝土的限制膨胀率以0.02%～0.025%，加强带、后浇带以0.035%～0.045%为宜，六个月混凝土干缩率不大于0.045%。

(1) 混凝土水灰比宜控制在0.45～0.5，最高不超过0.55。用水量在170kg/m^{3}左右，用于补偿收缩混凝土用水量在180kg/m^{3}左右，水泥应优先选用低、中热水泥，尽可能不使用高强度、高细度水泥。利用后期强度的混凝土，不得使用低热微膨胀水泥，不准使用早强水泥和含氯化物的水泥，非盛夏施工应优先选用普通硅酸盐水泥。用于大体积混凝土的水泥应进行水化热检验，其7d水化热不宜大于250kJ/(kg·K)。

(2) 粗骨料含量不大于C30为1150～1200kg/m^3；大于C35为1050～1150kg/m^3。

(3) 砂率宜控制在35%～45%，灰砂比宜为1∶2～1∶2.5。

(4) 混凝土中总含碱量，使用碱活性骨料时限制在3kg/m^{3}以下。

(5) 混凝土中氯离子总含量不得大于水泥用量的0.3%，当结构使用年限为100年时为0.6%。

(6) 混凝土的初凝时间应控制在6～8h，混凝土的终凝时间在8～11h。

(7) 缓凝剂用量不可过高，尤其是在补偿混凝土中应严格限量，以防减少膨胀率。

(8) 大体积混凝土必须在设备完善、严格管理的强制式搅拌站拌制。

4.2.2 大体积混凝土裂缝防治的主要措施

在工业与民用建筑结构中，一般现浇连续墙式结构、地下构筑物及设备基础等是容易由温度收缩应力引起裂缝的结构，通称为“大体积混凝土结构”，对于这种结构，水化热温度较高，降温散热较快，因此收缩与降温共同作用是引起裂缝的主要因素。

对于大体积混凝土裂缝防治，目前大多数国家靠设置永久式伸缩缝来控制裂缝，伸缩缝间距为30～40m，个别的为10～20m。有少数工程采取不留伸缩缝的做法，其主要依据是经验性的。这类工程一般也要设置临时性的伸缩缝，即后浇缝，其间距为10～30m。国外如日本通常是多留施工缝、伸缩缝处钢筋断开，以橡胶止水带阻水；施工缝处钢筋连续，仍然设置橡胶止水带防止渗漏。多留施工缝有许多弊端，增加了特殊材料用量，工程裂缝的危险性增加了，裂缝控制难度也增大了，裂缝是难以避免的。所以在工程中都留有排沟，实行“裂了就堵，堵不住就排”的设计方法。

在工业与民用建筑工程中，大量采用筏式底板、长墙、箱形基础、立墙，它们均为地下或半地下建筑，有防水要求，需控制裂缝开展，一般不存在承载力不足问题，因为这些结构形式常采用现浇钢筋混凝土超静定结构，温差和收缩变化复杂，约束作用较大，容易引起开裂。掌握温度收缩作用是控制裂缝的主要方法。

1. 根据施工季节的不同做好冷却和降温，在有条件时可分别采用降温法和保温法施工。浇灌前避免材料过热，浇筑后保温从而降低温度应力。夏季主要用降温法施工。一般在混凝土搅拌时加入冷水，在混凝土浇筑后采用冷水养护降温，减少混凝土表面的急剧热扩散，延长混凝土散热时间，防止形成过大的温差而引起表面或贯穿裂缝。也可采用覆盖材料养护。冬季采用保温法施工，对浇筑好的混凝土进行覆盖保温。

2. 合理选择混凝土的配合比，减少用水量，适当降低水灰比。水泥尽量选用水化热低和安定性好的，水泥用量最好控制在450kg/m^{3}左右，对石子、砂也要控制含泥量小于3%。

3. 在施工方法上采用分层分段法浇筑混凝土，分层振捣密实，也可采用二次振捣的方法，以此增强混凝土的密实度，提高抗裂能力。

4. 在混凝土中掺入少量磨细的粉煤灰和减水剂，以减少水泥用量，也可掺加缓凝剂。掺入适量的微膨胀水泥，使混凝土得到补偿收缩。掺入一定数量毛石，可以减少水泥用量；同时，毛石可以吸收混凝土中一定的水化热。

5. 结合工程特点设量后浇缝。施工中留的后浇缝可以大大削减施工期间的温度收缩应力，后浇缝宽1m，间歇时间不少于40d，用膨胀水泥封堵。

6. 大体积混凝土所用的原材料应符合下列规定：

（1）应选用水化热低和凝结时间长的水泥，如低热矿渣硅酸盐水泥、中热硅酸盐水泥、矿渣硅酸盐水泥、火山灰质硅酸盐水泥、粉煤灰硅酸盐水泥等。当采用硅酸盐水泥或普通硅酸盐水泥时，应采取相应措施，延缓水化热的释放。

（2）粗骨料宜采用连续级配，细骨料宜采用中砂。因为在混凝土中骨料越坚硬，徐变越小，产生缝越少；如果骨料所占体以越大，级配越好，收缩越大。

（3）大体积混凝土应掺用缓凝剂、减水剂和减少水泥水化热的掺和料。

（4）大体积混凝土在保证混凝土强度及坍落度要求的前提下，应提高掺和料及骨料的含量，以降低每立方米混凝土的水泥用量。

7. 控制裂缝必须考虑钢筋作用，这些大体积混凝土结构一般均为配筋结构，其构造配筋率约为0.2%～0.5%，抗不均匀沉陷的受力配筋率达0.5%以上，屋盖结构受弯构件配筋率为1%～1.5%，桁架受拉构件为5%～10%。所以，控制裂缝在很大程度上主要是靠改进构造设计、合理配筋及改进浇筑、加强养护等方法提高结构的抗裂性能。在工程实践中,当遇到形状复杂、结构变化多、受力状态难以求解的情况时,则可采用温差(包括收缩)变形小于或等于极限拉伸的原则控制裂缝,即所谓"抗"的原则。大体积混凝土的配筋不是满足强度要求,而是满足裂缝扩展要求,应当按照裂缝扩散理论配置钢筋。

8. 地下结构的截面设计应尽量减少截面突变,防止应力集中,在不得已时应配以钢筋网加强。大型筏形基础的混凝土施工,采用分段跳仓浇筑的方法可以削减施工期间的温度收缩应力,施工单元的长度以 20～30m 为宜。

9. 混凝土浇筑后及时对混凝土覆盖保温保湿材料,保温养护阶段,应尽快回填土,这对于预防混凝土由于收缩引起裂缝有重要意义,必须从施工组织上加以保证。这不仅对控制收缩应力有好处,对于预防激烈温差也有实际意义。混凝土养护是不可忽视的问题,养护要长时间处于润湿状态,不受风吹日晒,这不仅会减少收缩,还会提高极限拉伸(约 30%)。

施工中要降低混凝土的入模温度,控制混凝土内外的温差(当无设计要求时,控制在25℃以内),如降低拌和水温度(拌和水中加冰屑或用地下水);骨料用水冲洗降温,避免暴晒。

10. 大体积混凝土工程中,在混凝土中掺减水剂是提高工作性、节约水泥的有效措施,同时也是降低水灰比、控制加水量、延缓水化热、提高抗裂性的有效措施,必须确保使用。

对于超长结构应采取措施防止由于超长引起的裂缝:

(1) 设置后浇带。

(2) 地下室应采用低水化热的水泥配置混凝土。

(3) 超长结构楼面采用微膨胀混凝土。

(4) 建议地下室采用抗裂型防水外加剂。

(5) 施工时应严格控制水灰比,加强养护,采取合理的施工工序。

4.3 钢筋混凝土预制构件

【历史沿革】 我国预制件的生产应用有近 60 多年的历史,在这 60 多年里,预制件的发展可谓是一波三折。

从 20 世纪 50 年代起,我国经济处于恢复阶段,正值第一个五年计划时期。在苏联建筑工业化的影响下,我国建筑行业开始走预制装配式的发展道路。这一时期的主要预制件有柱、吊车梁、屋面梁、屋面板、天窗架等。除屋面板及一些小型吊车梁、小跨度屋架外,大多是现场预制,即使工厂预制,也往往由现场建立的临时性预制场预制,预制作业仍然是施工企业的一部分。

20 世纪 60 年代末至 70 年代初,随着中小预应力构件的发展,城乡出现了大批预制构件厂。用于民用建筑的空心板、平板、檩条、挂瓦板,用于工业建筑的屋面板、F 形板、槽形板以及工业与民用建筑均可采用的 V 形折板、马鞍形板等成为这些构件厂的主要产品,预制构件行业的市场开始形成。

20 世纪 70 年代中期,在政府部门的大力提倡下,大批混凝土大板厂和框架轻板厂开始兴建,掀起了预制构件行业发展的热潮。到 80 年代中期,我国各地区建起了数万个规模不等的预制构件厂，构件行业的发展达到了巅峰。在此阶段，主要的民用建筑预制构件有外墙板、预应力大楼板、预应力圆孔板、预制混凝土阳台等。

发展预制构件是建筑工业化的重要措施之一，国内外都在不断改进生产工艺，采用先进技术，使其日趋完善。尺寸和重量大的构件，可在施工现场就地制作，以避免繁重的运输。定型化的中小型构件，则应发挥工厂化生产的优点在预制厂(场)制作。

若在施工现场就地制作构件，为节省木模板材料，可用土胎膜或砖胎膜。为节约底模板，或场地狭小，屋架、柱子、桩等大型构件可平卧叠浇，即利用已预制好的构件作底板，沿构件两侧安装侧模板再浇制上层构件。上层构件的模板安装和混凝土浇筑，需待下层构件的混凝土强度达到 $5N/mm^2$ 后方可进行。在构件之间应涂抹隔离剂以防混凝土黏结。

现场制作空心构件(空心柱等)，为形成孔洞，除用木内模外，还可用胶囊充以压缩空气作内模，待混凝土初凝后，将胶囊放气抽出，便形成圆形、椭圆形等孔洞。胶囊是用纺织品(尼龙布、帆布)和橡胶加工成胶布、再用氯丁黏胶冷黏而成。胶囊内的气压根据气温、胶囊尺寸和施工外力而定，以保证几何尺寸准确。制作空心柱用的 ϕ250mm 胶囊，充气压力约 0.05～0.07MPa。

大量的混凝土预制构件是在预制厂制作的。

4.3.1 构件制作的工艺方案

预制厂制作构件的工艺方案，根据成型和养护的不同，有下述三种：

1. 台座法

台座是表面光滑平整的混凝土地坪、胎膜或混凝土槽。构件的成型、养护、脱模等生产过程都在台座上同一地点进行。构件在整个生产过程中固定在一个地方，而操作工人和生产机具则依次地从一个构件移至另一个构件，来完成各项生产过程。

用台座法生产构件，设备简单，投资少。但占地面积大，机械化程度较低，生产受气候影响。设法缩短台座的生产周期是提高生产率的重要手段。

2. 机组流水法

此法在车间内生产，将整个车间根据生产工艺的要求划分为几个工段，每个工段皆配备相应的工人和机具设备，构件的成型、养护、脱模等生产过程分别在有关的工段循序完成。生产时，构件随同模板沿着工艺流水线，借助于起重运输设备，从一个工段移至下一个工段，分别完成各有关的生产过程，而操作工人的工作地点是固定的。构件随同模板在各工段停留的时间长短可以不同。此法生产效率比台座法高，机械化程度较高，占地面积小，但建厂投资较大、生产过程中运输繁多，宜于生产定型的中小型构件。

3. 传送带流水法

用此法生产，模板在一条呈封闭环形的传送带上移动，生产工艺中的各个生产过程(如清理模板、涂刷隔离剂、排放钢筋、预应力筋张拉、浇筑混凝土等)都是在沿传送带循序分布的各个工作区中进行。生产时，模板沿着传送带有节奏地从一个工作区移至下一个工作区，而各工作区要求在相同的时间内完成各自的有关生产过程，以此保证有节奏的连续生产。此法是目前最先进的工艺方案，生产效率高，机械化自动化程度高，但设备复杂，投资大，适宜于大型预制厂大批量生产定型构件。

4.3.2 预制厂生产预制构件用的模板

预制厂制作预制构件，常用的模板有钢平模、水平拉模、固定式胎膜和成组立模等。

机组流水法、传送带流水法中普遍应用钢平模。它是利用铰链将侧模和端模板与底架连接，启闭方便。钢平模的底架要能承受运输时混凝土的重量，制作预应力混凝土构件时，还要能承受预应力筋的作用力。底架要有足够的刚度，防止构件变形。

固定式胎模多用于制作大型钢筋混凝土肋形板或其他形状复杂的构件，胎膜的上表面形状与所浇制构件的下表面形状吻合，混凝土浇入胎膜，即获得所要求的结构外形。

水平拉模(见图 4.3.1)是在长线台座上生产预应力混凝土空心板广泛采用的一种工具式模板。

拉模由钢外框架，内框架侧模与芯管，前、后端头板，振动器，卷扬机抽芯装置等组成。内框架侧模、芯管和前端头板组装为一整体，可整体抽芯和脱模。前、后端头板为钢板制成，中间开圆孔可供芯管穿过，下开槽口可容预应力钢丝通过，前、后端头板之间的距离即空心板长度。振动器在模外振动芯管，改善了振动效果。

用水平拉模生产多孔板的工艺流程如图 4.3.2 所示。目前楼板多为现浇，采用多孔板的已愈来愈少，只在个别地区还有采用。

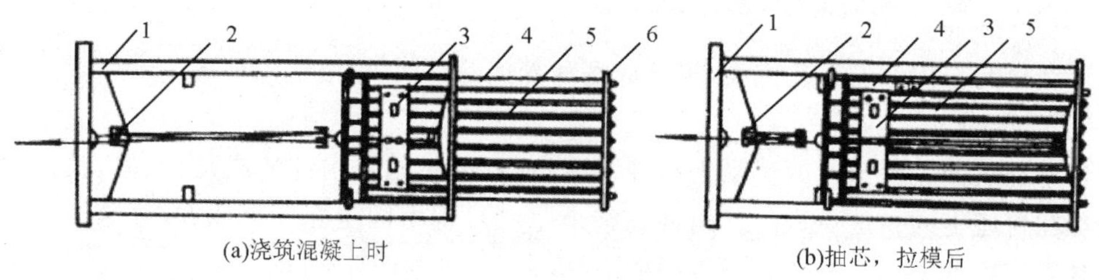

1-钢外框架；2-滑轮组；3-振动器；4-内框架侧模；5-芯管；6-后端头

图 4.3.1 水平拉模构造

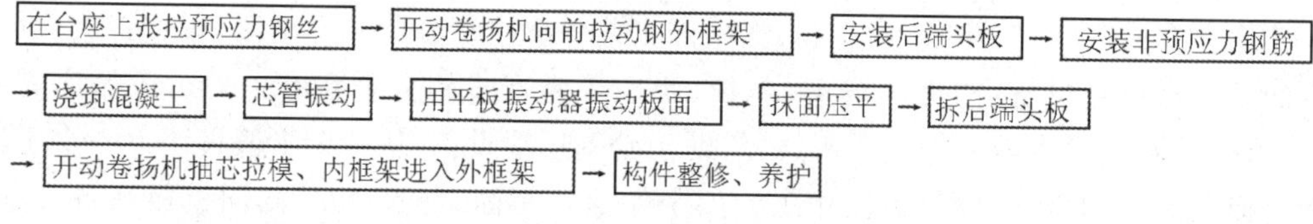

图 4.3.2 水平拉模生产多孔板的工艺流程

4.3.3 预制构件的成型

预制构件的浇筑与现浇构件基本相同，只是有时可发挥工厂化生产的优越性而采用混凝土浇灌机等。在捣实混凝土方面，在预制厂则有多种捣实方法，如振动法、挤压法、离心法等。

1. 振动法

用台座法制作构件，使用插入式振动器和表面振动器。用机组流水法和传送带流水法制作构件则用振动台。

振动台是一个支承在弹性支座上的由型钢焊成的框架平台，平台下设振动机构。振动机构即转轴上装置偏心块，通过偏心块数量和位置的变化，可得到不同的振幅。振动台有的只有一种振动频率，有的可改变频率。框架平台应有足够的刚度，以保证振幅的分布均匀一致，否则影响振动效果。

振动台振动的运动形式有：非定向的圆周振动和定向的垂直或水平振动。前者振动台台面的振幅分布不均匀。我国生产的载重 3t 和 5t 的振动台一般都采用定向垂直振动。振动时须将模板牢固地固定在振动台上，否则模板的振幅和频率将小于振动台的振幅和频率，最方便的固定方法是利用电磁铁。

在振动成型过程中，如同时在构件上面施加一定压力，则可加速捣实过程，提高捣实效果，使构件表面光滑。这种生产方法叫"振动加压法"，如图 4.3.3 所示。加压的方法分为静态加压和动态加压。前者用一压板加压，后者是在压板上加设振动器加压。加压的数值取决于混凝土的干硬度，常用的约为 1～3kN/m^2。

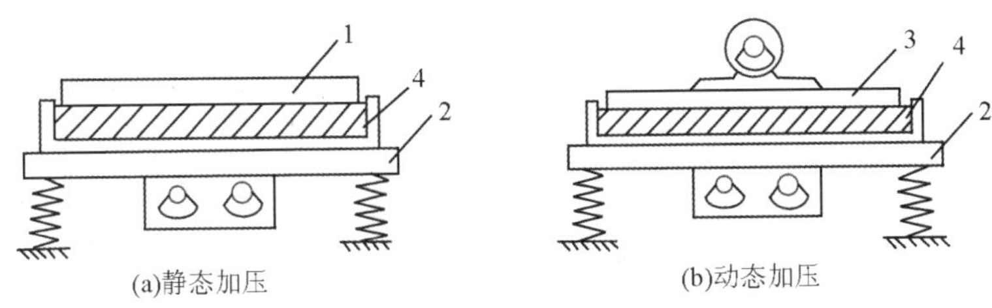

1-压板；2-振动台；3-振动压板；4-构件

图 4.3.3　振动加压方法

2. 挤压法

采用螺旋挤压形式的成型机（简称挤压机）生产预应力混凝土圆孔板，工艺已成熟，挤压机已定型，该机构造如图 4.3.4 所示，只是目前这种圆孔板已应用不多。

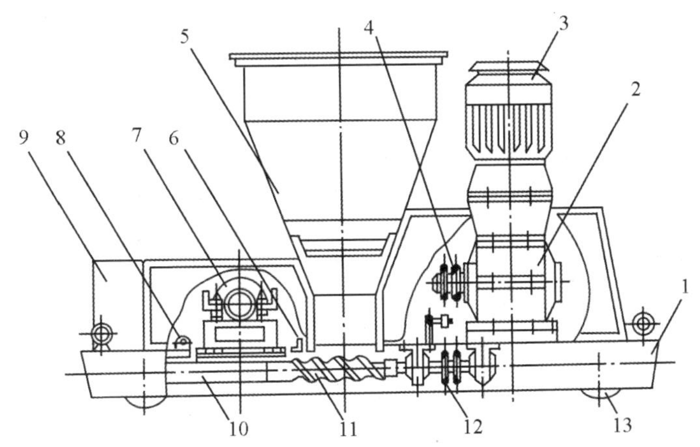

1-机架及行模；2-减速箱；3-立式电动机；4-上传动链轮；
5-受料斗；6-强制板；7-振动器；8-抹光板；9-配重；
10-成形管；11-螺旋铰刀；12-下传动链轮；13-导轮

图 4.3.4　混凝土圆孔板挤压机构造

挤压机的工作原理是用旋转的螺旋铰刀把由料斗漏下的混凝土向后挤送，在挤进过程中，由于受到振动器的振动和已成型的混凝土空心板的阻力(反作用力)而被挤压密实，挤压机也在这一反作用力的作用下，沿着与挤压方向相反的方向被推动自行前进，在挤压机后面即形成一条连续的预应力混凝土空心板带。挤压机一般是沿着长线台座上的导轨行驶。但也可不设导轨，利用预应力钢丝导向，使机架上的梳子板沿预应力钢丝板移动，但这要求机身自重对称，螺旋铰刀送料均匀，否则易使挤压机行走偏向。

螺旋铰刀是挤压机的主要部件，其数量取决于空心板的圆孔数量。为避免挤压机行走偏斜，螺旋铰刀的旋转方向分为两组，相对做反向转动。螺旋铰刀的螺距大小影响对混凝土的挤压力，螺距愈小，挤压力愈大，混凝土愈密实，但送料量减少，挤压机行速减慢。为便于拆换磨损最严重的挤压段，可采用组合式螺旋铰刀，把各个螺旋铰刀的螺距、叶片长度等统一，而以不同的速比来解决边上和中间不同的送料量，以适应空心板边角的混凝土量比中间大的问题。

螺旋铰刀后面连有板孔成形管，铰刀把混凝土挤向成形管周围，沿成形管表面向后移动，从而形成孔洞。成形管的断面随板孔的形状而定。如制造实心板，则拆去成形管。

振动器为低频的表面振动器，混凝土受振次数 $n=\frac{l}{V}f$，l 为振动板长度，V 为行走速度，f 为振动频率。根据实践经验，受振次数为 700～950 时，振实效果和表面质量都较好，少于 700 次，则质量受影响。

用挤压机连续生产空心板，有两种切断方法：一种是在混凝土达到可以放松预应力筋的强度时，用钢筋混凝土切割机整体切断；另一种是在混凝土初凝前用灰铲手工操作或用气割法、水冲法把混凝土切断，待混凝土达到可以放松预应力筋的强度时，再切断钢丝。目前，一般用后一种方法。

3. 离心法

用离心法制作构件是将装有混凝土的模板放在离心机(见图 4.3.5)上，使模板以一定转速绕自身的纵轴旋转，模板内的混凝土由于离心力作用而远离纵轴，均匀分布于模板内壁，并将混凝土中的部分水分挤出，使混凝土密实。用此法制作的构件，都需有圆形空腔，而外形可为各种形状。

离心机有滚轮式和车床式两类，都具有多级变速装置。离心成型过程分为两个阶段：第一阶段是使混凝土沿模板内壁分布均匀，形成空腔，此时转速不宜太高，以免造成混凝土离析现象；第二阶段是使混凝土密实的阶段，此时可提高转速，增大离心力，压实混凝土。

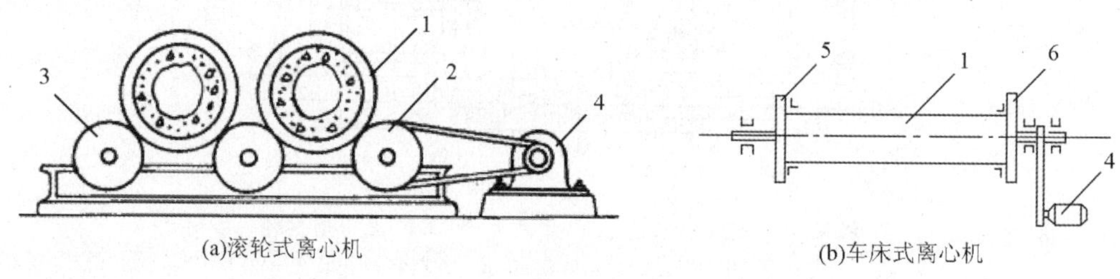

1-模板；2-主动轮；3-从动轮；4-电动机；5、6-卡盘

图 4.3.5 离心机构造示意

4.3.4 预制构件的养护

目前预制构件的养护方法有自然养护、蒸汽养护、热拌混凝土热模养护、太阳能养护、远红外线养护等。自然养护成本低,但养护时间长,模板(或台座)周转慢,我国南方地区的台座法生产多用自然养护。近年来应用太阳能进行养护,取得较好的效果。

1. 蒸汽养护

蒸汽养护即将构件放在充满饱和蒸汽或蒸汽与空气混合物的养护坑(或窑)内,在较高的温度和湿度的环境中,以加速混凝土的硬化,使之在较短时间内达到规定的强度。

蒸汽养护效果与蒸汽养护制度有关,它包括:养护前静置时间、升温和降温速度、养护温度、恒温养护时间、相对湿度等。构件成型后要在常温下静置一定时间,然后再进行蒸汽养护,以减少不良的加热养护制度带来的不利影响。对普通硅酸盐水泥制作的构件至少应静置1～2h,对火山灰质硅酸盐水泥或矿渣硅酸盐水泥则不需静置。升温或降温都必须平缓地进行,不能骤然升降,否则,在构件表面与内部之间会产生过大的温差,引起裂缝;还可能由于混凝土毛细管内的水分和湿空气的热膨胀,而引起混凝土内部组织破坏。对塑性混凝土的薄壁构件,升温速度每小时不得超过25℃,其他构件不得超过20℃。降温速度每小时不得超过10℃,出池后构件表面与外界温差不得大于20℃。养护温度取决于水泥品种,对普通硅酸盐水泥一般为80℃,对矿渣硅酸盐水泥可达85～95℃。对采用先张法施工的预应力混凝土构件,养护的最高允许温度应根据设计要求的允许温差(张拉钢筋的温度与台座温度之差)经计算确定。恒温养护时间根据混凝土在不同温度条件下的强度增长曲线来确定。养护时应保持适宜的湿度,以防构件内水分蒸发,在恒温阶段应保持90%～100%的相对湿度。

(1) 坑式蒸汽养护室

坑式蒸汽养护室为间歇式蒸汽养护室,有地下和半地下式(见图4.3.6)。构件的装入和吊出利用起重机,坑内可堆放几层构件。坑盖应有良好的保温性能,坑盖与坑壁间的密封性靠水封来保证。因为养护系分批进行,一个养护周期完毕,养护坑又冷却下来,故蒸汽消耗量大。

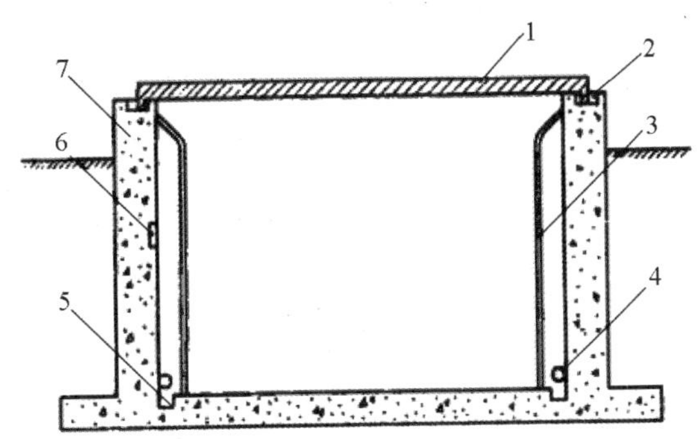

1-坑盖;2-水封;3-槽钢;4-蒸汽管;5-排水沟;6-测温计;7-坑壁

图4.3.6 坑式蒸汽养护室

(2) 立窑蒸汽养护室

立窑蒸汽养护室为连续式蒸汽养护室(见图4.3.7),在传送带流水法生产工艺中使用。它是利用蒸汽比空气轻而自动上升的原理,使窑内温度自下而上逐渐增高。构件在窑内上升、横移和下降的过程,即升温、恒温和降温的过程。构件进窑后用顶升机将其逐步向上升起,到顶后用横移机将其横移,然后再使其逐渐下降,抵达养护室底部便被送出养护室。每隔一定时间,随着左侧进入一个构件的同时,右侧也送出一个成品,进行连续生产。窑内蒸汽区分上、下两部分,上部为恒温区,下部为升温区或降温区。

(3) 隧道窑蒸汽养护室

间歇式和连续式两者皆可。它有水平直线型和折线型两类。前者端部易漏气,室内顶部或底部之间温差较大。折线型隧道窑蒸汽养护室(见图 4.3.8)利用蒸汽自动上升原理自然形成升温区、恒温区和降温区,它具备立窑蒸汽养护室的热工特点,可连续生产,结构和设备简化,减少一次性投资。

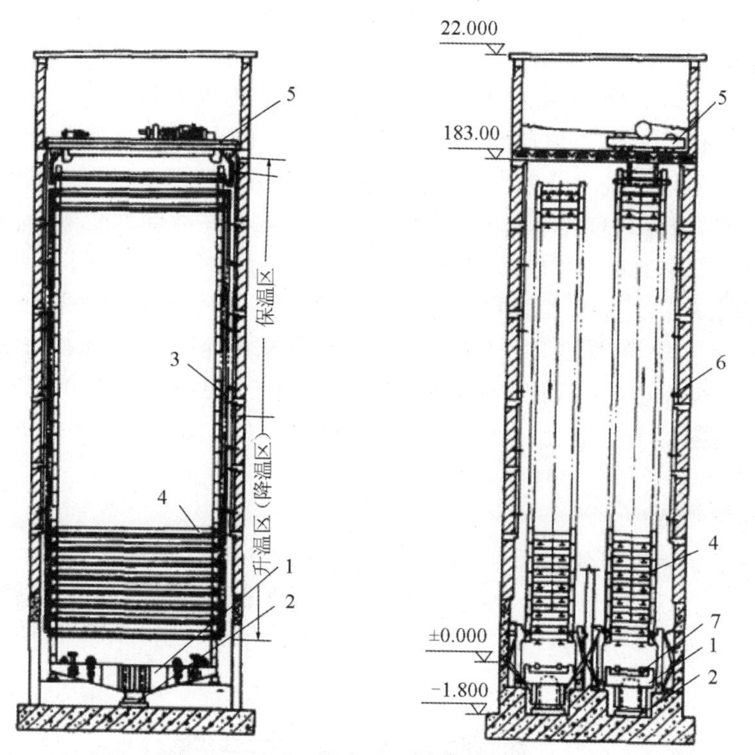

1 -顶升机;2 -油压千斤顶;3 -限位滑道;4 -钢模;5 -横移机;6 -蒸汽管道;7 -进窑辊道

图 4.3.7　立窑蒸汽养护室原理

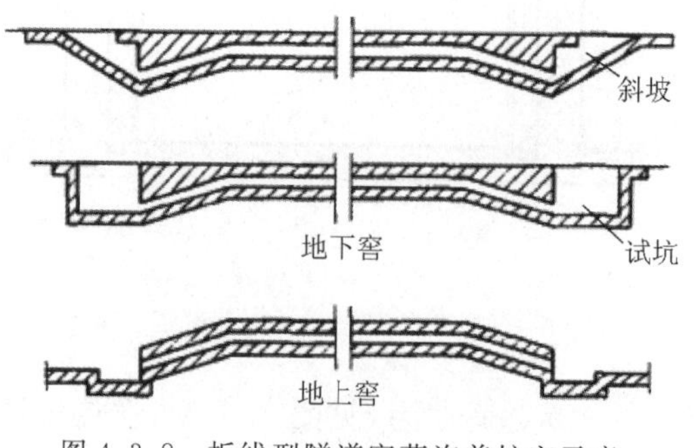

图 4.3.8　折线型隧道窑蒸汽养护室示意

2. 热拌混凝土热模养护

热拌混凝土热模养护即利用热拌混凝土浇筑构件，然后向钢模的空腔内通入蒸汽进行养护。此法与冷拌混凝土进行常压蒸汽养护比较，养护周期大为缩短，节约蒸汽。这是因为用此法养护时，构件不直接接触蒸汽，热量由模板传递给构件，使构件内部冷热对流加速，且因为利用热拌混凝土，使构件内部温差远比常压蒸汽养护时小，而且平衡较快，因而可省去静置工序，缩短升温时间，较快地进入高温养护。

3. 远红外线养护

红外线为B.格尔列于1800年发现，它是一种肉眼看不到的热射线。从20世纪60年代起，国外已将红外线加热技术用于混凝土养护，并取得了效果。我国从1976年起，对用煤气、蒸汽和电能为热源的远红外线技术进行了试验研究，并应用于构件生产和大模板冬季施工，取得了一定效果并积累了经验。

红外线是用热源(电能、蒸汽、煤气等)加热红外线辐射体而产生的。红外线被吸收到物体内部，被吸收的能量就转变为热，目前常用的辐射体为铁铬铝金属网片、陶瓷板或在碳化硅板上涂远红外辐射材料(TiO_2、SiO_2、Cr_2O_3)等。对辐射体的要求是耐高温、不易氧化、辐射率大等。选择辐射体时，还要求其发射的红外线波长与水泥和其水化产物的吸收波长相一致或相近，这样可提高养护效率。

用红外线热辐射进行混凝土养护有许多优点，如养护时间短、能量消耗低，有较好的经济效益。

4.3.5 预制构件模板拆除

预制构件的拆模强度，当设计无明确要求时，应遵守下列规定：

(1) 拆除侧面模板时，要混凝土强度能保证构件不变形、棱角完整和无裂缝时方可拆除。

(2) 承重底模时应符合表4.3.1的规定。

(3) 拆除空心板的芯模或预留孔洞的内模时，在能保证表面不发生塌陷和裂缝时方可拆模，并应避免较大的振动或碰伤孔壁。

表4.3.1 预制构件拆模时所需的混凝土强度

预制构件的类别	按设计的混凝土强度标准值的百分率计/%	
	拆侧模板	拆底模板
普通梁、跨度在4m及4m以内分节脱模	25	50
普通薄腹梁、吊车梁、T形梁、工形梁、柱、跨度在4m以上	40	75
先张法预应力屋架、屋面板、吊车梁等	50	建立预应力后
先张法各类预应力薄板重叠浇筑	25	建立预应力后
后张法预应力块体竖立浇筑	40	75
后张法预应力块体平卧重叠浇筑	25	75

4.3.6 预制构件的质量标准与验收方法

1. 预制构件外观质量的允许范围应满足表 4.3.2 的要求。

表 4.3.2 构件外观质量的允许范围标准

名　称	现　象	质量要求
露筋	构件内钢筋未被混凝土包裹而外露	禁止露筋
蜂窝	混凝土表面缺少水泥砂浆而形成石子外露	禁止蜂窝
孔洞	混凝土中孔穴深度和长度均超过保护层厚度	允许极少量孔洞
夹渣	混凝土中夹有杂物且深度超过保护层厚度	禁止夹渣
疏松	混凝土中局部不密实	允许极少量疏松
裂缝	缝隙从混凝土表面延伸至混凝土内部	允许极少量不影响结构性能或使用功能的细微裂缝
连接部位缺陷	构件连接处混凝土缺陷及连接钢筋、连接件松动	禁止
外形缺陷	内表面缺棱掉角、棱角不直、翘曲不平、抹面凹凸不平等 外表面面砖黏结不牢、位置偏差、面砖嵌缝没有达到横平竖直，转角面砖棱角不直、面砖表面翘曲不平等	内表面缺陷基本不允许，要求达到预制构件允许偏差 外表面仅允许极少量缺陷，但禁止面砖黏结不牢、位置偏差、面砖翘曲不平不得超过允许值
外表缺陷	构件内表面麻面、掉皮、起砂、沾污等 外表面面砖污染、铝窗框保护纸破坏	外表面不允许任何外表缺陷，内表面允许少量沾污等不影响结构使用功能和结构尺寸的缺陷

2. 预制构件成品的尺寸允许偏差与检验方法应满足表 4.3.3 的要求。

表 4.3.3 预制构件成品的尺寸允许偏差标准及检验方法

项　目	允许偏差	检验方法	项　目
长度	楼板	±5	钢尺检查
	墙板	±5	
	梁	±5	
	楼梯	±5	
	阳台	±5	
宽度	板、墙板	±6	钢尺量一端及中部，取其中较大值
	梁	±5	
	阳台	±5	
	楼梯	±6	

续 表

项　目	允许偏差	检验方法	项　目
高(厚)度	板	+2、−3	钢尺量一端及中部,取其中较大值
	墙板	0、−5	
	梁	±3	
	楼梯	±3	
侧向弯曲	板	$L/1000$ 且≤15	拉线、钢尺量最大侧向弯曲处
	墙板	$L/1500$ 且≤15	
对角线差	板	4	钢尺量两个对角线
	墙板	5	
	梁	4	
	阳台	4	
表面平整度	板、墙板	3	2m 靠尺和塞尺检查

3. 构件表面面砖允许偏差标准与检验方法应满足表 4.3.4 的要求。

表 4.3.4　构件表面面砖允许偏差标准与检验方法

项　次	项　目	允许偏差/mm	检验方法
1	立面垂直度	3	用 2m 水准尺检查
2	表面平整度	2	用 2m 靠尺和塞尺检查
3	阳角方正	2	用直角检测尺检查
4	墙裙上口平直	2	拉 5m 线,不足 5m 拉通线,用钢直尺检查
4	接缝直线度	3	
5	接缝高低差	1	用钢直尺和塞尺检查

4. 预制构件生产验收表可参照表 4.3.5。

5. 预制构件的其他要求应满足国家现行标准《混凝土结构工程施工质量验收规范》(GB 50204—2015)的有关规定。

表 4.3.5 预制构件生产验收

预制构件厂名称：

合约：×××工程项目　　　　预制构件生产验收表　　　　工程编号：×××

构件标号：__________　生产序号：__________　生产日期：__________　图纸编号：__________

模板检查　　　　检查日期　____年____月____日

检查项目	判定标准	设计值	测定值	误差	判定	再检查
长	参考(PC 质量验收标准)				合　否	
宽	参考(PC 质量验收标准)				合　否	
高	参考(PC 质量验收标准)				合　否	
对角线	参考(PC 质量验收标准)				合　否	
扭曲	参考(PC 质量验收标准)				合　否	
弯曲	参考(PC 质量验收标准)				合　否	
部品位置	参考(PC 质量验收标准)				合　否	
外观	不良事项	凹凸、破损、弯曲、生锈			合　否	

砼浇筑前检查　　　　检查日期　____年____月____日

检查项目		判定标准	判定	纠正	再检查
模板	清洁状况	清扫干净、脱模剂规范、无杂物	合　否		
	固定状况	固定牢固，无歪、斜、倾	合　否		
钢筋	主筋规格、数量	符合设计图要求	合　否		
	主筋位置	符合设计图要求	合　否		
	箍筋规格、数量	符合设计图要求	合　否		
	箍筋位置	+10mm	合　否		
	保护层厚度	+5mm	合　否		
	绑扎状况	绑扎牢固，无变形、松脱、开焊	合　否		
	局部加强钢筋	符合设计图要求	合　否		
接合类金属构件安装状态——种类、数量、位置		按图量度检查	合　否		
预先安装部件的安装状态——种类、数量、位置		按图量度检查	合　否		

浇注前质量确认

构件厂__________　总包__________　监理代表__________　业主代表__________

预制构件尺寸检查　检查日期 ____年____月____日

检查项目	判定标准	设计值	测定值	误差	判定	再检查
长	参考(PC质量验收标准)				合　否	
宽	参考(PC质量验收标准)				合　否	
高	参考(PC质量验收标准)				合　否	
弯曲	参考(PC质量验收标准)				合　否	
直角度	参考(PC质量验收标准)				合　否	
部品位置	参考(PC质量验收标准)				合　否	
主筋位置	偏心±5mm				合　否	
	出入 0～5mm				合　否	

预制构件外观检查　检查日期 ____年____月____日

检查项目	判定标准	判定	修补记录	再检查
破损	长 20mm 以下	合　否		
裂纹	宽 0.1mm 以下	合　否		
气孔泡	直径 3mm 以下	合　否		
预埋部品	种类、数量	合　否		
	污损、变形	合　否		
	位置	合　否		
有产品编号	符合设计要求	合　否		

浇注后质量确认
构件厂____________　总包____________　监理代表____________　业主代表____________

混凝土试压砖试验结果

试砖编号								符合	
试砖时间长度	小时	小时	7 天		28 天			是	否
强度									

4.4 混凝土工程施工质量标准与安全技术

4.4.1 混凝土工程施工质量标准

混凝土结构的外观质量缺陷，应由监理(建设)单位、施工单位等各方根据其对结构性能和使用功能影响的严重程度，按表 4.4.1 确定。

表 4.4.1 现浇结构外观质量缺陷

名　称	现　象	严重缺陷	一般缺陷
露筋	构件内钢筋未被混凝土包裹而外露	纵向受力钢筋有露筋	其他钢筋有少量露筋
蜂窝	混凝土表面缺少水泥浆而形成石子外露	构件主要受力部位有蜂窝	其他部位有少量蜂窝
孔洞	混凝土中孔穴深度和长度均超过保护层厚度	构件主要受力部位有孔洞	其他部位有少量孔洞
夹渣	混凝土中夹有杂物且深度超过保护层厚度	构件主要受力部位有夹渣	其他部位有少量夹渣
疏松	混凝土中局部不密实	构件主要受力部位有疏松	其他部位有少量疏松
裂缝	缝隙从混凝土表面延伸至混凝土内部	构件主要受力部位有影响结构性能或使用功能的裂缝	其他部位有少量不影响结构性能或使用功能的裂缝
连接部位缺陷	构件连接处混凝土缺陷及连接钢筋、连接铁件松动	连接部位有影响结构传力性能的缺陷	连接部位有基本不影响结构传力性能的缺陷
外形缺陷	缺棱掉角、棱角不直、翘曲不平、飞出凸肋等	清水混凝土构件内有影响使用功能或装饰效果的外形缺陷	其他混凝土构件有不影响使用功能的外形缺陷
外表缺陷	构件表面麻面、掉皮、起砂、沾污等	具有重要装饰效果的清水混凝土构件有外表缺陷	其他混凝土构件有不影响使用功能的外表缺陷

混凝土结构拆模后，应由监理(建设)单位、施工单位对外观质量和尺寸偏差进行检查，做出记录，并应及时按施工技术方案对缺陷进行处理。

混凝土结构外观质量包括主控项目和一般项目。

主控项目为现浇结构的外观质量不应有严重缺陷。对已经出现的严重缺陷，应由施工单位提出技术处理方案，并经监理(建设)单位认可后进行处理，对经处理的部位，应重新检查验收。

检查数量：全数检查。

检验方法：观察，检查技术处理方案。

一般项目包括现浇结构的外观质量不宜有一般缺陷。对已经出现的一般缺陷，应由施工单位按技术处理方案进行处理，并重新检查验收。

检查数量：全数检查。

检验方法：观察，检查技术处理方案。

尺寸偏差的主控项目为现浇结构不应有影响结构性能和使用功能的尺寸偏差。混凝土设备基础不应有影响结构性能和设备安装的尺寸偏差。

对超过尺寸允许偏差且影响结构性能和安装、使用功能的部位，应由施工单位提出技术处理方案，并经监理（建设）单位认可后进行处理，对经处理的部位，应重新检查验收。

检查数量：全数检查。

检验方法：量测，检查技术处理方案。

尺寸偏差的一般项目为现浇结构和混凝土设备基础的拆模后的尺寸偏差应符合表4.4.2和表4.4.3的规定。

检查数量：按楼层、结构缝或施工段划分检验批。在同一检验批内，对梁、柱和独立基础，应抽查构件数量的10%，且不少于3件；对墙和板，应按有代表性的自然间抽查10%，且不少于3间；对大空间结构，墙可按相邻轴线间高度5m左右划分检查面，板可按纵、横轴线划分检查面，抽查10%，且均不少于3面；对电梯井应全数检查；对设备基础应全数检查。

检验方法：量测检查。

表4.4.2　现浇结构尺寸允许偏差和检验方法

项目			允许偏差/mm	检验方法
轴线位置	基础		15	钢尺检查
	独立基础		10	
	墙、柱、梁		8	
	剪力墙		5	
垂直度	层高	≤5m	8	经纬仪或吊线、钢尺检查
		>5m	10	经纬仪或吊线、钢尺检查
	全高(H)		H/1000且≤30	经纬仪、钢尺检查
标高	层高		±10	水准仪或拉线、钢尺检查
	全高		±30	
截面尺寸			+8、−5	钢尺检查
电梯井	井筒长、宽对定位中心线		+25、0	钢尺检查
	井筒全高(H)垂直度		H/1000且≤30	经纬仪、钢尺检查
表面平整度			8	2m靠尺和塞尺检查
预埋设施中心线位置	预埋件		10	钢尺检查
	预埋螺栓		5	
	预埋管		5	
预埋洞中心线位置			15	钢尺检查

【注意事项】 检查轴线、中心线位置时，应沿纵、横两个方向量测，并取其中的较大值。

表 4.4.3 混凝土设备基础尺寸允许偏差和检验方法

<table>
<tr><th colspan="2">项 目</th><th>允许偏差/mm</th><th>检验方法</th></tr>
<tr><td colspan="2">坐标位置</td><td>20</td><td>钢尺检查</td></tr>
<tr><td colspan="2">不同平面的标高</td><td>0、−20</td><td>水准仪或拉线、钢尺检查</td></tr>
<tr><td colspan="2">平面外形尺寸</td><td>±20</td><td>钢尺检查</td></tr>
<tr><td colspan="2">凸台上平面外形尺寸</td><td>0、−20</td><td>钢尺检查</td></tr>
<tr><td colspan="2">凹穴尺寸</td><td>+20、0</td><td>钢尺检查</td></tr>
<tr><td rowspan="2">平面水平度</td><td>每米</td><td>5</td><td>水平尺、塞尺检查</td></tr>
<tr><td>全长</td><td>10</td><td>水准仪或拉线、钢尺检查</td></tr>
<tr><td rowspan="2">垂直度</td><td>每米</td><td>5</td><td rowspan="2">经纬仪或吊线、钢尺检查</td></tr>
<tr><td>全高</td><td>10</td></tr>
<tr><td rowspan="2">预埋地脚螺栓</td><td>标高(顶部)</td><td>+20、0</td><td>水准仪或拉线、钢尺检查</td></tr>
<tr><td>中心距</td><td>±2</td><td>钢尺检查</td></tr>
<tr><td rowspan="3">预埋地脚螺栓孔</td><td>中心线位置</td><td>10</td><td>钢尺检查</td></tr>
<tr><td>深度</td><td>+20、0</td><td>钢尺检查</td></tr>
<tr><td>孔垂直度</td><td>10</td><td>吊线、钢尺检查</td></tr>
<tr><td rowspan="4">预埋活动地脚螺栓锚板</td><td>标高</td><td>+20、0</td><td>水准仪或拉线、钢尺检查</td></tr>
<tr><td>中心线位置</td><td>5</td><td>钢尺检查</td></tr>
<tr><td>带槽锚板平整度</td><td>5</td><td>钢尺、塞尺检查</td></tr>
<tr><td>带螺纹孔锚板平整度</td><td>2</td><td>钢尺、塞尺检查</td></tr>
</table>

【注意事项】 检查坐标、中心线位置时，应沿纵、横两个方向量测，并取其中的较大值。

4.4.2 混凝土结构工程施工安全技术

在施工过程中，针对工程的特点、施工现场的环境、施工方法、劳动组织、作业方法、使用的机械、动力设备、变配电设施、架设工具以及各项安全防护设施等制订安全施工措施。

1. 一般规定

(1) 高空或地下作业时，施工前应做好下列准备工作。

①脚手架、工作平台和马道应绑扎牢固。若有探头板，应及时绑好搭牢。脚手架上的钉子、障碍物应清除干净。

②井子架的缆风绳必须固定牢靠，滑轮应经常加油，起重索具应检查合格。井子架上端附设的上料平台必须搭设牢固，并应加设护身栏杆。在雷雨季节施工时，还应设置避雷装置。

③卷扬机应安装牢固，接地必须安全可靠，绝缘接地装置应良好，并应经试运转证明一切正常。卷扬机操作处与井子架间应保持适当的距离。必须使卷扬机操作人员看清井

子架的全貌，并应有良好的视角。卷扬机操作处应搭设防护棚。卷扬机操作人员必须熟悉卷扬机的技能及操作要点，并应固定专人负责操作。女机械工应戴工作帽，长发不得外露。

④浇灌地下工程的混凝土之前，检查槽帮的土坡，均应符合坡度规定并无裂缝、坍塌现象。若发现问题，应提前妥善处理。

⑤用井架吊、塔式起重机、轻塔式起重机等机械垂直运输时，应经常检查运转情况，保持正常，若有故障应及早排除。雷雨季节施工，必须设置避雷设施。

⑥高空作业或较深的地下作业，必须设有供操作人员上下的走道。

(2) 从事上下交叉作业的人员必须戴安全帽。在坡屋面上、危险处进行工作或高空作业时，操作人员必须系安全带。

(3) 夜间施工应有足够的照明设施。临时电线必须架空，其高度在 2.5m 以上，电线不得有破皮漏电之处，并严禁电线接触钢筋。在深坑和潮湿地点施工必须使用低压安全照明。若施工范围较大，必须用低压安全行灯。

(4) 所有配电盘都必须装有总控制闸刀开关和熔丝。各台机器的电路必须有专用的闸刀开关，不得合用。严禁把电路直接接在电源上，严禁使用不合格的熔丝。所有电气设备的修理拆换工作均应由电工进行，检修电气设备时必须切断电源。

2. 混凝土搅拌与运输

(1) 搅拌与浇灌地点及运输道路应清理干净。运输工具应坚实牢固，轴承应经常加油。

(2) 混凝土搅拌站后台的装置以及龙门吊等，应安设牢固，搅拌前应经试运转证明工作正常。

(3) 搅拌站上搬运水泥的人员，应戴口罩和手套，有风时应戴防风眼镜。

(4) 临时跳板和马道应搭设牢固。运输马道的宽度，单行道应比手推车的宽度大 400mm 以上，双行道应比两辆手推车宽度大 700mm 以上。

(5) 用手推车运料应依序行走，不得拥挤、抢先。向搅拌机或料斗内倒料时，不得用力过猛。

(6) 用手推车运输混凝土时，在下坡道、天桥上或跨越坑槽的马道上，必须稳重、慢速，防止碰撞伤人和翻车。空车返回时，不得将车拖在身后奔跑，以防滑倒和翻车。用翻斗车运输时，应由专业驾驶人员开车。

(7) 自卸汽车卸混凝土或砂、石时，应在现场有关人员指定的地点卸料，开倒车时和起落自卸斗时应有专人指挥。

课程设计三：模板及支撑设计

1. 课题目的

掌握模板选用和布置方法，掌握模板支撑体系的计算，熟悉模板及支撑的施工工艺和质量控制要求以及安全措施。

2. 课题依据

(1)本任务书要求；

（2）主要规范规程

《建筑工程施工质量验收统一标准》(GB 50300—2013)

《工程建设标准强制性条文及应用示例(房屋建筑部分——电气专业)》(04D×002)

《混凝土结构工程施工质量验收规范》(GB 50204—2015)

《建筑施工安全检查标准》(JGJ 59—2011)

《建筑施工扣件式钢管脚手架安全技术规范》(JGJ 130—2011)

《建筑施工高处作业安全技术规范》(JGJ 80—1991)

《建筑施工计算手册》(江正荣编著)

《建筑结构荷载规范》(GB 50009—2012)

《钢管脚手架、模板支架安全选用规程》(DB11/T 583—2008)

3. 课题任务

完成以下工程模板工程施工专项设计：

南方某一超高层大厦，占地面积 12020m^2，建筑总面积 120100m^2，是一座 6 层裙房和 52 层主体结构相结合的智能型综合商办大厦。工程的主体结构是带有钢筋混凝土剪力墙核心筒的钢框架结构，核心筒高 193m，平面为 28m×13.5m，其混凝土板墙厚度随建筑高度的增高而变化，1～9 层墙厚为 1.25m，10～25 层墙厚为 1.00m，26～29 层墙厚为 0.70m，30～50 层墙厚为 0.50m。

4. 课题设计内容

（1）模板体系选择及依据；

（2）模板体系平面布置图及说明；

（3）模板设计计算；

（4）模板构造要求；

（5）模板拆除方案；

（6）模板工程验收要求；

（7）安全保障措施。

5. 工作要求

（1）独立完成，不得抄袭；

（2）课程设计以纸质文档形式提交，文字部分手写，图纸可以手绘也可以打印；

（3）课题设计时间安排：课内辅导为 4 课时，未足部分课外完成。

本章小结

本章的主要内容囊括了工程中常用的各种先进模板的种类及其构造特点、大体积混凝土、预制混凝土构件的施工工艺等；对各类先进模板的组成、模板安装的施工工艺、质量验收要求和安全管理等内容进行了描述。学习本章之后，应该能够对模板进行选用和布置。在学习本章内容的同时，要求读者对照相关现行规范，细读相关强制性条文，作为本章学习的一个补充。

思考题

1. 简述附着升降式脚手架的特点及种类。
2. 简述组合钢模板的组成及施工设计时应考虑的内容。
3. 简述滑模、大模板、爬模的组成及施工工艺(流程)。
4. 试述常用的工具式楼盖模板的种类。
5. 模板设计中,应考虑哪些荷载,荷载如何进行组合?有哪些计算规定?
6. 简述预制构件的模板形式和特点。
7. 简述预制构件的拆模方法。

习题

1. 现浇混凝土梁其跨度为7m时,拆模强度须达到设计强度标准值的(　　)。
   A. 50%　　B. 75%　　C. 85%　　D. 100%
2. 现浇混凝土板,其跨度为2m时,拆模强度需达到设计强度标准值的(　　)。
   A. 50%　　B. 75%　　C. 85%　　D. 100%
3. 下列模板在拆模过程中一般最先拆除的是(　　)。
   A. 楼板底模板　　B. 柱模板
   C. 梁侧模　　D. 梁底模
4. 框架结构模板的拆除顺序一般是(　　)。
   A. 楼板模板→梁侧板→梁底板→柱模板
   B. 柱模板→楼板模板→梁侧板→梁底板
   C. 柱模板→梁底板→梁侧板→楼板模板
   D. 梁侧板→梁底板→楼板模板→柱模板
5. 某6m跨大梁采用C20混凝土,底模的拆除应在构件达到(　　)强度。
   A. 10MPa　　B. 12.5MPa
   C. 15MPa　　D. 20MPa
6. 现浇混凝土悬臂构件跨度小于2m,拆模强度须达到设计强度标准值的(　　)。
   A. 50%　　B. 75%　　C. 85%　　D. 100%
7. 在下列设备中不属于爬升模板的是(　　)。
   A. 爬升支架　　B. 爬升设备
   C. 大模板　　D. 提升架
8. 施工规范规定,梁跨度大于或者等于(　　)时,底模板应起拱。
   A. 2m　　B. 4m　　C. 6m　　D. 8m
9. 滑模装置拆除前结构混凝土强度的要求应经结构验算确定,且不低于(　　)。
   A. 1MPa　　B. 5MPa　　C. 10MPa　　D. 15MPa
10. 当构件跨度小于4m时,在混凝土强度符合设计标准值的(　　)后,底模方可拆除。
    A. 25%　　B. 50%　　C. 75%　　D. 100%

11. 大体积混凝土，除应满足混凝土强度要求外还应考虑保温措施，拆模后要保证混凝土内外温度差不超过(　　)。

A. 10℃　　B. 20℃　　C. 25℃　　D. 30℃

12. 下列关于后张预应力混凝土结构或构件的模板的拆除表述正确的是(　　)。

A. 侧模应在预应力张拉后拆除

B. 进行预应力张拉宜在混凝土强度达到设计规定值

C. 底模必须在预应力张拉完毕方能拆除

D. 底模在预应力张拉过程中就能拆除

13. 混凝土墙模板工程中，小块模板就地散支散拆，(　　)逐层用龙骨固定牢固。

A. 必须由下而上　　B. 必须从右向左

C. 必须由上而下　　D. 必须从左向右

14. 各类模板应按规格分类堆放，地面应平整坚实，当无专项措施时，叠放高度不应超过(　　)。

A. 1.2m　　B. 1.4m　　C. 1.6m　　D. 1.8m

15. 下列关于模板拆除说法正确的是(　　)。

A. 已经活动的模板，可以分次拆出

B. 已经活动的模板必须一次连续拆完，中途不可停歇

C. 基坑内拆模，要注意基坑边坡的稳定，不得在离坑上口 1.5m 以内堆放

D. 楼板小钢模的拆除，应设置供拆模人员站立的平台或架子，不必将洞口临边进行封闭

第5章　预应力混凝土

预应力混凝土构件可延缓混凝土构件的开裂，提高构件的抗裂度、抗剪能力、稳定性和刚度，并取得节约钢筋、减轻自重的效果，克服了钢筋混凝土的主要缺点。预应力混凝土也存在缺点：构造、施工和计算均较钢筋混凝土构件复杂，且延性也差些。

下列结构物宜优先采用预应力混凝土：

（1）要求裂缝控制等级较高的结构；

（2）大跨度或受力很大的构件；

（3）对构件的刚度和变形控制要求较高的结构构件，如工业厂房中的吊车梁、码头和桥梁中的大跨度梁式构件等。

1. 掌握预应力混凝土的原理；
2. 掌握无黏结预应力混凝土的施工工艺；
3. 了解预应力混凝土施工质量检验与安全措施。

学习要求

知识要点	能力要求
预应力混凝土的原理	掌握预应力损失的原理
	掌握防止预应力损失的措施
无黏结预应力混凝土	了解无黏结预应力混凝土的定义及适用范围
	掌握无黏结预应力筋的制作、铺设、张拉与锚固
	掌握无黏结预应力混凝土的锚头端部处理
质量检验与安全措施	了解预应力混凝土施工质量检验
	了解预应力混凝土施工安全措施

【知识回顾】 19世纪末开始出现预应力混凝土，到20世纪人们认识到预应力混凝土与钢筋混凝土并不是截然不同的两种结构材料，而是同属于一个统一的加筋混凝土系列，直至21世纪，预应力混凝土广泛应用于实际工程当中。

在中职学习过程中，我们了解了预应力混凝土与钢筋混凝土结构的不同，其区别是预应力混凝土结构是在结构构件受外力荷载作用前，先人为地对它施加压力，由此产生预应力状态，用以减小或抵消外荷载所引起的拉应力，即借助于混凝土较高的抗压强度来弥补其抗拉强度的不足，达到推迟受拉区混凝土开裂的目的。在此基础上，我们了解了根据施加预应力的方法分为先张法预应力混凝土和后张法预应力混凝土，并对这两种预应力混凝土展开了学习。针对先张法预应力混凝土，首先我们学习先张法施工设施，其中台座的种类：墩式台座、槽式台座。夹具（钢丝用锚固夹具和钢筋用锚固夹具）以及张拉设备（如穿心式千斤顶和电动螺杆张拉机）的分类和使用方法。其次，学习如何养护混凝土，工程常采取“二次升温养护”。最后，学习如何张拉预应力筋，其张拉控制应力要满足规范要求，尽量避免出现断丝等问题，还需注意张拉程序及方法：针对不同钢筋采用多次张拉程序，针对不同的受力特点及构件采用不同的放张顺序。针对后张法预应力混凝土，首先我们学会区分先张法预应力混凝土和后张法预应力混凝土的施工工艺不同之处，根据施工工艺的不同，采用了不同的锚具（夹片式锚具、镦头锚具、精轧螺纹钢锚具、挤压式锚具和螺丝端杆锚具等）以及张拉设备（如穿心式千斤顶和拉杆式千斤顶）。其次，学习了预应力筋的制作，学会计算钢筋的下料长度。最后，学习其施工工艺：①孔道埋设方法（钢管抽芯法、胶管抽芯法、埋管法）及注意事项，防止出现波纹管等事故；②预应力筋的张拉方法（一端张拉和两端张拉）及顺序（宜分批、分阶段对称张拉）；③孔道灌浆：灌浆顺序应先下后上，灌浆工作应缓慢均匀进行，不得中断，以防锈蚀及增加结构的抗裂性和耐久性。

本章节将进一步拓展、深入学习预应力混凝土，主要是学习预应力的原理、无黏结预应力混凝土的施工工艺和预应力混凝土施工质量检验与安全措施。

5.1 预应力原理

在中职学习过程中，我们已经知道预应力如何张拉控制，接下来我们将学习如何控制预应力在施工及使用过程中满足设计要求。

【基本概念】 在张拉预应力筋对构件施加预应力时，张拉设备（千斤顶油压表）所控制的总张拉力 $N_{p,\mathrm{con}}$ 除以预应力筋面积 A_p 得到的应力称为张拉控制应力 σ_{con}：

$$\sigma_{\mathrm{con}} = N_{p,\mathrm{con}}/A_p \tag{5.1.1}$$

张拉控制应力是预应力筋在构件受荷以前所经受的最大应力。在预应力混凝土构件施工及使用过程中，预应力钢筋的张拉应力值是不断降低的，称为预应力损失。

由于最终稳定后的应力值才对构件产生实际的预应力效果，过高或过低估计预应力损失，都会对结构的使用性能产生不利影响。因此，预应力损失是预应力混凝土结构设计和施工中的一个关键的问题。引起预应力损失的原因很多，产生的时间也先后不一。一般认为预应力混凝土构件的总预应力损失值，可采用各种因素产生的预应力损失值进行叠加的办法求得。下面将讲述六项预应力损失，包括产生的原因、损失值的计算方法以及减少预应力损失值的措施。

5.1.1 各种预应力损失值

1. 锚固损失 σ_{l1}

锚固损失是指预应力直线钢筋由于锚具变形和钢筋内缩引起的预应力损失。当预应力

直线钢筋张拉到 σ_{con} 后，锚固在台座或构件上时，由于锚具、垫板与构件之间的缝隙被挤紧，以及由于钢筋和楔块在锚具内的滑移，使得被拉紧的钢筋内缩 a 从而引起的预应力损失值 σ_{l1}(N/mm^2)，按下式计算：

$$\sigma_{l1} = \frac{a}{l}E_s \tag{5.1.2}$$

式中：a——张拉端锚具变形和钢筋内缩值，mm，按表 5.1.1 取用；

l——张拉端至锚固端之间的距离，mm；

E_s——预应力钢筋的弹性模量，N/mm^2。

而对于曲线预应力筋应力损失，应根据反向摩擦影响长度范围内的预应力筋变形值等于锚具变形和预应力筋内缩值的条件确定。

表 5.1.1　锚具变形和预应力筋内缩值 a

锚具类别		a/mm
支承式锚具(钢丝束镦头锚具等)	螺帽缝隙	1
	每块后加垫板的缝隙	1
锥塞式锚具(钢丝束钢质锥形锚具等)		5
夹片锚具	有顶压时	5
	无顶压时	6～8

注：①表中的锚具变形和钢筋内缩值也可根据实测数值确定；

②其他类型的锚具变形和钢筋内缩值应根据实测数据确定

锚具损失只考虑张拉端，至于锚固端因在张拉过程中已被挤紧，故不考虑其所引起的应力损失。

对于块体拼成的结构，其预应力损失尚应考虑块体间填缝的预压变形。当采用混凝土或砂浆填缝材料时，每条填缝的预压变形值应取 1mm。

2. 摩擦损失 σ_{l2}

摩擦损失是指预应力钢筋与孔道壁之间的摩擦引起的预应力损失，以 σ_{l2} 表示。采用后张法张拉直线预应力钢筋时，由于预应力钢筋的表面形状、孔道成型质量情况、预应力钢筋的焊接外形质量情况、预应力钢筋与孔道接触程度(孔道的尺寸、预应力钢筋与孔道壁之间的间隙大小、预应力钢筋在孔道中的偏心距数值)等不同的原因，使钢筋在张拉过程中与孔壁接触而产生摩擦阻力。这种摩擦阻力距离预应力张拉端越远，影响越大，使构件各截面上的实际预应力有所减少，如图 5.1.1 所示。

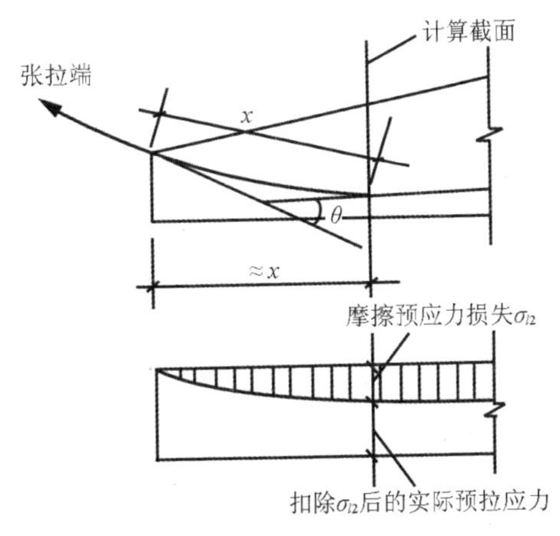

图 5.1.1　摩擦引起的预应力损失

σ_{l2} 可按下述方法计算。

摩擦阻力由下述两个原因引起，先分别计算，然后相加计算：

(1) 张拉曲线钢筋时,由预应力钢筋和孔道壁之间的法向正压力引起的摩擦阻力,如图 5.1.2(b)所示。

设 dx 段上两端的拉力分别为 N 和 $N-\mathrm{d}N'$,dx 两端的预拉力对孔壁产生的法向正压力为

$$F = N\sin\frac{1}{2}\mathrm{d}\theta + (N-\mathrm{d}N')\sin\frac{1}{2}\mathrm{d}\theta$$
$$= 2N\sin\frac{1}{2}\mathrm{d}\theta - \mathrm{d}N'\sin\frac{1}{2}\mathrm{d}\theta$$

令 $\sin\frac{1}{2}\mathrm{d}\theta \approx \frac{1}{2}\mathrm{d}\theta$,忽略数值较小的 $\mathrm{d}N'\sin\frac{1}{2}\mathrm{d}\theta$,则得

$$F \approx 2N\frac{1}{2}\mathrm{d}\theta = N\mathrm{d}\theta$$

设钢筋与孔道间的摩擦系数为 μ,则 dx 段所产生的摩擦阻力 $\mathrm{d}N_1$ 为

$$\mathrm{d}N_1 = -\mu N\mathrm{d}\theta$$

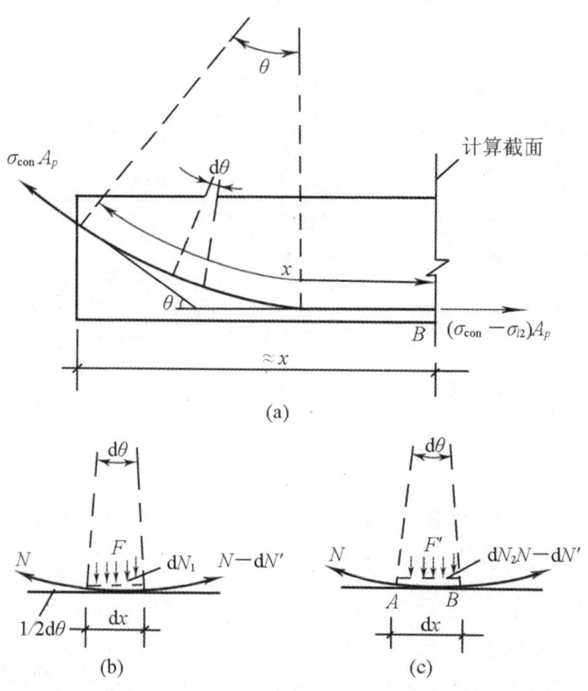

图 5.1.2 预留孔道中张拉钢筋与孔道壁的摩擦力

(2) 预留孔道因施工中某些原因发生凹凸,偏离设计位置,张拉钢筋时,预应力钢筋和孔道壁之间将产生法向正压力而引起摩擦阻力,如图 5.1.2(c)所示。

令孔道位置与设计位置不符的程度以偏离系数平均值 κ' 表示,κ' 为单位长度上的偏离值(以弧度计)。设 B 端偏离 A 端的角度为 $\kappa'\mathrm{d}x$,dx 段中钢筋对孔壁所产生的法向正压力为

$$F' = N\sin\frac{1}{2}\kappa'\mathrm{d}x + (N-\mathrm{d}N')\sin\frac{1}{2}\kappa'\mathrm{d}x \approx N\kappa'\mathrm{d}x$$

同理,dx 段所产生的摩擦阻力 $\mathrm{d}N_2$ 为

$$\mathrm{d}N_2 = -\mu N\kappa'\mathrm{d}x$$

将以上两个摩擦阻力 dN_1、dN_2 相加，并从张拉端到计算截面点 B 积分，得

$$dN = dN_1 + dN_2 = -[\mu N d\theta + \mu N \kappa' dx]$$

$$\int_{N_0}^{N_B} \frac{dN}{N} = -\mu \int_0^{\theta} d\theta - \mu\kappa' \int_0^{x} dx$$

式中 μ、κ' 都为实验值，用考虑每米长度局部偏差对摩擦影响系数 κ 代替 $\mu\kappa'$，则得

$$\ln \frac{N_B}{N_0} = -(\kappa x + \mu\theta)$$

$$N_B = N_0 e^{-(\kappa x + \mu\theta)}$$

式中：N_0——张拉端的张拉力；

N_B——B 点的张拉力。

设张拉端到 B 点的张拉力损失为 N_{l2}，则

$$N_{l2} = N_0 - N_B = N_0[1 - e^{-(\kappa x + \mu\theta)}]$$

除以预应力钢筋截面面积，即得

$$\sigma_{l2} = \sigma_{con}[1 - e^{-(\kappa x + \mu\theta)}] = \sigma_{con}\left(1 - \frac{1}{e^{\kappa x + \mu\theta}}\right) \tag{5.1.3}$$

式中：κ——考虑孔道每米长度局部偏差的摩擦系数，按表 5.1.2 取用；

x——张拉端至计算截面的孔道长度，m；亦可近似取该段孔道在轴上的投影长度(见图 5.1.2)；

μ——预应力钢筋与孔道壁之间的摩擦系数，按表 5.1.2 取用；

θ——从张拉端至计算截面曲线孔道部分切线的夹角，以弧度计。

表 5.1.2 摩擦系数 κ 及 μ 值

孔道成型方式	κ	μ
		钢丝束、钢绞线
预埋金属波纹管	0.0015	0.25
预埋钢管	0.001	0.30
橡胶管或钢管轴芯成型	0.0015	0.55
无黏结预应力钢绞线	0.0040	0.09

注：①当有可靠的试验数据资料时，表列摩擦系数值可根据实测数据确定；

②当采用钢丝束的钢质锥形锚具及类似形式锚具时，尚应考虑锚环口处的附加摩擦损失，其值可根据实测数据确定。

③无黏结预应力钢绞线的数据适用于由公称直径 12.7mm 或 15.2mm 钢绞线制成的无黏结预应力钢筋

3. 热养护损失 σ_{l3}

热养护损失是混凝土加热养护时受张拉的预应力钢筋与承受拉力的设备之间温差引起的预应力损失。为了缩短先张法构件的生产周期，浇灌混凝土后常采用蒸汽养护的办法加速混凝土的凝结硬化。升温时，新浇混凝土尚未结硬，钢筋受热自由膨胀，但张拉预应力筋的台座是固定不动的，亦即钢筋长度不变，因此预应力筋中的应力随温度的增高而降低，产生了预应力损失。降温时，混凝土达到了一定的强度，与预应力筋之间已具有黏结作用，两者共同回缩，产生预应力损失且无法恢复。

设混凝土加热养护时，受张拉的预应力钢筋与承受拉力的设备（台座）之间的温差为 Δt（℃），钢筋的线膨胀系数为 $\alpha=0.00001/℃$，则 σ_{l3} 可按下式计算：

$$\begin{aligned}\sigma_{l3} &= \varepsilon_s E_s = \frac{\Delta l}{l}E_s = \frac{\alpha l \Delta t}{l}E_s = \alpha E_s \Delta t \\ &= 0.00001 \times 2.0 \times 10^5 \times \Delta t = 2\Delta t(\text{N/mm}^2)\end{aligned} \tag{5.1.4}$$

4. 松弛损失 σ_{l4}

钢筋在高应力作用下其塑性变形具有随时间的增加而增长的性质，在钢筋长度保持不变的条件下，钢筋的应力会随时间的增加而逐渐降低，这种现象称为钢筋的应力松弛。另一方面，在钢筋应力保持不变的条件下，其应变会随时间的增加而逐渐增大，这种现象称为钢筋的徐变。钢筋的松弛和徐变均将引起预应力的钢筋中的应力损失，这种损失统称为钢筋应力松弛损失 σ_{l4}。

根据试验结果，《混凝土结构设计规范》进行如下规定。

(1) 对预应力钢丝、钢绞线规定

①普通松弛

$$\sigma_{l4} = 0.4\left(\frac{\sigma_{\text{con}}}{f_{ptk}} - 0.5\right)\sigma_{\text{con}} \tag{5.1.5}$$

②低松弛

当 $\sigma_{\text{con}} \leqslant 0.7 f_{ptk}$ 时，$\sigma_{l4} = 0.125\left(\frac{\sigma_{\text{con}}}{f_{pk}} - 0.5\right)\sigma_{\text{con}}$ (5.1.6)

当 $0.7 f_{ptk} < \sigma_{\text{con}} \leqslant 0.8 f_{ptk}$ 时，$\sigma_{l4} = 0.2\left(\frac{\sigma_{\text{con}}}{f_{pk}} - 0.575\right)\sigma_{\text{con}}$ (5.1.7)

(2) 对于中等强度预应力钢丝

$$\sigma_{l4} = 0.08\sigma_{\text{con}} \tag{5.1.8}$$

(3) 对于预应力螺纹钢筋

$$\sigma_{l4} = 0.03\sigma_{\text{con}} \tag{5.1.9}$$

当取用上述超张拉的应力松弛损失值时，张拉程序应符合现行国家标准《混凝土结构工程施工及验收规范》(GBJ 50010—2010)的要求。

对于预应力钢丝、钢绞线，当 $\sigma_{\text{con}}/f_{ptk} \leqslant 0.5$ 时，预应力钢筋的应力松弛损失值应取等于零。

【知识拓展】 预应力筋应力松弛与下列因素有关：

(1) 应力松弛与时间有关，开始阶段发展较快，第一小时松弛损失可达全部松弛损失的50%左右，24h 后达 80%左右，以后发展缓慢。

(2) 应力松弛损失与钢材品种有关。热处理钢筋的应力松弛值比钢丝、钢绞线的小。

(3) 张拉控制应力值高，应力松弛大，反之，则小。

5. 混凝土的收缩和徐变引起的损失 σ_{l5}

混凝土在一般温度条件下结硬时会发生体积收缩，而在预应力作用下，沿压力方向混凝土发生徐变。混凝土的收缩和徐变，都会导致预应力混凝土构件长度的缩短，预应力筋随之回缩，引起预应力损失。由于收缩和徐变是同时随时间产生的，且影响二者的因素相同时变化规律相似，规范将二者合并考虑。

混凝土收缩、徐变引起纵向预应力钢筋的预应力损失 σ_{l5} 可按下列公式进行计算：

先张法构件

$$\sigma_{l5}=\frac{60+340\frac{\sigma_{pc}}{f'_{cu}}}{1+15\rho} \tag{5.1.10}$$

后张法构件

$$\sigma_{l5}=\frac{55+300\frac{\sigma_{pc}}{f'_{cu}}}{1+15\rho} \tag{5.1.11}$$

式中：σ_{pc}—— 预应力钢筋在合力点处混凝土法向压应力；

f'_{cu}—— 施加预应力时的混凝土立方体抗压强度；

ρ—— 预应力钢筋和非预应力钢筋的配筋率。

对先张法构件

$$\rho=\frac{A_p+A_s}{A_0} \tag{5.1.12}$$

对后张法构件

$$\rho=\frac{A_p+A_s}{A_n} \tag{5.1.13}$$

式中：A_0—— 混凝土换算截面面积；

A_n—— 混凝土净截面面积。

6. 环形预应力筋局部挤压引起的损失 σ_{l6}

环形预应力筋局部挤压引起的损失是指采用螺旋式预应力钢筋作配筋的环形构件，由于预应力钢筋对混凝土的挤压，使环形构件的直径有所减小，预应力钢筋中的拉应力就会降低，从而引起预应力钢筋的应力损失 σ_{l6}。

σ_{l6} 的大小与环形构件的直径 d 成反比。直径越小，损失越大，故《混凝土结构设计规范》规定：

当 $d \leqslant 3\text{m}$ 时，$\sigma_{l6}=30\text{N/mm}^2$；

当 $d > 3\text{m}$ 时，$\sigma_{l6}=0$。

5.1.2 预应力损失值的组合

上述的六项预应力损失，它们有的只发生在先张法构件中，有的只发生在后张法构件中，有的两种构件均有，而且是分批产生的。为了便于分析和计算，《混凝土结构设计规范》规定，预应力构件在各阶段的预应力损失值宜按表 5.1.3 的规定进行组合。

表 5.1.3 各阶段预应力损失值的组合

预应力损失值的组合	先张法构件	后张法构件
混凝土预压前（第一批）的损失 σ_l^{I}	$\sigma_{l1}+\sigma_{l2}+\sigma_{l3}+\sigma_{l4}$	$\sigma_{l1}+\sigma_{l2}$
混凝土预压前（第二批）的损失 σ_l^{II}	σ_{l5}	$\sigma_{l4}+\sigma_{l5}+\sigma_{l6}$

注：①先张法构件由于钢筋应力松弛引起的损失值 σ_{l4} 在第一批和第二批损失中所占的比例，如需区分，可根据实际情况确定；

②先张法构件当采用折线形预应力钢筋时，由于转向装置处的摩擦，故在混凝土预压前（第一批）的损失计入 σ_{l2}，其值按实际情况确定

考虑到预应力损失计算的误差，在总损失计算值过小时，产生不利影响，规范规定当总损失值 $\sigma_l=\sigma_l^{\mathrm{I}}+\sigma_l^{\mathrm{II}}$ 小于下列数值时，按下列数值取用。

先张法构件：100N/mm²；

后张法构件：80N/mm²。

5.1.3 减少预应力损失的措施

1. 减少锚固损失的措施

(1) 选择锚具变形小或使预应力钢筋内缩小的锚具、夹具，并尽量少用垫板，因每增加一块垫板，a 值就增加 1mm，导致预应力损失越大。

(2) 增加台座长度。因 σ_{l1} 值与台座长度成反比，采用先张法生产的构件，当台座长度在 50m 以上时，σ_{l1} 可忽略不计。墩式长线台座如图 5.1.3 所示。

图 5.1.3 墩式长线台座

2. 减少摩擦损失的措施

(1) 对于较长的构件可在两端进行张拉，则计算中孔道长度可按构件的一半长度计算。比较图 5.1.4(a)及图 5.1.4(b)，两端张拉可减少摩擦损失是显而易见的。但这个措施将引起 σ_{l1} 的增加，应用时需加以注意。

(2) 采用超张拉，如图 5.1.4(c)所示，张拉程序为

$$1.1\sigma_{con}\xrightarrow{\text{停 2min}}0.85\sigma_{con}\xrightarrow{\text{停 2min}}\sigma_{con}$$

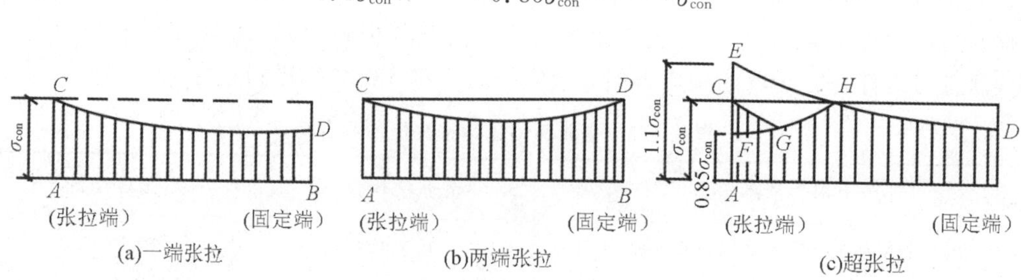

图 5.1.4 不同张拉工艺引起的预应力损失

3. 减少热养护损失的措施

(1) 用两次升温养护。先在常温下养护，待混凝土强度达到一定强度等级，例如 C7.5～C10 时，再逐渐升温到规定的养护温度，这时可认为钢筋与混凝土已结成整体，能够一起胀

缩而不引起应力损失。如图 5.1.5 所示。

(a) 篷布遮盖　(b) 温度计　(c) 蒸汽锅炉

图 5.1.5　蒸汽养护

(2) 钢模上张拉预应力钢筋。由于预应力钢筋是锚固在钢模上的，升温时两者温度相同，可以不考虑此项损失。

4. 减少钢筋松弛损失的措施

进行超张拉，先控制张拉应力达 $1.05\sigma_{con}$～$1.1\sigma_{con}$，持荷 2～5min，然后卸荷再施加张拉应力至 σ_{con}，这样可以减少松弛引起的预应力损失。因为在高应力短时间所产生的松弛损失可达到在低应力下需经过较长时间才能完成的松弛数值，所以，经过超张拉部分松弛损失也已完成。钢筋松弛与初应力有关，当初应力小于 $0.7f_{ptk}$ 时，松弛与初应力呈线性关系，初应力高于 $0.7f_{ptk}$ 时，松弛显著增大。

5. 减少收缩徐变损失的措施

(1) 采用高标号水泥，减少水泥用量，降低水灰比，采用干硬性混凝土；

(2) 采用级配较好的骨料，加强振捣，提高混凝土的密实性；

(3) 加强养护，以减少混凝土的收缩。

在中职阶段，我们已经学习了有黏结预应力混凝土(即先张法预应力混凝土及后张灌浆的预应力混凝土)，本章节中我们将学习无黏结预应力混凝土，在此不另外介绍有黏结预应力混凝土。

5.2　无黏结预应力混凝土

无黏结预应力混凝土是指预应力钢筋与其相邻的混凝土没有任何黏结力，预应力筋张拉力完全靠构件两端的锚具传递给构件，即在荷载作用下，预应力钢筋与相邻的混凝土各自变形。对于现浇平板、密肋板和一些扁梁框架结构，后张法有黏结工艺中孔道的成型和灌浆工序较麻烦且质量难于控制，因而常采用无黏结预应力混凝土结构。

与有黏结预应力混凝土相比(见表 5.2.1)，无须留孔与灌浆，施工程序简单，加快了施工速度；张拉摩擦力小，预应力筋受力均匀，可做成多跨曲线型，但构件整体性略差，锚固要求高。适用于大跨度的单、双向连续多跨曲线配筋梁板结构和屋盖。

表 5.2.1 有黏结预应力混凝土与无黏结预应力混凝土的比较

比较项目	有黏结预应力混凝土	无黏结预应力混凝土
钢筋与混凝土之间黏结力	存在	无
纵向相对滑动状态	不发生	发生
做法	先张拉预应力筋再浇筑混凝土或者在孔道内灌浆使钢筋与混凝土接触	将预应力束的外表面涂以沥青、油脂或其他润滑防锈材料

【历史沿革】 由于无黏结预应力结构性能良好，施工方便，经济合理，所以近 20 多年来，已为许多国家采用。根据美国方面统计，现已有 1 亿 m^2 以上的房屋建筑采用了无黏结预应力混凝土。近十年在我国发展较快，目前北京、大连、南京、福州和天津等地均有专业工厂生产和供应无黏结预应力筋。在我国已建成许多无黏结筋的大开间、大柱网和大跨度的现代建筑，在许多类型的工业与民用建筑中也已应用无黏结预应力混凝土结构，已经采用无黏结预应力的楼房达 200 万 m^2。在桥梁方面据不完全统计，目前我国已经建成和在建的无黏结预应力混凝土桥梁达 30 多座。

宁波市某新城商务区建设设计了约 40m 宽的人工河道，河道下底板(车库顶盖)上的框架梁有诸多特殊条件，由于使用荷载为水体静水压力，板面必须严格要求不裂，为一级抗裂等级的结构；河道水深 3m，水道底板的静水压力达 30kN/m^2，为重载作用下的结构；又因河道下方为地下车库，车库的柱网不大：8.2m×8.2m。若采用非预应力结构，其配筋量甚大，很不经济，且难以确保底板主体结构的防渗、防裂。故虽不是大跨度结构但仍宜采用预应力混凝土。如若采用有黏结预应力混凝土，由于柱网不大，而框架梁的截面高度大，导致预应力索的曲率甚大，致使仅摩擦损失一项，就高达 $50\%\sigma_{con}$ 以上，总损失值可达 $(55\%\sim60\%)\sigma_{con}$。唯有采用无黏结预应力混凝土，才会是经济合理的：预应力总损失值可降到 30%～35%。

5.2.1 无黏结预应力筋制作

无黏结预应力束的生产线一般是将预应力束的外表面涂以沥青、油脂或其他润滑防锈材料，以减小摩擦力并防止锈蚀，然后用纸带或塑料带包裹或套以塑料管，以防止在施工过程中碰坏涂料层，并使预应力束与混凝土相隔离，将预应力束按设计的部位放入构件模板中浇捣混凝土，待混凝土达到规定强度后即可进行张拉。无黏结预应力束生产线如图 5.2.1 所示。

图 5.2.1 无黏结预应力束生产线

无黏结预应力束制作通常采用缠纸工艺、挤压涂层工艺两种方法。缠纸工艺是在缠纸机上连续作业，完成编束、涂油、镦头、缠塑料布和切断等工序。挤压涂塑工艺主要是钢丝通过涂油装置涂油，涂油后的钢丝束通过塑料挤压机成型塑料薄膜，再经冷却筒槽成型塑料套管。这种工艺效率高，质量好，设备性能稳定。后者涂包质量好，生产效率高，适用于大规模生产。

无黏结预应力束一般由预应力钢丝、防腐涂料和涂层及锚具组成。

1. 预应力钢丝

钢丝不得有死弯，有死弯时必须切断，每根钢丝必须通长，严禁有接点。无黏结预应力束的钢材，一般选用 7ϕS5 的强钢丝组成，钢丝束也可选用 7ϕS4 或 7ϕS5 钢绞线，如图 5.2.2 所示。

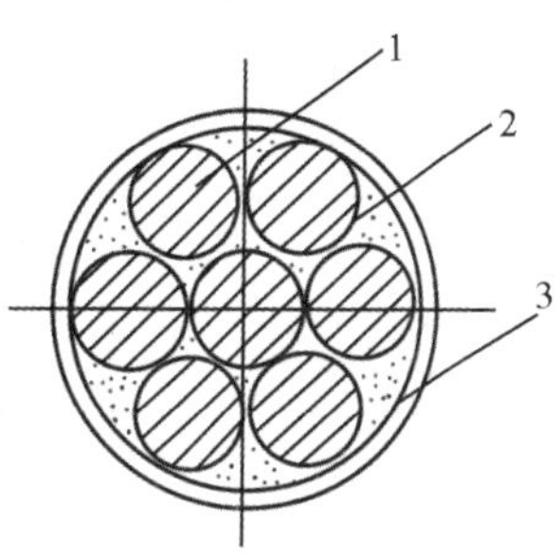

1 -钢绞线或钢丝束；
2 -油脂；3 -塑料护套

图 5.2.2 无黏结预应力束

无黏结筋的下料长度应按设计和施工工艺计算确定，与有黏结预应力筋计算方法基本相同。下料时应用砂轮锯或切断机切断，不得采用电弧切割。

2. 表面涂料及护套材料

涂料是为了将预应力筋与混凝土隔开，减少张拉时的摩擦损失，防止预应力筋腐蚀。一般选用 1 号或 2 号建筑油脂作为无黏结的表面涂层，要求表面涂层材料应满足下列要求：

（1）较好的化学稳定性，在－20℃～＋70℃温度下不开裂，不变脆，不流淌。

（2）与周围混凝土、钢材等材料等不起化学作用。

（3）不会被腐蚀，具有不透水性，不吸湿性，良好润滑性，一般选用建筑专用油脂。

无黏结预应力筋护套材料主要由塑料带或高压聚乙烯塑料管制作而成。应有足够韧性、耐磨、耐冲击性，对周围材料无侵蚀作用，在规定温度范围内，低温不脆化，高温化学性能稳定，防渗性、延伸度好。宜选用高密度聚乙烯，有可靠经验也可采用聚丙烯，但不宜采用聚氯乙烯。

3. 锚具

无黏结预应力筋的锚具不仅受力比有黏结预应力筋的锚具大，而且承受的是重复荷载，无黏结筋的锚固体系宜采用夹片式锚具和镦头式锚具。

（1）张拉端采用夹片式锚具时，可采用下列做法：

①当锚具凸出混凝土表面时，其构造由锚环、夹片、承压板、螺旋筋组成，如图 5.2.3(a)所示；

②当锚具凹进混凝土表面时，其构造由锚环、夹片、承压板、塑料塞、螺旋筋、钩螺丝和螺母组成，如图 5.2.3(b)所示。

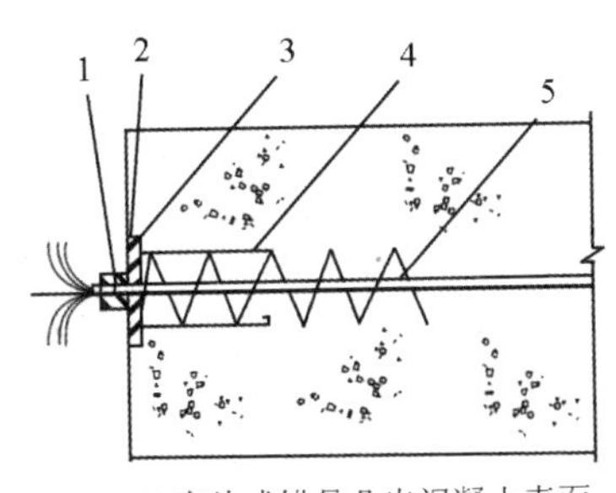

(a)夹片式锚具凸出混凝土表面

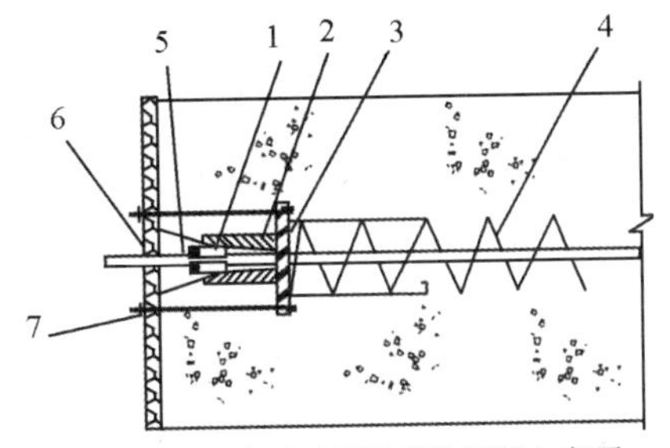

(b)夹片式锚具凹进混凝土表面

1 -夹片；2 -锚环；3 -承压板；4 -螺旋筋；

图 5.2.3 夹片式锚具系统张拉端构造

（2）夹片式锚具系统的固定端必须埋设在板或梁的混凝土中，可采用下列做法：

①挤压锚具的构造由挤压锚具、承压板和螺旋筋组成，如图 5.2.4(a)所示。挤压锚具应将套筒等组装在钢绞线端部经专用设备挤压而成。

②焊板夹片锚具的构造由夹片锚具、锚板与螺旋筋组成，如图 5.2.4(b)所示。该锚具应预先用开口式双缸千斤顶以预应力筋张拉力的 0.75 倍预紧力将夹片锚具组装在预应力筋的端部。

③压花锚具的构造由压花端及螺旋筋组成，如图 5.2.4(c)所示。

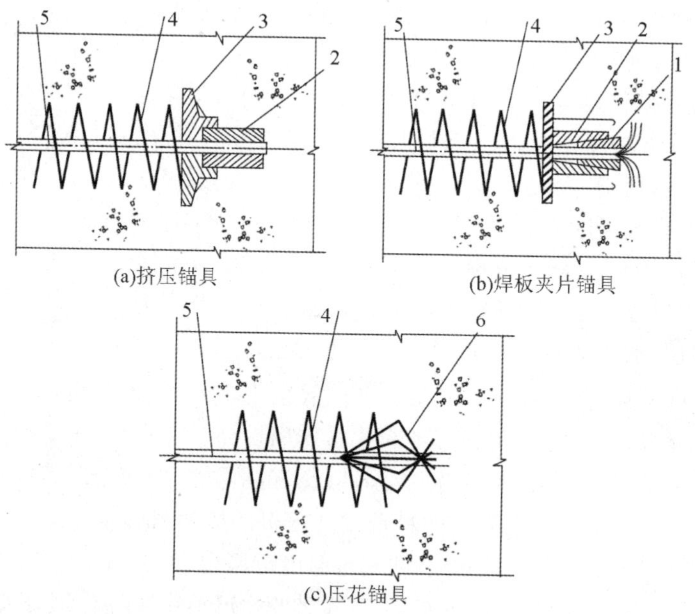

1-夹片；2-锚环；3-承压板；4-螺旋筋；5-无黏结预应力筋；6-压花端

图 5.2.4 夹片式锚具系统构造

（3）镦头式锚具系统的张拉端和固定端可采用下列做法：

①张拉端的构造由锚环、螺母、承压板、塑料保护套和螺旋筋组成，如图 5.2.5(a)所示。

②固定端的构造由镦头锚板和螺旋筋组成，如图 5.2.5(b)所示。

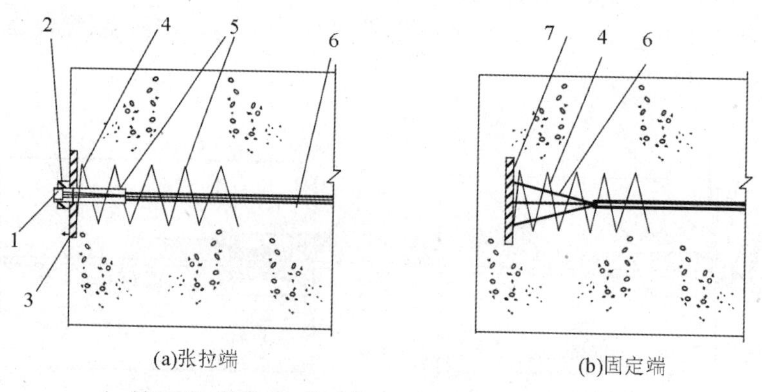

1-锚环；2-螺母；3-承压板；4-螺旋筋；5-塑料保护套；
6-无黏结预应力筋；7-镦头锚板

图 5.2.5 镦头式锚具系统构造

【知识拓展】 无黏结预应力混凝土结构采用无黏结筋是高强低松弛钢绞线外围涂包建筑油脂和塑料外套，其强度标准值 $f_{ptk}=1860\text{N/mm}^2$，设计应力 σ_{pu} 在 1200N/mm^2 左右，约为普通Ⅱ级钢设计强度的 4 倍。市场上无黏结筋的性价比大致为普通Ⅱ级钢筋的3～3.5倍(包括无黏结筋配套锚夹具、张拉及锚固费用)。另外，采用无黏结预应力结构后，结构的抗裂性能大大提高，混凝土截面减小：截面高度约为普通混凝土截面高度的0.7倍。

5.2.2 无黏结预应力混凝土施工工艺

无黏结预应力施工过程是：在预应力筋表面刷涂料并包裹塑料布后，如同普通钢筋一样，先铺设在安装好的模板内，浇混凝土，待混凝土达设计要求强度后，进行张拉锚固。无黏结预应力筋铺设前应检查外包层完好程度，对有轻微破损者，用塑料带补包好，对严重的应废弃。

1. 无黏结预应力筋束的铺设

无黏结预应力筋束在平板结构中一般为双向曲线配置，其铺设顺序很重要，纵横交叉者，先低后高，应避免相互穿插。一般是根据双向钢丝束交点的标高差，绘制铺设顺序图。钢丝束波峰低的底层钢丝束先铺设，然后依次铺设波峰高的上层钢丝束。铺设前先根据设计图计算出各点标高、位置、反弯点位置、波峰位置，然后将垫铁、马凳就位(马凳间距不宜大于 2m)，再铺设钢丝束，对波峰高度及水平位置进行调整，检查无误后用铅丝绑牢。如图5.2.6和图 5.2.7 所示。

图 5.2.6 无黏结预应力筋束铺设

张拉端固定：张拉端的承压板应用钉子固定在端模板上或用点焊固定在钢筋上。当张拉端采用凹入式做法时，可用塑料穴模或泡沫塑料、木块等形成凹口，如图 5.2.8 和图 5.2.9 所示。混凝土浇筑时，严禁踏压撞碰预应力筋、支撑钢筋及端部预埋件，张拉端固定端混凝土必须振实，混凝土强度等级不低于 C30，梁不低于 C40。

图 5.2.7 工人绑扎钢筋

图 5.2.8 塑料穴模

图 5.2.9　钢制穴模

图 5.2.10　安装张拉千斤顶

2. 无黏结预应力束的张拉

张拉前清理承压板面，检查承压板后面的混凝土质量，有缺陷应先修补处理。张拉时应根据预应力筋的铺设顺序进行：先铺设的先张拉，后铺设的后张拉。先张拉板，后张拉梁。板中无黏结筋，可依次张拉，梁中采用对称张拉，长度大于 25m，宜两端张拉，大于 50m 宜分段张拉。遇摩阻力大，宜先松动一次再张拉。张拉程序为：$0 \rightarrow 1.03\sigma_{con}$ →锚固。

在实际工程中，无黏结预应力束的张拉过程如图 5.2.10 至图 5.2.12 所示。

图 5.2.11　开始张拉

图 5.2.12　张拉结束后退出千斤顶

3. 锚头端部处理

无黏结预应力束可在工厂预制，并且不需要在构件中留孔、穿束和灌浆，因而可大为简化现场施工工艺，但无黏结预应力束对锚具的质量和防腐蚀要求较高，张拉后，应对锚固区进行保护，必须有严格密封措施，防止水汽进入腐蚀预应力筋。锚固后，外露多余预应力筋用砂轮切割，不得用电弧焊切割。

端部处理有两种：

(1) 在孔道中注入油脂并加以封闭，如图 5.2.13(a)所示。

(2) 在孔道中注入环氧树脂水泥砂浆，抗压强度不低于 35MPa，对凹入式锚固板，经处理后，用微胀混凝土或低收缩防水砂浆封锚。对凸出式锚固板，用外钢筋混凝土圈梁封闭。如图5.2.13(b)所示。

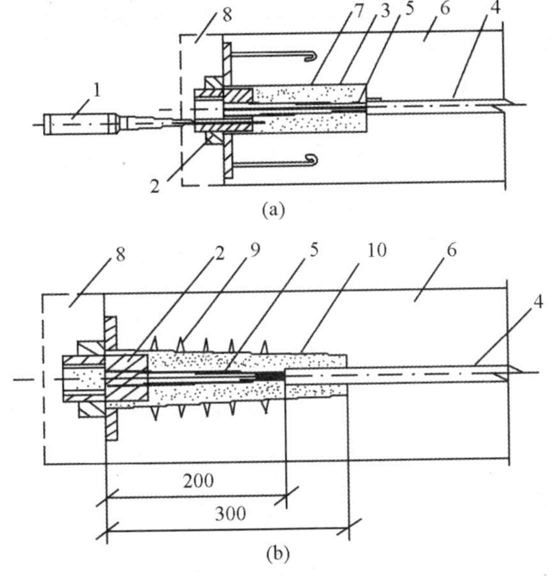

1-油枪；2-锚具；3-端部孔道；4-有涂层的无黏结预应力束；
5-无涂层的端部钢丝；6-构件；7-注入孔道的油脂；
8-混凝土封闭；9-端部加固螺旋钢筋；10-环氧树脂水泥砂浆

图5.2.13 锚头端部处理方法

5.3 预应力混凝土施工质量检验与安全措施

5.3.1 质量检验

预应力工程施工质量检验可划分为混凝土浇筑、预应力筋制作与安装、预应力筋张拉和灌浆与封锚等不同检验批。每个检验批的大小，可按楼层、结构缝或施工段等因素综合考虑，还要符合相应的国家标准《预应力混凝土用钢绞线》《预应力筋用锚具、夹具和连接器》《混凝土结构施工质量验收规范》等。

1. 预应力筋制作与安装检验内容(见表5.3.1)

表5.3.1 预应力筋制作与安装检验

验收项目	满足要求
预应力筋品种、级别、规格、数量	设计
锚固区埋件与加强筋	施工翻样图
预应力筋锚固端锚具制作质量	规范
预应力筋孔道规格、数量、形状、排气泌水管	施工
预应力筋端部预埋锚垫板	应垂直于孔道中心线，与锚具应贴紧

2. 预应力筋张拉检验内容(见表 5.3.2)

表 5.3.2 预应力筋张拉检验

验收项目	满足要求
预应力筋张拉时混凝土强度	设计
预应力筋的张拉力、顺序、工艺	设计与施工方案
预应力筋的张拉伸长计算值与实际值的相对允许偏差	设计
预应力筋的内缩量	设计或者规范

3. 灌浆与封锚检验内容(见表 5.3.3)

表 5.3.3 灌浆与封锚检验

验收项目	满足要求
预应力筋孔道内的水泥浆	饱满密实
无黏结预应力筋端部与锚具夹片之间	完全密封
预应力筋锚固后的外露长度	不宜小于预应力筋直径的 1.5 倍,且不小于 30mm
灌浆用水泥浆	水灰比不应大于 0.45
封头混凝土	强度等级不应低于 C35
封头混凝土与周围混凝土之间	不应出现裂缝

4. 无黏结筋钢材、涂料层、包裹层质量要求及检验内容(见表 5.3.4)

表 5.3.4 无黏结筋钢材、涂料层、包裹层质量要求及检验

名　称	项　目	质量标准	检验方法
涂料层 (建筑油脂)	外观 每米用量	饱满,不漏涂,厚度均匀	目测:每批抽样两组,每组三根 1m 长,每根称重后,将塑料皮剖开,用机油洗净,分别对钢丝或钢绞线及塑料套管称重,然后计算平均油脂重量,称重用天平
包裹层 (高压聚乙烯)	外观 壁厚 每米用量	光滑,破损率不超过 3%,均匀,厚 0.8~1.2mm,不低于 0.03kg	目测:每批抽样三组,每组三根 1m 长,用千分尺测量,测点选最薄处和最厚处。每根测点不少于 2 处,取其平均值,然后用天平称重计算平均重量
钢丝 (钢绞线)	力学性能 复试	抗拉强不小于 1570N/mm^2,延伸率不小于 4%(抗拉强不小于 1470N/mm^2,延伸率不小于 4%)	检查试验报告

总的来说，特殊工序或关键控制点的质量检验内容见表5.3.5。

表5.3.5 特殊工序或关键控制点的质量检验

序号	特殊工序/关键控制点	主要检验方法
1	预应力筋、护套、水泥等原材料进场检查	原材料出厂合格证和复试报告，张拉机具的标定和配套校验
2	预应力筋用锚具、夹具、连接器进场检查	
3	混凝土配合比检查	混凝土配合比试验报告
4	非预应力筋、预埋件隐蔽检查	张拉前预应力筋下料长度的计算，控制预埋件位置正确，同时控制钢筋镦头的高、宽等参数和钢筋镦后的外观质量检查，确保预应力筋铺设位无偏差且符合设计要求
5	预应力筋铺设、镦头检查	
6	预应力筋张拉记录检查	钢筋张拉时应对称张拉且控制张拉力和张拉伸长值，同时张拉力应满足设计要求，实际张拉值与理论伸长值比较应控制在允许范围内
7	混凝土试压强度检查	混凝土试压报告应满足设计要求
8	预应力筋外露长度、锚具内缩量记录检查	混凝土强度达标后，用砂轮切割机对称放张钢筋且钢筋外露长度不小于30mm

5.3.2 安全措施

安全是每个工地现场必须面对的问题，是每个工作人员必须注意的问题。因而张拉预应力区应有明显标志，非工作人员禁止进入。入场前应对工作人员进行安全教育，操作工人应佩戴安全帽。张拉时应有稳固的操作平台，采用两人一组，一人操作千斤顶(所用张拉设备仪表，应由专人负责使用与管理，操作千斤顶的工作人员应严格遵守操作规程)，一人操作油泵并记录，严禁施工人员站在千斤顶的轴线方向，以免发生意外。穿束时工作人员脚踩的架板应稳固。

1. 施工过程危害辨识评价及控制措施见表5.3.6。

表5.3.6 施工过程危害辨识评价及控制措施

序号	主要来源	可能发生的事故或影响	风险级别	控制措施
1	预应力筋下料	盘状供货弹力大，伤人	大	下料前，将盘状钢筋放入钢筋笼内后放松
2	预应力筋张拉	预应力筋断裂或滑脱伤人	大	张拉两端设置警戒线，派专人负责

2. 环境因素辨识评价及控制措施见表5.3.7。

表5.3.7 环境因素辨识评价及控制措施

序号	主要来源	可能的环境影响	影响程度	控制措施
1	预应力,筋下料	钢筋废料无序堆放,影响环境,妨碍交通	一般	将废钢筋及时清理,堆放到废料堆

本章小结

本章主要讲述了预应力混凝土的基本原理和无黏结预应力混凝土的施工工艺。对预应力损失的原理及减少预应力损失的措施进行了学习。与此同时,在学习了一定的理论基础上,在中职阶段学习了先张法混凝土结构和后张法有黏结预应力混凝土结构后,在此拓展学习后张法无黏结预应力混凝土结构,重点掌握无黏结预应力筋制作及其施工工艺,应掌握无黏结预应力筋束基本组成及其要求,同时注意无黏结预应力筋束的铺设、张拉及锚头端部处理方法,防止水汽进入腐蚀预应力筋,达到设计要求。

预应力混凝土施工过程中,要注意安全问题,对于一些风险较大的操作,要采取相应的措施减小事故发生的可能性。与此同时,为了满足设计要求,准确建立预应力值及减少预应力损失,要进行相关的质量检验,一旦出现问题要采取相应的措施进行纠正。

1. 简述预应力损失的种类及减少损失采取的措施。
2. 什么是后张法无黏结预应力混凝土?其原理与有黏结预应力混凝土的区别是什么?
3. 简述无黏结预应力筋束的组成及其相应的要求。
4. 无黏结预应力混凝土与有黏结预应力混凝土的优、缺点是什么?
5. 简述后张法无黏结预应力混凝土的施工工艺过程及其注意事项。

1. 无黏结预应力的特点是(　　)。
   A. 需留孔道和灌浆　　B. 张拉时摩擦阻力大
   C. 易用于多跨连续梁板　　D. 预应力筋沿长度方向受力不均
2. 无黏结预应力筋应(　　)铺设。
   A. 在非预应力筋安装前　　B. 与非预应力筋安装同时
   C. 在非预应力筋安装完成后　　D. 按照标高位置从上向下
3. 无黏结预应力筋张拉时,滑脱或断裂的数量不应超过结构同一截面预应力筋总量的(　　)。
   A. 1%　　B. 2%　　C. 3%　　D. 5%

4. 下列预应力技术中需要进行孔道灌浆的是(　　)。

A. 先张法　B. 有黏结预应力　C. 无黏结预应力　D. A和B

5. 靠预应力钢筋与混凝土之间的黏结力来传递预应力的是(　　)。

A. 先张法　B. 有黏结预应力　C. 无黏结预应力　D. A和B

6. 预应力混凝土后张法构件中，混凝土预压前第一批预应力损失 σ_l^{I} 应为(　　)。

A. $\sigma_{l1}+\sigma_{l2}$　B. $\sigma_{l1}+\sigma_{l2}+\sigma_{l3}$

C. $\sigma_{l1}+\sigma_{l2}+\sigma_{l3}+\sigma_{l4}$　D. $\sigma_{l1}+\sigma_{l2}+\sigma_{l3}+\sigma_{l4}+\sigma_{l5}$

7. 先张法预应力混凝土构件，预应力总损失值不应小于(　　)。

A. $80\mathrm{N/mm^2}$　B. $100\mathrm{N/mm^2}$　C. $90\mathrm{N/mm^2}$　D. $110\mathrm{N/mm^2}$

8. 预应力筋超张拉是为了(　　)。

A. 减少预应力筋与孔道摩擦引起的损失

B. 减少混凝土徐变引起的损失

C. 减少预应力筋松弛引起的预应力损失

D. 建立较大的预应力值

9. 下列不属于对无黏结钢筋的保护要求的是(　　)。

A. 表面涂涂料　B. 表面除锈　C. 表面有外包层　D. 塑料套筒包裹

10. 有关无黏结预应力的说法，错误的是(　　)。

A. 属于先张法　B. 不靠锚具传力

C. 对锚具要求高　D. 适用于曲线配筋的结构

第6章　钢结构工程

钢结构是采用以钢材制作为主，由型钢和钢板等制成的钢梁、钢柱、钢桁架等构件组成，各构件或部件之间采用焊缝、螺栓或铆钉连接的结构，是现代建筑工程中较普遍的结构形式之一。钢结构有什么特点？钢结构的制作要点是什么？其安装过程需要注意什么？这些问题都可以在本章找到答案。

学习目标

1. 了解钢结构的特点；
2. 了解钢结构安装工程的安全技术措施、质量验收；
3. 掌握钢结构单层工业厂房的制作与安装；
4. 掌握钢结构高层建筑和钢网架结构的安装。

学习要求

知识要点	能力要求
钢结构单层工业厂房的制作安装	了解钢结构的特点
	了解钢结构单层工业厂房的制作
	掌握钢结构单层工业厂房的安装
钢结构高层建筑安装	了解钢结构高层建筑安装前的准备工作
	掌握钢结构高层建筑安装过程
钢网架结构的安装	了解钢网架不同安装方法的适用范围
	掌握钢网架的不同安装方法
钢结构安装工程质量验收	了解钢结构安装工程的质量要求
钢结构工程安装安全技术措施	了解钢结构工程安装的安全技术措施

【基本概念】 钢结构厂房：指主要的承重构件是由钢材组成的厂房结构，包括钢柱子、钢梁、钢结构基础、钢屋架、钢屋盖等。

钢结构防腐涂装：钢构件防腐主要是防止空气中的氧、二氧化碳、水蒸气形成酸气环境对钢材的锈蚀，钢结构常用喷锌或喷铝、加重防腐蚀涂料构成长效防腐结构，或者用配套重防腐涂料涂装防护。

钢结构的连接：指钢结构构件或部件之间的互相连接。钢结构连接常用焊缝连接、螺栓连接或铆钉连接。螺栓连接又分普通螺栓连接和高强度螺栓连接。

【引例："铁娘子"——埃菲尔铁塔】

埃菲尔铁塔是一座于1889年建成、位于法国巴黎战神广场上的镂空结构铁塔，高300m，天线高24m，总高324m，如图6.0.1(a)所示。其塔身全部是钢铁镂空结构，钢铁构件有18038个，重达10000t，施工时共钻孔700万个，使用铆钉250万个，如图6.0.1(b)所示。埃菲尔铁塔是世界上第一座钢铁结构的高塔，它是巴黎的标志之一，浪漫的法国人将其称为"铁娘子"。

"铁娘子"傲然屹立，风姿绰约，已经迎风沐雨"站立了"一百多年。既然是"娘子"，那么它就得"沐浴洗澡，梳妆打扮"。巴黎这位"铁娘子"每隔7年油漆一次，每次用漆55t，它在126年里，总共"洗过"18次。

那么，"铁娘子"是如何"洗澡"的呢？由于埃菲尔铁塔建筑复杂，所以至今都要用人工油漆。油漆本身都是用专门材料制成，其寿命比其他的油漆寿命更长。由于铁塔构架庞大，人工数目不能太多，一般在25人左右，工人们先用砂纸打磨钢架，刮掉老化的漆皮，并刷上底漆。随后，工人们把55t调好的油漆一点点涂到铁塔的各个部位，这是保护埃菲尔铁塔的重要一环，如图6.0.1(c)所示。

(a)埃菲尔铁塔全貌

(b)埃菲尔铁塔铆钉连接

(c)埃菲尔铁塔油漆施工

图6.0.1　埃菲尔铁塔

埃菲尔铁塔具有许多创造性的技术：①和当时其他的大型建筑工程现场制作构件不同，埃菲尔预先在自己的车间里面制造好所有的部件，然后送往工地，快速地安装完毕，铁塔上的每个部件事先都严格编号，所以装配时没出一点差错；②铆钉孔预先以十分之一毫米的容差制作完毕，使得20个铆接小组能够每天装配1650个铆钉；③建造铁塔的每个部件都不超过3t重，这使得小型起重机得以普遍应用。

今天，埃菲尔铁塔这一世界上独一无二的宏伟建筑仍展示着人类的聪明才智。它不仅是一座吸引游人观光的纪念碑，而且是巴黎这座美丽而具有悠久历史的城市的象征。

【知识回顾】 在中职教材中讲述了结构安装工程的相关知识，主要介绍了吊装过程用到的各种索具设备、起重机机械，并从准备工作、构件吊装工艺和结构吊装方案等几方面着重讲述了钢筋混凝土排架结构单层工业厂房结构吊装。构件的吊装主要有柱的吊装、吊车梁的吊装、屋架的吊装、天窗架和屋面板的吊装等。构件吊装工艺为：绑扎→起吊→就位→临时固定→校正→最后固定。如柱子在绑扎过程中有斜吊绑扎法和直吊绑扎法两种；单机吊装柱时的起吊方法有旋转法和滑行法两种，双机抬吊有双机抬吊滑行法和双机抬吊旋转法；当柱子吊升后，需要将柱子与杯形基础进行对位和临时固定；然后对柱子进行标高校正、平面位置校正和垂直度的校正；最后在柱与杯口的空隙内浇筑细石混凝土作最后固定。在拟订结构安装方案时，应着重解决起重机选择、结构安装方法、起重机械开行路线与构件的平面布置等问题。起重机的选择包括起重机的类型选择、起重机型号选择和起重机数量的确定；单层工业厂房的结构吊装方法，有分件吊装法、综合吊装法和混合吊装法三种；起重机械开行路线一般为：吊装屋架、屋面板等屋面构件时，起重机宜跨中开行；吊装柱子时，则视跨度大小、构件尺寸、质量及起重机性能，可沿跨中开行或跨边开行；单层厂房构件的平面布置受很多因素影响，要密切联系现场实际，因地制宜，并充分地征求安装部门的意见，确定出切实可行的构件平面布置图。单层工业厂房的结构吊装方法有很多，合理地选择吊装方法可以节省时间，大大提高劳动效率。

6.1 钢结构的制作

随着科学技术的不断发展，钢结构造型及结构形式越来越复杂，这给钢结构设计和施工带来了新挑战。如“鸟巢”“广州电视塔”“迪拜塔”等有影响的钢结构项目，在厂房上更是以施工迅速、节约成本等脱颖而出，成为厂房首选建筑结构。钢结构单层工业厂房一般是由屋盖结构、柱、吊车梁(或桁架)、各种支撑以及墙架等构件组成的空间体系，如图 6.1.1 所示。图 6.1.2 为一钢结构单层工业厂房实例图。

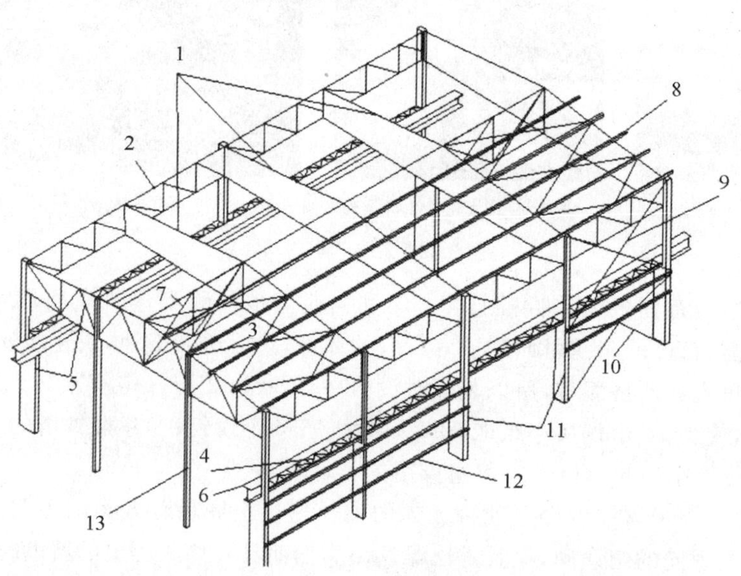

1-屋架；2-托架；3-上弦横向支撑；4-制动桁架；5-横向平面框架；6-吊车梁；7-屋架竖向支撑；8-檩条；9、10-柱间支撑；11-框架柱；12-中间柱；13-墙架梁

图 6.1.1 钢结构单层工业厂房的组成

图 6.1.2　钢结构单层工业厂房实例

6.1.1　钢结构的特点

钢结构是以钢材制作为主的结构，是主要的建筑结构类型之一。钢结构厂房是指主要的承重构件是由钢材组成的厂房结构，包括钢柱子、钢梁、钢结构基础、钢屋架、钢屋盖等。钢结构应研究高强度钢材，大大提高其屈服点强度；此外要轧制新品种的型钢，例如 H 型钢（又称宽翼缘型钢）和 T 型钢以及压型钢板等以适应大跨度结构和超高层建筑的需要。钢结构的特点如下。

1. 材料强度高，自身重量轻

钢材强度较高，弹性模量也高。与混凝土和木材相比，其密度与屈服强度的比值相对较低，因而在同样受力条件下钢结构的构件截面小，自重轻，便于运输和安装，适于跨度大、高度高、承载重的结构。

2. 钢材韧性、塑性好，材质均匀，结构可靠性高

钢结构适于承受冲击和动力荷载，具有良好的抗震性能。钢材内部组织结构均匀，近于各向同性匀质体。钢结构的实际工作性能比较符合计算理论，所以钢结构可靠性高。

3. 钢结构制造安装机械化程度高

钢结构的施工分两部分，一是在工厂制作，二是在工地安装。钢结构构件便于在工厂制造、工地拼装。工厂机械化制造钢结构构件，成品精度高、生产效率高、工地拼装速度快、工期短。钢结构是工业化程度最高的一种结构。

4. 钢结构密封性能好

由于焊接结构可以做到完全密封，所以钢结构可以做成气密性、水密性均很好的高压容器、大型油池、压力管道等。

5. 钢结构耐热但不耐火

当温度在 150℃以下时，钢材性质变化很小。因而钢结构适用于热车间，但结构表面受 150℃左右的热辐射时，要采用隔热板加以保护。温度在 300℃～400℃时，钢材强度和弹性模量均显著下降，温度在 600℃左右时，钢材的强度趋于零。在有特殊防火需求的建筑中，钢

结构必须采用耐火材料加以保护以提高耐火等级。

6. 钢结构耐腐蚀性差

在潮湿和腐蚀性介质的环境中，钢结构特别容易锈蚀。一般钢结构要除锈、镀锌或涂料，且要定期维护。对处于海水中的海洋平台结构，需采用“锌块阳极保护”等特殊措施予以防腐蚀。

6.1.2 钢结构构件的制作

钢结构构件的制作过程包括四个阶段，分别为钢材的储存、钢结构加工制作的准备工作、钢结构加工制作的工艺流程和钢结构构件的验收、运输、堆放。钢结构构件加工的制作过程如图 6.1.3 所示。

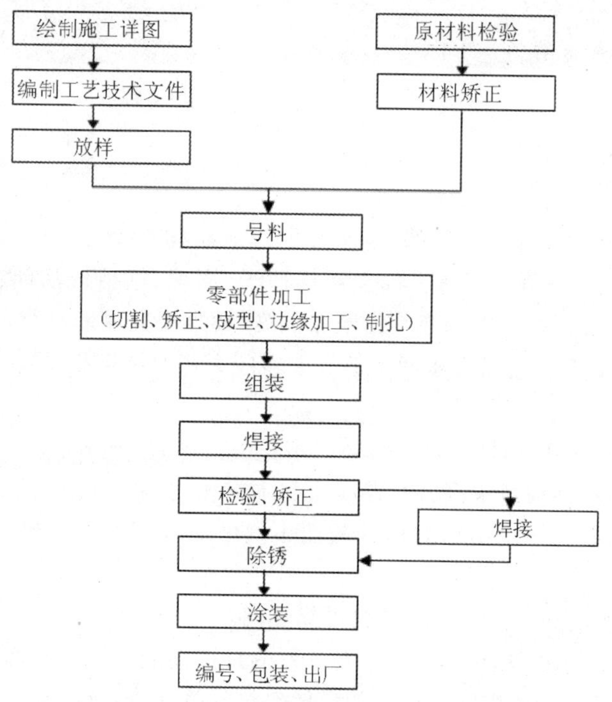

图 6.1.3 钢结构构件加工的制作过程

1. 钢材的储存

(1) 钢材储存的场地条件

钢材的储存可露天堆放，也可堆放在有顶棚的仓库里。露天堆放时，场地要平整，并应高于周围地面，四周留有排水沟；堆放时要尽量使钢材截面的背面向上或向外，以免积雪、积水，两端应有高差，以利排水。堆放在有顶棚的仓库内时，可直接堆放在地坪上，下垫楞木。

(2) 钢材堆放要求

钢材堆放要尽量减少钢材的变形和锈蚀；钢材堆放时每隔 5～6 层放置楞木，其间距以不引起钢材明显的弯曲变形为宜，楞木要上下对齐，在同一垂直面内；考虑材料堆放之间留有一定宽度的通道以便运输。

（3）钢材的标识

钢材端部应树立标牌，标牌要标明钢材的规格、钢号、数量和材质验收证明书编号，钢材端部根据其钢号涂以不同颜色的油漆。钢材的标牌应定期检查。

（4）钢材的检验

钢材在正式入库前必须严格执行检验制度，经检验合格的钢材方可办理入库手续。钢材检验的主要内容有：钢材的数量、品种与订货合同相符；钢材的质量保证书与钢材上打印的记号相符；核对钢材的规格尺寸；钢材表面质量检验。

2. 钢结构加工制作的准备

（1）详图设计和审查图纸

一般设计院提供的设计图，不能直接用来加工制作钢结构，而是要考虑加工工艺，如公差配合、加工余量、焊接控制等因素后，在原设计图的基础上绘制加工制作图（又称施工详图）。详图设计一般由加工单位负责进行，应根据建设单位的技术设计图纸以及发包文件中所规定的规范、标准和要求进行。加工制作图是最后沟通设计人员及施工人员意图的详图，是实际尺寸、画线、剪切、坡口加工、制孔、弯制、拼装、焊接、涂装、产品检查、堆放、发送等各项作业的指示书。

图纸审核的主要内容包括以下项目：①设计文件是否齐全，设计文件包括设计图、施工图、图纸说明和设计变更通知单等；②构件的几何尺寸是否标注齐全；③相关构件的尺寸是否正确；④节点是否清楚，是否符合国家标准；⑤标题栏内构件的数量是否符合工程的总数量；⑥构件之间的连接形式是否合理；⑦加工符号、焊接符号是否齐全；⑧结合本单位的设备和技术条件考虑，能否满足图纸上的技术要求；⑨图纸的标准化是否符合国家规定等。

图纸审查后要做技术交底准备，其内容主要有：①根据构件尺寸考虑原材料对接方案和接头在构件中的位置；②考虑总体的加工工艺方案及重要的工装方案；③对构件的结构不合理处或施工有困难的地方，要与需方或者设计单位做好变更签证的手续；④列出图纸中的关键部位或者有特殊要求的地方，加以重点说明。

（2）备料和核对

根据图纸材料表计算出各种材质、规格、材料净用量，再加一定数量的损耗提出材料预算计划。工程预算一般可按实际用量所需的数值再增加10%进行提料和备料。核对来料的规格、尺寸和重量，仔细核对材质；如进行材料代用，必须经过设计部门同意，并进行相应修改。

（3）编制工艺流程

编制工艺流程的原则是操作能以最快的速度、最少的劳动量和最低的费用，可靠地加工出符合图纸设计要求的产品。内容包括：①成品技术要求；②具体措施：关键零件的加工方法、精度要求、检查方法和检查工具；④主要构件的工艺流程、工序质量标准、工艺措施（如组装次序、焊接方法等）；⑤采用的加工设备和工艺设备。

编制工艺流程表（或工艺过程卡）基本内容包括零件名称、件号、材料牌号、规格、件数、工序名称和内容、所用设备和工艺装备名称及编号、工时定额等。关键零件还要标注加工尺寸和公差，重要工序要画出工序图。

（4）组织技术交底

上岗操作人员应进行培训和考核，特殊工种应进行资格确认，充分做好各项工序的技术交底工作。技术交底按工程的实施阶段可分为两个层次。第一个层次是开工前的技术交底会，参加的人员主要有：工程图纸的设计单位、工程建设单位、工程监理单位及制作单位的有关部门和有关人员。技术交底主要内容有：①工程概况；②工程结构件的类型和数量；③图纸中关键部位的说明和要求；④设计图纸的节点情况介绍；⑤对钢材、辅料的要求和原材料对接的质量要求；⑥工程验收的技术标准说明；⑦交货期限、交货方式的说明；⑧构件包装和运输要求；⑨涂层质量要求；⑩其他需要说明的技术要求。第二个层次是在投料加工前进行的本工厂施工人员交底会，参加的人员主要有：制作单位的技术、质量负责人，技术部门和质检部门的技术人员、质检人员，生产部门的负责人、施工员及相关工序的代表人员等。此类技术交底主要内容除上述十点外，还应增加工艺方案、工艺规程、施工要点、主要工序的控制方法、检查方法等与实际施工相关的内容。

(5) 钢结构制作安全管理

钢结构生产效率很高，工件在空间大量、频繁地移动，各个工序中大量采用的机械设备都须做必要的防护和保护。因此，生产过程中的安全措施极为重要，特别是在制作大型、超大型钢结构时，更必须十分重视安全事故的防范。钢结构制作过程应注意以下几点：①进入施工现场的操作者和生产管理人员均应穿戴好劳动防护用品，按规程要求操作；②对操作人员进行安全学习和安全教育，特殊工种必须持证上岗；③为了便于钢结构的制作和操作者的操作活动，构件宜在一定高度上测量，装配组装胎架、焊接胎架、各种搁置架等，均应离开地面 0.4～1.2m；④构件的堆放、搁置应十分稳固，必要时应设置支撑或定位，构件堆垛不得超过两层；⑤索具、吊具要定时检查，不得超过额定荷载；正常磨损的钢丝绳应按规定更换；⑥所有钢结构制作中各种胎具的制造和安装，均应进行强度计算，不能仅凭经验估算；⑦生产过程中所使用的氧气、乙炔、丙烷、电源等必须有安全防护措施，并定期检测泄漏和接地情况；⑧对施工现场的危险源应做出相应的标志、信号、警戒等，操作人员必须严格遵守各岗位的安全操作规程，以避免意外伤害；⑨构件起吊应听从一个人的指挥，构件移动时，移动区域内不得有人滞留和通过；⑩所有制作场地的安全通道必须畅通。

3. 钢结构加工制作的工艺流程

加工制作图的绘制、号料、放线、切割、坡口加工、开制孔、组装(包括矫正)、焊接、预拼装、摩擦面的处理、涂装与编号是钢结构加工制作的主要工艺。

(1) 放样

样板可采用厚度 0.50～0.75mm 的铁皮或塑料板制作。样杆一般用铁皮或扁铁制作，当长度较短时可用木尺杆。样杆、样板应注明工号、图号、零件号、数量及加工边、坡口部位、弯折线和弯折方向、孔径和滚圆半径等。样杆、样板应妥善保存，直至工程结束后方可销毁。

图 6.1.4　号料

(2) 号料

号料也称画线，即利用样板、样杆或根据图纸，在板料及型钢上画出孔的位置和零件形状的加工界限，如图 6.1.4 所示。号料的一般工作内容包括：①检查核对材料；②在材料上画出切割、铣、刨、弯曲、钻孔等加工位置；③打冲孔；④标出零件的编号。号料方法有集中号料法、套料法、统计计算法、余料统一号料法四种。

①集中号料法

由于材料的规格多种多样，为减少原材料的浪费，提高生产效率，应把同厚度的钢板零件和相同规格的型钢零件，集中在一起进行号料，这种方法称为集中号料，如图 6.1.5(a)所示。

②套料法

在号料时，要精心安排板料零件的形状位置，把同厚度的各种不同形状的零件和同一形状的零件进行套料，这种方法称为套料法，如图 6.1.5(b)所示。

③统计计算法

统计计算法是在型钢下料时采用的一种方法。号料时应将所有同规格型钢零件的长度归纳在一起，先将较长的排出来，再算出余料的长度，然后把和余料长度相同或略短的零件排上，直至整根料被充分利用为止。这种先进行统计安排再号料的方法，称为统计计算法，如图 6.1.5(c)所示。

④余料统一号料法

将号料后剩下的余料按厚度、规格与基本相同的集中在一起，把较小的零件放在余料上进行号料，此法称为余料统一号料法。

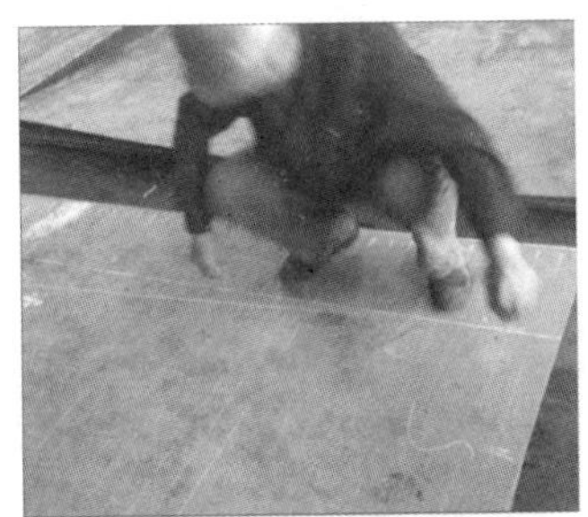

(a) 集中号料法

(b) 套料法

(c) 统计计算法

图 6.1.5 号料方法

【注意事项】 号料与样板(样杆)的允许偏差应符合表 6.1.1 中的要求。号料时,需气割的,应留有气割间隙。气割允许偏差应符合表 6.1.1 中的要求。

表 6.1.1　号料的允许偏差

作业方式	项　目	允许偏差/mm
号料	零件外形尺寸	±1.0
	孔距	±0.5
气割号料	零件宽度、长度	±3.0
	切割面平面度	0.05t,且不大于 2.0
	割纹深度	0.3
	局部缺口深度	1.0

(3) 切割

钢材的切割包括气割、等离子切割类高温热源的方法,也有使用剪切、切削、摩擦热等机械力的方法。要考虑切割能力、切割精度、切剖面的质量及经济性。不同构件采用的切割方式不一样。如对于长条板件采取手工号料、多头直条数控切割机下料;对于筋板、端板等各类节点板,在计算机上编制切割程序,采取数控切割。如图 6.1.6 所示为部分切割机械。

(a) 多头直条切割机

(b) 数控切割机

图 6.1.6　部分切割机械

【注意事项】 切割应注意:①各类切割件切割前需对号料线、数控程序进行审核,合格后方可切割下料;②对于主梁翼板、腹板长度拼焊缝要错开 200mm 以上;③切割后钢材不得有分层,断面上不得有裂纹,应清除切口处的毛刺或熔渣和飞溅物。

(4) 矫正和成型

在钢结构制作过程中,由于原材料变形,气割、剪切变形,钢结构成型后焊接变形,运输变形等,影响构件的制作及安装质量,一般须采用机械或火焰矫正,如图 6.1.7 所示。当采用火焰矫正时,加热温度应根据钢材性能选定,一般为 700~800℃,最高不得超过 900℃,最低温度不得低于 600℃。低合金钢在加热矫正后应缓慢冷却。

(5) 边缘加工和端部加工

边缘加工和端部加工的主要目的是:消除硬化或有缺陷的边缘,加工焊缝坡口,板边刨平取直。方法主要有铲边、刨边、铣边、碳弧气刨、气割和坡口机加工等。各方法的要求和特

(a) 机械矫正机

(b) 人工火焰矫正

图 6.1.7 矫正

点如下。

铲边有手工铲边和机械铲边两种。铲边后的棱角垂直误差不得超过弦长的 1/3000，且不得大于 2mm。

刨边使用的设备是刨边机。刨边加工有刨直边和刨斜边两种。一般的刨边加工余量为 2～4mm。

铣边使用的设备是铣边机，工效高，能耗少。

碳弧气刨使用的设备是气刨枪。效率高，无噪音，灵活方便。

坡口加工一般可用气体加工和机械加工，在特殊的情况下采用手动气体切割的方法，但必须进行事后处理，如打磨等。现在坡口加工专用机已开始普及，最近又出现了 H 型钢坡口及弧形坡口的专用机械，效率高、精度高。焊接质量与坡口加工的精度有直接关系，如果坡口表面粗糙且有尖锐且深的缺口，就容易在焊接时产生不熔部位，将在事后产生焊接裂缝。又如，在坡口表面黏附油污，焊接时就会产生气孔和裂缝，因此要重视坡口质量。

(6) 制孔

制孔在钢结构制造中占有一定的比重，尤其是高强度螺栓的采用，使孔加工不仅在数量上而且在精度要求上都有了很大提高。在焊接结构中，不可避免地将会产生焊接收缩和变形，因此在制作过程中，把握好什么时候开孔将在很大程度上影响产品精度。特别是对于柱及梁的工程现场连接部位的孔群，其尺寸精度直接影响钢结构安装的精度，因此把握好开孔的时间是十分重要的，一般有以下四种情况。

第一种：在构件加工时预先划上孔位，待拼装、焊接及变形矫正完成后，再画线确认进行打孔加工。

第二种：在构件一端先进行打孔加工，待拼装、焊接及变形矫正完成后，再对另一端进行打孔加工。

第三种：待构件焊接及变形矫正后，对端面进行精加工，然后以精加工面为基准，画线、打孔。

第四种：在画线时，考虑了焊接收缩量、变形的余量、允许公差等，直接进行打孔。

制孔通常有钻孔和冲孔两种方法。目前普遍采用钻孔，原理是切削精度高，孔壁损伤小。冲孔一般只用于较薄钢板和非圆孔的加工，而且要求孔径一般不小于钢材厚度。如图 6.1.8所示为一工人正在制孔作业。

图 6.1.8　制孔

【注意事项】 普通螺栓孔的允许偏差应符合表 6.1.2 中的要求。在编制施工图时，零部件上孔的位置，宜按照国家标准《形状和位置公差》计算标注。如设计无要求，成孔后任意两孔间的允许偏差应符合表 6.1.3 的规定。

表 6.1.2　普通螺栓孔允许偏差

项　目	允许偏差/mm
直径	+1.0 0
圆度	2.0
垂直度	0.05t，且不大于 2.0

表 6.1.3　孔距的允许偏差

项　目	允许偏差/mm			
	≤500mm	501～1200mm	1201～3000mm	>3000mm
同一组内任意两孔间距离	±1.0	±1.5	—	—
相邻两组的端孔间距离	±1.5	±2.0	±2.0	±3.0

(7) 组装

钢结构构件的组装是遵照施工图的要求，把已加工完成的零件或半成品装配成独立的成品构件，如图 6.1.9 所示。零部件在组装前应矫正其变形并达到在控制偏差范围以内，接触表面应无毛刺、污垢和杂物，除工艺要求外零件组装间隙不得大于 1mm，顶紧接触面应有 75%以上的面积紧贴，用塞尺检查，其塞入面积应小于 25%，边缘间隙不应大于0.8mm，板叠上所有螺栓孔、铆钉孔等应采用量规检查。组装时，配有适当的工具和设备，如组装平台或胎架、夹具、定位器等以保证组装有足够的精度。为了保证隐藏部位的质量，应经质检人员检查认可，签发隐蔽部位验收记录，方可封闭。组装出首批构件后，必须由质检部门进行全面检查,经合格认可后方可进行继续组装。

钢结构组装的方法包括地样法、仿形复制装配法、立装法、卧装法、胎模装配法。

地样法:用 1∶1 的比例在装配平台上放出构件实样,然后根据零件在实样上的位置,分别组装起来成为构件。此装配方法适用于桁架、构架等小批量结构的组装。

图 6.1.9　某一构件的组装

仿形复制装配法:先用地样法组装成单面(单片)的结构,然后定位点焊牢固,将其翻身,作为复制胎模,在其上面装配另一单面结构,往返两次组装。此种装配方法适用于横断面互为对称的桁架结构。

立装法:根据构件的特点及其零件的稳定位置,选择自上而下或自下而上的顺序装配。此装配方法适用于放置平稳、高度不大的结构或者大直径的圆筒。

卧装法:将构件放置于卧的位置进行的装配。适用于断面不大、但长度较大的细长构件。

胎模装配法:将构件的零件用胎模定位在其装配位置上的组装方法。此种装配方法适用于制造构件批量大、精度高的产品。

(8) 焊接

焊接是钢结构加工制作中的关键步骤,具体内容见 6.1.3 节。

(9) 预拼装

由于受运输、吊装等条件的限制,有时构件要分成两段或若干段出厂,为了保证安装的顺利进行,应根据构件或结构的复杂程序和设计要求,在出厂前进行预拼装,如图6.1.10所示为某一构件的预拼装现场。除管结构为立体预拼装,并可设卡、夹具外,其他结构一般均为平面拼装,且构件应处于自由状态,不得强行固定。

图 6.1.10　某一构件的预拼装

在预拼装时,对螺栓连接的节点板除检查各部位尺寸外,还应用试孔器检查板叠孔的通过率。在施工过程中,错孔的现象时有发生,如错孔在 3.0mm 以内时,一般都用绞刀铣或锉刀锉孔,其孔径扩大不超过原孔径的 1.2 倍;如错孔超过 3.0mm,一般用焊条焊补堵孔或更换零件,不得采用钢块填塞。

预拼装检查合格后,对上、下定位中心线,标高基准线,交线中心点等应标注清楚、准确;对管结构、工地焊接连接处,除应标注上述标记外,还应焊接一定数量的卡具、角钢或钢板定位器等,以便按预拼装结果进行安装。

(10) 摩擦面的处理

高强度螺栓摩擦面处理后的抗滑移系数值应符合设计的要求(一般为 0.45～0.55)。摩擦面的处理可采用喷砂、喷丸、酸洗、砂轮打磨等方法,一般应按设计要求进行,设计无要求时施工单位可采用适当的方法进行施工。采用砂轮打磨处理摩擦面时，打磨范围不应小于螺栓孔径的 4 倍，打磨方向宜与构件受力方向垂直。高强度螺栓的摩擦连接面不得涂装，高强度螺栓安装完后，应将连接板周围封闭，再进行涂装。

(11) 涂装、编号

钢结构构件涂装工程分钢结构防腐蚀涂装和钢结构防火涂装两种。具体内容详见6.1.4节。

构件涂装后，应按设计图纸进行编号，编号的位置应符合便于堆放、便于安装、便于检查的原则。对于大型或重要的构件还应标注重量、重心、吊装位置和定位标记等记号。编号的汇总资料与运输文件、施工组织设计的文件、质检文件等统一起来，编号可在竣工验收后加以复涂。

6.1.3 钢结构构件的连接

钢结构是由钢构件经连接而成的结构。构件的连接直接关系到钢结构的安全和经济。对构件连接的要求是：传力好，强度够，省钢材，便施工。

钢结构连接常用焊缝连接、螺栓连接或铆钉连接，如图 6.1.11 所示。

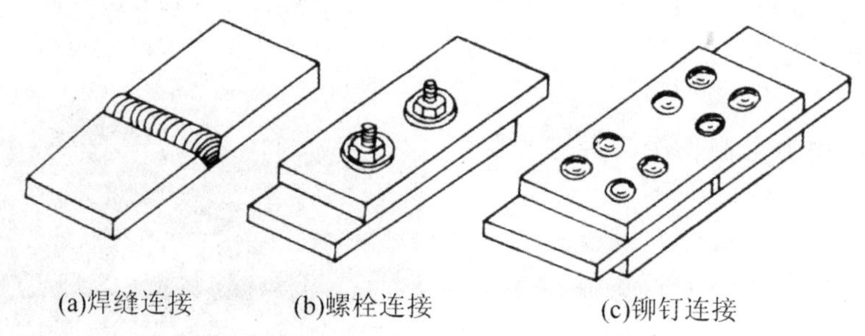

(a)焊缝连接　(b)螺栓连接　(c)铆钉连接

图 6.1.11　钢结构的连接方法

1. 焊缝连接

焊接是现代钢结构最主要的连接方法，其工作原理是焊条与局部焊件熔化、冷却，凝结成焊缝。焊接的特点：优点是构造简单，设备简单，适用性强，直接连接，不削弱截面，省钢材，施工方便，密封性好，刚度大，可自动化操作；缺点是焊接残余应力大且不易控制，焊接变形大；降低被焊钢材的塑性韧性、焊缝热影响区；易出现微裂纹等缺陷，容易发生脆断和疲劳破坏。

焊接分工厂焊接和工地焊接。工厂车间焊接易于控制质量；工地现场焊接受施工条件、季节影响大，质量不易保证。

(1) 焊接方法

钢结构常用的焊接方法有电弧焊，包括手工电弧焊、自动或半自动埋弧焊及气体保护焊等。少量采用电渣焊、电阻焊等。

在短焊缝或曲折焊缝的焊接时，或在施工现场进行高空焊接时，只能采用手工电弧焊，它是钢结构中最常用的焊接方法，如图 6.1.12 所示。手工焊接生产效率低，劳动强度大，保证焊缝质量的关键是焊工的技术水平，焊缝质量的波动较大。

自动埋弧焊焊缝质量稳定，焊缝内部缺陷少，塑性和韧性好，因此其质量比手工电弧焊好。自动埋弧焊只适合焊接较长的直线焊缝。

半自动埋弧焊质量介于自动焊和手工焊之间，半自动埋弧焊适合于焊接曲线或任意形状的焊缝。

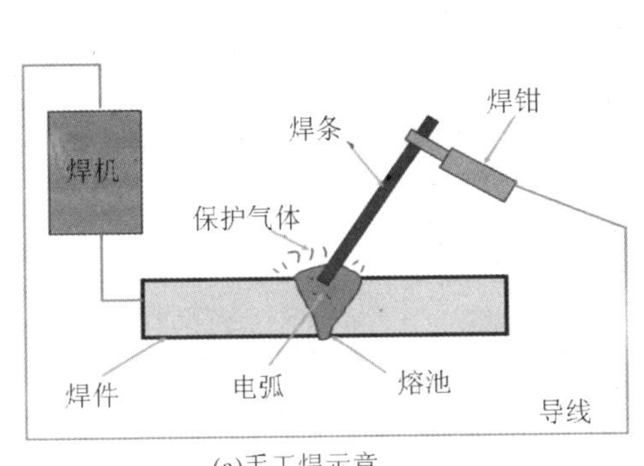

(a)手工焊示意

(b)手工焊实例

图 6.1.12　手工电弧焊

(2) 焊缝连接形式及焊缝形式

①焊缝连接形式

焊缝连接形式有对接、搭接、T 形接和角接等四种，如图 6.1.13 所示。

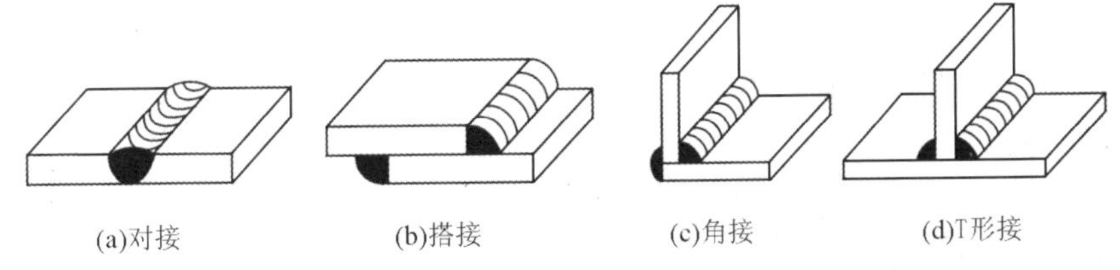
(a)对接　(b)搭接　(c)角接　(d)T形接

图 6.1.13　焊缝连接形式

②焊缝形式

焊缝形式是指焊缝本身的截面形式，主要有对接焊缝和角焊缝两种，如图 6.1.14 所示。

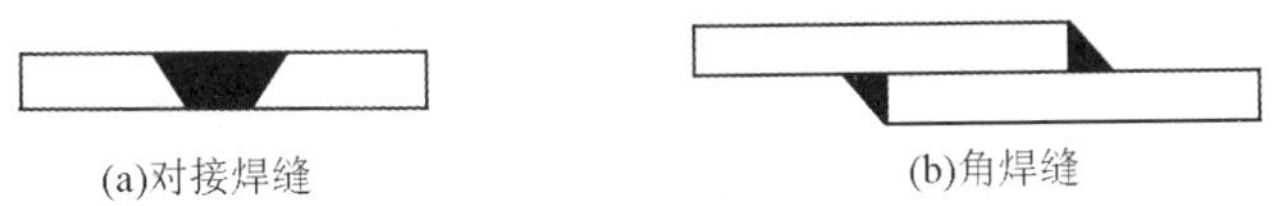
(a)对接焊缝　(b)角焊缝

图 6.1.14　焊缝形式

对接焊缝也称坡口焊缝，构造简单，传力直接简捷；但在施焊之前，焊件边缘需根据不同厚度进行加工，做成各种坡口形式，以保证焊透。坡口的截面形有 I 形、单边 V 形、V 形、U 形、K 形和 X 形等，如图 6.1.15 所示。当焊件厚度很小($t \leqslant 10$mm)时，可采用 I 形坡口；对于一般厚度($t=10 \sim 20$mm)的焊件，可采用单边 V 形或 V 形坡口，以便斜坡口和间隙组成一个焊条能够运转的空间，使焊缝易于焊透；对于厚度较厚的焊件($t>20$mm)，应采用 U 形、K 形或 X 形坡口。

对接焊缝施焊时的起点和终点，常因起弧和灭弧出现弧坑等缺陷，此处极易产生裂纹和应力集中，为避免焊口缺陷，可在焊缝两端设引弧板，如图 6.1.16 所示。在对接焊缝的拼接

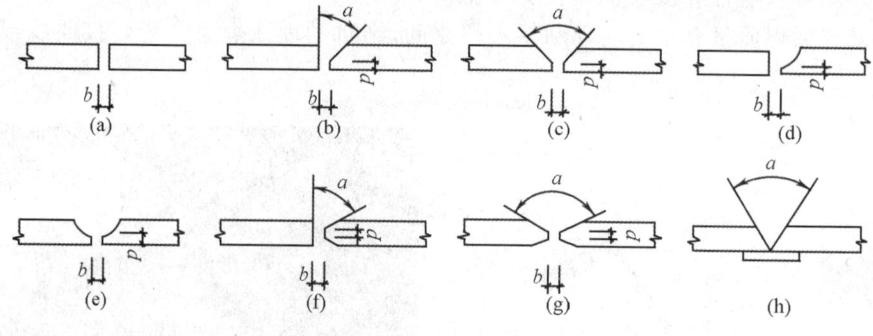

图 6.1.15　坡口形式

处，当焊件的宽度不同或厚度相差 4mm 以上时，如图 6.1.17 所示，坡口形式应根据较薄焊件厚度来取用，焊缝的计算厚度等于较薄焊件的厚度。

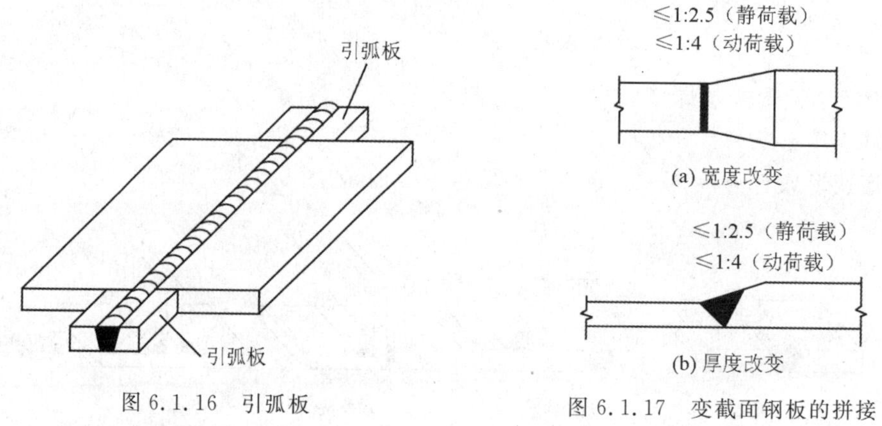

图 6.1.16　引弧板

图 6.1.17　变截面钢板的拼接

角焊缝用于不在同一平面内两个焊件的相连，如两块钢板搭接，焊缝堆成接近三角形截面，贴附于被连接焊件的交搭边缘处或端头。角焊缝因不需开坡口，尺寸和位置要求精度稍低，使用灵活，制造方便，故得到广泛应用。角焊缝按其与外力作用方向的不同可分为平行于外力作用方向的侧面角焊缝、垂直于外力作用方向的正面角焊缝（或称端焊缝）和与外力作用方向斜交的斜向角焊缝三种，如图 6.1.18 所示。

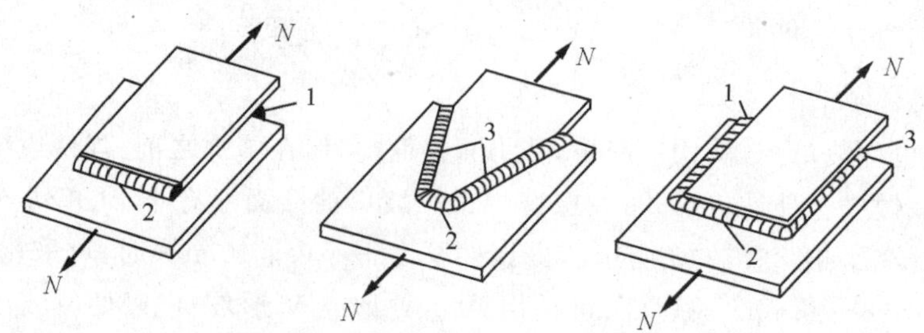

1-侧面角焊缝；2-正面角焊缝；3-斜向角焊缝

图 6.1.18　角焊缝形式

③焊接方位

焊接方位根据焊件接缝所处的空间位置分为平焊、立焊、横焊、仰焊和船形焊等，如图6.1.19所示。平焊的质量易保证；船形焊焊接质量最好，车间构件成形常采用船形焊；横焊和立焊不易施焊操作，质量不易保证；仰焊最难操作，质量最不易保证，应避免。

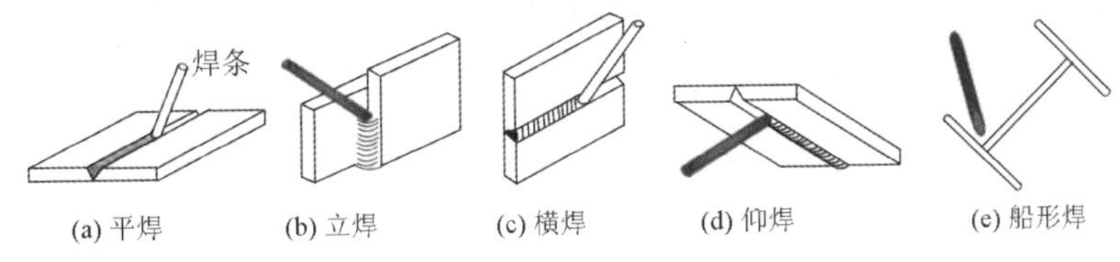

图 6.1.19 焊接方位

(3) 焊接缺陷及焊缝质量检验

焊缝缺陷是指焊接接头的不完整性，主要有焊接裂纹、未焊透、夹渣、气孔和焊缝外观缺欠等，如图 6.1.20 所示。这些缺陷减少焊缝截面积，降低承载能力，产生应力集中，引起裂纹；降低疲劳强度，易引起焊件破裂导致脆断。其中危害最大的是焊接裂纹和气孔。

可以通过采取一定的焊接工艺措施去降低焊缝缺陷，如焊接材料提前烘干、注意防潮，清理焊面，焊件定位，焊前焊后热处理，控制焊接环境温湿度，防风避雨，施焊过程进行温度控制等。

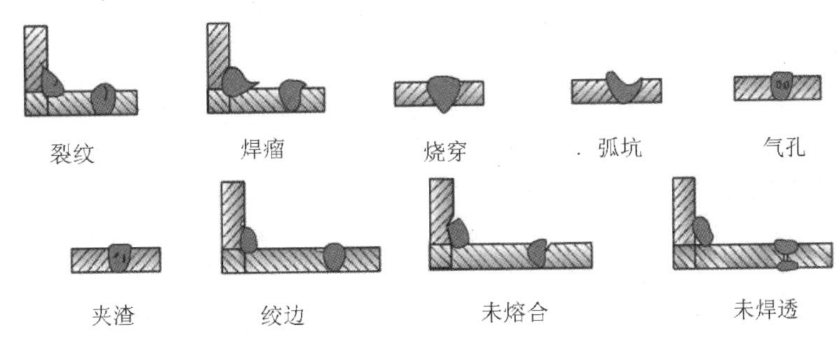

图 6.1.20 焊缝缺陷

【注意事项】 降低焊缝缺陷的措施有：①在不受坏天气(如风、潮湿和气流等)干扰的区域施焊；②干燥焊接接头以避免潮湿引起材料收缩；③焊接接头预热，以减缓焊后焊缝的冷却速度；④焊后对焊缝加盖防止焊缝的骤冷。

焊接的最低温度为－10℃，应采取以上所指的防护措施。需要时用预热温度至少为50℃的火焰进行缓慢、均匀的预热。

焊缝质量检验包括焊缝表面质量和无损探伤检验两方面。

焊缝表面质量检验一般采用外观检查，注意检查焊缝的尺寸偏差和表面缺陷。无损探伤检验一般采用射线探伤、超声波探伤、磁粉探伤、渗透探伤等方法。《钢结构工程施工质量验收规范》(GB 50205—2001)焊缝质量检查标准分以下三级。

三级：外观检查，即焊缝实际尺寸是否符合设计要求；有无看得见的裂纹、咬边等缺陷。

二级：外观基础上加无损检验。超声波检验焊缝 20%的长度。

一级：超声波检验每条焊缝的全长，以揭示焊缝内部缺陷。

【注意事项】 设计图纸中必须标明焊缝的质量级别。一级和二级焊缝必须经无损检查合格；承受动载的重要构件焊缝要进行射线探伤。

(4) 焊缝代号

在焊接的钢结构图纸上，必须把焊缝的位置、形式和尺寸标注清楚。钢结构的焊缝代号需按照国家标准《焊缝符号表示法》(GB 324—88)。焊缝符号包括基本符号、补充符号、引出线、焊缝尺寸，如图 6.1.21 所示，图形符号表示焊缝断面的基本形式，补充符号表示焊缝某些特征的辅助要求，引出线表示焊缝的位置。表 6.1.4 为几种常用焊缝的基本符号和补充符号。

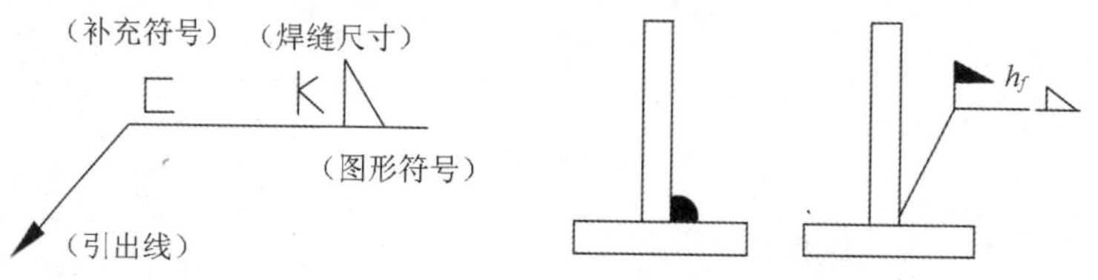

图 6.1.21 焊缝代号的表示方法

表 6.1.4 常用焊缝的基本符号和补充符号

焊缝名称	示意图	图形符号	符号名称	示意图	补充符号	标注符号
V 形焊缝		V	周围焊缝符号		○	
单边 V 形焊缝		V	三面焊缝符号		⊏	
角焊缝		◺	带垫板符号		▭	
I 形焊缝		‖	现场焊接符号		⚑	
点焊缝		○	相同焊缝符号		◠	
			尾部符号		<	

注：1. 符号的线条宜粗于指引线；

2. 单边 V 形焊缝与角焊缝符号的竖向边永远画在符号的左边

2. 螺栓连接

钢结构采用的普通螺栓形式为六角头型，其代号用字母 M 和公称直径的毫米数表示。螺栓直径 d 应根据整个结构及其主要连接的尺寸和受力情况选定，受力螺栓一般采用 M16、M20、M24 等。

螺栓连接属于紧固件连接，相比其他的连接方式，它的优点是：装拆方便，利于检修，可以增加预紧力，防止松动，不会引起连接处材料成分相变。螺栓连接的缺点是：对板件有削弱，而且在螺栓连接的缝隙处容易有腐蚀的发生，从而造成连接失效。图 6.1.22 为钢结构构件的螺栓连接图。

图 6.1.22　钢结构构件的螺栓连接

(1) 螺栓连接方式

螺栓连接可分为普通螺栓连接和高强度螺栓连接两种。建筑结构的主构件的螺栓连接，一般均采用高强度螺栓连接。普通螺栓可重复使用，高强度螺栓不可重复使用。高强度螺栓一般用于永久连接。

①普通螺栓连接

普通螺栓连接分 C 级螺栓（粗制螺栓）连接和 A 级或 B 级螺栓（精制螺栓）连接两类。材料性能等级分为 4.6 级、4.8 级和 8.8 级。

【提示】 材料性能等级表示中，小数点前为材料抗拉强度，小数点后为屈强比，刻在螺杆头上。如 4.6 级中“4”指抗拉强度 f_u=400MPa，“.6”指 f_y 和 f_u 的比值为 0.6，则屈服强度 f_u=240MPa。

粗制（C 级）普通螺栓是用圆钢锻压而成，精度较低，螺栓外径与栓孔内径公差较大，一般螺栓孔径比螺栓杆径大 1.0～1.5mm，其优点是成本低，拆装方便，但其缺点是承载力低，连接变形大，不宜做永久性结构连接。

精制螺栓用圆钢锻压后需经车床加工，杆径比孔径小 0.3～0.5mm，表面光滑，尺寸精确，制作安装复杂，造价较高，一般工业与民用建筑中应用较少。表 6.1.5 为精制螺栓与粗制螺栓的对比表。

表 6.1.5　精制螺栓与粗制螺栓的对比

项　目	精制螺栓	粗制螺栓
代号	A 级和 B 级	C 级
强度等级	5.6 级和 8.8 级	4.6 级和 4.8 级
加工方式	车床上经过切削而成	单个零件上一次冲成
加工精度	螺杆与栓孔直径之差为 0.3～0.5mm	螺杆与栓孔直径之差为 1.0～1.5mm
抗剪性能	好	较差
经济性能	价格高	价格经济
用途	构件精度很高的结构（机械结构）；在钢结构中很少采用，已被高强钢替代	沿螺栓杆轴受拉的连接；次要的抗剪连接；安装的临时固定

②高强度螺栓连接

高强度螺栓指用高强度钢制造的，或者需要施以较大预拉力的螺栓。高强度螺栓连接具有施工简单、受力性能好、可拆换、耐疲劳以及在动力荷载作用下不致松动等优点，是很有发展前途的连接方法。

高强度螺栓的预拉力是通过拧紧螺帽实现的。有扭矩法、转角法和扭断螺栓尾部法来控制预拉力：转角法是初拧至不动位置，终拧从标记位置拧至规定位置，如图 6.1.23(a)所示；扭矩法是初拧扭矩值不小于终拧的 50%，终拧采用可直接显示扭矩的特制扳手施加扭矩至规定的扭矩值；扭断螺栓尾部梅花卡头法，如图 6.1.23(b)所示。

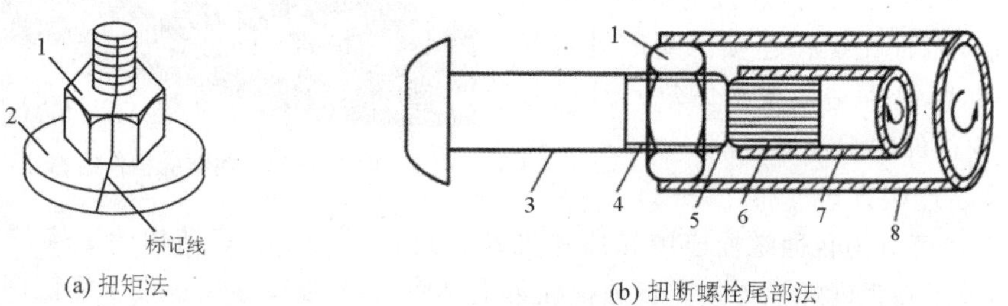

(a) 扭矩法

1-螺母；2-垫圈

(b) 扭断螺栓尾部法

1-螺母；2-垫圈；3-栓杆；4-螺纹；5-槽口；
6-螺栓尾部梅花卡头；7、8-电动扳手小套筒和大套筒

图 6.1.23 高强度螺栓的预拉力施加法

高强度螺栓连接分为摩擦型连接和承压型连接两种。

摩擦型连接是靠板间摩擦力传力，板间接触面不允许有相对滑移。为使接触面有足够的摩擦力，就必须提高构件的夹紧力和增大构件接触面的摩擦系数，常对板件接触面进行处理(如喷砂)以提高摩擦系数。

承压型连接的构造及施工与摩擦型相同，与摩擦型的区别是允许被连接件之间发生滑动，滑动后，与普通螺栓一样。承载力比摩擦型高，可节约螺栓。

(2) 螺栓排列方式

螺栓排列方式有并列和错列两种形式，如图 6.1.24 所示。并列形式的特点是：比较简单整齐，布置紧凑，连接板尺寸小，螺栓孔对构件截面削弱较大。错列式的特点是：可以减小对截面的削弱，但螺栓排列松散，连接板尺寸较大。

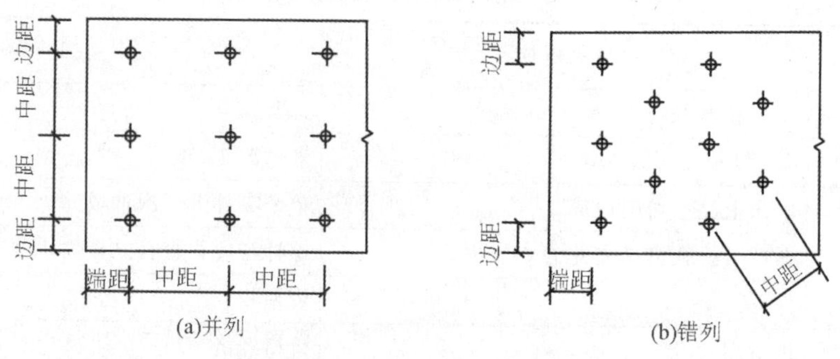

图 6.1.24 螺栓排列方式

螺栓在排列时应考虑以下几个因素。

①受力要求

垂直于受力方向：受拉构件各排螺栓的中距及边距不能过小，以免螺孔导致钢板截面削弱过多，降低其承载能力。在顺力作用方向：端距应按被连接件材料的抗挤压及抗剪切等强度条件确定，以使钢板在端部不致被螺栓冲剪破坏，端距不应小于 $2d$；中距不宜过大，否则被连接板件间容易发生鼓曲现象。

②构造要求

中距及边距不宜过大，否则连接板件间不能紧密贴合，潮气侵入缝隙使钢材锈蚀。

③施工要求

保证一定空间，便于打铆和采用扳手拧紧螺帽。根据扳手尺寸和工人的施工经验，规定最小中距为 $3d$。

螺栓的最大、最小容许距离见表 6.1.6。

表 6.1.6　螺栓的最大、最小容许距离

<table>
<tr><th>名　称</th><th colspan="3">位置和方向</th><th>最大容许距离</th><th>最小容许距离</th></tr>
<tr><td rowspan="5">中心间距</td><td colspan="3">外排(垂直内力方向或顺向方向)</td><td>$8d$ 或 $12t$</td><td rowspan="5">$3d$</td></tr>
<tr><td rowspan="3">中间排</td><td colspan="2">垂直内力方向</td><td>$16d$ 或 $24t$</td></tr>
<tr><td rowspan="2">顺内力方向</td><td>构件承受压力</td><td>$12d$ 或 $18t$</td></tr>
<tr><td>构件不承受压力</td><td>$16d$ 或 $24t$</td></tr>
<tr><td colspan="3">沿对角线方向</td><td>—</td></tr>
<tr><td rowspan="4">中心至构件边缘距离</td><td colspan="3">顺内力方向</td><td rowspan="4">$4d$ 或 $8t$</td><td>$2d$</td></tr>
<tr><td rowspan="3">垂直内力方向</td><td colspan="2">剪切边或手工气割边</td><td rowspan="2">$1.5d$</td></tr>
<tr><td rowspan="2">轧制边、自动气割或锯割边</td><td>高强度螺栓</td></tr>
<tr><td>其他螺栓或铆钉</td><td>$1.2d$</td></tr>
</table>

(3) 螺栓的构造要求

螺栓的构造要求有以下几个方面：为连接可靠，连接的一端永久螺栓不得少于两个；对承受动力荷载的，必须要求有防螺栓松动措施，如加弹簧垫圈、焊死螺帽和螺杆；C 级螺栓有较大孔隙，只适用于杆轴方向受拉的连接；采用高强度螺栓进行拼接，为保证摩擦面紧密贴合，不采用型钢，而采用钢板；沿杆轴方向受拉的螺栓连接中的端板，应采取增强刚度的措施；当采用法兰连接的构件端板，应当加强其刚度。

3. 铆钉连接

铆钉连接(铆接)是将半成品铆钉烧成红热状后填入钉孔，再用压铆机或铆钉枪实施铆合，如图 6.1.25 所示。铆钉连接的主要特点是：工艺简单、连接可靠、抗震、耐冲击。

图 6.1.25　铆钉连接

与焊接相比,其缺点是:结构笨重,铆孔削弱被连接件截面强度15%～20%,操作劳动强度大、噪声大,生产效率低。因此,铆接的经济性和紧密性不如焊接。

相对螺栓连接而言,铆接更为经济、重量更轻,适于自动化安装。由于铆合过程中钉身被压粗,钉身和钉孔之间的空隙被大部分填实,因此结构变形比普通螺栓连接小。但铆接不适于太厚的材料,材料越厚铆接越困难,一般的铆接不适于承受拉力,因为其抗拉强度比抗剪强度低得多。钢结构的铆钉连接现在已基本淘汰,故在此不再细述。

6.1.5 钢结构构件的防腐与涂装

钢结构在常温大气环境中安装、使用,易受大气中水分、氧和其他污染物的作用而被腐蚀。钢结构的腐蚀不仅造成经济损失,还直接影响到结构安全。另外,钢材由于其导热快,比热小,虽不是燃烧材料,但极不耐火。未加防火处理的钢结构构件在火灾温度作用下,温度上升很快,只需十几分钟,自身温度就可达540℃以上,此时钢材的力学性能如屈服点、抗拉强度、弹性模量及载荷能力等都将急剧下降;达到600℃时,强度则几乎为零,钢构件不可避免地扭曲变形,最终导致整个结构的垮塌毁坏。

图6.1.26 某构件涂装现场

因此,根据钢结构所处的环境及工作性能采取相应的防腐与防火措施,是钢结构设计与施工的重要内容。目前国内外主要采用涂料涂装的方法进行钢结构的防腐与防火。如图6.1.26所示为某构件涂装现场。

1. 钢结构防腐涂装工程

钢结构防腐涂装工序为:基面清理→底漆涂装→面漆涂装→检查验收。

(1) 钢材表面除锈等级与除锈方法

要发挥涂料的防腐效果,重要的是使漆膜与钢材表面贴敷严密,若在基底与漆膜之间夹有锈、油脂、污垢及其他异物,不仅会妨害防锈效果,还会起反作用而加速锈蚀。因而钢材表面处理,并控制钢材表面的粗糙度,在涂料涂装前是必不可缺少的。

①钢材表面除锈等级

钢材表面分A、B、C、D四个锈蚀等级:

A——全面地覆盖着氧化皮而几乎没有铁锈;

B——已发生锈蚀,并且部分氧化皮剥落;

C——氧化皮因锈蚀而剥落,或者可以剥除,并有少量点蚀;

D——氧化皮因锈蚀而全面剥落,并普遍发生点蚀。

②钢材表面除锈方法

钢材表面除锈方法有:手工除锈、动力工具除锈、喷射或抛射除锈、酸洗除锈和火焰除锈,各种除锈方法的特点如表6.1.7所示。

表 6.1.7 各种除锈方法的特点

除锈方法	设备工具	优　点	缺　点
手工、机械	砂布、钢丝刷、铲刀、尖锤、平面砂轮机、动力钢丝刷	工具简单、操作方便、费用低	劳动强度大、效率低、质量差、只能满足一般的涂装要求
喷射	空气压缩机、喷射机、油水分离器等	能控制质量、获得不同要求的表面粗糙度	设备复杂、需要一定操作技术、劳动强度较高、费用高、污染环境
酸洗	酸洗槽、化学药品、厂房等	效率高、适用大批件、质量较高、费用较低	污染环境、废液不易处理，工艺要求较严

a) 喷射或抛射除锈等级

喷射或抛射除锈用 Sa 表示，分四个等级：

Sa1——轻度的喷射或抛射除锈。钢材表面应无可见的油脂或污垢，没有附着不牢的氧化皮、铁锈和油漆涂层等附着物。

Sa2——彻底的喷射或抛射除锈。钢材表面无可见的油脂和污垢，氧化皮、铁锈等附着物已基本清除，其残留物应是牢固附着的。

Sa2½——非常彻底的喷射或抛射除锈。钢材表面无可见的油脂、污垢、氧化皮、铁锈和油漆涂层等附着物，任何残留的痕迹应仅是点状或条状的轻微色斑。

Sa3——使钢材表观洁净的喷射或抛射除锈。钢材表面无可见的油脂、污垢、氧化皮、铁锈和油漆涂层等附着物，该表面应显示均匀的金属光泽。

b)手工和动力工具除锈等级

手工和动力工具除锈用 St 表示，分两个等级：

St2——彻底的手工和动力工具除锈。钢材表面应无可见的油脂和污垢，没有附着不牢的氧化皮、铁锈和油漆涂层等附着物。

St3——非常彻底的手工和动力工具除锈。钢材表面应无可见的油脂和污垢，没有附着不牢的氧化皮、铁锈和油漆涂层等附着物。除锈应比 St2 更为彻底，底材显露部分的表面应具有金属光泽。

c)火焰除锈等级

火焰除锈用 F1 表示，它包括在火焰加热作业后，以动力钢丝刷清除加热后附着在钢材表面的产物，只有一个等级：

F1——火焰除锈，钢材表面应无氧化皮、铁锈和油漆涂层等附着物，任何残留的痕迹应仅为表面变色(不同颜色的暗影)。

【注意事项】 下雨、下雪、下雾或湿度大的天气，不宜在户外进行手工和动力工具除锈。钢材表面经手工和动力工具除锈后，应在当班涂上底漆，以防止返锈。如在涂底漆前已返锈，则需重新除锈和清理，并及时涂上底漆。

(2) 钢结构防腐涂料

钢结构防腐涂料是一种含油或不含油的胶体溶液，涂敷在钢材表面，结成一层薄膜，使钢材与外界腐蚀介质隔绝。涂料分底漆和面漆两种。

底漆是直接涂在钢材表面上的漆。含粉料多，基料少，成膜粗糙，与钢材表面黏结力强，与面漆结合性好。

面漆是涂在底漆上的漆。含粉料少，基料多，成膜后有光泽，主要功能是保护下层底漆。面漆对大气和湿气有高度的不渗透性，并能抵抗有腐蚀介质、阳光紫外线所引起风化分解。

钢结构的防腐涂层，可由几层不同的涂料组合而成。涂料的层数和总厚度是根据使用条件来确定的，一般室内钢结构要求涂层总厚度为 125μm，即底漆和面漆各两道。高层建筑钢结构一般处在室内环境中，而且要喷涂防火涂层，所以通常只刷两道防锈底漆。

【注意事项】 涂料的选用应考虑以下几方面因素：①考虑涂料用途，是打底用还是罩面用；②考虑工程使用场合和环境，如潮湿环境、腐蚀气体作用等；③ 考虑技术条件，施工过程中能否满足；④考虑工程使用年限、质量要求、耐久性等因素；⑤满足经济性要求。

(3) 防腐涂装方法

钢结构防腐涂装常用的施工方法有刷涂法和喷涂法两种。

刷涂法应用较广泛，适宜于油性基料刷涂。因为油性基料虽干燥得慢，但渗透性大，流平性好，不论面积大小，刷起来都会平滑流畅。一些形状复杂的构件，使用刷涂法也比较方便。

喷涂法施工工效高，适合于大面积施工，对于快干和挥发性强的涂料尤为适合。喷涂的漆膜较薄，为了达到设计要求的厚度，有时需要增加喷涂的次数。喷涂施工比刷涂施工涂料损耗大，一般要增加 20％左右。

(4) 防腐涂装质量要求

①涂料、涂装遍数、涂层厚度均应符合设计要求。当设计对涂层厚度无要求时，涂层干漆膜总厚度：室外应为 150μm，室内应为 125μm，其允许偏差为－25μm。每遍涂层干漆膜厚度的允许偏差为－5μm。

②配制好的涂料不宜存放过久，涂料应在使用的当天配制。稀释剂的使用应按说明书的规定执行，不得随意添加。

③涂装时的环境温度和相对湿度应符合涂料产品说明书的要求，当产品说明书无要求时，环境温度宜在 5～38℃，相对湿度不应大于 85％。涂装时构件表面不应有结露；涂装后 4h 内应保护免受雨淋。

④施工图中注明不涂装的部位不得涂装。焊缝处、高强度螺栓摩擦面处，暂不涂装，待现场安装完后，再对焊缝及高强度螺栓接头处补刷防腐涂料。

⑤涂装应均匀，无明显起皱、流挂、针眼和气泡等，附着应良好。

⑥涂装完毕后，应在构件上标注构件的编号。大型构件应标明其重量、构件重心位置和定位标记。

(5) 二次涂装

二次涂装一般是指由于作业分工在两地或分两次进行施工的涂装。前道漆涂完后，超过 1 个月再涂下一道漆，也应算作二次涂装。进行二次涂装时，应按相关规定进行表面处理和修补。

对于海运产生的盐分、陆运或存放过程中产生的灰尘都要清除干净，方可涂下道漆。如果涂漆间隔时间过长，前道漆膜可能因老化而粉化(特别是环氧树脂漆类)，要求进行“打毛”处理，使表面干净和增加粗糙度，来提高附着力。

修补所用的涂料品种、涂层层次与厚度、涂层颜色应与原设计要求一致。表面处理可采用手工机械除锈方法，但要注意油脂及灰尘的污染。在修补部位与不修补部位的边缘处，宜有过渡段，以保证搭接处平整和附着牢固。对补涂部位的要求也应与上述相同。

2. 钢结构防火涂装工程

钢结构防火涂料能够起到防火作用，主要有三个方面的原因：一是涂层对钢材起屏蔽作用，隔离了火焰，使钢构件不至于直接暴露在火焰或高温之中；二是涂层吸热后，部分物质分解出水蒸气或其他不燃气体，起到消耗热量、降低火焰温度和燃烧速度、稀释氧气的作用；三是涂层本身多孔轻质或受热膨胀后形成炭化泡沫层，热导率均在 0.233W/(m·K)以下，阻止了热量迅速向钢材传递，推迟了钢材受热温升到极限温度的时间，从而提高了钢结构的耐火极限。

(1) 钢结构防火涂料

①防火涂料分类

防火涂料应呈碱性或偏碱性，实干后不得有刺激性气味。根据涂层厚度及性能特点可分为 B 类和 H 类两类。

B 类即薄涂型钢结构防火涂料，涂层厚度一般为 2～7mm，有一定装饰效果，高温时涂层膨胀增厚，耐火极限一般为 0.5～2h，故又称为钢结构膨胀防火涂料。

H 类即厚涂型钢结构防火涂料，涂层厚度一般为 8～50mm，粒状表面，密度较小，热导率低，耐火极限可达 0.5～3h，又称为钢结构防火隔热涂料。

钢结构防火涂料涂层的厚度测定方法和测点布置如图 6.1.27 所示。

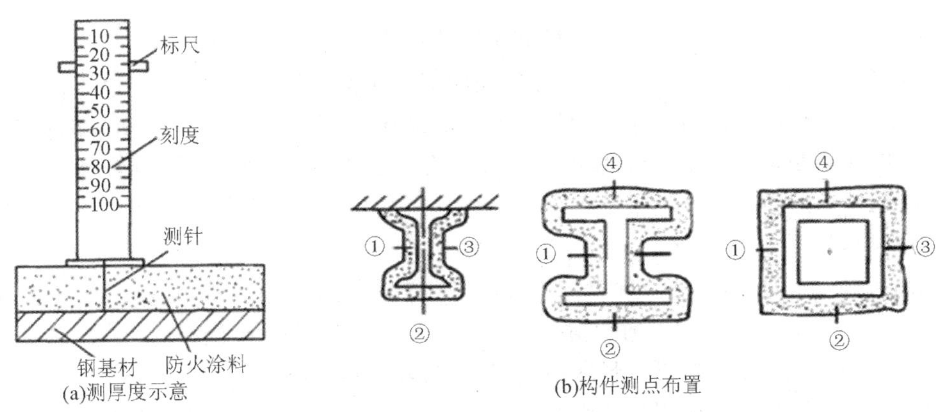

图 6.1.27 钢结构防火涂料厚度的测定

②防火涂料选用

室内裸露钢结构、轻型屋盖钢结构及有装饰要求的钢结构，当规定其耐火极限在1.5h及以下时，宜选用薄涂型钢结构防火涂料。室内隐蔽钢结构、多层及高层全钢结构、多层厂房钢结构，当规定其耐火极限在 2.0h 及以上时，宜选用厚涂型钢结构防火涂料。露天钢结构，如石油化工企业、油(汽)罐支撑、石油钻井平台等钢结构，应选用符合室外钢结构防火涂料产品规定的厚涂型或薄涂型钢结构防火涂料。当防火涂料分为底层和面层涂料时，两层涂料应相互匹配，且底层不得腐蚀钢结构，不得与防锈底漆产生化学反应；面层若为装饰涂料，选用涂料应通过试验验证。复层涂料应相互配套，底层涂料应能同普通的防锈漆配合使用。防火涂料的黏结强度和抗压强度应符合要求。涂料燃烧时，不得产生浓烟和有害气体。

选用防火涂料时，应注意不应把薄涂型钢结构防火涂料用于保护2h以上的钢结构；不得将室内钢结构防火涂料未加改进和未采取有效的防火措施，直接用于喷涂保护室外的钢结构。

(2) 防火涂料涂装的一般规定

①防火涂料的涂装，应在钢结构安装就位并经验收合格后进行。

②钢结构防火涂料涂装前钢材表面应除锈，并根据设计要求涂装防腐底漆。防腐底漆与防火涂料不应发生化学反应。

③防火涂料涂装基层不应有油污、灰尘和泥砂等污垢。钢构件连接处4～12mm宽的缝隙应采用防火涂料或其他防火材料，如硅酸铝纤维棉、防火堵料等填补堵平。

④对大多数防火涂料而言，施工过程中和涂层干燥固化前，环境温度应宜保持在5～38℃，相对湿度不应大于85%，空气应流动。涂装时构件表面不应有结露，涂装后4h内应保护免受雨淋。

(3) 厚涂型防火涂料施工

①施工方法与机具

厚涂型防火涂料一般采用喷涂施工。机具可为压送式喷涂机或挤压泵，配能自动调压的0.6～0.9m^3/min的空压机，喷枪口径为6～12mm，空气压力为0.4～0.6MPa。局部修补可采用抹灰刀等工具手工抹涂。

②涂料的搅拌与配置

由工厂制造好的单组分湿涂料，现场应采用便携式搅拌器搅拌均匀；由工厂提供的干粉料，现场加水或用其他稀释剂调配，应按涂料说明书规定配比混合搅拌，边配边用；由工厂提供的双组分涂料，按配制涂料说明规定的配比混合搅拌，边配边用。特别是化学固化干燥的涂料，配制的涂料必须在规定的时间内用完；搅拌和调配涂料，使稠度适宜，即能在输送管道中畅通流动，喷涂后不会流淌和下坠。

③施工操作

喷涂应分2～5次完成，第一次喷涂以基本盖住钢材表面即可，以后每次喷涂厚度为5～10mm，一般以7mm左右为宜。通常情况下，每天喷涂一遍即可；喷涂时，应注意移动速度，不能在同一位置久留，以免造成涂料堆积流淌；配料及往挤压泵加料应连续进行，不得停顿；施工工程中，应采用测厚针检测涂层厚度，直到符合设计规定的厚度，方可停止喷涂；喷涂后的涂层要适当维修，对明显的乳突，应采用抹灰刀等工具剔除，以确保涂层表面均匀。

(4) 薄涂型防火涂料施工

①施工方法与机具

喷涂底层、主涂层涂料，宜采用重力(或喷斗)式喷枪，配能自动调压的0.6～0.9m^3/min的空压机，喷嘴直径为4～6mm，空气压力为0.4～0.6MPa；面层装饰涂料，一般采用喷吐施工，也可以采用刷涂或滚涂的方法，喷涂时，应将喷涂底层的喷嘴直径换为1～2mm，空气压力调为0.4MPa；局部修补或小面积施工，可采用抹灰刀等工具手工抹涂。

②施工操作

底层及主涂层一般应喷2～3遍，每遍间隔4～24h，待前遍基本干燥后再喷后一遍，头遍喷涂以盖住基底面70%即可，第二、三遍喷涂每遍厚度以不超过2.5mm为宜，施工工程中应采用测厚针检测涂层厚度，确保各部位涂层达到设计规定的厚度；面层涂料一般涂饰1～2遍，若头遍从左至右喷涂，第二遍则应从右至左喷涂，以确保全部覆盖住下部主涂层。

(5) 防火涂装质量要求

①薄涂型钢结构防火涂层应符合下列要求：涂层厚度符合设计要求；无漏涂、脱粉、明显裂缝等。如有个别裂缝，其宽度应不大于0.5mm；涂层与钢基材之间和各涂层之间，应钻结牢固，无脱层、空鼓等情况；颜色与外观符合设计规定，轮廓清晰，接茬平整。

②厚涂型钢结构防火涂层应符合下列要求：涂层厚度符合设计要求，如厚度低于原定标准，但必须大于原定标准的85%，且厚度不足部位的连续面积的长度不大于1m，并在5m范围内不再出现类似情况；涂层应完全闭合，不应露底、漏涂；涂层不宜出现裂缝。如有个别裂缝，其宽度应不大于1mm；涂层与钢基材之间和各涂层之间，应黏结牢固，无空鼓、脱层和松散等情况；涂层表面应无乳突。有外观要求的部位，母线不直度和失圆度允许偏差不应大于8mm。

③薄涂型防火涂料的涂层厚度应符合有关耐火极限的设计要求。

④涂层检测的总平均厚度，应达到规定厚度的90%。

⑤对于重大工程，应进行防火涂料的抽样检验。

3. 成品保护

钢构件在涂装后应做好成品保护工作，可以采取以下措施：

(1) 钢构件涂装后，应加以临时围护隔离，防止踏踩、损伤涂层。

(2) 钢构件涂装后，在4h内如遇大风或下雨时，应加以覆盖，防止沾染灰尘或水汽，避免影响涂层的附着力。

(3) 涂装后的钢构件需要运输时，应注意防止磕碰，防止在地面拖拉，防止土层损坏。

(4) 涂装后的钢构件勿接触酸类液体，防止咬伤涂层。

4. 钢结构涂装施工安全技术

涂装施工安全技术有下列要求：

(1) 施工前要对操作人员进行防火安全教育和安全技术交底。

(2) 涂装操作人员应穿工作服，戴乳胶手套、防尘口罩、防护眼镜、防毒面具等防护用品；患有慢性皮肤病或对某些物质有过敏反应者，不宜参加施工。

(3) 涂料施工的安全措施主要要求：涂漆施工场地要有良好的通风，如在通风条件不好的环境涂漆时，必须安装通风设备。

(4) 因操作不小心，涂料溅到皮肤上时，可用木屑加肥皂水擦洗；最好不用汽油或强溶剂擦洗，以免引起皮肤发炎。

(5) 使用机械除锈工具(如钢丝刷、粗锉、风动或电动除锈工具)清除锈层、工业粉尘、旧漆膜时，为避免眼睛被玷污或受伤，要戴上防护眼镜，并戴上防尘口罩，以防呼吸道被感染。

(6) 在涂装对人体有害的漆料(如红丹的铅中毒、天然大漆的漆毒、挥发型漆的溶剂中毒等)时，需要戴上防毒口罩、封闭式眼罩等保护用品。

(7) 在喷涂硝基漆或其他挥发型且易燃性较大的涂料时，严禁使用明火，应严格遵守防火规则，以免失火或引起爆炸。

(8) 高空作业时要系安全带，双层作业时要戴安全帽；要仔细检查跳板、脚手杆子、吊篮、石梯、绳索、安全网等施工用具有无损坏，捆扎牢不牢，有无腐蚀或搭接不良等隐患；每次使用之前均应在平地上做起重试验，以防造成事故。

(9) 施工场所的电线，要按防爆等级的规定安装；电动机的启动装置与配电设备，应该是防爆式的，要防止漆雾飞溅在照明灯泡上。

(10) 不允许把盛装涂料、溶剂或用剩的漆罐开口放置。浸染涂料或溶剂的破布及废棉纱等物，必须及时清除；涂漆环境或配料房要保持清洁，出入畅通。

(11) 操作人员涂漆施工时，如感觉头痛、心悸或恶心，应立即离开施工现场，在通风良好的环境里换换新鲜空气，如仍然感到不适，应速去医院检查治疗。

6.2 钢结构单层工业厂房安装

钢结构单层工业厂房构件吊装是钢结构单层工业厂房施工的关键问题。吊装作业开工前须制订吊装方案，关键是选用合适的吊点和起重机具。合理布置施工场地，确定机械运行路线和构件堆放地点，铺设道路及机械运行轨道，测定建筑物轴线和标高，安装吊装机械，准备各种索具、吊具和工具。结构吊装方法有很多，合理地选择吊装方法可以节省时间，使劳动效率大大提高。

图 6.2.1 为单层工业厂房钢结构安装工艺流程图，主要包括吊装前的准备工作、构件的吊装。钢结构构件吊装工艺具体可细分为：施工放线→基础混凝土内预埋螺栓→钢结构加工制作→吊车梁安装→钢梁安装→屋架、屋面板及屋檐板安装→墙面板安装→钢结构涂装。

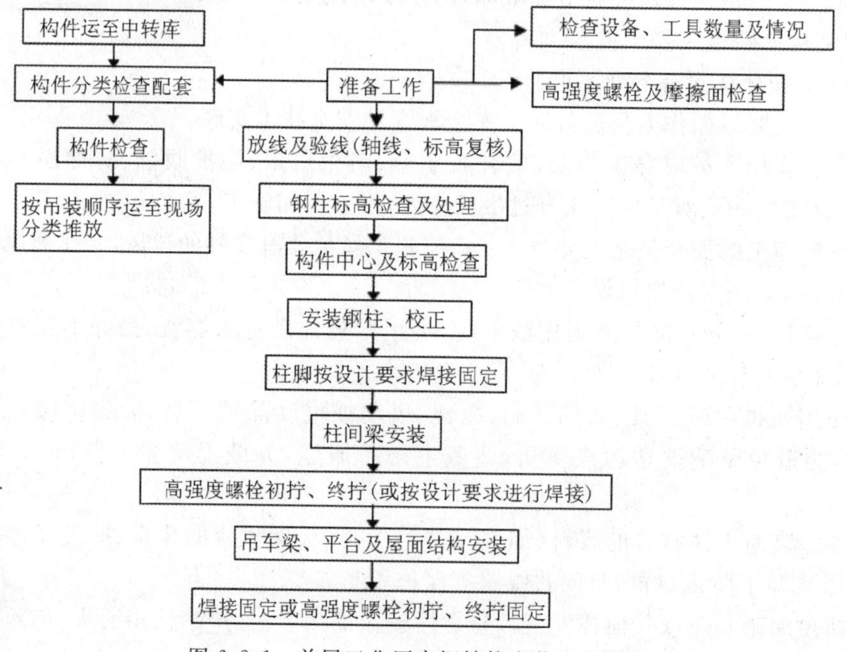

图 6.2.1 单层工业厂房钢结构安装工艺流程

6.2.1 吊装前的准备工作

钢结构安装工程施工应做好充分的施工准备工作，其主要内容有技术准备、机具设备准备、现场作业条件准备、材料准备等。

1. 技术准备

技术准备工作应按工程规模大小及结构类型和特点，分别编制结构安装施工组织设计、施工方案、施工作业指导书、技术交底等施工文件，完成现场作业技术准备。

(1) 施工组织设计编制

主要内容包括：工程概况及特点；施工总体部署；施工准备工作计划；吊装方法及主要技术措施；施工现场平面布置图；劳动力计划；机具设备计划；材料和构件供应计划；质量保证措施和安全措施；环境保护措施；施工进度计划等。

编制中应结合工程特点和难点，有针对性地提出相应的施工方法和技术措施，特别是对于复杂结构或有特殊要求的部位及构件。

(2) 现场技术准备

柱基检查：柱基中的地脚螺栓宜采用后埋式方法施工，以确保位置的准确。如采用钻孔植入或预留孔埋入等方法。如图 6.2.2 所示为钢结构柱脚的地脚螺栓。

图 6.2.2 地脚螺栓

柱基检查主要是轴线和标高的复核，弹好安装对位线，检查地脚螺栓轴线位置、预留尺寸、表观质量等，如有质量问题应按设计要求或相关规定进行处理。

构件清理与弹线编号：检查清理进场的钢柱等先行吊装的构件，并按设计进行编号且弹好安装就位线。

柱基找平和标高控制：混凝土柱基面标高按设计要求应比钢柱底部低 50～60mm(普通或轻型钢结构可低 20mm)。柱基找平和标高控制一般采用一次浇筑法、二次浇筑法和“螺母调整法”等。

采用一次浇筑法时，先将混凝土浇至设计标高下 40～60mm 处，再用细石混凝土精确找平至设计标高。采用二次浇筑法时，第一次浇筑到比设计标高低 40～60mm 处，待混凝土有一定强度后，上面放钢垫板，然后吊装柱，校正完后再浇灌细石混凝土。常用于重型钢柱。如采用“螺母调整法”安装柱时，应在预埋螺栓上戴上螺母，再用水平仪精准控制螺母上表面将其调整为柱底标高，将其作为支撑柱的支点和标高控制点，同时可利用螺母调整柱子的垂直度。

2. 机具设备准备

(1) 下料设备：锯床、型钢切割机、半自动及全自动切割机、等离子切割机、剪板机等。

(2) 组拼设备：钢平台、人工组拼胎模、自动组立机等。

(3) 焊接设备：二氧化碳气体保护焊、半自动或全自动埋弧焊、气焊、电焊机等，如图 6.2.3(a)所示为自动埋弧焊机。

(4) 矫正设备：自动矫正机、压力机等，如图 6.2.3(b)所示为矫正机。

(5) 机械加工设备：钻床、刨边机、车床等。

(6) 除锈防腐设备：空气压缩机、喷砂设备、磨光机等。

(7) 起重设备：汽车起重机、塔式起重机、独脚或人字扒杆、卷扬机等。针对单层钢结构工程面积大、跨度大等安装施工的特点，及道路场地条件，吊装机械宜选用履带式起重机、汽车吊。

(8) 其他施工用机具：撬杆、夹具、千斤顶、手动葫芦、吊滑车、电动扳手、扭矩扳手、屋架校正调节器、各种索具等。

(a)自动埋弧焊机

(b)矫正机

图 6.2.3　部分设备

3. 现场作业条件准备

现场作业条件是指吊装前应完成基础验收工作，并按平面布置图要求完成场地清理、道路修筑、障碍物排除或处理等工作。

4. 材料准备

材料准备包括钢构件准备、普通螺栓和高强度螺栓准备、焊接材料准备、吊装辅助材料准备等。

(1) 钢构件准备

钢构件加工制作完成后，应按照施工图和国标《钢结构工程施工质量验收规范》(GB 50205—2001)的规定进行验收，有的还分工厂验收、工地验收，因工地验收还增加了运输的因素，钢构件出厂时，应提供下列资料：产品合格证及技术文件；施工图和设计变更文件；制作中技术问题处理的协议文件；钢材、连接材料、涂装材料的质量证明或试验报告；焊接工艺评定报告；高强度螺栓摩擦面抗滑移系数试验报告，焊缝无损检验报告及涂层检测资料；主要构件检验记录；预拼装记录，由于受运输、吊装条件的限制，以及设计的复杂性，有时构件要分两段或若干段出厂，为了保证工地安装的顺利进行，在出厂前进行预拼装(需预拼装时)；构件发运和包装清单。

构件的运输要求：发运的构件，单件超过 3t 的，宜在易见部位用油漆标上重量及重心位置的标志，以免在装、卸车和起吊过程中损坏构件；节点板、高强度螺栓连接面等重要部分要有适当的保护措施，零星的部件等都要按同一类别用螺栓和铁丝紧固成束或包装发运。如图 6.2.4所示为钢结构构件的运输过程。

大型或重型构件的运输应根据行车路线、运输车辆的性能、码头状况、运输船只来编制运输方案。在运输方案中要着重考虑吊装工程的堆放条件、工期要求来编制构件的运输顺序。

运输构件时,应根据构件的长度、重量、断面形状选用车辆;构件在运输车辆上的支点、两端伸长的长度及绑扎方法均应保证构件不产生永久变形、不损伤涂层。构件起吊必须按设计吊点起吊,不得随意。

图 6.2.4　钢结构构件的运输

公路运输装运的高度极限为 4.5m,如需通过隧道时,则高度极限为 4m,构件长出车身不得超过 2m。

构件一般要堆放在工厂的堆放场和现场的堆放场。构件堆放场地应平整坚实,无水坑、冰层,地面平整干燥,并应排水通畅,有较好的排水设施,同时有车辆进出的回路。

构件应按种类、型号、安装顺序划分区域,插竖标志牌。构件底层垫块要有足够的支承面,不允许垫块有大的沉降量,堆放的高度应有计算依据,以最下面的构件不产生永久变形为准,不得随意堆高。钢结构产品不得直接置于地上,要垫高 200mm。

在堆放中,发现有变形不合格的构件,则严格检查,进行矫正,然后再堆放。不得把不合格的变形构件堆放在合格的构件中,否则会大大地影响安装进度。

对于已堆放好的构件,要派专人汇总资料,建立完善的进出厂的动态管理,严禁乱翻、乱移。同时对已堆放好的构件进行适当保护,避免风吹雨打、日晒夜露。

不同类型的钢构件一般不堆放在一起。同一工程的钢构件应分类堆放在同一地区,便于装车发运。

(2) 高强度螺栓准备

高强度螺栓应严格按设计图纸要求的规格数量进行采购及检查验收,供货方必须提供合法的质量证明材料,如出厂合格证,扭矩系数、紧固轴力等检验报告。使用前必须按相关规定作紧固轴力或扭矩系数复验,同时也应对钢结构件摩擦面的抗滑移系数进行复验(或由生产加工单位提供复验报告)。

(3) 焊接材料准备

在结构安装施工之前应对焊接材料的品种、规格、性能等进行检查,各项指标应符合国家标准和设计要求。焊接材料应有质量合格证明文件、检验报告及中文标志等。对重要的结构件安装所采用的焊接材料应进行抽样复验。

(4) 吊装辅助材料准备

为保证施工正常进行,吊装前应按施工组织设计或施工方案要求,准备好拼装加固用的杉杆、木板、木枋,及脚手架、枕木等。

钢结构安装工程施工应做好充分的施工准备工作,其主要内容有:技术准备、机具设备准备、材料准备、现场作业条件准备等。

6.2.2　构件的吊装工艺

单层厂房钢结构构件包括柱、吊车梁、屋架、天窗架、支撑及墙架等。钢结构单层工业厂房构件的吊装与钢筋混凝土排架结构单层工业厂房相似。构件的形式、尺寸、质量、安装标高都不同,应采用不同的起重机械、吊装方法,以达到经济、合理的目的。

1. 钢柱的吊装

单层工业厂房占地面积较大,通常用自行式起重机或塔式起重机吊装钢柱。钢柱的吊升方法与装配式钢筋混凝土柱子相似,分为旋转法和滑行法。对重型钢柱可采用双机抬吊的方法进行吊装,用一台起重机抬柱的上吊点(近牛腿处的吊点),另一台起重机抬下吊点。采用双机并立相对旋转法进行吊装。

钢柱宜采用一点直吊绑扎法起吊,就位时对准地脚螺栓缓慢下落,对位后拧上螺帽将柱临时固定,校正其平面位置和垂直度;校正后终拧螺帽,用垫板与柱底板焊牢,然后柱底灌浆固定。

钢柱垂直度的偏差用经纬仪检验,如超过允许偏差,用螺旋千斤顶或油压千斤顶进行校正。在校正过程中,随时观察柱底部和标高控制块之间是否脱空,以防校正过程中造成水平标高的误差。

为防止钢柱校正后的轴线位移,应在柱底板四边用 10mm 厚钢板定位,并用电焊固定。钢柱复校后,再紧固地脚螺栓,并将承重块上下点焊固定,防止走动,如图 6.2.5 所示。

(a)钢柱的吊装　(b)钢柱的校正　(c)终拧地脚螺栓　(d)柱底灌浆固定

图 6.2.5　钢柱的校正与固定

2. 钢吊车梁的吊装

在钢柱吊装完成后,即可吊装吊车梁。单层工业厂房内的吊车梁,根据起重设备的起重能力分为轻、中、重型三类。轻型质量只有几吨,重型的有跨度大于 30m、质量达 100t 以上者。

钢吊车梁均为简支梁形式,梁端之间留有 10mm 左右的空隙。梁的搁置处与牛腿面之间留有空隙,设钢垫板。梁与牛腿用螺栓连接,梁与制动梁之间用高强度螺栓连接。

【注意事项】 吊车梁吊装前注意事项:①注意钢柱吊装后的位移和垂直度偏差;②实测吊车梁搁置处梁高制作的误差;③认真做好临时标高垫块工作;④严格控制定位轴线。

(1) 吊车梁采用两点绑扎[见图 6.2.6(a)],吊升时用溜绳控制吊升过程构件的空中姿态,方便对位及避免碰撞。

(2) 钢吊车梁的吊升

吊装吊车梁常用自行式起重机,以履带式起重机应用最多。亦可用塔式起重机、拨杆、桅杆式起重机等进行吊装。对锚具重量很大的吊车梁,可用双机抬吊[见图 6.2.6(b)],特别巨大者还可设置临时支架分段进行吊装。

(3) 钢吊车梁的校正与固定

吊车梁的校正主要是标高、垂直度、轴线和跨距的校正,具体内容可参考中职教材。标高的校正可在屋盖吊装前进行,其他项目的校正宜在屋盖吊装完成后进行,因为屋盖的吊装可能引起钢柱变化。

(a)吊车梁采用两点绑扎

(b)吊车梁采用双机抬吊

图 6.2.6 钢吊车梁的吊升

检验吊车梁轴线的方法与钢筋混凝土吊车梁相同,可用通线法或平移轴线法。

吊车梁跨距的检验,用钢皮尺测量,跨度大的车间用弹簧秤拉测(拉力一般为 100～200N)。测量时应防止钢尺下垂,必要时应进行验算。

吊车梁标高校正,主要是对梁作竖向的移动,可用千斤顶或起重机等。轴线和跨距的校正是对梁作水平方向的移动,可用撬棍、钢楔、花篮螺丝、千斤顶等。

吊车梁校正后,紧固连接螺栓,并将钢垫板用电焊固定。

3. 钢屋架的吊装

屋架安装应在柱子校正并固定后进行,檩条等构件安装应在屋架调整定位后进行。钢屋架的吊装可用自行式起重机(尤其是履带式起重机)、塔式起重机和桅杆式起重机等进行,由于屋架的跨度、重量和安装高度不同,宜选用不同的起重机械和吊装方法。钢屋架的侧向刚度较差,在其翻身扶直与吊装时一般应绑扎几道杉杆,作为临时加固措施。屋架多用悬空吊装,为使屋架在吊起后不致发生摇摆而和其他构件碰撞,起吊前在屋架两端应绑扎溜绳,随吊随放松,以此保证其正确位置。屋架临时固定用临时螺栓和冲钉。

钢屋架的侧向稳定性较差,在起重机械的起重量和起重臂长度允许时,最好经扩大拼装后进行组合吊装,即在地面上将两榀屋架及其上的天窗架、檩条、支撑等拼装成整体,一次进行吊装,这样不但提高吊装效率,也有利于保证其吊装稳定性,如图 6.2.7(b)所示。

钢屋架要检验校正其垂直度和弦杆的正直度。屋架的垂直度可用垂球检验,而弦杆的正直度则可用拉紧的测绳进行检验。钢柱、钢吊车梁、钢屋架等构件安装的允许偏差,详见

《钢结构工程施工及验收规范》。钢屋架的最后固定用电焊或高强度螺栓。

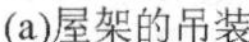
(a)屋架的吊装

(b)扩大组合拼装单元的吊装

图 6.2.7 钢屋架的吊装

4. 门式钢架安装

由于屋面及墙体材料的改革，门式钢架的跨度越来越大，而构件截面小、自重轻、侧向刚度差是其主要特点。

门式钢架的吊装仍本着先吊竖向构件、后吊平面构件的原则施工。柱的安装方法同前所述。对结构自重轻、跨度小的钢架结构，可采用一次浇筑法完成柱基表面处理，吊装时钢柱直接安放在基础平面上，此法要求钢柱底板应有较高的平整度。对其他钢架柱则宜采用螺母调整法或二次浇筑法。

钢架斜梁尽可能采用地面拼装、一次整体吊升与两侧柱连接的安装方法。绑扎起吊应借助铁扁担，并注意处理保护好绑扎点，防止梁侧滚及磨伤吊索和构件。大跨度梁也可以采用双机抬吊的方式。钢架梁安装完成后应及时形成空间刚度单元，以保证结构的整体稳定性。

门式钢架的吊装顺序：钢架柱→柱校正→吊车梁、柱间支撑等→钢架梁及屋盖构件→吊车梁校正。

5. 关于高强度螺栓的安装与使用

(1) 安装要求

选用的高强度螺栓的型式、规格应符合设计要求，高强度螺栓连接副的扭矩系数试验或预拉力复验合格。

选用螺栓长度应考虑构件的被连接厚度、螺母厚度、垫圈厚度和紧固后要露出三扣螺纹的余长。一般螺纹长度 L 按下式计算：

$$L = L_1 nS + m + 3P \tag{6.2.1}$$

式中：L_1—— 构件被连接厚度，mm；

n—— 垫圈个数，扭剪型螺栓为 1；大六角螺栓为 2；

S—— 垫圈公称厚度，mm；

m—— 螺母公称厚度，mm；

P—— 螺纹的螺距，mm。

计算所得数值应调整为 5 的倍数。

高强度螺栓在运输、保管和使用过程中,要防止锈蚀、玷污和碰伤螺纹等可能导致扭矩系数变化的情况发生。高强度螺栓连接副(即高强度螺栓带的配套的螺母和垫圈)应在同一包装箱中配套使用。施工有剩余时,必须按批号分别存放,不得混放混用。

高强度螺栓连接面摩擦系数试验结果应符合设计要求,构件连接面与试件连接面表面状态相符。

构件连接面表面没有油漆、油污、氧化铁皮(黑皮)、毛刺和飞边,没有目视明显的凸凹不平和翘曲。组装前用细钢丝刷清除浮锈和尘土。

(2) 安装方法

高强度螺栓接头组装时应采用冲钉和临时螺栓连接。临时螺栓的数量应为接头上螺栓总数的 1/3,并不少于两个,冲钉作用数量不宜超过临时螺栓数量的 30%。安装冲钉时不得因强行击打面使螺孔变形造成飞边。严禁使用高强螺栓代替临时螺栓,以防因损伤螺纹造成扭矩系数增大。对错位的螺栓孔应采用铰刀或粗锉刀进行处理规整,处理时应先紧固临时螺栓至板叠间无间隙,以防切屑落入。严禁用火焰切割修整螺栓孔。

结构应在临时螺栓连接状态下进行安装精度校正。结构安装精度调整达到标准规定后便可安装高强度螺栓。首先安装接头中那些未装临时螺栓和冲钉的螺孔,螺栓应能自由垂直穿入螺孔(螺栓不得受剪),穿入方向应该一致。对这些装上的高强度螺栓使用普通扳手充分拧紧后,再逐个用高强度螺栓换下冲钉和普通螺栓。

整个安装高强度螺栓的操作过程,应保持连接面和螺栓连接副处于干燥状态,不得在雨中作业。连接副的表面如果涂有过多的润滑剂或防锈剂,应使用干净而又牢固的布,轻轻揩拭掉多余的涂脂,防止其安装后流到连接面中,且忌用清洗剂清洗,否则会造成扭矩系数变化。

为使每个螺栓的预拉力均匀相等,高强度螺栓的紧固至少须分两次进行。第一次为初拧,第二次为终拧。对大型构件高强度螺栓接头,必要时在螺栓初拧后,还要用初拧的工艺对螺栓逐颗复拧后才进行终拧。

初拧扭矩值宜为终拧扭矩值的 50%,复拧的扭矩一般等于初拧扭矩。终拧扭矩值应符合设计要求,并按下式计算:

$$T_c = K \times P_c \times d \tag{6.2.2}$$

$$P_c = P + \Delta P \tag{6.2.3}$$

式中:T_c—— 终拧扭矩值,N·mm;

P—— 设计预拉力,N;

ΔP—— 预拉力损失值,一般为设计预拉力的 5% ~ 10%;

K—— 扭矩系数(按复检结果或由设计方确定);

d—— 螺栓公称直径,mm。

高强度螺栓的紧固顺序,要使螺栓群中所有螺栓都均匀受力。同一连接面上的螺栓,应由连缝中部向两端顺序进行紧固。两个连接构件的紧固顺序是:先主要构件,后次要构件。工字形构件的紧固顺序是:上翼缘→下翼缘→腹板。同一节柱上各梁柱节点的紧固顺序是:先紧固柱子上部的梁柱节点,再紧固柱子下部的梁柱节点,最后紧固柱子中部的梁柱节点。

当天安装的螺栓,应在当天终拧完毕,其外露丝扣不得少于 3 扣。

高强度螺栓多用电动扳手进行紧固,如图 6.2.8(a)所示。对于扭剪型高强度螺栓,以拧掉尾部梅花卡头为终拧结束，如图 6.2.8(b)所示。不能使用电动扳手的场合，用测力扳手进行紧固，紧固后用鲜明色彩的涂料在螺栓尾部涂上终拧标记备查。

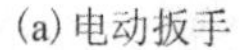
(a)电动扳手

(b)扭剪型高强度螺栓

图 6.2.8　电扳手和扭剪型高强度螺栓

为保证高强度螺栓的施工质量，对用于紧固高强度螺栓的电动扳手要每个作业班前进行标定检查。对已紧固的高强度螺栓，在施工人员自检、互检的基础上，由专职人员进行验收。对终拧用电动扳手紧固的扭剪型高强度螺栓，以螺栓尾部是否拧掉作为验收标准。对用测力扳手紧固的高强度螺栓，仍用测力扳手检查其是否紧固到规定的终拧扭矩值。抽查率为每节点处高强度螺栓量的 10%，但不少于 1 枚。采用转角法施工，初拧结束后，应在螺母与螺杆端面同一处刻画出终拧角的起始线和终止线以待检查。大六角头高强度螺栓采用扭矩法施工，检查时，应将螺母回退 30°～50°再拧至原位，测定终拧扭矩值，其偏差不得大于±10%。如发现欠拧(扭矩低于 $0.9M_{检}$)、漏拧应补拧；超拧(扭矩超过 $1.1M_{检}$)应更换；欠拧\漏拧宜用 0.3～0.5kg 重的小锤逐个敲检。

在高空进行高强度螺栓的紧固，要遵守登高作业的安全注意事项。拧掉的扭剪型高强度螺栓尾部应随时放入工具袋内，严禁随便抛落。

高强度螺栓的紧固要配合钢结构的吊装速度。从目前情况看，每人每日约可紧固 100 套高强度螺栓，可参考此数字来安排工人数。

【注意事项】 高强度螺栓紧固至少须分两次进行。第一次为初拧，第二次为终拧。

3. 结构的吊装方案

单层钢结构工程构件吊装一般宜采用分件安装法，对屋盖系统则按节间采用综合吊装的方法。此方法工效高且安全，特别适用于履带式起重机。对工期有特殊要求的工程也可以采用综合安装法。

在拟订单层钢结构厂房的结构安装方案时，应考虑厂房的平面尺寸、承重结构的跨度与柱距、构件类及重量，厂房内各种设备基础(特别是重型厂房)等。因此，在拟订结构安装方案时，和钢筋混凝土厂房一致，应着重解决起重机选择、结构安装方法、起重机械开行路线与构件的平面布置等问题，具体安装参考中职教材。

6.2.3　工程实例

1. 工程概况

厂房主体结构为轻钢结构，厂房总长度为 138.5m、跨度为三跨，分别为 18m、24m、18m，柱距为 6.9m。主要构件有钢柱、钢梁、钢吊车梁、柱间钢支撑、C 型檩条、屋面及墙面彩板等。该厂房有钢柱 98 根,最大钢柱单重约 1.5t。吊车梁 120 根,每根吊车梁单重约0.85t。钢屋架梁 63 榀,最大钢屋架梁单重约 2t。

2. 吊装工序的安排

本工程钢结构吊装工程量较大,构件较多。为保证优质、安全、高效地完成吊装任务,把整个车间按跨度划成三个吊装单元,严格按如图 6.2.9 所示钢结构吊装流程图施工。

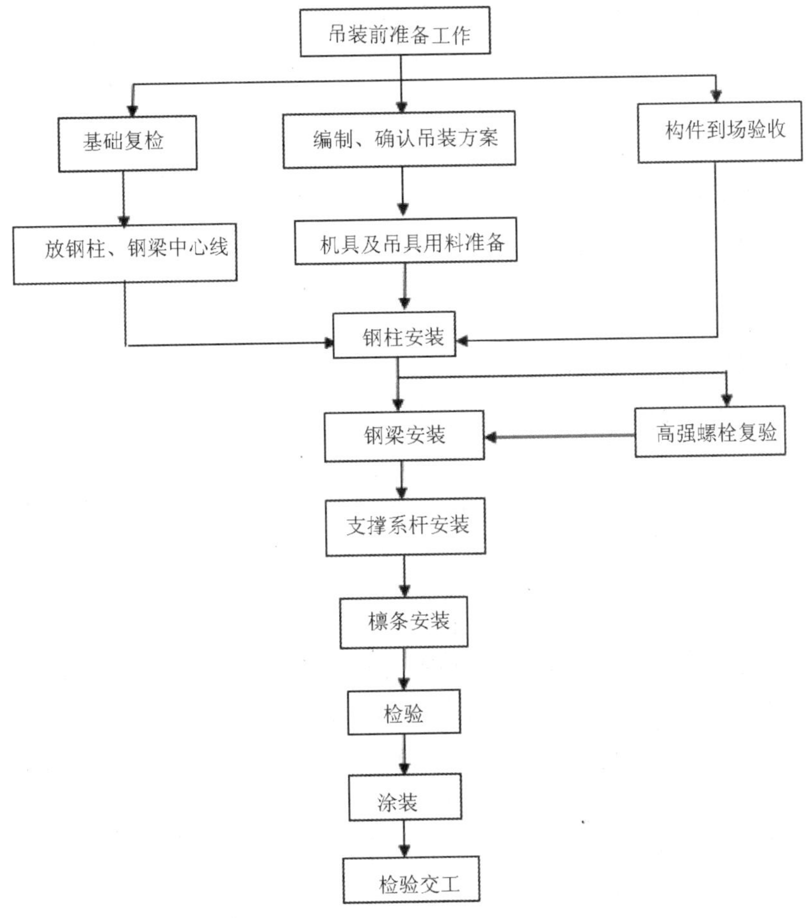

图 6.2.9 钢结构吊装流程

从这次吊装任务来看,钢柱、钢梁和吊车梁的吊装是主要骨架。但不管是车间内部吊装和车间外部吊装都应遵循以下吊装的顺序原则:

(1) 先立标准柱、后横梁、再屋架(形成流水作业);

(2) 先地上连接、后整体就位;

(3) 先钢柱、后横梁、再屋架;

(4) 先横向结构、后平面构件。

3. 起重机的选择

根据机械性能表,本工程吊装选用 QY16 型吊车吊装,QY16 型吊车出杆长度 16.5m,工作半径 9m,可吊重 4.1t,满足吊装要求。QY16 型汽车式起重机外形如图 6.2.10 所示。

吊装用钢丝绳根据吊装重量,查表选用 6 * 19+1 型,D=16.5mm 钢丝绳。其容许拉力

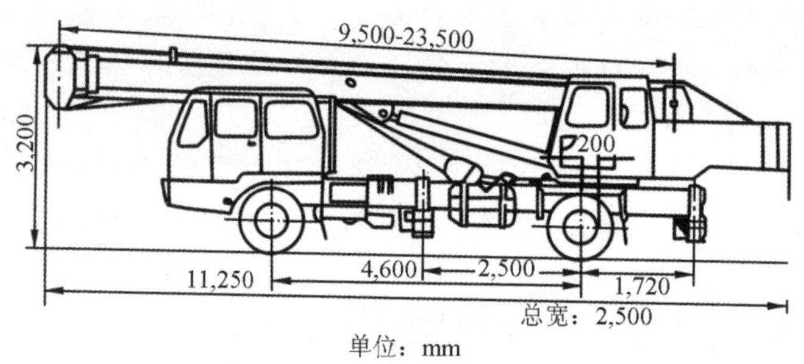

图 6.2.10　QY16 型汽车式起重机

验算如下：

由公式 $P=T\times c/K$ 得 $P=199.5\times0.85/6\text{kN}=28.26\text{kN}=2.9\text{t}\geq$ 最大构件拉力 2t，所以所选钢丝绳满足要求。

其中：P 为容许拉力，kN；T 为钢丝绳的破断拉力总和，kN（查表得 T 取 199.5kN），c 为换算系数（查表取 0.85）；K 为钢丝绳的安全系数（查表得 K 取 6）。

对参与工程施工的机械设备、工机具要提前进行检修，做好检修和保养工作，确保完好无损，提前进入现场。按照施工总平面布置图要求，将各种施工机械设备就位、固定。

4. 钢柱的吊装

吊装钢柱时采用旋转法，即钢柱运到现场，起重机边起钩边回转使柱子绕柱脚旋转而将钢柱吊起，过程主要包括：绑扎→起吊→对位→临时固定→校正→最后固定。

吊装前准备工作就绪后，首先进行试吊，吊起一端高度为 100～200mm 时停吊，检查索具牢固性和吊车稳定性以及钢柱的垂直度，然后指挥吊车缓慢下降，用两台经纬仪沿中心轴线成 90°放置，调整位置并调试好，以便矫正柱的位置和垂直度，柱底板和预埋板十字中心线位置对准后缓缓下放，同时用经纬仪控制柱垂直度和中心偏移，操作人员在钢柱吊至螺栓上方后，各自站好位置，稳住柱脚将柱脚板上的预留孔对准螺栓，将其插入，在柱子降至调节螺母上时停止落钩，用撬棍撬柱子，使其中线对准基础中线，并拧紧柱脚螺母，达到安全方可摘除吊钩。对于单根不稳定结构的立柱，须加风缆临时保护措施。吊装组在起吊前一定要分工明确，测量、吊装、紧固等器具齐全，吊车、指挥、测量、对位、绑扎和现场施工各质量安全工程师各尽其责，并尽量减少闲杂人员靠近。钢柱吊装行走顺序如图 6.2.11所示。

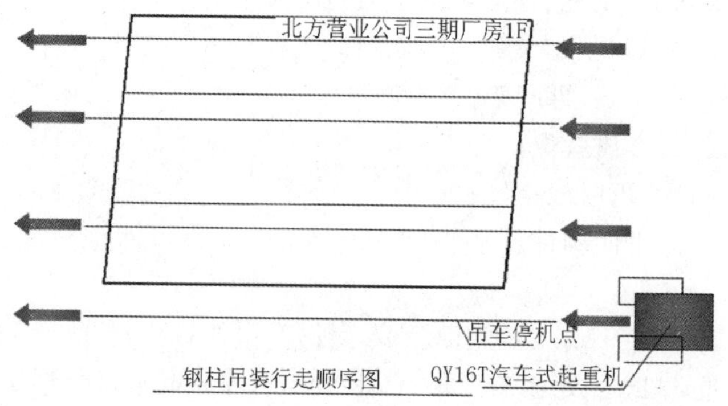

图 6.2.11　钢柱吊装行走顺序

5. 吊车梁的吊装

吊车梁安装前，应对梁进行检查，变形、缺陷超差时，处理后才能安装。清除吊车梁表面的油污、泥沙、灰尘等杂物。

在钢柱吊装完成后，即可吊装吊车梁。起吊前，用钢丝绳绑好重心调整平衡，并在两端部用麻绳绑好，作为牵制溜绳的调整方向。吊装前准备工作就绪后，首先进行试吊，吊起高度为 100～200mm 时停吊，检查索具牢固性和吊车稳定性。经确认无误后方可指挥吊车缓慢上升，当梁底高于牛腿面 150～200mm 时，调整梁底与牛腿面两基准线达到准确位置，指挥吊车下降就位，将吊车梁吊垂直后放置牛腿面上，临时将吊车梁加固，达到安全方可摘钩。吊车梁吊装采用单片吊装，起吊前按要求配好调整板、螺栓并在两端拉缆风绳。吊装就位后应及时与牛腿螺栓连接，并将梁上缘与柱之间连接板连接，用水平仪和带线调正，符合规范后将螺丝拧紧。钢梁吊装示意见图 6.2.12。

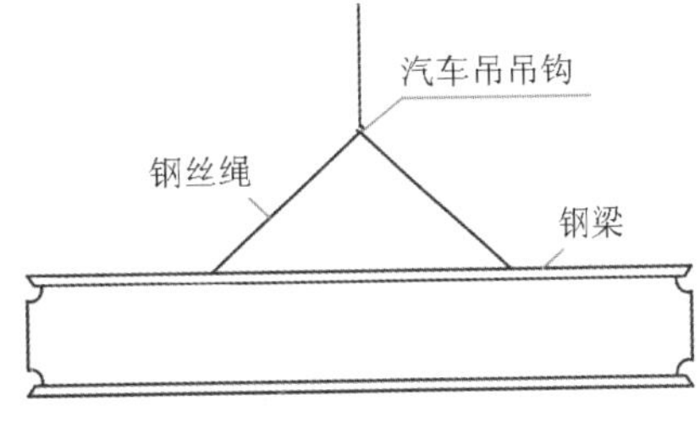

图 6.2.12　钢梁吊装示意

6. 屋面梁的吊装

屋面梁安装过程为：地面拼装→检验→空中吊装。

地面拼装前对构件进行检查，构件变形、缺陷超出允许偏差时，须进行处理。并检查高强度螺栓连接摩擦面，不得有泥砂等杂物，摩擦面必须平整、干燥，不得在雨中作业。吊装采用单榀吊装，吊点采用二点绑扎，绑扎点用软材料垫至其中以防钢构件受损。起吊时先将钢梁吊离地面 50cm 左右，使钢梁中心对准安装位置中心，然后徐徐升钩，将钢梁吊至柱顶以上，再用溜绳旋转钢梁使其对准柱顶或牛腿处，以使落钩就位，落钩时缓慢进行，并在钢梁刚接触柱顶时即刹车对准预留螺栓孔，并将螺栓穿入孔内，初拧作临时固定，同时进行垂直度校正和最后固定，钢梁垂直度用挂线锤检查，第一榀钢梁连接后用两根溜绳从两边把钢梁拉牢，以后每吊一榀钢梁即用次梁作连接固定。待钢梁经校正后，即可安装各类支撑等，并终拧螺栓作最后固定。

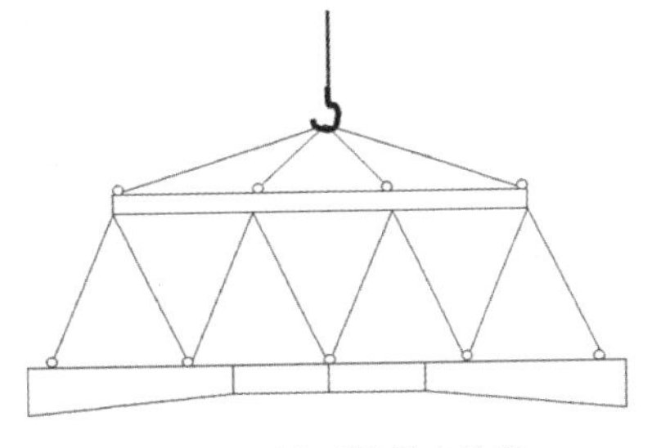

图 6.2.13　屋面梁吊点位置

吊点位置如图 6.2.13 所示，钢扁担采用[20 槽钢对扣，起吊用钢丝绳直径均为 16.5mm。

汽吊行走路线及屋架吊装顺序如图 6.2.14 所示。

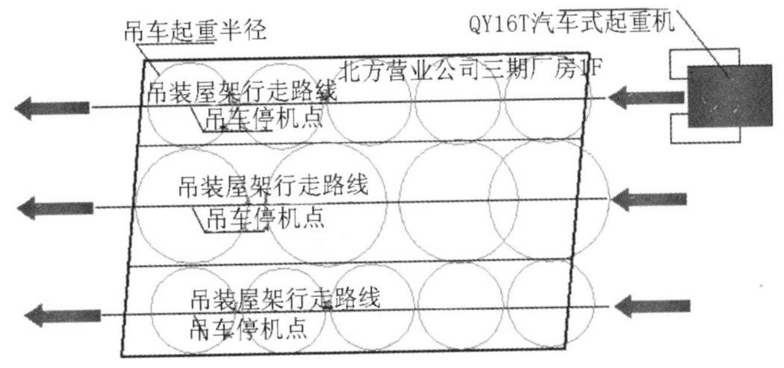

图 6.2.14　汽吊行走路线及屋架吊装顺序

6.3 钢结构高层建筑安装

由于钢结构强度高、重量轻的优点，越来越多的高层建筑结构材质逐渐采用钢结构，高层钢结构逐渐成为钢结构主流应用方向之一。本节中主要对高层钢结构施工问题做一阐述。

在高层钢结构工程现场施工中，吊装机具的选择，吊装方案、测量监控方案、焊接方案等的确定尤为关键。高层钢结构安装工艺流程见图 6.3.1。

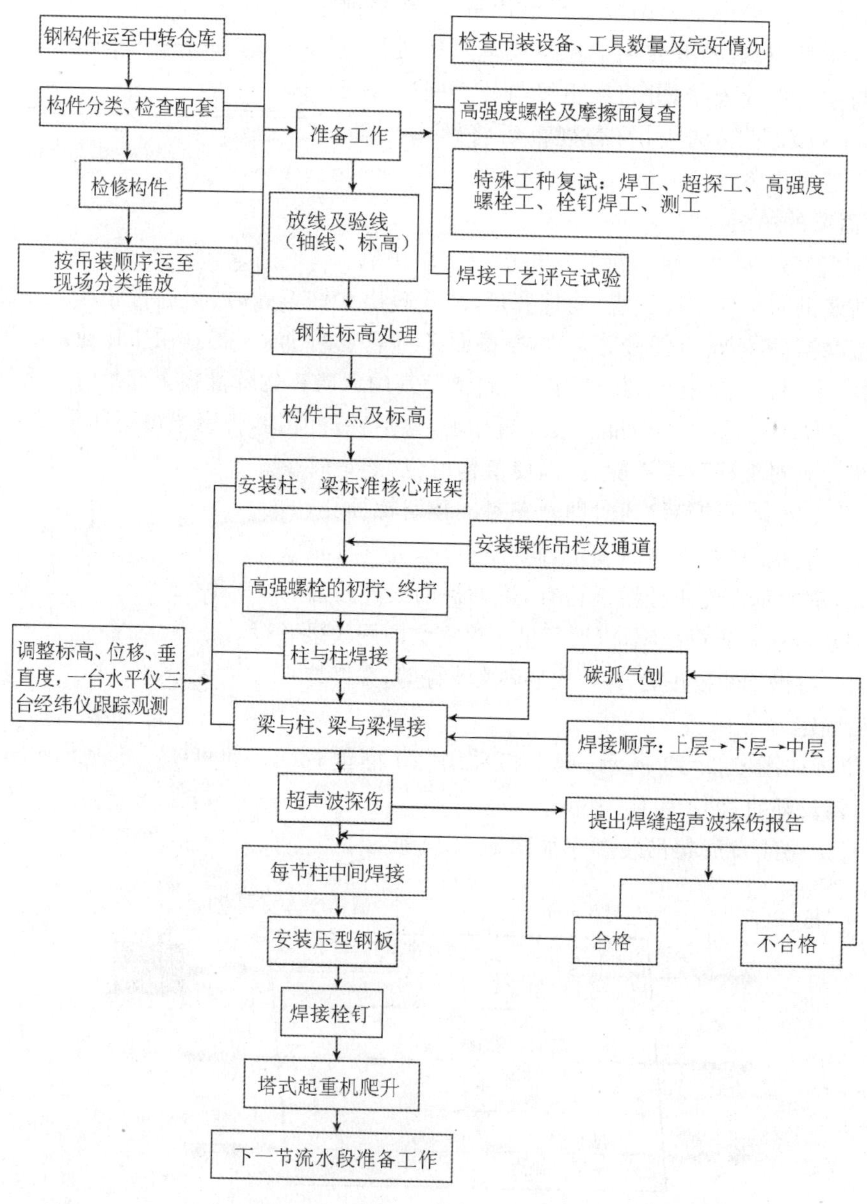

图 6.3.1 高层钢结构安装工艺流程

6.3.1 吊装前的准备工作

由于钢结构高层建筑工程规模大、构件类型多,技术复杂、制作安装工艺要求严格,一般均由专业工厂首先对构件进行加工制作,组织大流水作业生产,然后再进行现场安装。这样做有利于结合工厂条件,便于采用先进技术。

钢结构高层建筑吊装前的准备工作与钢结构单层工业厂房吊装前的准备工作类似,可以查阅 6.1.5 节相关内容。

在钢结构高层建筑机具设备准备方面,由于钢结构高层建筑较高、大,吊装机械多以塔式起重机、履带式起重机、汽车式起重机为主。除了塔式起重机、汽车式起重机、履带式起重机外,还会用到以下一些机具,如千斤顶、葫芦、卷扬机、滑车及滑车组、电焊机、熔焊栓钉机、电动扳手、全站仪、经纬仪等。

6.3.2 构件的吊装工艺

1. 钢柱的吊装

钢柱多采用实腹式,实腹钢柱截面多为工字形、箱形、十字形、圆形。钢柱多采用焊接对接接长,也有用高强度螺栓连接接长。劲性柱与混凝土采用熔焊栓钉连接。

(1) 吊点设置

吊点位置及吊点数根据钢柱形状、断面、长度、起重机性能等具体情况确定。吊点一般采用焊接吊耳、吊索绑扎、专用吊具等。

钢柱一般采用一点正吊。吊点设置在柱顶处,吊钩通过钢柱重心线,钢柱易于起吊、对线、校正。当受起重机臂杆长度、场地等条件限制,吊点可放在柱长 1/3 处斜吊。由于钢柱倾斜,起吊、对线、校正较难控制。

(2) 起吊方法

钢柱一般采用单机起吊,也可采取双机抬吊。起吊时钢柱必须垂直,尽量做到回转扶直。起吊回转过程中应避免同其他已安装的构件相碰撞,吊索应预留有效高度。

钢柱扶直前应将登高爬梯和挂篮等挂设在钢柱预定位置并绑扎牢固,起吊就位后临时固定地脚螺栓、校正垂直度。钢柱接长时,钢柱两侧装有临时固定用的连接板,上节钢柱对准下节钢柱柱顶中心线后,即用螺栓固定连接板临时固定。

钢柱安装到位,对准轴线、临时固定牢固后才能松开吊索。

【注意事项】 双机抬吊应注意的事项:①尽量选用同类型起重机;②对起吊点进行荷载分配,有条件时进行吊装模拟;③各起重机的荷载不宜超过其相应起重能力的 80%;④在操作过程中,要互相配合、动作协调,如采用铁扁担起吊,尽量使铁扁担保持平衡,要防止一台起重机失重而使另一台起重机超载,造成安全事故;⑤信号指挥,分指挥必须听从总指挥。

(3) 钢柱校正

钢柱校正要做三件工作:柱基标高调整,柱基轴线调整,柱身垂直度校正。

2. 框架梁安装

框架梁和柱连接通常为上下翼板焊接、腹板栓接;或者全焊接、全栓接的连接方式。

(1) 钢梁吊装宜采用专用吊具,两点绑扎吊装。吊升中必须保证使钢梁保持水平状态。一机吊多根钢梁时绑扎要牢固、安全,便于逐一安装。

(2) 一节柱一般有 2～4 层梁，原则上横向构件由上向下逐层安装，由于上部和周边都处于自由状态，易于安装和控制质量。通常在钢结构安装操作中，同一列柱的钢梁从中间跨开始对称地向两端扩展安装，同一跨钢梁，先安上层梁再装中下层梁。

(3) 在安装柱与柱之间的主梁时，测量必须跟踪校正柱与柱之间的距离，并预留安装余量，特别是节点焊接收缩量，以达到控制变形，减小或消除附加应力的目的。

(4) 柱与柱节点和梁与柱节点的连接，原则上对称施工，互相协调。对于焊接连接，一般可以先焊一节柱的顶层梁，再从下向上焊接各层梁与柱的节点。柱与柱的节点可以先焊，也可以后焊。混合连接一般为先栓后焊的工艺，螺栓连接从中心轴开始，对称拧固。钢管混凝土柱焊接接长时，严格按工艺评定要求施工，确保焊缝质量。

(5) 次梁根据实际施工情况一层一层安装完成。

3. 柱底灌浆

在第一节柱及柱间钢梁安装完成后，即可进行柱底灌浆。灌浆要留排气孔。钢管混凝土施工也要在钢管柱上预留排气孔。

4. 补漆

补漆前应清渣、除锈、去油污，自然风干，并经检查合格。补漆为人工涂刷，在钢结构按设计安装就位后进行。

6.3.3 结构吊装方案

1. 吊装程序

多层与高层钢结构吊装，在分片分区的基础上，多采用综合吊装法，其吊装程序一般是：平面从中间或某一对称节间开始，以一个节间的柱网为一个吊装单元，按钢柱—钢梁—支撑顺序吊装，并向四周扩展；垂直方向由下至上组成稳定结构后，分层安装次要结构，一节间一节间钢构件、一层楼一层楼安装完。采取对称安装、对称固定的工艺，有利于消除安装误差积累和节点焊接变形，使误差降低到最小限度。

吊装顺序原则采用对称吊装、对称固定。一般按程序先划分吊装作业区域，按划分的区域、平行顺序同时进行。当一片区吊装完毕后，即进行测量、校正、高强度螺栓初拧等工序，待几个片区安装完毕，再对整体结构进行测量、校正、高强度螺栓终拧、焊接。接着进行下一节钢柱的吊装。组合楼盖则根据现场实际情况进行压型钢板吊放、铺设工作。

2. 吊装机具选择

高层钢结构安装，起重机除满足吊装钢构件所需起重量、起重高度、回转半径外，还必须考虑抗风性能、卷扬机滚筒的容绳量、吊钩的升降速度等因素。

起重机数量的选择应根据现场施工条件、建筑布局、单机吊装覆盖面积和吊装能力综合决定。多台塔吊共同使用时防止出现吊装死角。

起重机械应根据工程特点合理选用，通常首选塔式起重机，自升式塔式起重机根据现场情况选择外附式或内爬式。行走式塔吊或履带式起重机、汽车吊在多层钢结构施工中也较多使用。

3. 吊装方法与顺序

高层钢结构吊装一般采用分件吊装法和综合吊装法。分件吊装法常用于塔吊的跨外开行；综合吊装法常用于自行式的跨内开行。

构件安装顺序有分件吊装法和综合吊装法两大类，如图 6.3.2 所示。

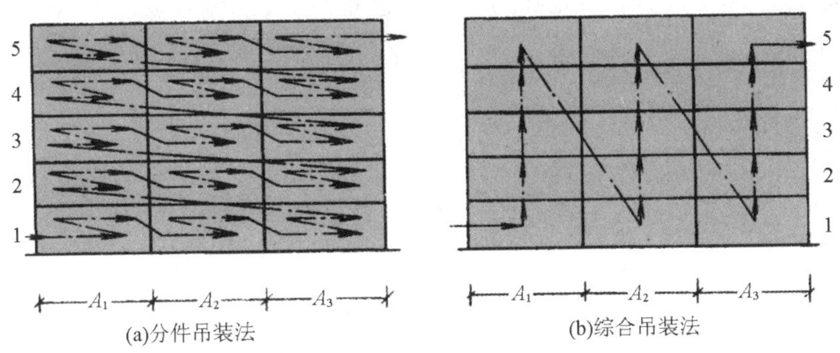

图 6.3.2　高层钢结构吊装法

(1) 分件吊装

分件吊装法是高层钢结构最常用的方法。其优点是：容易组织吊装、校正、焊接、灌浆等工序的流水作业；容易安排构件供应和现场布置工作；每次安装同类型构件，可减少起重机变幅和索具更换次数，从而提高安装效率。

分层分段流水：分层分段流水吊装法是将多层房屋划分为若干施工层，每一个施工层再划分为若干吊装段。具体吊装顺序为：第一层全部柱→第一层全部梁→全部板→第二层重复。

分层大流水：分层大流水吊装法是每个施工层不再划分吊装段，而按一个楼层组织各工序的流水。分层分段流水法构件吊装的顺序如图 6.3.3 所示。这种方法需要的临时固定支撑较多，适用于房屋面积不大的工程。具体吊装顺序为：第一层 1 段柱→梁、板→第一层 2 段柱→梁、板→第一层 3 段柱→梁、板，第二层……

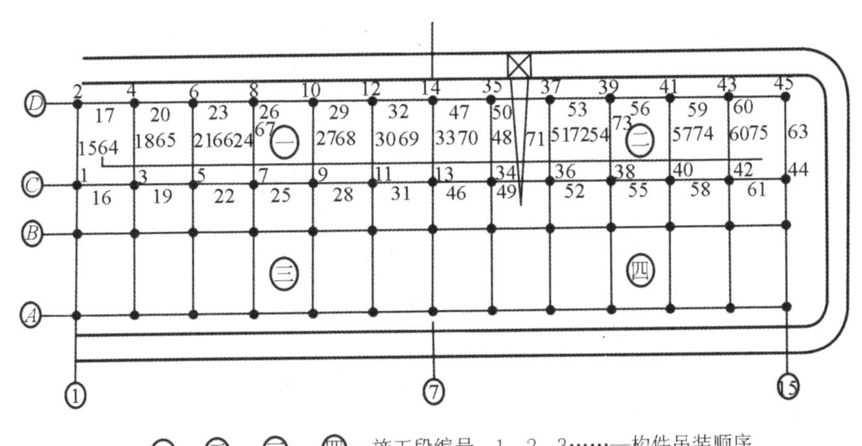

㊀、㊁、㊂、㊃—施工段编号，1、2、3……—构件吊装顺序

图 6.3.3　分层分段流水法构件吊装的顺序

(2) 综合吊装法(节间吊装法)

综合吊装法是以一个柱网(节间)或若干个柱网(节间)为一个吊装段，以房屋全高为一个施工层组织各工序流水。起重机把一个吊装段的构件吊装至房屋全高，然后转入下一吊装段。

综合吊装法适用于下列情况：采用履带式（或轮胎式）起重机跨内开行安装框架结构；或采用塔式起重机而不能布置在房屋外侧进行吊装；或房屋宽度大、构件重，只有把起重机布置在跨内才能满足吊装要求时。综合吊装法的构件安装顺序如图 6.3.4 所示。

柱分层制作的顺序为：第一层第一间柱、梁、板→第二节间→第二层第一间；

柱整根制作的顺序为：第一节间柱→第一层梁、板→第二层梁、板→第二节间。

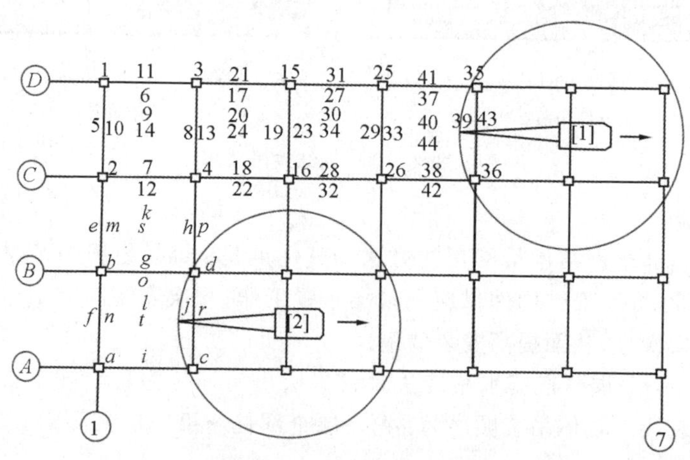

1、2、3、4…[1]号起重机吊装顺序；a、b、c、d…[2]号起重机吊装顺序

图 6.3.4　综合吊装法的构件安装顺序

4. 构件布置

综合吊装法一般采用跨内布置；分件吊装法一般采用跨外布置。图 6.3.5、图 6.3.6、图 6.3.7 为钢结构高层建筑吊装的现场构件布置。

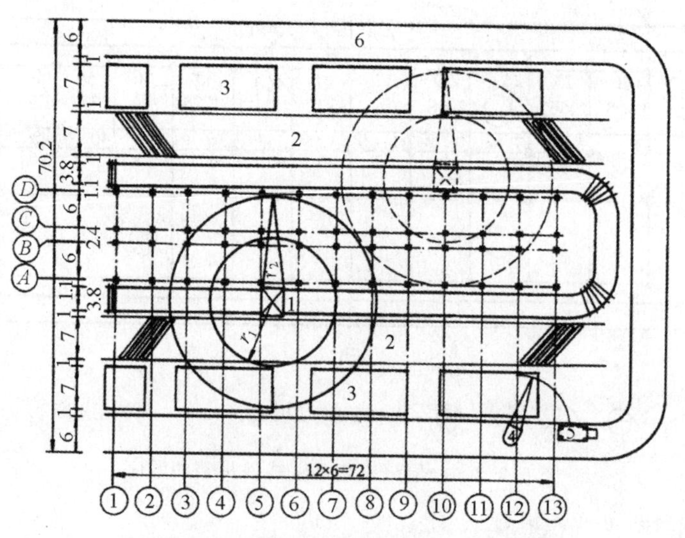

图 6.3.5　多层厂房吊装的现场构件布置

北
33000
R=20000
20000
楼板堆放
墙板堆放
梁、柱堆放
3400
3600
1000
4000
W_1 100
5

图 6.3.6　爬塔安装框架结构的平面布置

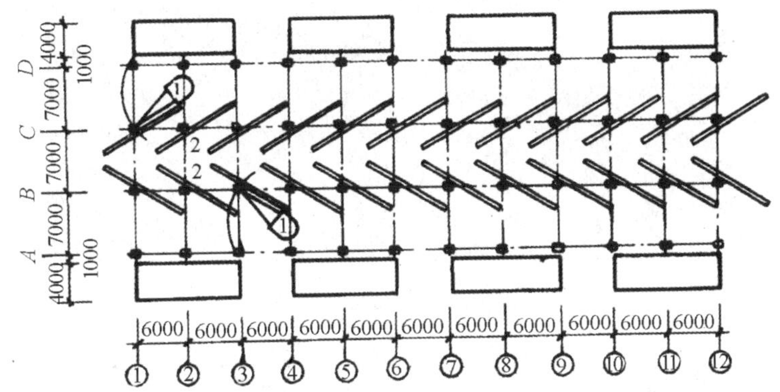

1-履带式起重机;2-柱预制场地;3-梁板堆场

图 6.3.7　履带式起重机跨内开行的构件平面布置

6.4　钢结构网架安装方法

网架结构广泛用作大跨度的屋盖结构。其特点是汇交于节点上的杆件数量较多,制作安装较平面结构复杂。网架结构节点有焊接球、螺栓球和钢板节点三种形式,如图 6.4.1 所示。

(a)焊接球节点

(b)螺栓球节点

图 6.4.1　网架结构节点

网架的基本单元有三角锥、三棱体、正方体、截头四角锥等，可组合成平面形状的任何形体。

网架结构常用的安装方法有高空散装法、分条分块法、高空滑移法、整体吊装法、整体提升法和整体顶升法。

6.4.1 高空散装法

高空散装法是指先在设计位置处搭设拼装支架，用起重机把网架构件分件(或分块)吊至空中的设计位置，在支架上进行拼装，如图 6.3.2 所示。此法不需大型起重设备，但拼装支架用量大，高空作业多，适用于螺栓球节点的钢管网架。

图 6.4.2 高空散装法

6.4.2 分条分块法

分条分块法是为适应起重机械的起重能力和减少高空拼装工作量，将屋盖划分为若干个单元，在地面拼装成条状或块状扩大组合单元体后，用起重机械或设在双肢柱顶的起重设备(钢带提升机、升板机等)垂直吊升或提升到设计位置上，拼装成整体网架结构的安装方法，如图 6.4.3 所示。

网架分条或分块安装法适用于分割后刚度和受力状况改变较小的各种中小型网架，如双向正交正放、正放四角锥、正放抽空四角锥等网架。对于场地狭小或跨越其他结构、起重机无法进入网架安装区域时尤为适宜。

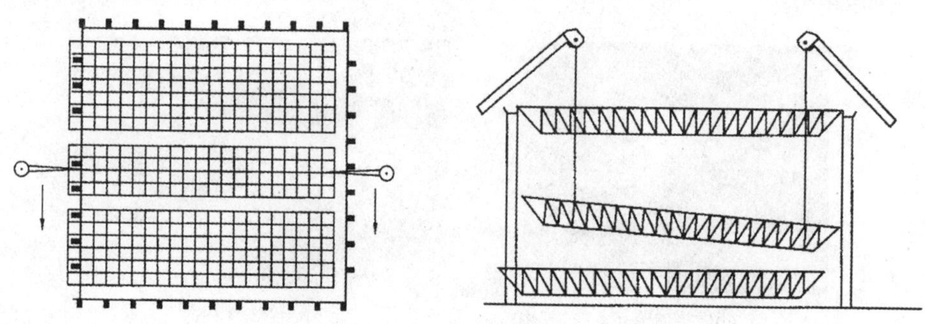

图 6.4.3 分条法

6.4.3 高空滑移法

高空滑移法是将网架条状单元组合体在建筑物上空进行水平滑移对位总拼的一种施工方法，主要适用于网架支承结构为周边承重墙或柱上有现浇钢筋混凝土圈梁等情况。

条状组合体在高空的滑移方式一般有两种：单条滑移法和逐条积累滑移法。如图 6.4.4 所示。

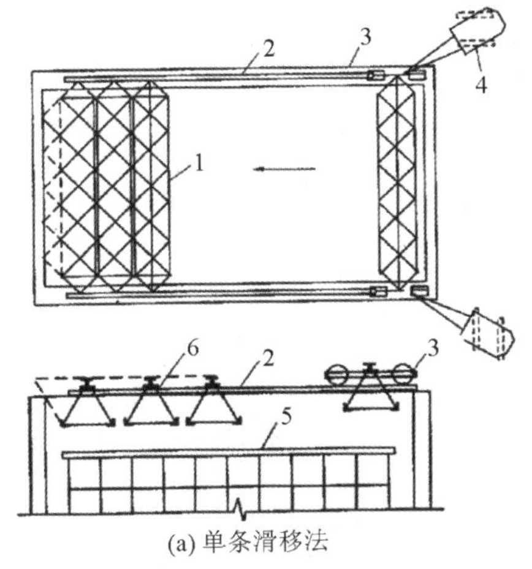

(a) 单条滑移法

1-网架；2-轨道；3-小车；4-履带式起重机；5-脚手架；6-后装的杆件

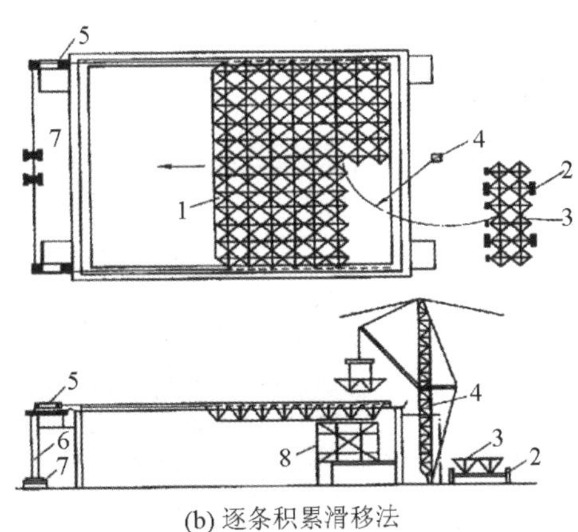

(b) 逐条积累滑移法

1-网架；2-拖拉机；3-网架分块单元；4-悬臂扒杆；5-牵引滑轮组；6-反力架；7-卷扬机；8-脚手架

图 6.4.4 高空滑移法

6.4.4 整体吊装法

整体吊装法是先将网架在地面上拼装成整体，再用起重设备将其整体吊至设计位置上加以固定，如图 6.4.5 所示。此法不需拼装支架，高空作业少，易保证焊接质量，但对起重设备要求高，技术较复杂，适用于球节点的钢网架。根据所用设备的不同，整体吊装法又分为

图 6.4.5 四机抬吊网架整体吊装法

多机抬吊法、拔杆提升法、千斤顶提升法及千斤顶顶升法等。

6.4.5 整体提升法

整体提升法是先将网架在地面上拼装成整体，再利用提升设备将其整体提升到设计位置上加以固定的方法，如图 6.4.6 所示。这种方法的特点是可以利用小设备安装大网架，提升设备能力较大，可尽可能多安装屋面结构后提升，减少高空作业，节省施工费用，适用于周边支承及多点支承的网架安装。整体提升法可利用液压滑模千斤顶、电动螺杆升板机等工具施工。

图 6.4.6 整体提升法

6.4.6 整体顶升法

整体顶升法安装是指利用支承结构和千斤顶将网架整体顶升到设计位置，如图 6.4.7 所示。本法设备简单，不用大型吊装设备，顶升支承结构可利用结构永久性支承柱，拼装网架不需搭设拼装支架，可节省大量机具和脚手架、支墩费用，降低施工成本；操作简便、安全，但顶升速度较慢，对结构顶升的误差控制要求严格，以防失稳。主要适用于安装多支点支承的各种四角锥网架屋盖安装。

图 6.4.7 整体顶升法

6.5 钢结构安装工程质量验收

钢结构安装工程是一个较为复杂的、质量要求较高的产品。产品质量的产生、形成和实现的过程具有普遍性,又具有特殊性,所以应采取有效的管理和控制,使产品质量符合要求。

钢结构安装施工质量验收属于建筑安装工程质量管理的范畴,其安装施工质量的验收,应符合《建筑工程施工质量验评标准》的相关规定。

6.5.1 隐蔽工程和隐蔽工程验收

1. 隐蔽工程

隐蔽工程是指在建筑安装施工过程中一工序的工作结束后被下一工序掩盖,而无法进行复查的部位。隐蔽工程在下一工序施工以前,现场监理人员应按设计要求和施工规范,采用必要的检查工具,对其进行检查与验收。如果符合设计要求及施工规范规定,应及时签署隐蔽工程记录手续,以便施工单位继续下一工序施工,同时将隐蔽工程记录交施工单位归入技术资料档案。

建筑安装工程隐蔽工程验收的内容包括基础工程、主体工程、防水工程和装饰工程等隐蔽工程的验收。建筑钢结构工程的隐蔽工程验收属于建筑主体工程的隐蔽工程的验收。

建筑钢结构工程的隐蔽工程验收包括基础工程、楼地面工程、防水工程、设备安装工程和防腐、保温、隔热工程相关的隐蔽工程的验收。例如:建筑钢结构在防腐、保温、隔热工程施工前,必须对建筑钢结构主体工程的制造安装质量(其中包括焊接质量)进行检查与验收。如果符合设计要求及施工规范规定,应及时签署隐蔽工程记录手续,以便施工单位继续下一工序施工。

2. 隐蔽工程验收的要求

(1) 隐蔽工程验收时,应详细填写验收的分部分项工程名称,被验收部分轴线、规格和数量。如有必要,应画出简图或做出说明。

(2) 每次检查验收的项目,一定要详细填写隐蔽验收内容,在检查意见栏内填上“符合设计要求”或“符合规范要求”或“符合规范和设计要求”,不得使用“基本符合”等不肯定用语,也不能无检查意见。

(3) 如果在检查验收中,发现有不符合施工验收规范和设计要求之处,应立即纠正,并在纠正后,再进行验收,经验收仍不合格者,不得进行下道工序的施工。

6.5.2 分项工程质量验收

建筑安装工程分检验批、分项工程、分部工程和单位工程四个阶段进行施工质量验收。其中分项工程应按照工程合同的质量等级要求,根据该分项工程实际情况,参照质量评定标准进行验收。

1. 焊接分项工程质量验收

(1) 焊接材料进场:焊接材料的品种、规格、性能等应符合现行国家标准和设计要求。

焊接材料外观不应有药皮脱落、焊芯生锈等缺陷。焊剂不应受潮结块。

(2) 焊接材料复验：重要钢结构采用的焊接材料应进行抽样复验，复验结果应符合现行国家产品标准和设计要求。

(3) 焊接材料使用：焊条、焊丝、焊剂、电渣焊熔嘴等焊接材料与母材的匹配应符合设计要求及国家现行标准《钢结构焊接规范》(GB 50661—2011)的规定，焊条、焊丝、焊剂、熔嘴等在使用前，应按其产品说明书及焊接工艺文件的规定进行烘焙和存放。

(4) 焊缝内部缺陷：焊缝内部缺陷用无损探伤(超声波、X 射线、λ 射线)确定。质量等级及缺陷分级应符合规范的规定。

(5) 焊缝表面缺陷：焊缝表面不得有裂纹、焊瘤等缺陷。一级、二级焊缝不得有表面气孔、夹渣、裂纹、电弧擦伤等缺陷。且一级焊缝不得有咬边、未焊满、根部收缩等缺陷。

(6) 焊缝外观质量：二级、三级焊缝外观质量标准应符合规范的规定。三级对接焊缝应按二级焊缝标准进行外观质量检验。焊缝尺寸允许偏差应符合规范的规定。

2. 紧固件连接分项工程质量验收

(1) 成品进场：普通螺栓、铆钉、自攻螺钉、拉铆钉、射钉、锚栓(膨胀型和化学试剂型)、地脚锚栓等紧固件及螺母、垫圈等标准配件，其品种、规格、性能等应符合现行国家产品标准和设计要求。

(2) 螺栓复验：普通螺栓作为永久性连接螺栓使用时，当设计有要求或对其质量有疑义时，应进行螺栓实物最小拉力荷载复验，其结果应符合现行国家标准《紧固件机械性能 螺栓、螺钉和螺柱》(GB/T 3098.1—2010)的规定。

(3) 螺栓紧固：永久性普通螺栓紧固牢固、可靠，外露螺纹不应少于 2 道。

(4) 外观质量：自攻螺钉、拉铆钉、射钉等与连接钢板应紧固密贴，外观排列整齐。

3. 高强度螺栓连接分项工程验收

(1) 成品进场：钢结构连接用高强度大六角头螺栓连接副、扭剪型高强度螺栓连接副，以及钢网架用高强度螺栓的品种、规格和性能等，应符合现行国家产品标准和设计要求。

(2) 转矩系数和预拉力复验：应按规范的规定检验其转矩系数，其检验结果应符合规范的规定。扭剪型高强度螺栓连接副应按规范的规定检验预拉力，其检验结果应符合规范的规定。

(3) 终拧转矩：高强度大六角头螺栓连接副终拧完成 1h 后，48h 内应进行终拧扭矩检查，检查结果应符合规范的规定。扭剪型高强度螺栓连接副终拧后，除因构造原因无法使用专用扳手终拧掉梅花头者外，未在终拧中拧掉梅花头的螺栓数不应大于该节点螺栓数的 5%。

(4) 连接外观质量：高强度螺栓连接副终拧后，螺栓螺纹外露应为 2 至 3 道，允许有 10%的螺栓螺纹外露 1 道或 4 道。高强度螺栓连接摩擦面应保持干燥、整洁，不应有飞边、毛刺、焊接飞溅物、焊疤、氧化铁皮、污垢等，除设计要求外摩擦面不应涂漆。

(5) 初拧、复拧扭矩：高强度螺栓连接副的施拧顺序和初拧、复拧扭矩应符合设计要求和国家现行标准《钢结构高强度螺栓连接技术规程》(JGJ 82—2011)的规定。

4. 零件加工分项工程验收

(1) 材料进场：钢材、钢铸件的品种、规格、性能等应符合现行国家产品标准和设计要求。钢板厚度及允许偏差应符合其产品标准的要求。型钢的规格尺寸及允许偏差应符合其产品标准的要求。钢材的表面外观质量应符合规范的规定。材料抽样复验结果应符合现行国家产品标准的要求。

(2) 切割质量：钢材切割面或剪切面应无裂纹、夹渣、分层和大于1mm的缺棱。气割或机械剪切的零件，需要进行边缘加工时，其刨削量不应小于2.0mm，边缘加工允许的偏差应符合规范的规定。切割的允许偏差应符合规范的规定。机械剪切的允许偏差应符合规范的规定。

(3) 制孔：A、B级螺栓孔（Ⅰ类孔）应具有H12的精度，孔壁表面粗糙度 R_a 不应大于12.5μm。其孔径的允许偏差应符合规范的规定。C级螺栓孔（Ⅱ类孔），孔壁表面粗糙度 R_a 不应大于25μm，其允许偏差应符合规范的规定。

(4) 螺栓球、焊接球：加工螺栓球成形后，不应有裂纹、叠皱、过烧。钢板压成半圆球后，表面不应有裂纹、褶皱；焊接球的对接坡口应采用机械加工，对接焊缝表面应打磨平整，螺栓球加工的允许偏差焊应符合规范的规定。

(5) 钢网架（桁架）：用钢管杆件加工的允许偏差应符合规范的规定。

(6) 矫正：矫正后的钢材表面，不应有明显的凹面或损伤，钢材矫正后的允许偏差，应符合规范的规定。

5. 构件组装分项工程质量验收

(1) 吊车梁（桁架）：吊车梁和吊车桁架不应下挠。端部铣平的允许偏差应符合规范的规定。

(2) 外形尺寸：钢构件外形尺寸主控项目的允许偏差应符合规范的规定。

(3) 焊接H型钢的接缝：焊接H型钢的羽翼板接缝和腹板拼接接缝的间距、羽翼板拼接宽度应符合规范要求。

(4) 焊接H型钢的精度：焊接组装的允许偏差应符合规范的规定。

(5) 顶紧接触面：顶紧接触面应有75%以上的面积紧贴。桁架结构杆件轴线交点错位的允许偏差应符合规范的规定。

(6) 焊接组装精度：焊接组装的允许偏差应符合规范的规定。安装焊缝坡口的允许偏差应符合规范的规定。

6. 结构安装分项工程验收

(1) 基础验收：建筑物的定位轴线、基础轴线和标高、地脚螺栓的规格及其紧固应符合设计要求。基础顶面直接作为柱的支承面和基础顶面预埋钢板或支座作为柱的支承面时，其支承面、地脚螺栓（锚栓）位置的允许偏差应符合规范的规定。采用坐浆垫板时，坐浆垫板的允许偏差应符合规范的规定。采用杯口基础时，杯口尺寸的允许偏差应符合规范的规定。

(2) 构件验收：钢构件应符合设计和规范的规定，运输、堆放和吊装等造成的钢构件变形及涂层脱落应进行矫正和修补。钢柱等主要构件的中心线及标高基准点等标记应齐全。

(3) 顶紧接触面：设计要求的顶紧的节点，接触面不应少于70%紧贴，且边缘最大间隙不应大于0.8mm。

(4) 垂直度和侧弯曲：钢屋（托）架、桁架、梁的垂直度和侧向弯曲的允许偏差应符合规范的规定。

(5) 主体结构尺寸：主体结构的整体垂直度和整体平面弯曲的允许偏差应符合规范的规定。

(6) 地脚螺栓精度：地脚螺栓(锚栓)尺寸的允许偏差应符合规范的规定。地脚螺栓(锚栓)的螺纹应受到保护。

(7) 安装精度：桁架、梁安装精度。当钢桁架(或梁)安装在混凝土柱上时，其支座中心对定位轴线的偏差应符合规范的规定。

钢柱安装的允许偏差应符合规范的规定；钢吊车梁或直接承受动力荷载的类似构件，其安装的允许偏差应符合规范的规定；檩条、墙架等次要构件安装的允许偏差应符合规范的规定；钢平台、钢梯、栏杆安装等应符合现行国家标准的相关规定。

7. 防腐涂料涂装分项工程验收

(1) 产品进场：钢结构防腐涂料、稀释剂和固化剂等材料的品种、规格、性能等应符合现行国家产品标准和设计要求。防腐涂料的型号、名称、颜色及有效期与其质量证明文件相符。开启后，不应存在结皮、结块、凝胶等现象。

(2) 表面处理：涂装前钢材表面除锈应符合设计要求和国家现行有关标准的规定。处理后的钢材表面不应有焊渣、焊疤、灰尘、油污、水和毛刺等。当设计无要求时，钢材表面除锈等级应符合规范的规定。

(3) 涂层质量：涂料、涂装遍数、涂层厚度均应符合设计要求。构件表面不应误涂、漏涂，涂层不应有脱皮和返锈等。涂层应均匀，无明显皱皮、流坠、孔眼和气泡等。

建筑钢结构安装质量检查验收后，应按国家标准《建筑工程施工质量验收统一标准》(GB 50300—2013)的规定填报《分项工程(检验批)质量验收记录》，表 6.4.1 为分项工程(检验批)质量验收记录。

表 6.4.1 分项工程(检验批)质量验收记录

<table>
<tr><td colspan="4">单位(子单位)工程名称</td><td colspan="3"></td></tr>
<tr><td colspan="4">分部(子分部)工程名称</td><td></td><td>验收部位</td><td></td></tr>
<tr><td colspan="2">施工单位</td><td colspan="3"></td><td>项目经理</td><td></td></tr>
<tr><td colspan="2">分包单位</td><td colspan="3"></td><td>分包项目经理</td><td></td></tr>
<tr><td colspan="4">施工执行标准名称及编号</td><td colspan="3"></td></tr>
<tr><td colspan="4">施工质量验收规范的规定</td><td colspan="2">施工单位检查评定记录</td><td>监理(建设)单位验收记录</td></tr>
<tr><td rowspan="5">主控项目</td><td>1</td><td></td><td></td><td colspan="2"></td><td></td></tr>
<tr><td>2</td><td></td><td></td><td colspan="2"></td><td></td></tr>
<tr><td>3</td><td></td><td></td><td colspan="2"></td><td></td></tr>
<tr><td>4</td><td></td><td></td><td colspan="2"></td><td></td></tr>
<tr><td>5</td><td></td><td></td><td colspan="2"></td><td></td></tr>
</table>

续 表

<table>
<tr><td rowspan="5">一般项目</td><td>1</td><td></td><td></td><td></td><td colspan="3"></td></tr>
<tr><td>2</td><td></td><td></td><td></td><td colspan="3"></td></tr>
<tr><td>3</td><td></td><td></td><td></td><td colspan="3"></td></tr>
<tr><td>4</td><td></td><td></td><td></td><td colspan="3"></td></tr>
<tr><td>5</td><td></td><td></td><td></td><td colspan="3"></td></tr>
<tr><td colspan="3" rowspan="2">施工单位检查评定结果</td><td>专业工长(施工员)</td><td></td><td>施工班组长</td><td></td></tr>
<tr><td colspan="4">项目专业质量检查员：　　　年　月　日</td></tr>
<tr><td colspan="3">监理(建设)单位验收结论</td><td colspan="4">专业监理工程师：
(建设单位项目专业技术负责人)　　　年　月　日</td></tr>
</table>

6.5.3 分部工程质量验收

钢结构分部工程质量验收，应在分部工程中所有分项工程验收合格的基础上，增加三项检查项目：质量控制资料和文件检查；有关安全及功能的检查和见证检测；有关观感质量检验。

根据现行国家标准《建筑工程施工质量验收统一标准》(GB 50300—2013)的规定，钢结构作为主体结构之一应按子分部工程竣工验收；当主体结构均为钢结构时按分部工程竣工验收。大型钢结构工程可划分成若干个分部工程进行验收。

1. 钢结构分部工程合格质量标准应符合下列规定：

(1) 各分部工程质量均应符合合格质量标准。

(2) 质量控制资料和文件应完整。

(3) 有关安全及功能的检验和见证检测结果应符合以上相应合格质量标准的要求。

(4) 有关观感质量应符合以上相应合格质量标准的要求。

钢结构分部工程验收时，应提供下列文件记录和质量验收记录：

(1) 施工现场质量管理检查记录。

(2) 分部工程所含各分项工程质量验收记录。

(3) 有关安全及功能的检验和见证检测项目检查记录。

(4) 有关观感质量检验项目检查记录。

(5) 原材料、成品质量合格证明文件及性能检测报告。

2. 钢结构分部工程质量验收记录应符合下列规定：

(1) 施工现场质量管理检查记录可按现行国家标准《建筑工程施工质量验收统一标准》(GB 50300—2013)进行。

(2) 分项工程检验批验收记录可按本节各分项工程检验批质量验收记录表记录。

(3) 分部工程验收记录可按现行国家标准《建筑工程施工质量验收统一标准》(GB 50300—2013)进行。

钢结构分部工程施工质量验收记录，以及有关安全、功能检验和见证检测项目记录，见表 6.4.2。

表 6.4.2　分部工程验收记录

<table>
<tr><td>工程名称</td><td colspan="2"></td><td>结构类型</td><td></td><td>层数</td><td></td></tr>
<tr><td>施工单位</td><td colspan="2"></td><td>技术部门负责人</td><td></td><td>质量部门负责人</td><td></td></tr>
<tr><td>分包单位</td><td colspan="2"></td><td>分包单位负责人</td><td></td><td>分包技术负责人</td><td></td></tr>
<tr><td>序号</td><td colspan="2">分项工程名称</td><td>检验批数</td><td colspan="2">施工单位检查评定</td><td>验收意见</td></tr>
<tr><td>1</td><td colspan="2"></td><td></td><td colspan="2"></td><td rowspan="7"></td></tr>
<tr><td>2</td><td colspan="2"></td><td></td><td colspan="2"></td></tr>
<tr><td>3</td><td colspan="2"></td><td></td><td colspan="2"></td></tr>
<tr><td>4</td><td colspan="2"></td><td></td><td colspan="2"></td></tr>
<tr><td>5</td><td colspan="2"></td><td></td><td colspan="2"></td></tr>
<tr><td>6</td><td colspan="2"></td><td></td><td colspan="2"></td></tr>
<tr><td></td><td colspan="2"></td><td></td><td colspan="2"></td></tr>
<tr><td colspan="4">质量控制资料</td><td colspan="2"></td><td></td></tr>
<tr><td colspan="4">安全和功能检验(检测)报告</td><td colspan="2"></td><td></td></tr>
<tr><td colspan="4">观感质量验收</td><td colspan="2"></td><td></td></tr>
<tr><td rowspan="5">验收单位</td><td>分包单位</td><td colspan="5">项目经理　　年　月　日</td></tr>
<tr><td>施工单位</td><td colspan="5">项目经理　　年　月　日</td></tr>
<tr><td>勘察单位</td><td colspan="5">项目负责人　　年　月　日</td></tr>
<tr><td>设计单位</td><td colspan="5">项目负责人　　年　月　日</td></tr>
<tr><td>监理(建设)单位</td><td colspan="5">总监理工程师
(建设单位项目专业负责人)　　年　月　日</td></tr>
</table>

6.6　钢结构安装工程安全技术措施

钢结构安装工程的特点是构件重，操作面小，高空作业多，机械化程度高，工程上下交叉作业多，如果措施不当，极易发生安全事故。组织施工时，要重视这些特点，采取相应的安全技术措施。

6.6.1 防止吊车倾翻措施

1. 吊装现场道路必须平整坚实,回填土、松软土层要进行处理。如土质松软,应单独铺设道路。起重机不得停置在斜坡上工作,也不允许起重机两个边一高一低。

2. 严禁机械设备超负荷使用,带故障作业。吊装机械使用前须进行试吊。

3. 禁止斜吊。斜吊会造成超负荷及钢丝绳出槽,甚至造成拉断绳索和翻车事故。斜吊还会使重物在脱离地面后发生快速摆动,可能碰伤人或其他物体。

4. 绑扎构件的吊索须经过计算,所有起重工具应定期进行检查,对损坏者作出鉴定,绑扎方法应正确牢固,以防吊装中吊索破断或从构件上滑脱,使起重机失重而倾翻。

5. 不吊重量不明的重大构件设备。

6. 禁止在六级风的情况下进行吊装作业。

7. 指挥人员应使用统一指挥信号,信号要鲜明、准确。起重机驾驶人员应听从指挥。

6.6.2 防止高空坠落措施

1. 操作人员在进行高空作业时,必须正确使用安全带。安全带一般应高挂低用,即将安全带(绳)端的钩环挂于高处,而人在低处操作。

2. 在高空使用撬杠时,人要立稳,如附近有脚手架或已装好构件,应一手扶住,一手操作。撬杠插进深度要适宜,如果撬动距离较大,则应逐步撬动,不宜急于求成。

3. 如需在悬高空的屋架上弦上行走时,应在其上设置安全绳。

4. 登高用的梯子必须牢固。使用时必须用绳子与已固定的构件绑牢,梯角采取防滑措施。梯子与地面的夹角一般以60°～70°为宜。

5. 安装有预留孔洞的楼板或屋面板时,应及时用木板盖严。

6. 操作人员不得穿硬底皮鞋上高空作业。

6.6.3 防止高空落物伤人措施

1. 高空立体交叉作业时,不得在同一垂直方向操作,地面交叉工作人员应滞后两空进行施工,避免被坠落物砸伤。

2. 有坠落危险的地段需采取设防护标志,有专人监护。

3. 高强度螺栓施工时,须是两人配合施工,高空操作人员使用的工具、零部件等,应放在随身佩带的工具袋内,严禁从高处往下抛掷任何物资材料。

4. 吊装绳索必须在使用前进行检查,发现断丝、破股应立即更换。吊装绳索必须满足五倍的安全系数。吊装作业时,吊臂和吊装构件行走范围内严禁站人。

5. 所有高空作业人员必须从专用爬梯及安全通道上下,严禁随意攀爬。

6. 在高空用气割或电焊时,应采取措施,防止火花落下伤人。

7. 地面操作人员,应尽量避免在高空作业面的正下方停留或通过,也不得在起重机的起重臂或正在吊装的构件下停留或通过。

8. 地面操作人员必须戴安全帽。

9. 构件安装后,必须检查连接质量,只有连接确实安全可靠时,才能松钩或拆除固定工具。

10. 吊装现场周围应设置临时警戒线,禁止非工作人员入内。

6.6.4 防止触电、气瓶爆炸措施

1. 所有临时电源和移动电动工具必须设置有效的漏电保护开关。

2. 每台大型用电设备应有专用的开关，实行“一机、一闸、一漏、一箱”，严禁一闸多用。

3. 非机电人员严禁动用机电设备。

4. 起重机从电线下行驶时，起重机司机要特别注意吊杆最高点与电线的临空高度，必要时设专人指挥。

5. 电焊机的电源长度不宜超过 5m，并必须架高。电焊机手把线的正常电压，在用交流电工作时为 60～80V，要求手把线质量完好无损，如有破皮情况，必须及时用胶布严密包扎。电焊机的外壳应该接地。

6. 搬运氧气瓶时，必须采取防震措施，绝不可向地上猛摔。氧气瓶不应放在阳光下曝晒，更不可接近火源。还要防止机械油落到氧化瓶上。

7. 氧气瓶、乙炔瓶的距离不小于 5m，安全管理人员要定时检查。

课程设计四：某环型体育场钢结构安装方案设计

1. 课题目的

掌握起重机选择、起重机械开行路线与构件的平面布置方法，掌握钢网架安装方法，熟悉钢网架的施工工艺和质量控制要求以及安全措施。

2. 课题依据

(1) 本任务书要求；

(2) 主要规范规程

《钢结构设计规范》(GB 50017—2012)

《钢结构工程施工质量验收规范》(GB 50205—2011)

《建筑结构荷载规范》(GB 50009—2012)

《网架结构设计与施工规定》(JGJ 7—91)

3. 课题任务

完成某环形网壳钢结构体育场屋盖结构的安装方法：

某体育场要求满足乙级体育赛事标准，体育场座位约 4 万个。其建筑面积约 8.91 万 m^2（地上 $64175m^2$，地下 $21420m^2$），用钢含量约为 9000t，体育场屋盖钢结构采用双层开口网壳结构体系，由高、低两个屋面叠合而成。高、低屋面均由光滑弧线旋转一周形成曲面，中央开口呈椭圆形，周边通过边界线切割，形成六个入口部分。体育场水平投影为圆形，外壳直径约为 260m，如图 6.6.1 所示。屋顶中央椭圆形开口长轴约为 186m，短轴约为 150m，网壳檐口最高点结构标高约为 56.018m，如图 6.6.2 所示。

高、低屋面平面都成不规则六边形，其中三个落地边各由 7 榀落地径向桁架组成，共 21 榀落地桁架。其余三个边分别为三榀落地拱形桁架，每一榀拱形桁架上搭接着 20 榀径向桁架，共 60 榀。以上桁架间由连系杆件连接形成一个整体。连系杆件截面最小为 P159×4，最大为 P299×14，杆件材质均为 Q345B。高屋面下弦至低屋面上弦高差为 3.755～

4.035m,高、低屋面重叠部分由连系杆件连接形成中间层。中间层连系杆件截面为P180×5、P180×8和P245×12。桁架杆件材质均为Q345B。

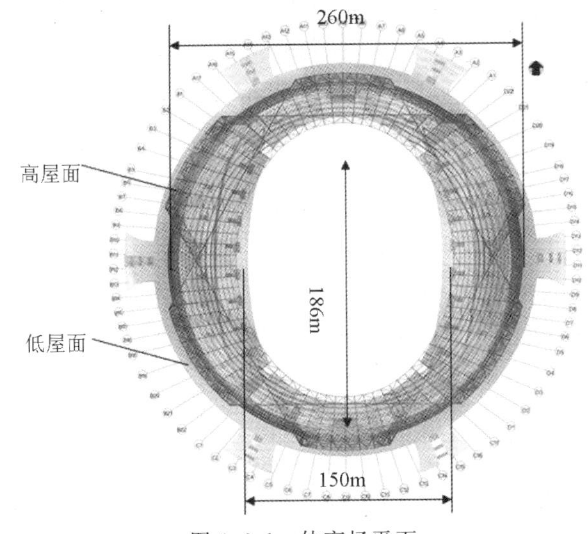

图6.6.1 体育场平面

图6.6.2 体育场立面

4. 课题设计内容

(1) 机械选择;

(2) 钢结构施工场地平面布置;

(3) 屋面结构吊装方案的确定;

(4) 屋面结构安装前准备工作;

(5) 屋面结构吊装思路描述;

(6) 安全技术措施。

5. 工作要求

(1) 独立完成,不得抄袭;

(2) 课程设计以纸质文档形式提交,文字部分手写,图纸可以手绘也可以打印;

(3) 课题设计时间安排:课内辅导为4课时,未足部分课外完成。

本章小结

本章主要介绍了钢结构单层厂房的制作、连接和防腐与涂装和安装过程,钢结构高层建筑安装,钢网架结构的安装,钢结构安装工程质量验收和安全技术措施等相关内容。其中重点讲解了单层厂房的制作安装过程，以及钢结构高层建筑和钢网架结构的安装方法。

思考题

1. 简述钢结构的特点。
2. 钢结构组装的方法有哪些？
3. 钢结构连接常用连接方式有哪些？
4. 单层钢结构厂房安装前的准备工作有哪些？
5. 简述一般单层钢结构厂房安装的流程。
6. 简述一般钢结构高程建筑安装的流程。
7. 钢网架结构有哪几种安装方法？分别说明其适用范围。

习题

1. 下列不属于钢结构优点的是(　　)。
   A. 材料强度高，自身重量轻　　B. 钢结构制造安装机械化程度高
   C. 钢结构密封性能好　　D. 钢结构耐腐蚀性差
2. 单层工业厂房的吊装方法有(　　)。
   A. 分件吊装法　　B. 节间吊装法　　C. 综合吊装法　　D. A、B和C
3. 单层厂房结构吊装宜采用的吊装方法是(　　)。
   A. 综合吊装法　　B. 分件吊装法　　C. 节间吊装法　　D. A、B和C
4. 钢柱安装时，需要校正的内容为(　　)。
   A. 倾斜度、弯曲度、标高　　B. 平面位置、基础杯口强度
   C. 标高、杯口位置　　D. 平面位置、垂直度、标高
5. 公路运输装运钢结构构件的高度极限是(　　)。
   A. 4.5m　　B. 4.0m　　C. 5.0m　　D. 6.0m
6. 构件吊装前其混凝土强度应符合设计要求，设计未规定时，应达到设计强度标准值的(　　)以上。
   A. 50%　　B. 75%　　C. 90%　　D. 100%
7. 柱斜向布置中三点共弧是指(　　)三者共弧。
   A. 停机点、杯形基础中心点、柱脚中心　　B. 柱绑扎点、停机点、杯形基础中心点
   C. 柱绑扎点、柱脚中心、停机点　　D. 柱绑扎点、杯形基础中心点、柱脚中心
8. 钢柱宜采用(　　)绑扎法起吊。
   A. 一点斜吊绑扎　　B. 一点直吊绑扎　　C. 两点斜吊绑扎　　D. 两点直吊绑扎
9. 钢吊车梁均为简支梁形式，梁端之间留有(　　)左右的空隙。
   A. 5mm　　B. 10mm　　C. 15mm　　D. 20mm
10. 网架支承结构为周边承重墙或柱上有现浇钢筋混凝土圈梁等情况宜采用(　　)安装方法。
    A. 高空散装法　　B. 分条分块吊装法　　C. 高空滑移法　　D. 整体吊装法

第7章　防水工程

地下工程是指全埋或半埋地下或水下的构筑物，其特点是受地下水的影响。如果地下工程没有防水措施或防水措施不得当，那么地下水会渗入结构内部，使混凝土腐蚀、钢筋生锈、地基下沉，甚至淹没构筑物，直接危及建筑物的安全。为了确保地下建筑物的正常使用，必须重视地下工程的防水。

地下防水工程施工的特点是：质量要求高，不允许出现渗水或湿渍；施工条件差，需要在基坑内露天、水中作业；防水材料品种多、性能差异大，质量性能不易保证；成品保护难和薄弱部位多（如变形缝、施工缝、后浇带、穿墙管道、穿墙螺栓、预埋设件、预留孔洞、阴阳角等均属防水薄弱部位）。

地下防水工程应该遵循“防、排、截、堵相结合，因地制宜，综合治理”的原则。在选材上推广使用高聚物改性沥青防水卷材、合成高分子防水卷材、合成高分子防水涂料、UEA补偿收缩防水混凝土等新材料、新技术。在施工上宜采用冷黏法、热熔法和混凝土掺加防水剂等新工艺，以提高地下防水工程的质量，杜绝工程渗漏，促进防水技术不断发展。

1. 了解地下防水工程的构造组成及有关规定；
2. 熟悉地下防水工程质量控制手段和工程施工质量措施；
3. 掌握地下工程防水的常用材料及施工工艺和顺序。

学习要求

知识要点	能力要求
建筑行业地下防水相关知识	了解地下工程防水的分类、等级及设防原则，掌握各种防水材料的性能及适用范围
建筑材料、建筑构造	掌握防水混凝土结构的施工工艺，了解其他附加防水层施工
建筑施工质量验收规范，建筑行业相关知识	了解地下防水工程质量验收的标准与安全技术措施
细部构造防水施工	掌握变形缝、施工缝、后浇带等细部结构的防水施工
渗漏的防治	了解引起渗漏的原因，掌握渗漏的防治方法

【知识回顾】 建筑防水工程涉及建筑物(构筑物)的地下室、地面、墙身、屋顶等诸多部位,在中职阶段学习中,我们已经学习了屋面防水工程及室内其他部位防水工程的相关知识,对建筑工程防水中屋面及其卫生间防水有了一个初步的认识和了解。

屋面防水工程学习了卷材防水构造和施工工艺、涂膜防水层的施工要点、一些常见的质量通病及其防治方法。重点学习了卷材防水屋面的施工工艺,了解了卷材防水材料的种类。

室内其他部位防水工程主要学习了卫生间楼地面聚氨酯防水、氯丁胶乳沥青防水涂料的施工工艺,掌握了一些卫生间渗漏与堵漏技术。

中职阶段对防水工程的学习,主要是对屋面与卫生间等部位的防水学习,内容涵盖广泛,基本上囊括了防水工程中用到的基本材料、工艺、一些常用的堵漏技术等方面,为本章地下防水工程的学习打下坚实的基础。

【历史沿革】

当我们看到图 7.0.1 的照片时,会觉得房屋渗漏会给我们带来一系列的麻烦,尤其是地下工程渗漏。

图 7.0.1 地下室漏水

中国建筑防水协会统计数据显示,我国建筑地下工程渗漏率高达 80%。建筑地下防水工程的渗漏,甚至被称作建筑的"癌症"。而与建设过程中出现垮塌的建筑事故相比,地下渗漏水对建筑物基础的侵蚀缓慢且具有隐蔽性,各方对其重视仍显不足。地下工程防水处理不好,会造成地下室潮湿,或者给地下结构造成事故;尤其在地下水丰富的地区,甚至会影响建筑功能和危及结构安全;因此,地下工程防水处理比屋面防水处理工程的要求更高,防水技术难度更大。

在建筑工程中,建筑防水技术是一门综合性、应用性很强的工程技术科学,是建筑工程技术的重要组成部分,对提高建筑物使用功能和生产、生活质量,改善人们居环境发挥着重要作用。防水工程是一项系统工程,它涉及防水材料、施工技术、建筑物的管理等各个方面。

防水是自古以来的话题,古代人们建筑房屋时就考虑到防水的问题。南方多雨,因而南方的屋顶建筑多为三角式,以便雨水顺势而下,不会在屋顶产生积水。后期发展中人们开始使用沥青油毡纸来进行房屋的防水作业。经过社会的发展,防水建材的种类越来越多,从沥青时代迈出新的脚步,发展为无机或有机材料的防水剂,如岩棉防水剂、保温涂料防水剂等等。

20 世纪 80 年代以前,我国防水材料以沥青纸胎油毡为主。之后通过引进,借鉴国外先进设备与技术,我国的改性沥青防水卷材、合成高分子防水卷材及其他先进防水材料得到迅速发展。目前,我国防水材料已由沥青纸胎油毡一统市场的格局,发展成包括防水卷材、防水涂料、建筑密封材料、刚性防水材料、堵漏止水材料、瓦类防水材料等六大门类上千个规格品种,形成较完整的防水产品体系;防水范围已从屋面防水及地下防水,逐步延伸至更为广阔的领域;防水功能已从单纯防渗漏发展为防水与防腐蚀、防水与保温、防水与绿化、防水与环保等相结合。总之,我国目前已有的防水产品可满足不同功能、不同技术要求和各类防水工程的需求。

随着我国改革开放的深化和城市化程度的扩大,各大中城市已经开始大量建造地铁、停车场、商场、隧道、综合管廊和体育场等地下工程空间。例如地下停车场,对缓解交通拥堵、停车难和增加绿化用地,降低城市的热岛效应和温室效应,以及维持二氧化碳和氧气的平衡,节省能源,改善生态环境等方面都起到了一定的作用。

7.1 地下防水方案及防水措施

地下结构防水指对工业与民用建筑地下工程、防护工程、隧道及地下铁道等建(构)筑物,进行防水设计、防水施工和维护管理等各项技术工件的工程实体。

7.1.1 防水方案

地下防水方案应根据工程的水文地质状况、结构构造形式、施工方法、地形条件、防水标准和使用要求、技术经济指标、材料来源等情况综合考虑确定。一般应采取以防为主,防排结合,因地制宜,综合治理的原则。其防水目标是:地下工程竣工投产后,不发生渗漏水,能满足使用功能。地下工程的防水等级分为 4 级,各级标准应符合表 7.1.1 的规定。

表 7.1.1 地下工程防水等级标准

防水等级	标 准	使用范围
1 级	不允许渗水,结构表面无湿渍	人员长期停留的场所;因有少量湿渍会使物品变质、失效的贮物场所及严重影响设备正常运转和危及工程安全运营的部位;极重要的战备工程
2 级	不允许漏水,结构表面可有少量湿渍;工业与民用建筑:湿渍总面积不大于总防水面积的 1‰,单个湿渍面积不大于 0.1m^2,任意 100m^2 防水面积不超过 1 处;其他地下工程:湿渍总面积不大于总防水面积的 6‰,单个湿渍面积不大于 0.2m^2,任意 100m^2 防水面积不超过 4 处	人员经常活动的场所;在有少量湿渍的情况下不会使物品变质、失效的贮物场所及基本不影响设备正常运转和工程安全运营的部位;重要的战备工程
3 级	有少量漏水点,不得有线流和漏泥砂;单个湿渍面积不大于 0.3m^2,单个漏水点的漏水量不大于 2.51L/d,任意 100m^2 防水面积不超过 7 处	人员临时活动的场所;一般战备工程
4 级	有漏水点,不得有线流和漏泥砂;整个工程平均漏水量不大于 2L/m^2 · d,任意 100m^2 防水面积的平均漏水量不大于 4L/m^2 · d	对渗漏无严格要求的工程

地下工程的防水方案主要有以下几种。

(1) 结构自防，通过调整混凝土配合比或掺入外加剂等方法，提高混凝土本身的密实度和抗渗性，使结构具有一定防水能力。结构本身既是承重维护结构，又是防水层。因此，它具有施工简便、工期较短、改善劳动条件、节省工程造价等优点，是解决地下防水的有效途径，因而被广泛应用。

(2)在地下结构表面附加防水层，如贴卷材防水层、涂防水涂料、抹多层水泥砂浆等。

(3)防排结合，通常可用盲沟排水、渗排水与内排水等排水方法把地下水排走。

7.1.2 防水措施

地下工程的钢筋混凝土结构应采用防水混凝土，并根据防水等级的要求采用防水措施。其防水措施选用应根据地下工程开挖防水方法确定。明挖法地下工程的防水设防要求参见表 7.1.2，暗挖法地下工程的防水设防要求参见表 7.1.3。

表 7.1.2 明挖法地下工程防水设防要求

工程部位		主体						施工缝						后浇带				变形缝、诱导缝				
防水措施	防水混凝土	防水砂浆	防水卷材	防水涂料	塑料防水板	金属板	遇水膨胀止水条	中埋式止水带	外贴式止水带	外抹防水砂浆	外涂防水涂料	膨胀混凝土	遇水膨胀止水条	外贴式止水带	防水嵌缝材料	中埋式止水带	外贴式止水带	可卸式止水带	防水嵌缝材料	外贴防水卷材	外涂防水涂料	遇水膨胀止水条
防水等级	一级	应选	应选一至两种					应选两种					应选	应选两种			应选	应选两种				
	二级	应选	应选一种					应选一至两种					应选	应选一至两种			应选	应选一至两种				
	三级	应选	宜选一种					宜选一至两种					应选	宜选一至两种			宜选	宜选一至两种				
	四级	应选						宜选一种					应选	宜选一种			应选	宜选一种				

表 7.1.3 暗挖法地下工程防水设防要求

工程部位	主体				内衬砌施工缝					内衬砌变形缝、诱导缝				
防水措施	复合式衬砌	离壁式衬砌、衬套	贴壁式衬砌	喷射混凝土	外贴式止水带	遇水膨胀止水条	防水嵌缝材料	中埋式止水带	外涂防水涂料	中埋防水止水带	外贴式止水带	可卸式止水带	防水嵌缝材料	遇水膨胀止水条

续 表

工程部位		主 体		内衬砌施工缝	内衬砌变形缝、诱导缝	
防水等级	一级	应选一至两种		应选两种	应选	应选两种
	二级	应选一种		应选一至两种	应选	应选一至两种
	三级		应选一种	宜选一至两种	应选	宜选一种
	四级		应选一种	宜选一种	应选	宜选一种

【注意事项】 地下防水工程所使用的防水材料，应有产品的合格证书和性能检测报告，材料的品种、规格、性能等应符合现行的国家产品标准和设计要求。不合格材料不得在工程中使用。

7.2 结构主体防水工程施工

7.2.1 防水混凝土结构施工

防水混凝土结构是指本身具有一定防水能力的整体式或钢筋混凝土承重结构，适用于地下室、水池、地下水泵房、设备基础等防水建筑。

【注意事项】 防水混凝土的抗压强度和抗渗压力必须符合设计要求。防水混凝土的变形缝、施工缝、后浇带、穿墙管道、埋设件等设置和构造，均须符合设计要求，严禁渗漏。

1. 准备工作

(1) 基坑排水和垫层施工

混凝土主体结构施工前，必须做好基础垫层混凝土，使之起到防水辅助防线的作用，同时保证主体结构施工的正常进行。一般做法是：在基坑开挖后，铺设 300～400mm 毛石做垫层，上铺粒径 25～49mm 的石子，厚约 50mm，经夯实或碾压，然后浇灌 C15 混凝土厚 100mm 作找平层。

(2) 原材料选择

水泥强度等级不低于 32.5MPa，水泥用量不得少于 300kg/m^3，当采用矿渣水泥时，需提高水泥的研磨细度，或者掺外加剂来减轻泌水现象等措施后，才可以使用。砂、石的要求与普通混凝土相同，但清洁度要充分保证，含泥量要严格控制。石子含泥量不大于 1%，砂的含泥量不大于 2%。

2. 施工操作

模板应该平整，拼缝严密，并应有足够的刚度、强度，吸水性要小，支撑牢固，装拆方便，以钢模、木模为宜，不宜用螺栓或铁丝贯穿混凝土墙固定模板，以避免水沿缝隙渗入。固定模板时，严禁用铁丝穿过防水混凝土结构，以防在混凝土内部形成渗水通道。如必须用对拉螺栓来固定模板，则应在预埋套管或螺栓上至少加焊(必须满焊)一个直径为80～100mm的止水环。一般可采用工具式螺栓、螺栓加焊止水环、预埋套管加焊止水环、螺栓加堵头等方法。

①工具式螺栓做法。用工具式螺栓将防水螺栓固定并拉紧，以压紧固定模板。拆模时，将工具式螺栓取下，再以嵌缝材料及聚合物水泥砂浆将螺栓凹槽封堵严密(见图7.2.1)。

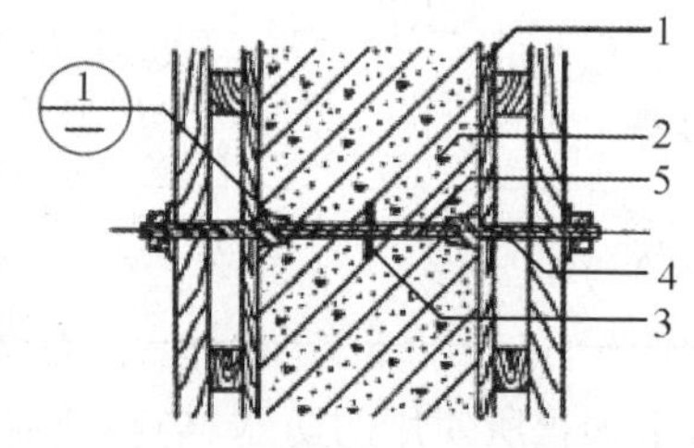

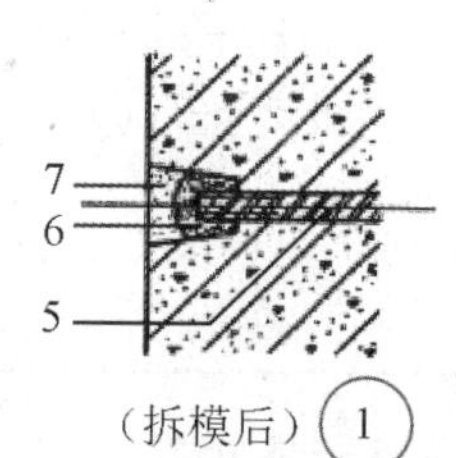

1-模板；2-结构混凝土；3-止水环；4-工具式螺栓；
5-固定模板用螺栓；6-嵌缝材料；7-聚合物水泥砂浆

图7.2.1　工具式螺栓及其防水做法示意

②螺栓加堵头做法。结构两边螺栓周围做凹槽，拆模后将螺栓沿平凹底割去，再用膨胀水泥砂浆封堵凹槽(见图7.2.2)。

③螺栓加焊止水环做法。在对拉螺栓上部加焊止水环，止水环与螺栓必须满焊严密。拆模后应沿混凝土结构边缘将螺栓隔断(见图7.2.3)。

④预埋套管加焊止水环做法。套管采用钢管，其长度等于墙厚(或其长加上两端垫木的厚度之和等于墙厚)，兼具撑头作用，以保持模板间的设计尺寸。止水环在套管上满焊严密，支模时在预埋套管中穿入对拉螺栓拉紧固定模板。拆模后将螺栓抽出，套管内以膨胀水泥砂浆封堵密实。套管两端有垫木的，拆模时连同垫木一并拆除，除密实封堵套管外，还应将两端垫木留下的凹坑用同样方法封实。此法可用于抗渗要求一般的结构(见图7.2.4)。

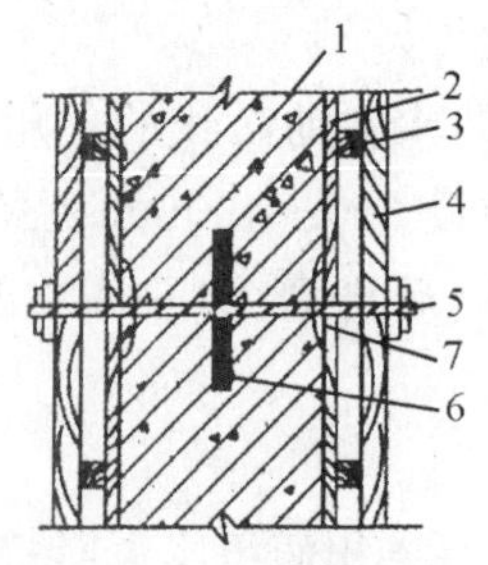

1-围护结构；2-模板；3-小龙骨；
4-大龙骨；5-螺栓；
6-止水环；7-堵头

图7.2.2　螺栓加堵头做法

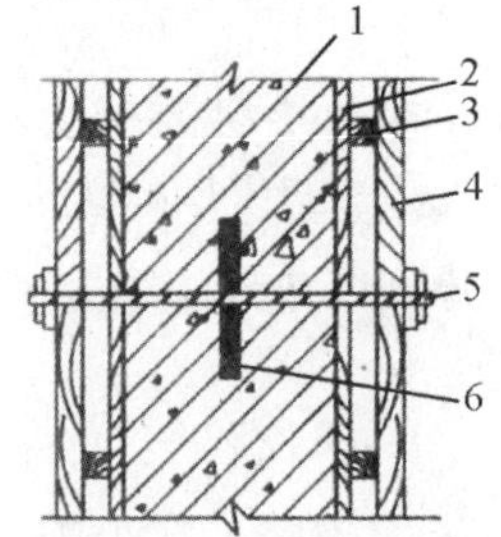

1-围护结构；2-模板；
3-小龙骨；4-大龙骨；
5-螺栓；6-止水环

图7.2.3　螺栓加焊止水环

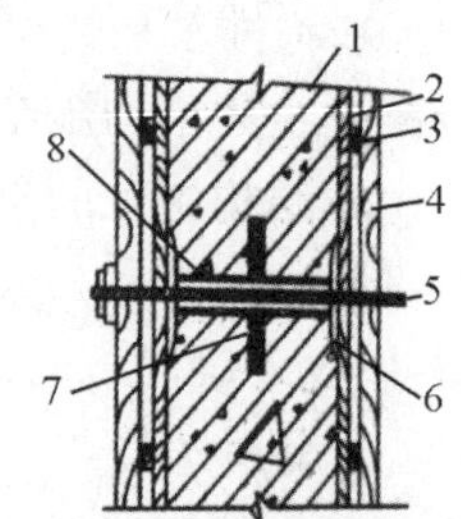

1-防水结构；2-模板；3-小龙骨；
4-大龙骨；5-螺栓；6-垫木；
7-止水环；8-预埋套管

图7.2.4　预埋套管加焊止水环

钢筋相互间应绑扎牢固，以防浇捣时，因碰撞、振动使绑扣松散、钢筋移位，造成露筋。钢筋保护层厚度应符合设计要求，不得有负误差。一般为：迎水面防水混凝土的钢筋保护层厚度，不得小于 35mm，当直接处于侵蚀性介质中时，不应小于 50mm。留设保护层，应以相同配合比的细石混凝土或水泥砂浆制成垫块，将钢筋垫起，严禁以钢筋垫钢筋，或将钢筋用铁钉、铅丝直接固定在模板上。

防水混凝土搅拌应严格按选定的施工配合比，准确计算并称量每种用料。防水混凝土应采用机械搅拌，搅拌时间一般不少于 2min，掺入引气型外加剂，则搅拌时间约为 2～3min，掺入其他外加剂应根据相应的技术要求确定搅拌时间。

混凝土在运输过程中，应防止产生离析及坍落度和含气量的损失，同时要防止漏浆。拌好的混凝土要及时浇筑，常温下应在 0.5h 内运至现场，于初凝前浇筑完毕。运送距离远或气温较高时，可掺入缓凝型减水剂。浇筑前发生显著泌水离析现象时，应加入适量的原水灰比的水泥复拌均匀，方可浇筑。

防水混凝土浇筑前，应将模板内部清理干净，木模用水湿润模板。浇筑时，若入模自由高度超过 1.5m，则必须用串筒、溜槽或溜管等辅助工具将混凝土送入，以防离析和造成石子滚落堆积，影响质量。在防水混凝土结构中有密集管群穿过去、预埋件或钢筋稠密处、浇筑混凝土有困难时，应采用相同抗渗等级的细石混凝土浇筑；预埋大管径的套管或面积较大的金属板时，应在其底部开设浇筑振捣孔，以利排气、浇筑和振捣。

防水混凝土应采用混凝土振捣器进行振捣。当采用插入式混凝土振捣器时，插点间距不宜大于振动棒作用半径的 1.5 倍，振动棒与模板的距离，不应大于其作用半径的 0.5 倍。振动棒插入下层混凝土内的深度应不小于 50mm，施工时的振捣是保证混凝土密实性的关键，浇灌时，必须分层进行，按顺序振捣。采用插入式振捣器时，分层厚度不宜超过 30cm；采用平板振捣器时，分层厚度不宜超过 20cm。一般应在下层混凝土初凝前接着浇灌上一层混凝土。通常分层浇筑的时间间隔不超过 2h；气温在 30℃以上时，不超过 1h，防水混凝土浇灌高度一般不超过 1.5m，否则应用串筒和溜槽、或侧壁开孔的办法浇捣。振捣时，不允许用人工振捣，必须采用机械振捣，做到不漏振、欠振，又不重振、多振。防水混凝土密实度要求较高，振捣时间宜为 10～30s，以混凝土开始泛浆和不冒气泡为止。掺引气型减水剂时应采用高频插入式振捣器振捣。振捣器的插入间距不得大于 500mm，并贯入下层不小于 50mm，这对保证防水混凝土的抗渗性和抗冻性更有利。

防水混凝土的养护比普通混凝土更为严格，必须充分重视，因为混凝土早期脱水或养护过程中缺水，抗渗性将大幅度降低。特别是 7d 前的养护更为重要，养护期不少于 14d，对火山灰硅酸盐水泥养护期不少于 21d。浇水养护次数应能保持混凝土充分湿润，每天浇水 3～4 次或更多次数，并用湿草袋或薄膜覆盖混凝土的表面，应避免暴晒。冬季施工应有保暖、保温措施，当环境温度达到 10℃时方可少浇水，因在此温度下养护抗渗性能最差。当养护温度从 10℃提高到 25℃时，混凝土抗渗压力从 0.1MPa 提高到 1.5MPa 以上。养护温度过高也会使抗渗性能降低。当冬期采用蒸汽养护时最高温度不超过 50℃，养护时间必须达到 14d。

防水混凝土不宜过早拆模。拆模过早，等于养护不良，也会导致开裂，降低防渗能力。拆模时防水混凝土的强度必须超过设计强度的 70%，防水混凝土表面温度与周围气温之差不得超过 15℃，以防混凝土表面出现裂缝。拆模后应及时回填，回填土应分层夯实，并严格按照施工规范的要求操作。

7.2.2 附加防水层施工

附加防水层有水泥砂浆防水层、卷材防水层、涂料防水层、金属防水层等，它适用于需增强防水能力、受侵蚀性介质作用或受震动作用的地下工程。

1. 水泥砂浆防水层

水泥砂浆防水层是一种刚性防水层，它主要依靠砂浆本身的憎水性和砂浆的密实性来达到防水目的。根据防水砂浆材料成分不同，通常可分为普通防水砂浆（也称刚性多层抹面防水）、外加剂防水砂浆和聚合物防水砂浆三种。

(1) 施工要求

当需要在地下水位以下施工时，地下水位应下降到工程施工部位以下，并保持到施工完毕。施工时温度应控制在5℃以上，40℃以下，否则要采取保温、降温措施。抹面层出现漏水现象，应找准渗漏水部位，做好堵漏工作后，再进行抹面交叉施工。

(2) 基层处理

基层处理一般包括清理（将基层油污、残渣清除干净，光滑表面斩毛）、浇水（基层浇水湿润）和补平（将基层凹处补平）等工序，使基层表面达到清洁、平整、潮湿和坚实粗糙，以保证砂浆防水层与基层黏结牢固，不产生空鼓和透水现象。

(3) 防水砂浆施工

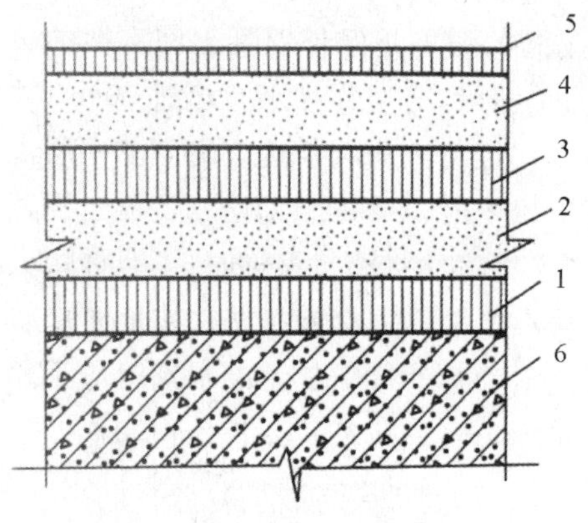

1、3 -素灰层 2mm；2、4 -水泥砂浆层 4～5mm；5 -水泥砂浆 1mm；6 -结构层

图 7.2.5 五层抹面做法构造

刚性多层抹面防水层通常采用四层或五层做法。一般在防水工程的迎水面采用五层抹面做法（见图 7.2.5）。防水层的施工顺序，一般是先顶板，再墙面，后地面，当工程量较大需分段施工时，应由里向外按上述顺序进行。第一层（素灰层，厚 2mm，水灰比为 0.3～0.4）先将混凝土基层浇水湿润后，抹一层 1mm 厚素灰，用铁抹子往返抹压 5～6 遍，使素灰填实混凝土基层表面的空隙，以增加防水层与基层的黏结力，随即再抹 1mm 厚的素灰均匀找平，并用毛刷横向轻轻刷一遍，以便打乱毛细孔通路，并有利于和第一层结合，在其初凝期做第一层。第二层（水泥砂浆层，厚 4～5mm，灰砂比1∶2.5，水灰比 0.6～0.65）在初凝的素灰层上轻轻抹压，使砂粒能压入素灰层（但注意不能压穿素灰层），以便两层间结合牢固，在水泥砂浆层初凝前，用扫帚将砂浆层表面扫成横向条纹，待其终凝并具有一定强度后（一般隔一夜）做第三层。第三层（素灰层，厚 2mm）操作方法与第一层相同。如果水泥砂浆层在硬化过程中析出游离的氢氧化钙形成白色薄膜时，需刷洗干净，以免影响黏结。第四层（水泥砂浆层，厚 4～5mm）按照第二层方法抹水泥砂浆。在水泥砂浆硬化过程中，用铁抹子分次抹压 5～6 遍，以增加密实性，最后再压光。第五层（水泥砂浆层，厚 1mm，水灰比为 0.55～0.6）：当防水层在迎水面时，则需在第四层水泥砂浆抹压两遍后，用毛刷均匀涂刷水泥浆一遍，随第四层一并压光。水泥砂浆铺抹时，采用砂浆收水后二次抹光，使表面坚固密实。防水层的厚度应满足设计要求，一般为 18～20mm 厚，随聚合物水泥砂浆防水层数而定。

【注意事项】 水泥砂浆防水层各层之间必须结合牢固，无空鼓现象。

2. 卷材防水层

地下工程卷材防水是用沥青胶将几层油毡黏结在结构基层表面上而成。这种防水层的主要优点是：防水性能较好，具有一定的韧性和延伸性，能适应结构的振动和微小变形，不至于产生破坏，导致渗水现象，并能抗酸、碱、盐溶液的侵蚀。

【注意事项】 卷材防水层应采用高聚物改性沥青防水卷材和合成高分子防水卷材。所选用的基层处理剂、胶黏剂、密封材料等配套材料，均应与铺贴的卷材材性相容。

铺贴防水卷材前，应将找平层清扫干净，在基面上涂刷基层处理剂；当基面较潮湿时，应涂刷湿固化型胶黏剂或潮湿界面隔离剂。

(1) 施工要求

为便于施工并保证施工质量，施工期间地下水位应降低到垫层以下不少于300mm处。卷材防水层铺贴前，所有穿过防水层的管道、预埋件均应施工完毕，并做了防水处理。防水层铺贴后，严禁在防水层上打眼开洞，以免引起水的渗漏，铺贴卷材的温度应不低于5℃，最好在10～25℃时进行。

(2) 基层处理

基层必须牢固，无松动现象。基层表面应平整，其平整度为：用2m长直尺检查，基层与直尺间的最大空隙不应超过5mm。基层表面应清洁干净，基层表面的阴阳角处，均应做成圆弧形或钝角。对沥青类卷材圆弧半径应大于150mm。

(3) 施工方法

卷材施工主要分为外防外贴法和内防内贴法，两种方法施工工艺有所不同。

①外防外贴法。将卷材直接粘贴在立墙的结构混凝土外侧，并与混凝土底板下面的卷材防水层相连接，以形成整体封闭的防水层，如图7.2.6所示，适用于防水结构层高大于3m的地下结构防水工程。其施工程序是：首先浇筑需防水结构的底层混凝土垫层，并在垫层上砌筑永久性保护墙，墙下干铺油毡一层，墙高不小于结构底板厚度，另加200～500mm；在永久性保护墙上用水泥砂浆砌临时保护墙，墙高为150mm×(油毡层数+1)；在永久性保护墙和垫层上抹1∶3水泥砂浆找平层，临时保护墙上用水泥砂浆找平；待找平层基本干燥后，即在其上满涂冷底子油，然后分层铺贴立面和平面卷材防水层，并将顶部临时固定。在铺贴好的卷材表面做好保护层后，再进行需防水结构的底板和墙体施工。防水结构施工完成后，将临时固定的接槎部位的各层卷材揭开并清理干净，在此区段的外墙表面上补抹水泥砂浆找平层，找平层上满铺涂冷底子油，将卷材分层错槎搭接向上铺贴在结构墙上。卷材接槎的搭接长度，高聚物改性沥青卷材为150mm，合成高分子卷材为100mm，当使用两层卷材时，卷材应错槎接缝，上层卷材应盖过下层卷材。应及时做好防水层的保护结构。

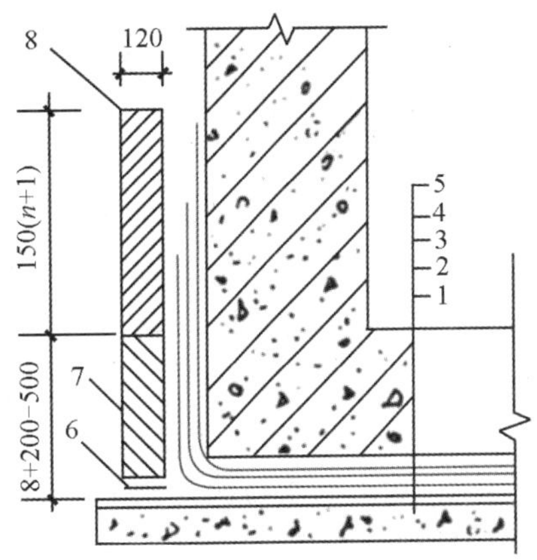

1-垫层；2-找平层；3-卷材防水层；4-保护层；5-构筑物；6-油毡；7-永久性保护墙；8-临时性保护墙

图7.2.6 外贴法

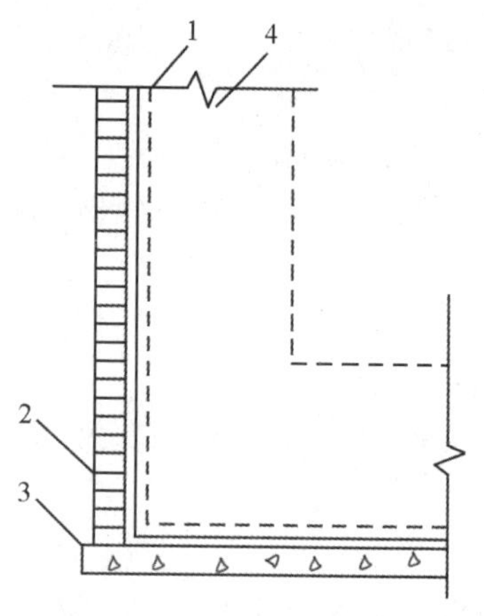

1-卷材防水层；2-永久性保护墙；3-垫层；4-尚未施工的构筑物

图 7.2.7 内贴法

②外防内贴法。将卷材直接粘贴在永久性保护墙(也称模板墙)上，并与垫层混凝土上的防水层相连接，形成整体的卷材防水层。在防水层上做保护层后，再浇筑结构混凝土。如图 7.2.7 所示，适用于防水结构层高小于 3m 的地下结构防水层。其施工程序是：先在垫层上砌筑永久保护墙，然后在垫层及保护墙上抹 1∶3 水泥砂浆找平层，待其基本干燥后涂刷最后一层沥青胶时，趁热黏上干净的热砂或散麻丝，待冷却后，随即抹一层 10～20mm 厚 1∶3 水泥砂浆保护层。在平面上可铺设一层 30～50mm 厚 1∶3水泥砂浆或细石混凝土保护层，最后进行保护结构的施工。

【工程案例】

某工程地下室主体结构防水施工

一、工程概况

某大厦位于市区繁华地段，建筑面积为 49324m²，地下 2 层，地上 27 层，钢筋混凝土结构。地下室底板埋深 8.5～9.0m，地下室总建筑面积 3500m²，地下水较丰富，水位较高，地下室主体为现浇混凝土箱形框剪结构，结构外设置外包防水层。

二、主体结构防水设计要点

1. 防水原则：地下室主体结构防水采取“以防为主，刚柔结合，多道防线，综合治理”的原则，以结构自防水为主，外防水为辅。

2. 防水标准：地下室结构的防水等级为二级，即结构不允许有漏水，结构表面可有少量、偶见的湿渍，每昼夜的渗水量不得大于 0.1L/m²，特别是要确保底板的防水效果，不允许出现冒水现象。

3. 结构自防水：采用防水混凝土，结构混凝土的抗渗等级为 S8。

4. 外防水：外防水采用 911 聚氨酯与 YN－45＃弹性体自黏型改性沥青防水卷材(以下简称 YN 防水卷材)。

5. 施工缝部位的防水处理：施工缝部位采用钢板止水带进行加强防水，钢板止水带的宽度为 400mm，厚度为 3mm。

6. 后浇带部位的防水处理：后浇带宽 1m，采用 3mm 厚钢板与中置埋入式橡胶止水带进行加强防水，同时浇筑强度等级高一级的微膨胀防水混凝土。

三、主体结构防水施工控制的重点和难点

1. 工程重点

本地下室工程为大型地下工程，混凝土的施工质量、施工缝和后浇带的处理以及外防水层的施工质量是主体结构防水施工的重点。

2. 工程难点

(1) 本工程为大体积混凝土工程，对混凝土浇筑技术要求高。

(2) 本工程后浇带和施工缝多，细部防水处理要求高。

(3) 本工程采用全包外防水，对外防水层的施工要求高。

四、主体结构防水施工的重点和难点控制

1. 主体结构混凝土工程质量控制

(1) 施工段的设置及施工顺序

本地下室工程考虑到上部主体分为三栋独立塔楼，为了防止建筑物不均匀沉降与结构收缩变形过大，根据设计要求将整个地下室沿长度方向设置两条后浇带，宽度方向设置一条后浇带。由此地下室结构被分成六个施工段，各施工段的施工顺序根据工期要求及现场的实际情况进行控制。根据本工程结构特点，每个施工段的结构混凝土分为两个步骤进行施工：第一个步骤是底板及其上方 50cm 侧墙混凝土浇筑，第二个步骤是侧墙与梁板混凝土浇筑。

(2) 混凝土配合比的控制

本工程采用商品混凝土，混凝土配合比的设计对于防止主体结构混凝土的开裂和渗漏至关重要。为此，监理部组织召开了由建设单位、设计单位、监理单位、施工单位、混凝土搅拌站共同参加的专题研讨会，对本工程主体结构混凝土提出了以下要求：

①采用掺粉煤灰、减水剂和缓凝剂的混凝土；

②采用低水化热的水泥，水泥用量范围为 280～320kg/m^3；

③混凝土材料级配要求均匀；

④混凝土的坍落度应控制在 12～18cm 范围内，水灰比不超过 0.45；

⑤混凝土的入模温度不得超过 33℃；

混凝土搅拌站根据以上的要求进行了混凝土配合比的设计和试配，并经施工单位、监理单位、建设单位审批后实施。

(3) 混凝土浇筑

本工程为大体积混凝土工程，混凝土的浇筑质量直接影响到主体结构的防水性能，因此混凝土浇筑是控制主体结构防水质量的关键工序。在本工程的实施过程中，现场主要采用了以下措施对混凝土的浇筑质量进行控制：

①本工程每个施工阶段均安排了有丰富经验的混凝土技术工人和施工管理人员参加混凝土浇筑，并在施工前认真做好技术交底工作。

②混凝土浇筑前密切关注天气预报情况，尽量避免在雨天施工。

③提前落实好混凝土材料的预约、混凝土泵的准备工作，保证混凝土能够连续浇筑。

④混凝土浇筑前先清除一切杂物，用水湿润模板，并涂脱模剂。

⑤混凝土采用汽车泵或地泵输送，并分层(每层的厚度不超过 300mm)、水平、对称进行浇筑，分层振捣密实；混凝土浇筑间歇时间最长不超过 4h。

⑥混凝土的自落高度大于 2m 时，采用串筒或管进行输送，以防离析和产生石子堆积影响质量。

⑦侧墙混凝土浇筑至顶板交接处需间歇 1～1.5h，然后再浇筑顶板混凝土，以免侧墙、顶板连接出现下沉开裂。此外，侧墙与顶板连接处的顶板钢筋每隔 2m 预留一根钢筋先不绑扎，以作为浇筑侧墙的混凝土入口，保证混凝土振捣密实。待侧墙混凝土浇筑完成后，利用 1～1.5h 的间歇时间进行绑扎。

⑧加强对混凝土的振捣管理，避免过振或漏振。采用针式振动器时，每一振点的振捣时间为 10～30s，并以混凝土开始泛浆和不冒气泡为准；振动器的移动间距不宜大于其作用半

径的1.5倍;振动器与模板的距离,不大于其作用半径的0.5倍,并尽量避免碰撞钢筋、模板。采用平板式振动器,移动间距保证振动器的平板能覆盖已振实部分的边缘。

⑨认真做好混凝土面终凝前的压实、收浆、抹光处理。

(4) 混凝土的养护

防水混凝土的养护对其抗渗性影响很大,特别是早期湿润养护。本工程施工时,当混凝土浇筑进入终凝即进行覆盖和浇水养护,以便水泥充分水化,使其生成物将毛细孔堵塞,以断毛细通路,从而使水泥石结晶致密,提高混凝土的抗渗性能。浇水养护的时间不少于14d。

(5) 拆模时间的控制

为了避免因拆模过早引起混凝土早期受力产生结构裂缝,应选择合理的拆模时间。本工程实施过程中,对于侧墙模板,均在混凝土强度达到设计强度的70%以上才开始拆模;对于顶板模板,均在混凝土强度达到设计强度的100%后才开始拆模。

2. 后浇带和施工缝的处理

(1) 后浇带的处理

本地下室工程的后浇带较多,后浇带的防水效果对工程的影响甚大,因此后浇带的处理是防水施工质量控制的关键工序之一。在现场实施过程中,首先是要确保止水带(包括橡胶止水带和钢板止水带)的规格和性能符合设计要求,连接部位应牢固可靠;其次,要防止施工过程对止水带造成损坏,如发现损坏情况,应及时进行修复;最后,后浇带部位的混凝土要求必须振捣密实。

(2) 施工缝的处理

本工程的施工缝可分为竖直施工缝(每个施工阶段的分界位置)和水平施工缝(每个施工阶段底板上方50cm处)两种。对于竖直施工缝,施工缝部位采用一次性模板——快易收口网加钢板止水带进行处理。快易收口网既能加强分段浇筑的混凝土之间的黏结强度,又可增强施工缝部位的抗渗能力。快易收口网采用钢筋或木板条固定在结构内外层钢筋上,其骨架必须朝向第一段待浇筑混凝土部分,其横向连接部分应以骨架网套进行套接,并且以150mm间距绑扎好,纵向连接的搭接宽度为150mm。

对于水平施工缝,施工缝部位采用钢板止水带进行处理。此外,在先浇筑的混凝土终凝后,立即用钢丝刷将施工缝的表面浮浆清除,边刷边用水清洗干净,并保持湿润。在继续浇筑新混凝土前,先在施工缝面刷一道水泥净浆,并铺20mm厚1∶1的水泥砂浆或与浇筑混凝土灰砂比相同的砂浆,再进行混凝土浇筑。从施工缝处开始继续浇筑时,要注意避免直接靠近缝边下料。机械振捣时,宜向施工缝处逐渐推进,并距800～1000mm处停止振捣,但应加强对施工缝处混凝土的捣实工作,使新旧混凝土紧密结合。

(3) 外防水的施工质量控制

本地下室工程外防水层采用911聚氨酯和YN防水卷材,为了保证外防水的效果能够达到设计的要求,施工时从以下几方面对外防水的质量进行了控制:

①严格把好材料关。所有进场防水材料必须有出厂合格证,并经抽样送检合格后才能使用。

②涂刷聚氨酯和铺设防水卷材前,严格按照设计要求检查基面,保证基面平整、牢固、清洁、干燥。其中,底板防水层施工时,为了防止由于毛细水上升造成基层潮湿,施工时需将地下水位降至垫层以下不小于300mm处。此外,由于现场施工环境以及工期的限制,为了保

证基面的干燥，现场需配置专用煤气喷枪用于基面的喷干处理。

③铺设防水卷材前，先做好放线、弹线定位工作。

④聚氨酯涂膜施工必须按纵、横两个方向分两次垂直涂刷，确保涂膜厚度。

⑤防水卷材铺贴前，先在基面上涂刷一层基面处理剂，待基面处理剂干燥（约0.5～1h）后，方可铺贴防水卷材。在铺贴防水卷材时，应将防水卷材底面隔离纸完全撕净，使卷材平整顺直，搭接尺寸准确，然后用滚筒压实，使卷材和基面粘贴牢固。防水卷材的搭接宽度长边为70mm，短边为150mm，搭接部位必须涂刷一道非焦油聚氨酯，以保证搭接牢固。

7.3 结构细部构造防水施工

对防水施工来说，材料是最关键的一环，工程上对止水材料的基本要求是：适应变形能力强、防水性能好、耐久性高、与混凝土黏结牢固等。防水混凝土结构的变形缝、施工缝、后浇带等细部构造，应采用止水带、遇水膨胀橡胶泥子止水等高分子防水材料和接缝密封材料。目前常见的止水带形式见图7.3.1。

防水混凝土结构细部构造的施工质量检验应按全数检查。

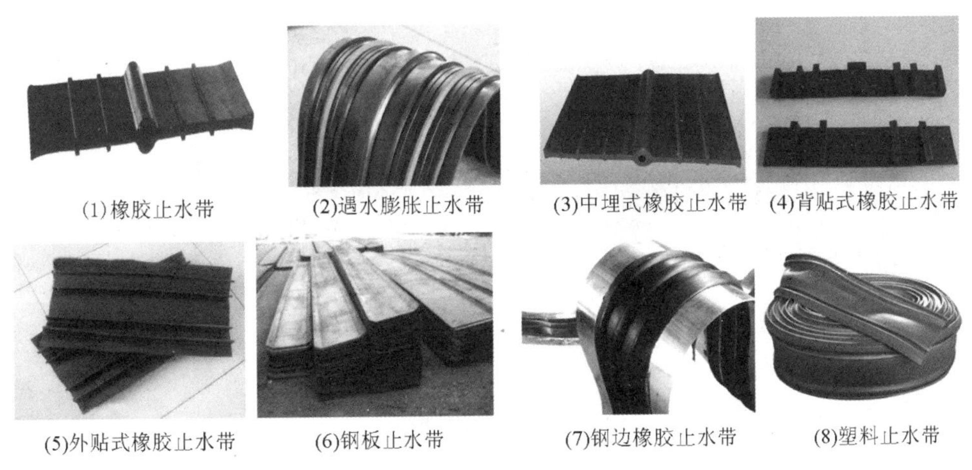

(1)橡胶止水带　(2)遇水膨胀止水带　(3)中埋式橡胶止水带　(4)背贴式橡胶止水带

(5)外贴式橡胶止水带　(6)钢板止水带　(7)钢边橡胶止水带　(8)塑料止水带

图7.3.1　止水带的形式

1. 变形缝防水施工的规定

地下结构物的变形缝是防水工程的薄弱环节，防水处理比较复杂，如处理不当会引起渗漏现象，从而直接影响地下工程的正常使用和寿命。

(1) 止水带宽带和材质的物理性能均应符合设计要求，其无裂缝和气泡；接头应采用热接，不得叠接，接缝平整、牢固，不得有裂口和脱胶现象。

(2) 中埋式止水带中心线应和变形缝中心重合，止水带不得穿孔或用铁钉固定。

(3) 变形缝设置中埋式止水带时，混凝土浇筑前应校正止水带的位置，表面清理干净，止水带损坏处应修补；顶、底板止水带的下侧混凝土应振捣密实，边墙止水带内、外侧混凝土应均匀，保持止水带位置正确、平直，无卷曲现象。

(4) 变形缝处增设的卷材或涂料防水层,应按设计要求施工。

止水带的构造形式通常有埋入式、可卸式、粘贴式等,目前采用较多的是埋入式。根据防水设计要求,有时在同一变形缝处,可采用数层、数种止水带的构造形式。如图 7.3.2 至图 7.3.5所示。

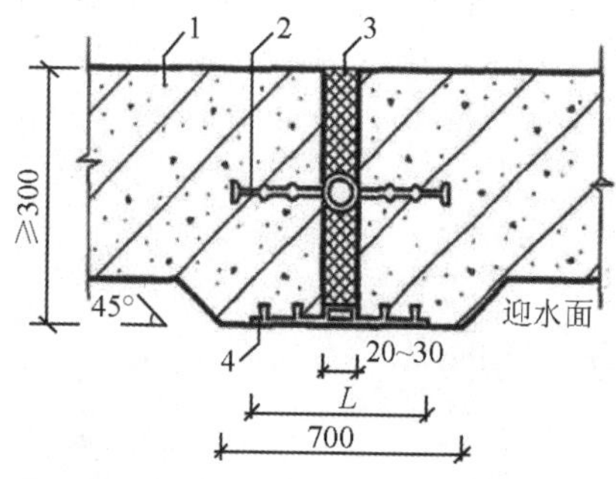

外贴式止水带 $L\geqslant300$;外贴防水卷材 $L\geqslant400$;
外涂防水涂层 $L\geqslant400$
1-混凝土结构;2-中埋式止水带;
3-填缝材料;4-外贴止水带

图 7.3.2 中埋式止水带与外贴防水层复合使用

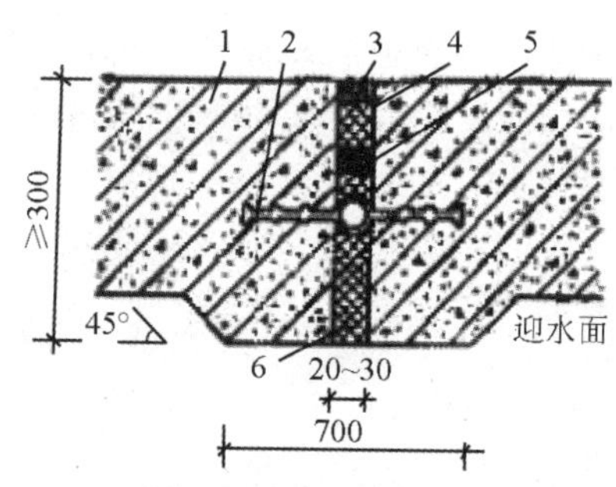

1-混凝土结构;2-中埋式止水带($L\geqslant300$mm);
3-嵌缝材料;4-背衬材料;
5-遇水膨胀橡胶条;6-填缝材料

图 7.3.3 中埋式止水带与遇水膨胀橡胶条和嵌缝材料复合使用

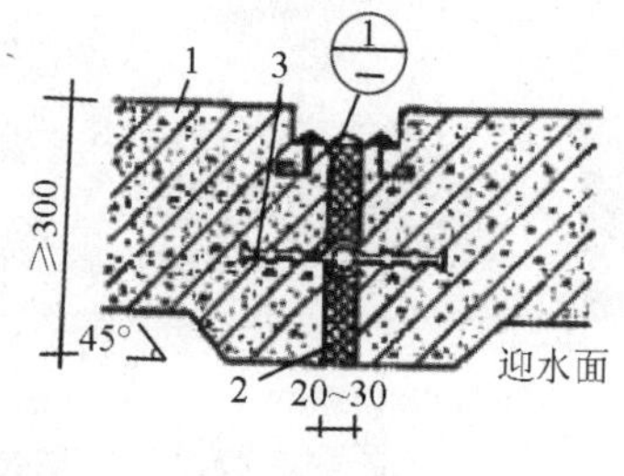

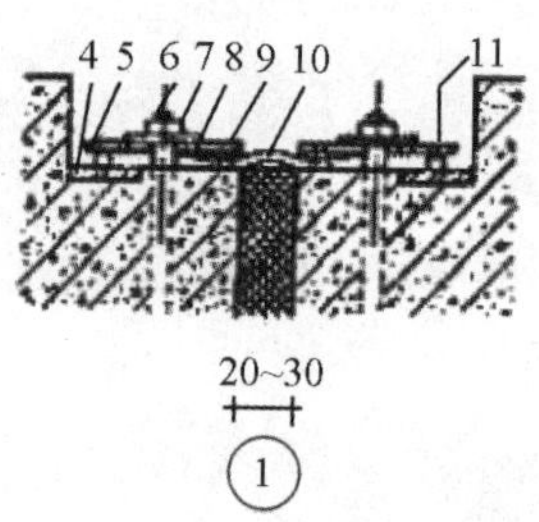

1-混凝土结构;2-填缝材料;3-中埋式止水带;4-预埋钢板;5-紧固件压板;
6-预埋螺栓;7-螺母;8-垫圈;9-紧固件压块;10-Ω型止水带;11-紧固件圆钢

图 7.3.4 中埋式止水带与可卸式止水带复合使用

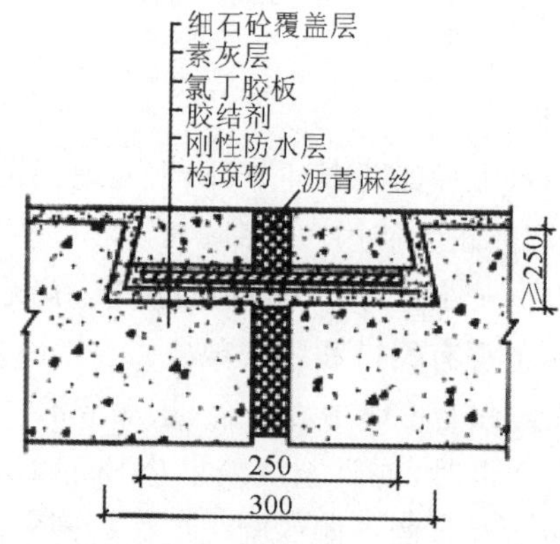

图 7.3.5 粘贴式氯丁橡胶板变形缝构造

2. 施工缝防水施工的规定

(1) 水平施工缝浇筑混凝土前,应将其表面浮浆和杂物清除,铺水泥砂浆或涂刷混凝土界面处理剂并及时浇筑混凝土。

(2) 垂直施工缝浇筑混凝土前,应将其表面清理干净,涂刷混凝土界面处理剂并及时浇筑混凝土。

(3) 施工缝采用遇水膨胀橡胶泥子止水条时,应将止水条牢固地安装在缝表面预留槽内。

(4) 施工缝采用中埋式止水带时,应确保止水带位置准确、牢固牢靠。

3. 后浇带防水施工的规定

(1) 后浇带应在其两侧混凝土龄期达到 42d 后再施工。

(2) 后浇带应采用补偿收缩混凝土,其强度等级不得低于两侧混凝土。

(3) 后浇带混凝土养护时间不得少于 28d。

后浇带防水构造如图 7.3.6 所示。

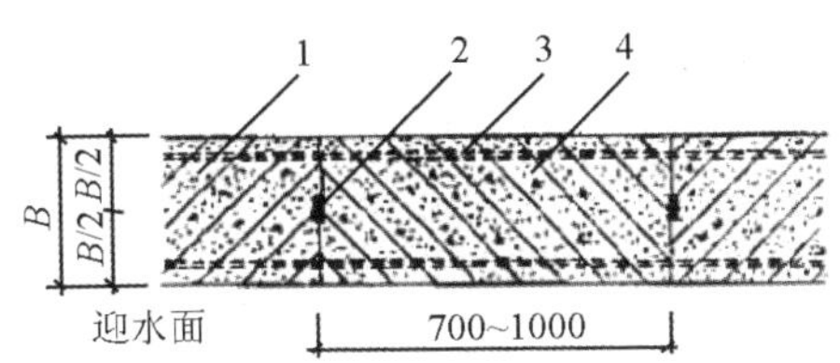

1-先浇混凝土;2-遇水膨胀止水条;
3-结构主筋;4-后浇补偿收缩混凝土

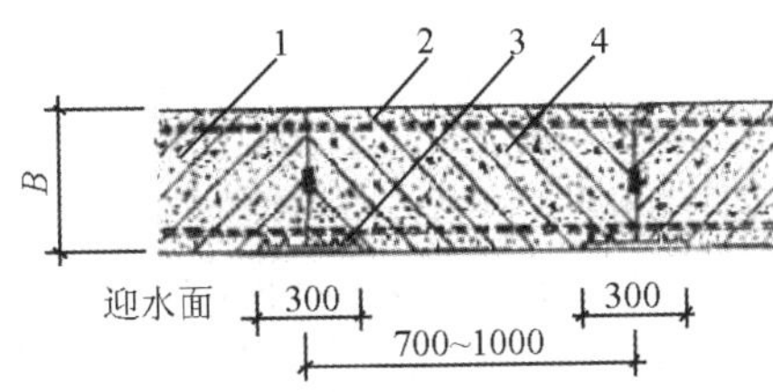

1-先浇混凝土;2-结构主筋;
3-外贴式止水带;4-后浇补偿收缩混凝土

图 7.3.6 后浇带防水构造

4. 穿墙管道防水施工的规定

(1) 穿墙管止水环与主管或翼环与套管应连续满焊,并做好防腐处理。

(2) 穿墙管处防水层施工前,应将套管内表面清理干净。

(3) 套管内的管道安装完毕后,应在两管间嵌入内衬填料,端部用密封材料填缝。柔性穿墙时,穿墙内侧应用法兰压紧。

(4) 穿墙管外侧防水层应铺设严密,不留接茬;铺设附加层时,应按设计要求施工。

两种穿墙管防水构造如图 7.3.7 和图 7.3.8 所示。

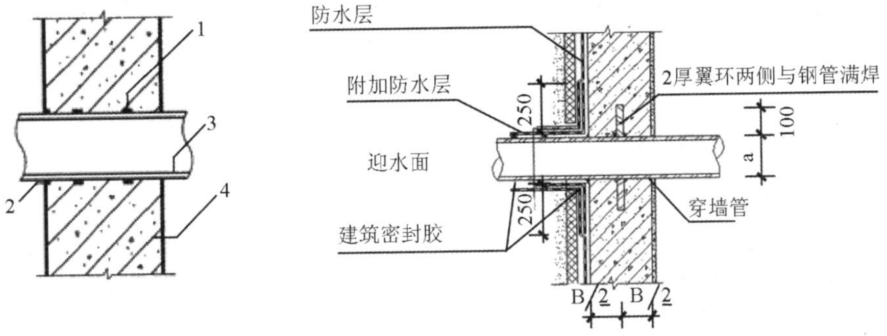

1-遇水膨胀止水圈;2-密封材料;3-主管;4-混凝土结构

图 7.3.7 固定式穿墙管防水构造

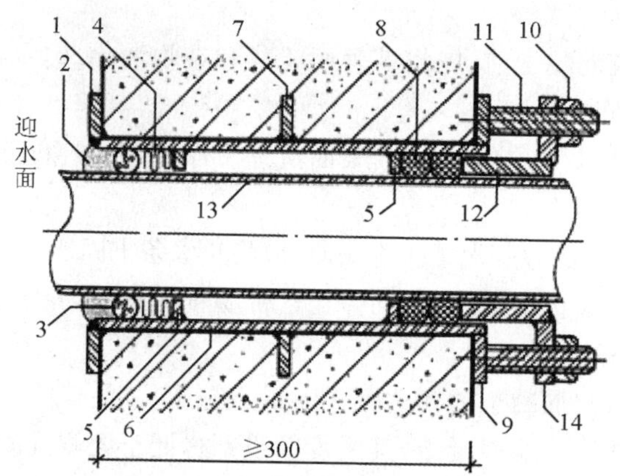

1 -翼环；2 -密封材料；3 -背衬材料；4 -填缝材料；5 -挡圈；
6 -套管；7 -止水环；8 -橡胶圈；9 -翼盘；10 -螺母；
11 -双头螺栓；12 -短管；13 -主管；14 -法兰盘

图 7.3.8　套管式穿墙防水构造

5. 埋设件防水施工的规定

(1) 埋设件端部或预留孔(槽)底部的混凝土厚度不得小于 250mm；当厚度小于 250mm 时，必须局部加厚或采取其他防水措施。

(2) 预留地坑、孔洞、沟槽内的防水层，应与孔(槽)外的结构防水层保持连续。

(3) 固定模板用的螺栓必须穿过混凝土结构时，螺栓或套管应满焊止水环或翼环；采用工具式螺栓或螺栓加堵头做法，拆模后应采取加强防水措施将留下的凹槽封堵密实。

7.4　地下工程渗漏及防治方法

地下防水工程常常由于设计考虑不周、选材不当或施工质量差而造成渗漏，直接影响生产和使用。渗漏水易发生的部位主要在施工缝、蜂窝麻面、裂缝、变形缝及穿墙管道等处。渗漏水的形式主要有孔洞漏水、裂缝漏水、防水面渗水或上述几种渗漏水的综合。因此，堵漏前必须先查明其原因、确定其位置、弄清水压大小，然后根据不同情况采取不同的防治措施。

7.4.1　渗漏部位及原因

1. 防水混凝土结构渗漏的部位及原因

由于模板表面粗糙或清理不干净、模板浇水湿润不够、脱模剂涂刷不均匀、接缝不严、振捣混凝土不密实等原因，致使混凝土出现蜂窝、孔洞、麻面而引起渗漏；墙板和底板及墙板与墙板间的施工缝处理不当而造成地下水沿施工缝渗入；由于混凝土中砂石含泥量大、养护不及时等，产生干缩和温度裂缝而造成渗漏；混凝土内的预埋件及管道穿墙处未做认真处理而致使地下水渗入；由于混凝土中砂石含泥量大、养护不及时等，产生干缩和温度裂缝而造成渗漏;混凝土内的预埋件及管道穿墙处未做认真处理而致使地下水渗入。

2. 卷材防水层渗漏部位及原因

由于保护墙和地下工程主体结构沉降不同,致使黏在保护墙上的防水卷材被撕裂而造成漏水;卷材的压力和搭接接头宽度不够、搭接不严,结构转角处卷材铺贴不严实,后浇或后砌结构时卷材被破坏,或由于卷材韧性较差、结构不均匀沉降而造成卷材被破坏,也会产生渗漏;另外还有管道处的卷材与管道黏结不严,出现张口翘边现象而引起渗漏。

3. 变形缝处渗漏原因

止水带固定方法不当,埋设位置不准确或在浇筑混凝土时被挤动,止水带两翼的混凝土包裹不严,特别是底板止水带下面的混凝土振捣不实、钢筋过密,浇筑混凝土时下料和振捣不当,造成止水带周围骨料集中、混凝土离析,产生蜂窝、麻面;混凝土分层浇筑前,止水带周围的木屑杂物等未清理干净,混凝土中形成薄弱的夹层,均会造成渗漏。

7.4.2 堵漏技术

堵漏技术就是根据地下防水工程特点,针对不同程度的渗漏水情况,选择相应的防水材料和堵漏方法,进行防水结构渗漏水处理。在拟订处理渗漏水措施时,应按照将大漏变小漏、片漏变孔漏、线漏变点漏,使漏水部位汇集于一点或数点,最后堵塞的方法进行。

对防水混凝土工程修补堵漏,通常采用的方法是用促凝剂和水泥拌制而成的快凝水泥胶浆,进行快速堵漏或大面积修补。近年来,采用膨胀水泥(或掺膨胀剂)作为防水修补材料,其抗渗堵漏效果更好;对混凝土的微小裂缝,则采用化学灌浆堵漏技术。

1. 快硬性水泥胶浆堵漏法

(1) 堵漏材料

堵漏材料有两种:促凝剂和快凝水泥胶浆。促凝剂是以水玻璃为主,并与硫酸铜、重铬酸钾及水配制而成。配制时按配合比先把定量的水加热至100℃,然后将硫酸铜和重铬酸钾倒入水中,继续加热并不断搅拌至完全溶解后,冷却到30～40℃,再将此溶液倒入称量好的水玻璃液体中,搅拌均匀,静置半小时后就可使用。快凝水泥胶浆的水泥与促凝剂的配合比为1∶0.5～1∶0.6。由于这种胶浆凝固快,一般1min左右就凝固,因此使用时要注意随拌随用。

(2) 堵漏方法

地下防水工程的渗漏水情况较复杂,堵漏的方法也较多。因此,在选用时要因地制宜。常用的堵漏方法有堵塞法和抹面法。

①堵塞法。堵塞法适用于孔洞漏水或裂缝漏水时的修补处理。孔洞漏水常用直接堵塞法和下管堵漏法。直接堵塞法适用于水压不大、漏水孔洞较小的孔洞漏水,操作时,先将漏水孔洞处剔槽,槽壁必须与基面垂直,并用水刷洗干净,随即将配制好的快凝水泥胶浆捻成与槽尺寸相近的锥形团,在胶浆开始凝固时,迅速压入槽内,并挤压密实,保持半分钟左右即可。

裂缝漏水的处理方法有裂缝直接堵塞法和下绳堵漏法。裂缝直接堵塞法适用于水压较小的裂缝漏水,操作时,沿裂缝剔成八字形坡的沟槽,刷洗干净后,用快凝水泥胶浆直接堵塞,经检查无渗水,再做保护层和防水层。

②抹面法。抹面法适用于较大面积的渗水面,一般先降低水压或降低地下水位,将基层

处理好，然后用抹面法做刚性防水层修补处理。现在漏水严重处用插入胶管将水导出。这样就使“片渗”变为“点漏”，在渗水面做好刚性防水层修补处理。待修补的防水层砂浆凝固后，拔出胶管，再按“孔洞直接堵塞法”将管孔堵填好。

2. 化学灌浆堵漏法

(1) 灌浆材料

①氰凝。氰凝的主体成分是以多异氰酸酯与含羟基的化合物(聚酯、聚醚)制成的预聚体。使用前，在预聚体内掺入一定量的副剂(表面活性剂、乳化剂、增塑剂、溶剂与催化剂等)，搅拌均匀即配制成氰凝浆液。氰凝浆液不遇水不发生化学反应，稳定性好；当浆液灌入漏水部位后，立即与水发生化学反应，生成不溶于水的凝胶体；同时释放二氧化碳气体，使浆液发泡膨胀，向四周渗透扩散直至反应结束。

②丙凝。丙凝由双组分(甲溶液和乙溶液)组成。甲溶液是丙烯酰胺和 $N-N'$-甲撑双丙烯酰胺及 β-二甲胺丙腈的混合溶液。乙溶液是过硫酸铵的水溶液。两者混合后很快形成不溶于水的高分子硬性凝胶，这种凝胶可以封密结构裂缝，从而达到堵漏的目的。

(2) 灌浆施工

灌浆堵漏施工可分为对混凝土表面处理、布置灌浆孔、埋设灌浆嘴、封闭漏水部位、压水试验、灌浆、封孔等工序。灌浆孔的间距一般为 1mm 左右，并要交错布置；灌浆结束，待浆液固结后，拔出灌浆嘴并用水泥砂浆封固灌浆孔。

【工程案例】 某工程地下室外墙穿墙管根渗漏(见图 7.4.1)

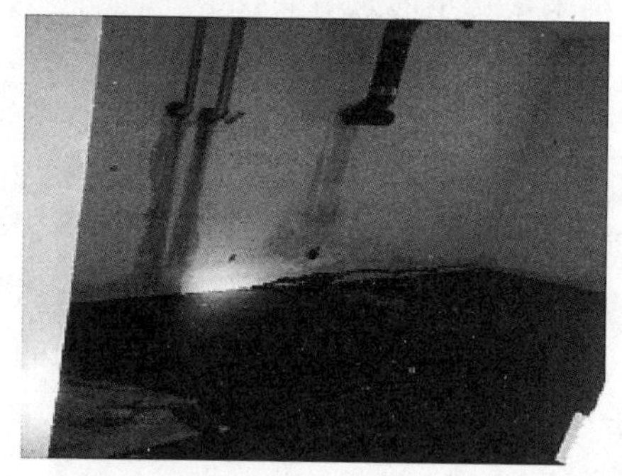

图 7.4.1　地下室外墙穿墙管根渗漏

原因分析：外墙管和套管之间空隙未堵塞密实。

由于地下室的穿墙管孔洞比较复杂，施工时稍有疏忽大意就会造成墙面管根周围渗漏，甚至明水顺墙而下。目前，穿墙管根防水大多采用套管式穿墙管防水。钢管、止水板规格不符合设计要求，止水板与钢管焊缝没有满焊，焊缝有残根，管道安装不规范，工序交接不到位，管道和套管之间没有封堵密实造成渗漏。

解决措施：外墙钢管、止水板规格严格按照规范设计要求进行下料预埋，止水板与钢管焊缝之间应按要求满焊，规范管道的安装工序，管道和套管之间应按要求严格封堵密实并做好管根部位防水加强层处理。

【工程案例】 首期后浇带处出现渗漏

原因分析：后浇带施工不规范引起渗漏。侧墙后浇带施工造成渗漏的原因有：首先，后浇带没有按设计或规范设置好止水带、企口缝，以满足混凝土二次接缝的需要。其次，后浇带的混凝土浇筑时没有使用微膨胀防水混凝土，且混凝土的抗渗和抗压强度等级与两侧结构混凝土相同。再次，后浇带接缝处表面没有凿毛，松散混凝土块、杂渣等没有冲洗干净；混凝土浇筑时接缝处没有涂刷水泥素浆、混凝土界面处理剂或水泥基渗透结晶型防水涂料。混凝土浇筑没有一次性浇完，途中再设施工缝。混凝土浇筑后没有及时覆盖养护，覆盖不严密，养护时间不足 28d。

解决措施：后浇带基础底板至顶板处施工前将接缝处的混凝土凿毛，清洗干净，保持湿润并刷水泥净浆，混凝土采用比两侧混凝土提高一等级的补偿收缩混凝土，一次浇筑完成。后浇带混凝土浇筑完成后要严格按要求进行覆盖养护，并在后浇带处增加防水加强层施工处理。

【知识拓展】 地下防水工程渗漏及防治方法

1. 孔洞堵漏

(1) 直接堵漏法

当孔洞较小、水压不太大时，可用直接堵漏法。将孔洞凿成凹槽并冲洗干净，用配合比为1∶0.6的水泥砂浆塞入孔洞，迅速用力向槽壁四周挤压密实。堵塞后，检查是否漏水，确定无渗漏后，做防水层。

(2) 下管堵漏法

当孔洞较大、水压较大时，可采用下管堵漏法。该办法分两步完成，首先凿洞、冲洗干净，插入一根胶管，用促凝剂水泥胶浆堵塞胶管外空隙，使水通过胶管排出；当胶浆开始凝固时，立即用力在孔洞四周压实，检查无渗水时，抹上防水层的第一、二层；待防水有一定强度后将管拔出，按直接堵塞法将管孔堵塞，最后抹防水层的第三、四层。

(3) 木楔子堵塞法

用于孔洞不大、水压很大的情况。用胶浆把一根管稳牢于漏水处剔成的孔洞内，铁管顶端比基层面低 20mm，管四周空隙用砂浆、素灰抹好；待砂浆有一定强度后，把一浸过沥青的木楔打入管内，管顶处再抹素灰、砂浆等，经 24h 后，检查无渗漏时，随同其他部位一起做好防水层，如图 7.4.2 所示。

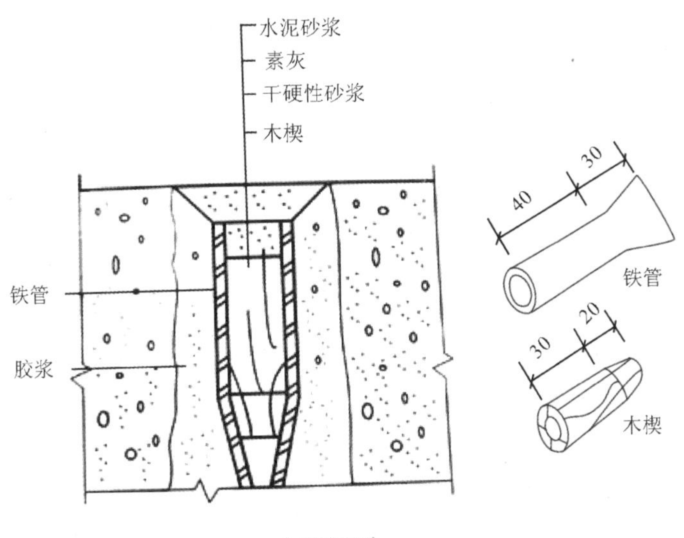

图 7.4.2 木楔堵漏

2. 裂缝堵漏

(1) 下线法

当水压较大、缝隙不大时，采用下线法施工。操作时，在缝内先放一线，缝长时分段下线，线间中断20～30mm，然后用胶浆压紧，从分段处抽线，形成小孔排水，带胶浆有强度后，用胶浆包住钉子塞入抽线时留下的小孔，再抽出钉子，由钉子孔排水，最后将钉子孔堵住防水层。

(2) 半圆铁皮堵漏法

当水压较大、裂缝较大时，可将渗漏处剔成八字槽，用半圆铁皮放于槽底；铁皮上有小孔插入胶管，铁皮用胶浆压住，水便由胶管排出。当胶管有一定强度时，转动胶管并抽出，再将胶管形成的孔堵住。

3. 灌浆堵漏

(1) 材料

灌浆一般用净水泥浆、水泥水玻璃浆液、丙凝、氰凝等材料。

(2) 灌浆堵漏施工

将松散的部分剔除，合理地布置灌浆孔，埋设灌浆口；注浆后，待其他孔洞冒浆时，将其他孔洞用胶浆全部封闭。再使胶浆沿内部孔道入内，直至不能再灌入为止。最后封闭灌浆孔。

本章小结

本章对地下防水工程施工做了详细的阐述，包括施工条件、施工操作工艺要点和质量标准要求。地下防水工程的防水主要有防水混凝土结构防水、刚性防水、卷材防水和涂膜防水等。

本章的教学目标是使学生掌握防水工程施工的基本方法；能根据施工图纸和施工实际条件，选择和制订常规防水工程合理的施工方案、编写一般建筑防水工程施工技术交底。

1. 地下防水工程有哪几种防水方案？
2. 简要回答卷材地下防水外贴法、内贴法施工要点。
3. 防水混凝土的配合比应符合哪些规定？
4. 防水混凝土结构穿墙螺栓应如何处理？

1. 地下防水混凝土的施工缝应留在墙身上，并距墙身洞口边不宜少于(　　)mm。
   A. 200　　B. 300　　C. 400　　D. 500
2. 地下结构使用防水方案中应用较广泛的是(　　)。
   A. 盲沟排水　　B. 混凝土结构　　C. 防水混凝土结构　　D. 止水带

3. 地下工程的防水卷材的设置与施工最宜采用(　　)法。

A. 外防外贴　　B. 外防内贴　　C. 内防外贴　　D. 内防内贴

4. 地下卷材防水层未做保护结构前,应保持地下水位低于卷材底部不少于(　　)mm。

A. 200　　B. 300　　C. 500　　D. 1000

5. 对地下卷材防水层的保护层,以下说法不正确的是(　　)。

A. 顶板防水层上用厚度不少于 70mm 的细石混凝土保护

B. 底板防水层上用厚度不少于 40mm 的细石混凝土保护

C. 侧墙防水层可用软保护

D. 侧墙防水层可铺抹 20mm 厚 1∶3 水泥砂浆保护

6. 防水混凝土迎水面的钢筋保护层厚度不得少于(　　)mm。

A. 25　　B. 35　　C. 50　　D. 100

7. 为保证防水混凝土施工质量,要求(　　)。

A. 混凝土浇筑密实　　B. 养护时间不少于 7d

C. 养护时间不少于 14d　　D. 处理好施工缝

E. 处理好固定模板的穿墙螺栓

8. 在地下防水混凝土结构中,(　　)等是防水薄弱部位。

A. 施工缝　　B. 固定模板的穿墙螺栓处

C. 穿墙管处　　D. 变形缝处

E. 基础底板

第8章　墙体保温工程

我国建筑能耗已占社会总能耗的20%～25%，且呈逐步上升之势，因此，建筑能耗状况是牵动社会经济发展全局的大问题。在建筑中，外围护结构的热损耗较大，采暖居住建筑物耗热量的73%～77%均通过围护结构散失，因此，围护结构成为节能的重点部位。外围护结构中墙体又占了很大份额，所以建筑墙体改革与墙体节能技术的发展是建筑节能技术的一个最重要的环节，发展外墙保温技术及节能材料则是建筑节能的主要方式之一。

对于墙体的保温隔热，不仅要提出不同温度带的热阻值指标，而且要规定墙体不得超过相应的厚度，以促进节能材料和技术的顺利应用，实现墙体节能和墙体革新。此外，在可能的条件下，要合理选择有利的建筑朝向，严格控制建筑体形系数，加强围护结构和屋面系统的保温措施，以减少传热耗热量。通过提高建筑外围护结构的保温隔热性能，可以减少建筑保温隔热的能源消耗。

如何提高新材料的施工质量，是当前建筑保温节能的重要研究内容，也是建筑施工需要研究和解决的重要技术之一。

1. 掌握聚苯板薄抹灰外墙外保温系统；
2. 掌握胶粉聚苯颗粒外保温浆料系统；
3. 掌握现浇混凝土复合无网EPS板外保温系统；
4. 熟悉增强石膏复合聚苯保温板墙体内保温系统；
5. 熟悉胶粉聚苯颗粒保温浆料外墙内保温系统；
6. 了解保温系统构造特点及保温材料主要性能指标。

知识要点	能力要求
外墙保温系统的构造及要求	熟悉外墙保温系统的构造及特点
	熟悉外墙保温系统的基本要求
	熟悉外墙保温系统施工的规定
外墙内保温施工	掌握增强石膏复合聚苯保温板外墙内保温的施工
	掌握胶粉聚苯颗粒保温浆料外墙内保温工程施工

续 表

知识要点	能力要求
外墙外保温系统施工	掌握 EPS 板薄抹灰外墙外保温系统施工
	掌握胶粉 EPS 颗粒保温浆料外保温系统施工
	掌握 EPS 板现浇混凝土外墙外保温系统施工
	掌握 EPS 钢丝网架板现浇混凝土外保温系统施工
	掌握机械固定 EPS 钢丝网架板外墙外保温系统施工

【历史沿革】

墙体保温体系于 20 世纪 60 年代起源于欧洲，70 年代第一次能源危机后得到重视。最初用于弥补墙体裂缝，通过实际使用后发现确实可以很好地解决墙体裂缝，同时又发现这种复合的墙体材料具有良好的保温隔热性能，节约了消耗。并且，重质的墙体外侧复合轻质的保温系统是最合理的墙体结构组合方式。这种复合的墙体结构在满足力学要求的同时还在隔音、防火、防潮、热舒适度等方面都具有最佳性能。

8.1 外墙保温系统的构造及要求

8.1.1 外墙保温系统的基本构造及特点

外墙保温系统按保温层的位置分为外墙内保温系统和外墙外保温系统两大类，其基本构造做法见图 8.1.1。

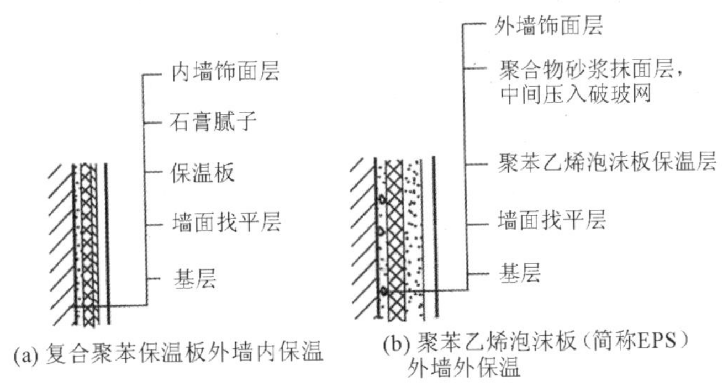

图 8.1.1 外墙保温系统的基本构造

1. 外墙内保温系统的构造及特点

外墙内保温系统主要由基层、保温层和饰面层构成，其构造见图 8.1.1(a)。

外墙内保温施工是在外墙结构的内部加做保温层。内保温施工速度快，操作方便灵活，可以保证施工进度。内保温已有较长的使用时间，施工技术成熟，检验标准较为完善。在 2001 年前外墙保温中约有 90%以上的工程应用了内保温技术。

目前,使用较多的内保温材料和技术有:增强石膏复合聚苯保温板、聚合物砂浆、复合聚苯保温板、增强水泥复合聚苯保温板、内墙贴聚苯板、粉刷石膏抹面及聚苯颗粒保温料浆加抗裂砂浆压入网格布抹面等施工方法。

但内保温要占用室内使用面积,热桥问题不易解决,容易引起开裂,还会影响施工速度,影响居民的二次装修,且内墙悬挂和固定物件也容易破坏内保温结构。内保温在技术上的不合理决定了其必然要被外保温所替代。

2. 外墙外保温系统的构造及特点

(1) 外墙外保温系统的构造

外墙外保温主要由基层、保温层、抹面层、饰面层构成,其构造见图 8.1.1(b)和图8.1.2。

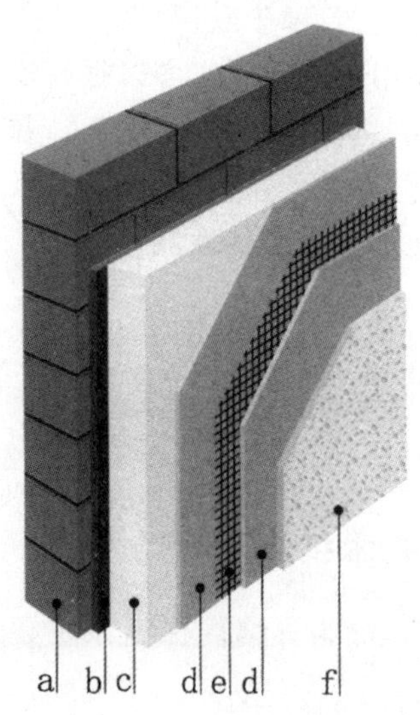

a-基层墙面(结构或砌体);b-胶黏剂;c-保温层(含机械固定件);
d-抹面聚合物砂浆;e-玻纤网格布增强层;f-涂料等饰面层

图 8.1.2 外墙外保温构造

基层:指外保温系统所依附的外墙。

保温层:由保温材料组成,在外保温系统中起保温作用的构造层。

抹面层:抹在保温层上,中间夹有增强网,保护保温层,并起防裂、防水和抗冲击作用的构造层。抹面层可分为薄抹面层和厚抹面层。用于 EPS 板和胶粉 EPS 颗粒保温浆料时为薄抹面层,用于 EPS 钢丝网架板时为厚抹面层。对于具有薄抹面层的系统,保护层厚度应不小于 3mm 并且不宜大于 6mm。对于具有厚抹面层的系统,厚抹面层厚度应为 25~30mm。

饰面层:外保温系统的外装饰层。

我们把抹面层和饰面层总称保护层。

(2) 外墙保温系统的特点

外保温是目前大力推广的一种建筑保温节能技术,外保温与内保温相比较,更具有技术合理性,有明显的优越性。使用同样规格同样尺寸和性能的保温材料,外保温比内保温的保温效果好。外保温技术不仅适用于新建的结构工程,也适用于旧楼改造。外墙外保温适用范围广，技术含量较高，有节能、牢固、防水、体轻、阻燃、易施工等特点。

目前比较成熟的外墙外保温技术主要有：聚苯板（EPS板）薄抹灰面外保温系统、胶粉聚苯（EPS）颗粒保温浆料外保温系统、现浇混凝土复合无网EPS板外保温系统、现浇混凝土EPS钢丝网架板外保温系统、机械固定EPS钢丝网架板外保温系统等。

图8.1.3 聚苯板EPS

在选用外保温系统中，不得更改系统构造和组成材料，同时应做好外保温工程的密封和防水构造设计，确保水不渗入保温层和基层，重要部位应有详图。水平或倾斜的出挑部位以及延伸至地面以下的部位应做防水处理。在外墙外保温系统上安装的设备或管道应固定于基层上，并应做密封和防水设计。

8.1.2 外墙保温系统的基本要求

1. 外墙保温工程的基本规定

外墙保温应能适应基层的正常变形而不产生裂缝或空鼓；应能长期承受自重而不产生有害的变形；外墙保温工程在遇地震发生时不应从基层上脱落；外保温复合墙体的保温、隔热和防潮性能应符合国家现行标准。外墙外保温工程应能承受风荷载的作用而不产生破坏，应能耐受室外气候的长期反复作用而不产生破坏；高层建筑外保温工程应采取防火构造措施；外墙外保温工程应具有防水渗透性能；外墙外保温工程各组成部分应具有物理、化学稳定性。所有组成材料应彼此相容并应具有防腐性。在可能受到生物侵害（鼠害、虫害）时，外墙外保温工程还应具有防生物侵害性能；在正常使用和正常维护的条件下，外墙外保温工程的使用年限不应少于25年。

2. 外墙外保温工程的性能要求

（1）外墙外保温系统的性能要求

外墙外保温系统应按规定进行耐候性检验，经耐候性试验后，不得出现饰面层起泡或剥落、保护层空鼓或脱落等破坏，不得产生渗水裂缝。具有薄抹面层的外保温系统，抹面层与保温层的拉伸黏结强度不得小于0.1MPa，并且破坏部位应位于保温层内。

胶粉EPS颗粒保温浆料外墙外保温系统应按规定进行抗拉强度检验，抗拉强度不得小于0.1MPa，并且破坏部位不得位于各层界面上。

EPS板现浇混凝土外墙外保温系统应按规定做现场黏结强度检验，其现场黏结强度不得小于0.1MPa，并且破坏部位应位于EPS板内。

外墙外保温系统应按规定对胶黏剂进行拉伸黏结强度检验，胶黏剂与水泥砂浆的拉伸黏结强度在干燥状态下不得小于 0.6MPa，浸水 48h 后不得小于 0.4MPa；与 EPS 板的拉伸黏结强度在干燥状态和浸水 48h 后均不得小于 0.1MPa，并且破坏部位应位于 EPS 板内。

外墙外保温系统应按规定对玻纤网进行耐碱拉伸断裂强力检验，增强玻纤网经向和纬向耐碱拉伸断裂强力均不得小于 750N/50mm，耐碱拉伸断裂强力保留率均不得小于 50%。

8.1.3 外墙保温系统施工的一般规定

除采用现浇混凝土外墙外保温系统外，外保温工程的施工应在基层施工质量验收合格后进行；除采用现浇混凝土外墙外保温系统外，外保温工程施工前，外门窗洞口应通过验收，洞口尺寸、位置应符合设计要求和质量要求，门窗框或辅框应安装完毕。伸出墙面的消防梯、水落管、各种进户管线和空调器等的预埋件、连接件应安装完毕，并按外保温系统厚度留出间隙。

保温隔热材料的厚度必须符合设计要求。保温板材和基层及各构造层之间的黏结或连接必须牢固。黏结强度和连接强度应符合设计要求。保温板材与基层的黏结强度应做现场拉拔试验。保温浆料应分层施工。当采用保温浆料做外保温时，保温层和基层之间及各层之间的黏结必须牢固，不应脱层、空鼓和开裂。当墙体节能工程的保温层采用预埋或后置锚固件固定时，锚固件数量、位置、锚固深度和拉拔力应符合设计要求。后置锚固件应进行锚固力现场拉拔试验。

【注意事项】 外保温工程的施工应具备施工方案，施工人员应经过培训并经考核合格。基层应坚实、平整，保温层施工前，应进行基层处理。

8.2 外墙内保温施工

8.2.1 增强石膏复合聚苯保温板外墙内保温的施工

1. 增强石膏复合聚苯保温板外墙内保温的构造

增强石膏复合聚苯保温板外墙内保温的构造见图 8.1.1(a)。

图 8.2.1 网格布

2. 施工准备

(1) 材料的准备及要求

①增强石膏聚苯复合板规格尺寸：长 2400～2700mm，宽 595mm，厚 50、60mm。

②胶黏剂：胶黏剂可以采用 SG791 建筑胶黏液与建筑石膏粉调制成胶黏剂，配合比是建筑石膏粉：SG791＝1：(0.6～0.7)(重量比)，适用于石膏条板之间的黏结，石膏条板与砖墙、混凝土墙的黏结。石膏条板黏结的压剪强度不低于 2.5MPa。有防水要求的部位采用 EC－6 型胶：水＝1：1(重量比)混合成胶液，将 32.5 水泥与砂按水泥：细砂＝1：2 的比例配制并拌和成干砂浆，再加入胶液拌制成适当稠度的 EC－6 型聚合物水泥砂浆胶黏

剂，其黏结强度≥1.1MPa。

③建筑石膏粉及石膏泥子：建筑石膏粉应符合三级以上标准。石膏泥子的抗压强度大于2.5MPa，抗折强度大于1.0MPa，黏结强度大于0.2MPa，终凝时间3h。

④玻纤网格布条：用于板缝处理（布宽50mm）和墙面转角附加层（布宽200mm）。要求采用中碱玻纤涂塑网格布，布的质量≥80g/m²；断裂强度：25mm×100mm布条经向断裂强度大于300N，纬向断裂强度大于150N。

(2) 施工主要机具

施工主要机具有木工手锯、钢丝刷、2m靠尺、开刀、2m托线板、钢尺、橡皮锤、钻、扁铲、扫帚等。

3. 作业条件

结构已验收，屋面防水层已施工完毕。墙面弹出500mm标高线；内隔墙、外墙、门窗框、窗台板安装完毕；门、窗抹灰完毕；水暖及装饰工程分别需用的管卡、炉钩、窗帘杆等埋件留出位置或埋设完毕；电气工程的暗管线、接线盒等必须埋设完毕，并应完成暗管线的穿带线工作；操作地点环境温度不低于5℃。

正式安装前，先试安装样板墙一道，经鉴定合格后再正式安装。

4. 施工工艺

(1) 增强石膏聚苯板外墙内保温施工工艺流程

墙面清理→排板、弹线→配板、修补→标出管卡、炉钩等埋件位置→墙面贴饼→稳接线盒、安管卡、埋件等→安装防水保温踢脚板复合板→安装复合板→板缝及阴阳角处理→板面装修。

(2) 施工要点

①墙面清理：凡凸出墙面20mm的砂浆块、混凝土块必须剔除，并扫净墙面。

②排板、弹线，以门窗洞口边为基准，向两边按板宽600mm排板；按保温层的厚度在墙、顶上弹出保温墙面的边线；按防水保温踢脚层的厚度在地面上弹出防水保温踢脚面的边线，并在墙面上弹出踢脚的上口线。

③配板、修补：按排板进行配板。复合保温板的长度应略小于顶板到踢脚上口的净高尺寸；计算并量测门窗洞口上部及窗台下部的保温板尺寸，并按此尺寸配板；当保温板与墙的长度不相适应时，应将部分保温板预先拼接加宽（或锯窄）成合适的宽度，并放置在阴角处。有缺陷的板应修补。

④墙面贴饼：在墙面贴饼位置，用钢丝刷刷出直径不小于100mm的洁净面并浇水润湿，刷一道801胶水泥素浆；检查墙面的平整、垂直，找规矩贴饼，并在需设置埋件四周做出200mm×200mm的灰饼；贴饼材料为1∶3水泥砂浆，灰饼大小为ϕ100mm左右，厚度以保证空气层厚度（20mm）为准。

⑤稳接线盒、安管卡、埋件：安装电气接线盒时，接线盒高出冲筋面不得大于复合板的厚度，且要稳定牢固。

⑥粘贴防水保温踢脚板：在踢脚板内侧上下四处，各按200～300mm间距布设EC-6砂浆胶黏剂黏接点，同时在踢脚板底面及相邻的已粘贴上墙的踢脚板侧面满刮胶黏剂；按线粘贴踢脚板，粘贴时用橡皮锤敲振使踢脚板贴实，挤实拼头缝，并将挤出的胶黏剂随时清理干净；粘贴时要保证踢脚板上口平顺，板面垂直，保证踢脚板与结构墙间的空气层为10mm

左右。

⑦安装复合板：将接线盒、管卡、埋件的位置准确地翻样到板面，并开出洞口；复合板安装顺序宜从左到右依次顺序安装；板侧面、顶面、底面清刷干净，在侧墙面、顶面、踢脚板上口、复合板顶面、底面及侧面(所有相拼合面)、灰饼面上先刷一道 SG791 胶液，再满刮 SG791 胶黏剂，按弹线位置立即安装就位。每块保温板除粘贴在灰饼上外，板中间需有＞10％板面面积的 SG791 胶黏剂呈梅花状布点直接与墙体黏牢。安装时用于推挤，并用橡皮锤敲振，使所有拼合面挤紧冒浆，并使复合板贴紧灰饼。安装过程中，随时用开刀将挤出的胶黏剂刮平。按以上操作办法依次安装复合板。安装过程中随时用 2m 靠尺及塞尺测量墙面的平整度，用 2m 托线板检查板的垂直度。高出的部分用橡皮锤敲平。面板安装的允许偏差及检验方法见表 8.2.1。

表 8.2.1　面板安装的允许偏差及检验方法

序号	项目	允许偏差/mm			检验方法
		纸面石膏板	人造模板	水泥纤维板	
1	表面平整度	3	4	4	用 2m 靠尺和塞尺检查
2	立面垂直度	3	3	3	用 2m 垂直检测尺检查
3	阴阳角方正	3	3	3	用直角检测尺检查
4	接线直线度	—	3	3	拉 5m 线，不足 5m 拉通线，用钢直尺检查
5	压条直线度	—	3	3	
6	接缝高低差	1	1	1	用钢直尺和塞尺检查

复合板在门窗洞口处的缝隙用 SG791 胶黏剂嵌填密实。最后复合板中露出的接线盒、管卡、埋件与复合板开口处的缝隙，用 SG791 胶黏剂嵌塞密实。

⑧板缝及阴阳角处理：复合板安装 10d 后，检查所有缝隙是否黏结良好，有无裂缝，如出现裂缝，应查明原因后进行修补。已黏结良好的所有板缝、阴角缝，先清理浮灰，刮一层接缝泥子，粘贴 50mm 宽玻纤网格带一层，压实、黏牢，表面再用接缝泥子刮平。所有阴角粘贴 200mm 宽(每边各 100mm)玻纤布，其方法同板缝。

⑨胶黏剂配制：胶黏剂要随配随用，配制的胶黏剂应在 30min 内用完。

⑩板面装修：板面打磨平整后，满刮石膏泥子一道，干后均需打磨平整，最后按设计规定做内饰面层。

【注意事项】

①增强石膏聚苯复合保温板必须是烘干已基本完成收缩变形的产品。未经烘干的湿板不得使用，以防止板裂缝和变形。

②注意增强石膏聚苯复合板的运输和保管。运输中应轻拿轻放、侧抬侧立，并互相绑牢，不得平抬平放。堆放处应平整，下垫 100mm×100mm 木方，板应侧立，垫方距板端 50cm。要防止板受潮。板如有明显变形，无法修补的过大孔洞、断裂或严重的裂缝、破损，不得使用。

③板缝开裂是目前的质量通病。防止板缝开裂的办法，一是板缝的黏结和板缝处理要严格按操作工艺认真操作。二是使用的胶黏剂必须对路。目前使用的胶黏剂，除

SG791胶黏剂外，还有Ⅰ型石膏胶黏剂等。胶黏剂的质量必须合格。三是宜采用接缝泥子处理板缝。

8.2.2 胶粉聚苯颗粒保温浆料外墙内保温工程施工

1. 胶粉聚苯颗粒保温浆料外墙内保温的构造

胶粉聚苯颗粒保温浆料外墙内保温的构造见图8.2.2。

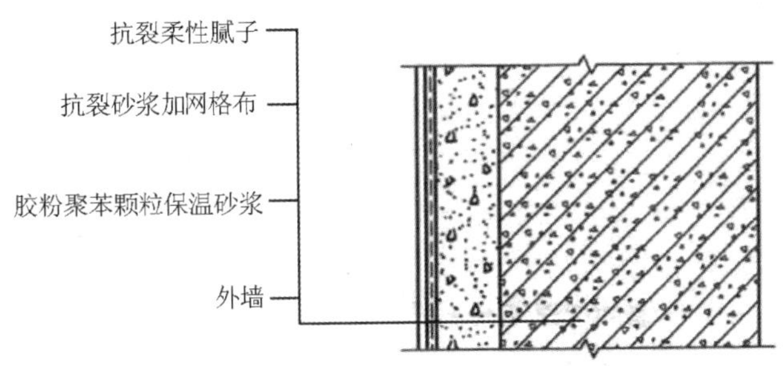

图8.2.2 胶粉聚苯颗粒保温浆料外墙内保温构造

2. 施工准备

(1) 材料的准备和要求

①水泥：矿渣水泥或普通硅酸盐水泥强度等级不低于32.5级。应有出厂证明和复试单，当出厂超过三个月时，水泥必须做复试并按试验结果使用，严禁使用受潮水泥。

②砂：平均粒径为0.35～0.5mm的中砂，砂的颗粒要求质地坚硬、洁净，含泥量不得大于3%，不得含有草根、树叶、碱质和其他有机物等杂质。砂在使用前应按使用要求过不同孔径的筛子。

③界面剂：界面剂应有产品合格证、性能检测报告，并应符合相关规定，进场后及时进行检验。

④其他材料还包括胶粉料、聚苯颗粒、玻璃纤维网格布、抗裂柔性泥子等。

(2) 机具设备的准备

①施工机械：强制式砂浆搅拌机、手提式搅拌器。

②工具：手推车、灰槽、灰勺、刮杠、靠尺板、铁抹子、木抹子、阴阳角抹子、水桶、壁纸刀、滚刷、铁锹、扫帚、手锤、錾子。

③计量检测用品：磅秤、钢尺、水平尺、方尺、托线板、线垂、探针。

④安全防护用品：口罩、手套、护目镜等。

3. 作业条件及技术准备

①结构工程已验收合格。

②测设标高控制线(＋500mm线)，并经预检合格。

③门窗框已安装完毕，与墙体连接牢固，缝隙堵塞密实，有完好的保护措施。

④墙面的预埋件留出位置或已安装完毕，水电管线、配电箱、盒安装完毕。

⑤抹灰用的高凳或脚手架搭设完毕，脚手架、板铺设符合安全要求并检查合格。

⑥编制分项工程施工方案并经审批，对操作人员进行安全技术交底。

⑦在大面积施工前应先做样板，经监理、设计单位确认后，方可进行大面积施工。

4. 施工工艺

(1) 施工工艺流程

配制砂浆→基层墙体处理→涂刷界面砂浆→吊垂直、套方、弹控制线、贴灰饼冲筋→抹第一遍聚苯颗粒保温浆料→(24h 后)抹第二遍聚苯颗粒保温浆料→(晾干后)划分格线、开分格槽、粘贴分格条、滴水槽→保温层验收→抹抗裂砂浆、压入网格布→抗裂砂浆找平、压光→抗裂层验收→刮柔性抗裂泥子→验收。

(2) 施工要点

①配制砂浆。界面砂浆的配制:配合比为水泥∶中砂∶界面剂=1∶1∶1(重量比),准确计量,搅拌成均匀膏状。胶粉聚苯颗粒保温浆料的配制:胶粉聚苯颗粒保温浆料由胶粉料与聚苯颗粒(两种材料分袋包装)组成,先将 35～40kg 水倒入砂浆搅拌机内,然后倒入 25kg 的保温胶粉料,搅拌 3～5min 后,再倒入 200L 的聚苯颗粒轻骨料继续搅拌 3min,可按施工稠度适当调整加水量。搅拌均匀后倒出,随拌随用,并在 3～4h 内用完。抗裂砂浆的配制:配合比为抗裂剂∶水泥∶中砂=1∶1∶3(重量比),加水用砂浆搅拌机或手提搅拌器搅拌均匀,稠度 80～130mm,拌好的砂浆不得任意加水,并在 2h 内用完。抗裂砂浆由聚合物乳液掺加多种外加剂制成,具有良好的拉伸黏结强度和浸水拉伸黏结强度等特点。墙体内保温抹灰允许偏差和检验方法见表 8.2.2。

表 8.2.2 墙体内保温抹灰允许偏差和检验方法

项　目	允许偏差/mm		检验方法
	保温层	抗裂层	
立面垂直	4	3	用 2m 托线板检查
表面平整	4	3	用 2m 靠尺和塞尺检查
阴阳角垂直	4	3	用 2m 托线板检查
阴阳角方正	4	3	用 200mm 方尺及塞尺检查

②基层墙体处理。剔除混凝土墙面凸出部分及杂物,用钢丝刷满刷一遍,然后用扫帚蘸清水把表面残渣、浮尘清扫干净;表面沾有油污时,用去污剂处理,并用清水冲洗晾干。将砖墙表面的舌头灰、残余砂浆、灰尘清理干净,堵好脚手眼,浇水湿润。

③涂刷界面砂浆。用滚刷或扫帚蘸取界面砂浆均匀涂刷(甩)在墙面上,不得漏刷(甩),也不宜太厚。

④吊垂直、套方、弹控制线、贴灰饼冲筋。分别在门窗口角、垛、墙面等处吊垂直,套方,并在侧墙、顶板处根据保温层厚度弹出抹灰控制线。用胶粉聚苯颗粒保温浆料做灰饼,灰饼间距 1.2～1.5m,并用胶粉聚苯颗粒保温浆料冲筋,筋宽 50～100mm,可冲立筋也可冲横筋。

⑤抹胶粉聚苯颗粒保温浆料。抹第一遍保温浆料:第一遍抹灰厚度为总厚度的一半(最大厚度不大于 20mm),用刮杠垂直、水平刮找一遍,用木抹子搓毛。保温浆料抹上墙黏住后,不宜反复赶压。抹第二遍保温浆料:第一遍稍干后抹第二遍保温浆料。第二遍抹灰厚度要达到冲筋厚度(如超过 20mm 则再增加一遍抹灰),每抹完一个墙面,用刮杠刮平找直后用铁抹子压实赶平。阳角处应抹 1∶2 聚合物水泥砂浆。

⑥保温层验收。保温层固化干燥后(表面用手按不动为宜),用检测工具进行检验,表面

应垂直平整、阴阳角方正顺直，对不符合要求的墙面进行修补。

⑦抹抗裂砂浆，压入网格布。在保温层验收合格后，用铁抹子在保温层上抹抗裂砂浆，厚度为3～4mm，不得漏抹。在刚抹好的砂浆上用铁抹子压入裁好的网格布，要求网格布竖向铺贴，并全部压入抗裂砂浆内。网格布不得有干贴现象，粘贴饱满度应达到100%，不得有皱褶、空鼓、翘边现象。接槎处搭接应不小于50mm，先压入一侧网格布，抹一些抗裂砂浆，再压入另一侧，两层搭接网格布之间要布满抗裂砂浆，严禁干槎搭接。阳角处两侧网格布双向绕角相互搭接。在门窗口、洞口边应45°斜向加贴一道200mm×400mm网格布。

⑧抗裂层验收。抹完抗裂砂浆，检查垂直平整和阴阳角方正，对于不符合要求的墙面，进行修补。厨房、卫生间抹完抗裂砂浆后，用木抹子搓平。

⑨刮柔性抗裂泥子。在抹完抗裂砂浆24h后即可刮柔性抗裂泥子，分2～3遍刮完，要求平整光滑，满足做涂饰的要求。对有防水要求的部位应刮柔性防水泥子。

【注意事项】

①抹保温浆料前，应做好基层处理，均匀涂刷界面砂浆；保温浆料一次不能抹得过厚，应分层抹压，掌握好抹灰间隔时间，防止抹灰层下坠，产生空鼓、开裂。

②做好门窗洞口四角斜向网格布加强层的施工，防止在四角产生裂缝。

③门窗洞口、阳角等部位应用聚合物水泥砂浆作护角，避免棱角损坏。

④操作人员必须戴安全帽，高空作业必须系好安全带。

⑤机械操作人员必须持证上岗，非操作人员严禁操作。

⑥室内抹灰宜用工具式脚手架，宽度不得少于500mm或不少于两块脚手板，间距不得大于2m，作业人员最多不得超过2人，移动时上面不得站人。

⑦夜间或在光线不足的地方施工时，移动照明必须使用安全电压设备。

⑧采用垂直运输设备上料时，严禁超载。运料小车的车把严禁伸出笼外，小车必须加车挡。

【知识拓展】 保温墙体遇到冬雨期施工要注意以下四点：

1. 雨期施工时，保温材料应入库存放，不得雨淋受潮，并经常测试砂子含水率，随时调整砂浆用水量；

2. 冬期施工时，室内环境温度不低于5℃；

3. 冬期施工搅拌保温浆料、抗裂砂浆应采用热水拌和，运输时采取保温措施，涂抹时保温浆料温度不得低于5℃；

4. 冬期施工应做好门窗封闭，采取保温措施。应设专人负责进行保温、测温等工作，确保保温浆料、抗裂砂浆不受冻。

8.3 外墙外保温系统施工

8.3.1 EPS板薄抹灰外墙外保温系统施工

1. EPS板薄抹灰外墙外保温系统的构造

EPS板薄抹灰外墙外保温系统（简称EPS板薄抹灰系统）由EPS板保温层、薄抹面层和

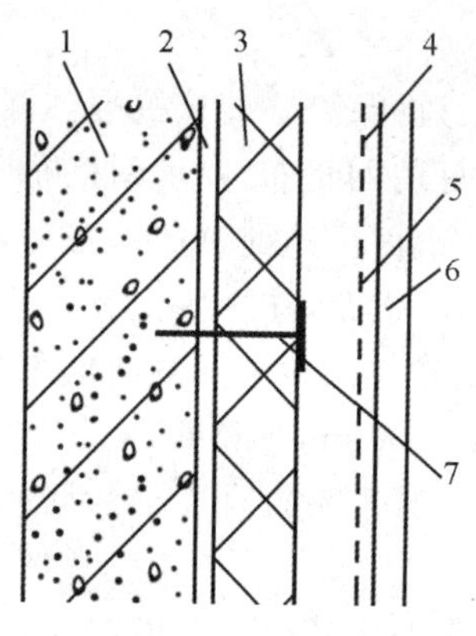

1-基层;2-胶黏剂;3-EPS板;4-玻纤网;5-薄抹面层;6-饰面涂层;7-锚栓

图 8.3.1 EPS板薄抹灰系统

饰面涂层构成,EPS板用胶黏剂固定在基层上,薄抹面层中满铺玻纤网,当建筑物高度在20m以上时,在受负风压作用较大的部位宜使用锚栓辅助固定。其构造见图 8.3.1。

2. 施工准备

(1) 材料的准备及要求

聚苯乙烯板采用密度为 18～20kg/m³ 自熄型板材;储存时应摆放平整,防止雨淋及阳光曝晒。

水泥为 32.5 号普通硅酸盐水泥和 425 号铝酸盐水泥,水泥必须有出厂日期,凡有结块现象或出厂日期超过 3 个月的必须根据化验结果确定如何使用;采用细度模数 2.0～2.8 的砂,并筛除大于 2.5mm 颗粒的砂子,其含泥量小于 1%;聚合物砂浆配合比为:黏结剂∶32.5 号普通硅酸盐水泥∶砂子=1∶1.88∶4.97(重量比);玻纤布必须放在干燥处,地面必须平整,摆放宜立放平整,避免相互交错摆放。进入工地的原材料必须有出厂合格证或化验单。

(2) 施工工具的准备

外挂式外保温聚苯乙烯泡沫板(EPS)施工主要机具有:锯条或刀锯、打磨 EPS 板的粗砂纸挫子或专用工具、小压子或铁勺、铝合金靠尺、钢卷尺、线绳、线坠、墨斗、铁灰槽、小铁平锹、提漏(1kg/个或 5kg/个)、塑料桶(建议能装 15kg 水泥作为量桶)、铁筛网(16 目)。

3. 基层的要求

基层表面应光滑、坚固、干燥、无污染或其他有害的材料;墙外的消防梯、水落管、防盗窗预埋件或其他预埋件、进口管线或其他预留洞口,应按设计图纸或施工验收规范要求提前施工并验收;墙面应进行墙体抹灰找平,墙面平整度用 2m 靠尺检测,其平整度≤3mm,局部不平整超限度部位用 1∶2 水泥砂浆找平;阴阳角方正;抹找平层前,抹灰部位根据情况提前半个小时浇水。如图 8.3.2 所示。

图 8.3.2 保温层施工前,进行基层处理

4. 施工工艺

(1) EPS 板薄抹灰外墙外保温系统施工工艺流程

基面检查或处理→工具准备→阴阳角、门窗膀挂线→基层墙体湿润→配制聚合物砂浆,挑选 EPS 板→粘贴 EPS 板→EPS 板塞缝,打磨、找平墙面→配制聚合物砂浆→EPS 板面抹聚合

物砂浆，门窗洞口处理，粘贴玻纤网，面层抹聚合物砂浆→找平修补，嵌密封膏→外饰面施工。

(2) 粘贴聚苯乙烯板(EPS板)施工要点

①配制聚合物砂浆必须有专人负责，以确保搅拌质量；将水泥、砂子用量桶称好后倒入铁灰槽中进行混合，搅拌均匀后按配合比加入黏结液进行搅拌，搅拌必须均匀，避免出现离析。根据和易性可适当加水，加水量为黏结剂的5%。聚合物砂浆应随用随配，配好的聚合物砂浆最好在1h之内用光。聚合物砂浆应在阴凉处放置，避免阳光曝晒。

②EPS板薄抹灰系统的基层表面应清洁，无油污、脱模剂等妨碍黏结的附着物。凸起、空鼓和疏松部位应剔除并找平。找平层应与墙体黏结牢固，不得有脱层、空鼓、裂缝，面层不得有粉化、起皮、爆灰等现象。

③粘贴EPS板时，应将胶黏剂涂在EPS板背面，涂胶黏剂面积不得小于EPS板面积的40%。EPS板应按顺砌方式粘贴，竖缝应逐行错缝。EPS板应粘贴牢固，不得有松动和空鼓。墙角处EPS板应交错互锁，如图8.3.3(a)所示。

④门窗洞口四角处EPS板不得拼接，应采用整块EPS板切割成形，EPS板接缝应离开角部至少200mm，如图8.3.3(b)所示。

⑤应做好系统在檐口、勒脚处的包边处理。装饰缝、门窗四角和阴阳角等处应做好局部加强网施工。变形缝处应做好防水和保温构造处理。

⑥基层上粘贴的聚苯板，板与板之间缝隙不得大于2mm，对下料尺寸偏差或切割等原因造成的板间小缝，应用聚苯板裁成合适的小片塞入缝中。EPS板安装的允许偏差及检验方法见表8.3.1。

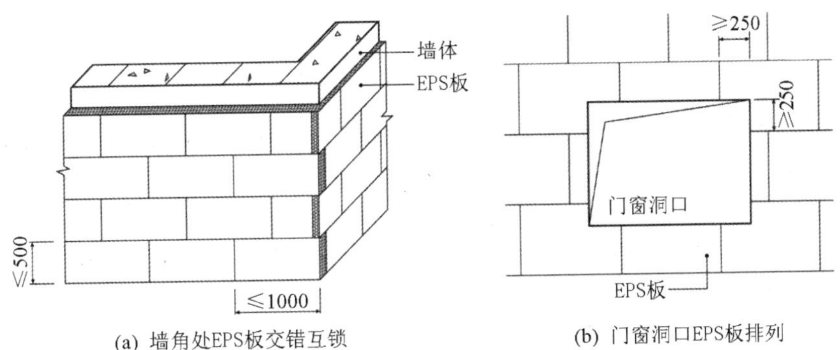

(a) 墙角处EPS板交错互锁　　(b) 门窗洞口EPS板排列

图8.3.3　EPS板排板

表8.3.1　EPS板安装的允许偏差及检验方法

序　号	项　目	允许偏差/mm	检验方法
1	表面平整度	4	用2m靠尺和塞尺检查
2	立面垂直度	4	用2m垂直检测尺检查
3	阴阳角垂直	4	用2m托线板检查
4	阴阳角方正	4	用直线检测尺检查
5	接槎高低差	1	用直尺和塞尺检查

⑦聚苯板粘贴 24h 后方可进行打磨，用粗砂纸、挫子或专用工具对整个墙面进行打磨一遍，打磨时不要沿板缝平行方向，而是做轻柔圆周运动将不平处磨平，墙面打磨后，应将聚苯板碎屑清理干净，随磨随用 2m 靠尺检查平整度。

⑧网布必须在聚苯板粘贴 24h 以后进行施工，应先安排朝阳面贴布工序；女儿墙压顶或凸出物下部，应预留 5mm 缝隙，便于网格布嵌入。

⑨EPS 板板边除有翻包网格布的可以在 EPS 板侧面涂抹聚合物砂浆，其他情况均不得在 EPS 板侧面涂抹聚合物砂浆。

⑩装饰分格条须在 EPS 板粘贴 24h 后用分隔线开槽器挖槽。

【知识拓展】 保温施工——细部做法(见图 8.3.4)

图 8.3.4 阴阳角和门窗洞口保温做法

(3) 粘贴玻纤网格布的施工方法和要点

①配制聚合物砂浆必须专人负责，以确保搅拌均匀；聚合物砂浆配合比为：黏结剂∶425 号硫铝酸盐水泥∶砂子＝1∶(1.8～2.0)∶(3.1～3.4)。

②聚合物砂浆应随用随配，配好的聚合物砂浆最好在 1h 之内用光。聚合物砂浆应于阴凉处放置，避免阳光曝晒。

③在干净平整的地方按预先需要长度、宽度从整卷玻纤网布上剪下网片，留出必要的搭接长度，下料必须准确，剪好的网布必须卷起来，不允许折叠、踩踏。

④在建筑物阳角处做加强层，加强层应贴在最内侧，每边 150mm。

⑤涂抹第一遍聚合物砂浆时，应保持 EPS 板面干燥，并去除板面有害物质或杂质。

⑥在聚苯板表面刮上一层聚合物砂浆，所刮面积应略大于网布的长或宽，厚度应一致(约 2mm)，除有包边要求者外，聚合物砂浆不允许涂在聚苯板侧边。

⑦刮完聚合物砂浆后，应将网布置于其上，网布的弯曲面朝向墙，从中央向四周抹压平整，使网布嵌入聚合物砂浆中，网布不应皱折，不得外露，待表面干后，再在其上施抹一层聚合物砂浆。网布周边搭接长度不得小于 70mm，在被切断的部位，应采用补网搭接，搭接长度不得小于 70mm。

⑧门窗周边应做加强层，加强层网格布贴在最内侧，若门窗框外皮与基层墙体表面大于 50mm，网格布与基层墙体粘贴。若小于 50mm 需做翻包处理。大墙面铺设的网格布应嵌入门窗框外侧黏牢。

⑨门窗口四角处，在标准网施抹完后，再在门窗口四角加盖一块 200mm×300mm 标准

网，与窗角平分线成 90°角放置，贴在最外侧；在阴角处加盖一块 200mm 长，与窗膀同宽的标准网片，贴在最外侧。一层窗台以下，为了防止撞击带来的伤害，应先安置加强型网布，再安置标准型网布，加强网格布应对接。

⑩网布自上而下施抹，同步施工先施抹加强型网布，再做标准型网布。墙面粘贴的网格布应覆盖在翻包的网格布上。

⑪网布黏完后应防止雨水冲刷或撞击，容易碰撞的阳角、门窗应采取保护措施，上料口应采取防污染措施，发生表面损坏或污染必须立即处理。

⑫施工后保护层 4h 内不能被雨淋，保护层终凝后应及时喷水养护，养护时间昼夜平均气温高于 15℃时不得少于 48h，低于 15℃时不得少于 72h。

8.3.2 胶粉 EPS 颗粒保温浆料外保温系统施工

1. 胶粉 EPS 颗粒保温浆料外保温系统的构造

胶粉 EPS 颗粒保温浆料外墙外保温系统（以下简称保温浆料系统）由界面层、胶粉 EPS 颗粒保温浆料保温层、抗裂砂浆薄抹面层和饰面层组成（见图 8.3.5）。胶粉 EPS 颗粒保温浆料经现场拌和后喷涂或抹在基层上形成保温层。薄抹面层中应满铺玻纤网；胶粉 EPS 颗粒保温浆料保温层设计厚度不宜超过 100mm，必要时应设置抗裂分隔缝。

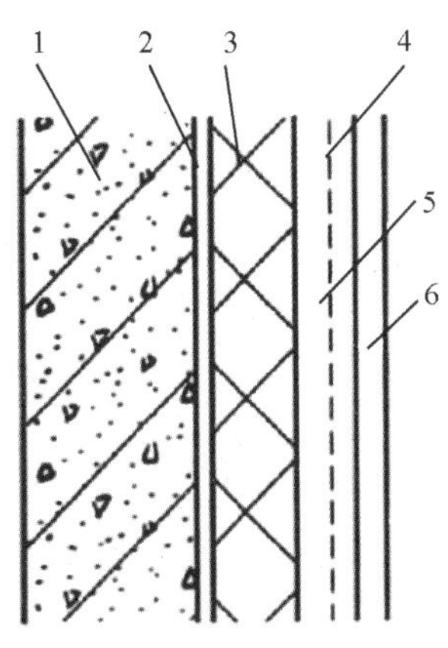

1 -基层；2 -界面砂浆；3 -胶粉 EPS 颗粒保温浆料；4 -抗裂砂浆薄抹面层；5 -玻纤网；6 -饰面层

图 8.3.5 胶粉 EPS 颗粒保温浆料外保温系统的构造

2. 施工准备

（1）施工条件胶粉 EPS 颗粒保温浆料外保温系统施工应具备下列条件：

①基层墙体应符合《混凝土结构工程施工质量验收规范》（GB 50204—2015）和《砌体结构工程施工质量验收规范》（GB 50203—2011）的要求。

②门窗框及墙身上各种进户管线、水落管支架、预埋管件等按设计安装完毕，并预留出外保温层的厚度。

③施工中环境温度不应低于 5℃，风力应不大于 5 级，风速不宜大于 10m/s。严禁雨期施工，雨期施工时应采取防雨措施。

（2）施工机械准备：胶粉 EPS 颗粒保温浆料外保温系统施工所需机具设备与内保温系统的机具设备相同。

（3）材料准备与要求：胶粉料的性能、聚苯颗粒的性能、耐碱玻纤网布的性能、胶粉聚苯颗粒保温浆料的性能都应符合相关要求，抗裂剂及抗裂砂浆性能应符合要求，外墙外保温饰面涂料必须与胶粉聚苯颗粒外保温系统相容。

胶粉颗粒保温浆料外保温系统的界面砂浆的配制、胶粉聚苯颗粒保温浆料的配制、抗裂砂浆的配制方法及要求与内保温系统的配制方法相似，不再重述。下面主要介绍其不同点。

①柔性泥子的配制：柔性泥子胶∶白色硅酸盐水泥＝1∶0.4（质量比）。用电动搅拌器搅拌均匀即可使用；应在 2h 内用完。柔性耐水泥子的性能应符合相关要求。

②面砖黏结砂浆的配制：面砖专用胶∶中细砂（细度模数 2.8～2.0）∶水泥＝（0.7～0.8）∶

1∶1(质量比),用砂浆搅拌机或电动搅拌器搅拌。先加入面砖专用胶液、中细砂搅拌均匀后,再加入水泥继续搅拌 3min。面砖黏结砂浆配制及使用过程中均不得加水,并应在配制好后 2h 内用完。

③面砖勾缝材料的配制:面砖勾缝胶粉∶水=4∶1(质量比),用电动搅拌器搅拌均匀,并应在配制好后 2h 内用完。

3. 胶粉聚苯颗粒外墙外保温系统施工工艺流程

胶粉聚苯颗粒外墙外保温系统施工工艺流程见图 8.3.6。

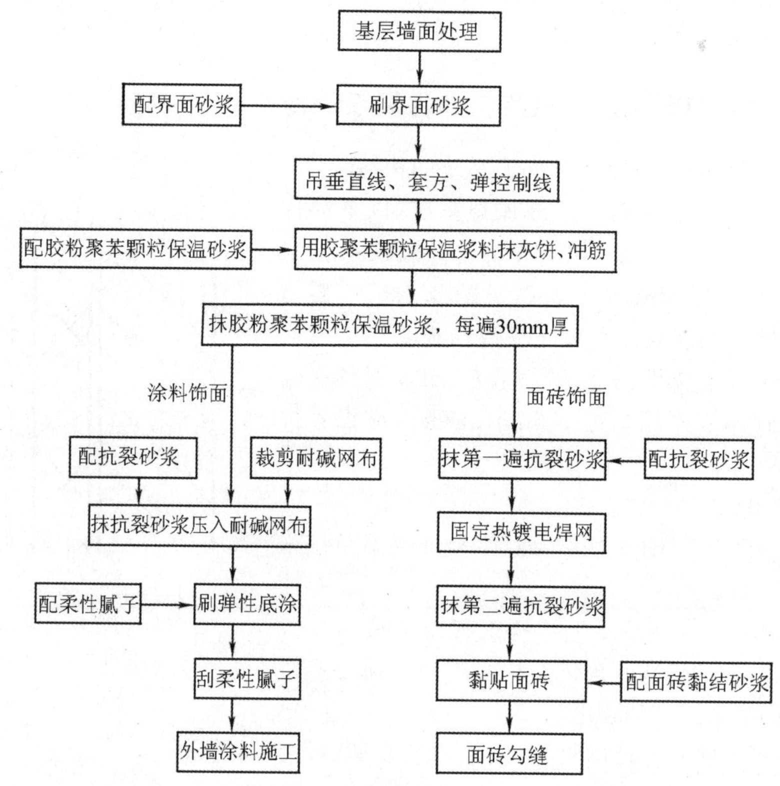

图 8.3.6 胶粉聚苯颗粒外墙外保温系统施工工艺流程

4. 施工操作要求

(1) 基层墙面处理

保温施工前应会同相关部门做好结构验收,外墙面基层的垂直度和平整度应符合现行国家施工验收规范要求。进行保温层隐蔽施工前应做好如下检查工作,确认墙体的平整度、垂直度的允许偏差在验收标准规定范围内。

①外墙面的阳台栏杆、雨落管托架、外挂消防梯等处应安装完毕并验收合格,墙面的暗埋管线、线盒、预埋件、空调孔等应提前安装完毕并验收合格。

②外窗辅框应安装完毕并验收合格。

③墙面脚手架孔、模板穿墙孔及墙面缺损处用水泥砂浆修补完毕并验收合格。

④主体结构的变形缝、伸缩缝应提前做好处理。

⑤彻底清除基层墙体表面附尘、油污、隔离剂、空鼓、风化物等影响墙面施工的物质。墙

体表面凸起物≥10mm 时应剔除。

⑥各种材料的基层墙面均应用涂料滚刷、满刷界面砂浆。

【注意事项】 界面砂浆不宜施工过厚。

(2) 吊垂直线、弹控制线,贴饼

保温浆料施工前应在墙面做好施工厚度标志,应按如下步骤进行:

①每层首先用 2m 杠尺检查墙面平整度,用 2m 托线板检查墙面垂直度。

②在距每层顶部约 100mm 处,同时距大墙阴阳角约 100mm 处,根据大墙角已挂好的垂直控制线厚度,用界面砂浆粘贴 50mm×50mm 聚苯板块作为标准贴饼。

③待标准贴饼固定后,在两水平贴饼间拉水平控制线。

④用线坠吊垂直线在距楼层底部约 100mm 处,大墙阴阳角 100mm 处粘贴标准贴饼之后按间隔 1.5m 左右沿垂直方向粘贴标准贴饼。

⑤每层贴饼施工作业完成后水平方向用 2～5m 小线拉线检查贴饼的一致性,垂直方向用 2m 托线板检查垂直度,并测量贴饼厚度,做好记录。

(3) 保温层施工

①保温浆料应分层作业施工完成,每次抹灰厚度宜控制在 20mm 左右,分层抹灰至设计保温层厚度,每层施工时间间隔 24h。

②保温浆料底层抹灰应按照从上至下、从左至右的顺序进行抹灰,在压实的基础上可尽量加大施工抹灰厚度,抹至距保温标准贴饼差 1mm 左右为宜。

③保温浆料中层抹灰厚度要抹至与标准贴饼平齐。中层抹灰后,应用大杠在墙面上来回搓抹,去高补低,最后用铁抹子抹压一遍。使保温浆料层表面平整,厚度与标准贴饼一致。

④保温浆料面层抹灰应在中层抹灰 4～6h 之后进行。施工前应用杠尺检查墙面平整度,偏差应控制在±2mm。保温面层抹灰时应以修补为主,对于凹陷处用稀浆料抹平,对于凸起处可用抹子立起来将其刮平,最后用抹子分遍赶压平整。

【注意事项】

a. 保温浆料施工时要注意清理落地浆料,落地浆料在 4h 内重新搅拌即可使用。

b. 阴阳角找方应按下列步骤进行:

➢ 用木方尺检查基层墙角的直角度,用线垂吊垂直检查墙角的垂直度;

➢ 保温浆料的中层抹灰后应用木方尺压住墙角保温浆料层上下搓动,使墙角保温浆料基本达到垂直,然后用阴阳角抹子压光;

➢ 保温浆料面层大角抹灰时要用方尺、抹子反复测量抹压修补操作,确保垂直度±2mm,直角度±2mm。

⑤门窗侧口的墙体与门窗边框连接处应预留出相应的保温层厚度,并对已做好的门窗边框表面成品保护。

⑥门窗辅框安装验收合格后方可进行门窗口部位的保温抹灰施工,门窗口施工时应先抹门窗侧口、窗上口部分的保温层,再抹大墙面的保温层。窗台口部分应先抹大墙面的保温层,再抹窗台口部分的保温层。

⑦做门窗口滴水槽应在保温浆料施工完成后,在保温层上用壁纸刀沿线划开设定宽度的凹槽(槽深 15mm 左右),先用抗裂砂浆填满凹槽,然后将滴水槽嵌入预先划好的凹槽中,并保证与抗裂砂浆黏结牢固,收去滴水槽两侧檐口浮浆,滴水槽应镶嵌牢固、水平。

⑧保温浆料施工完成后应按检验批的要求做全面的质量检验，在自检合格的基础上，整理好施工质量记录和隐蔽工程检查验收记录。

（4）抗裂防护层和饰面层施工

①涂料饰面施工要点：涂料饰面应待保温层施工结束 3～7d，且保温层厚度、平整度隐蔽验收合格后，方可进行抗裂层施工。

抗裂层施工前应先将耐碱涂塑玻纤网格布按楼层高度分段裁好，将网格布裁成长度 3m 左右的布块，网格布包边应剪掉。

按施工配合比要求配制搅拌抗裂砂浆，注意砂浆应随搅随用。抹抗裂砂浆时，厚度应控制在 3～5mm，抹完宽度、长度相当于网格布面积的抗裂砂浆后，应立即用铁抹子将网格布压入新抹的抗裂砂浆中。最后沿网格布纵向用铁抹子再压一遍收光，消除面层的抹子印。网格布压入程度以可见暗露网眼、但表面看不到裸露的网格布为宜。

阴角处耐碱网格要单面压槎，其宽度不小于 150mm；阳角处应双向包角压槎搭接，其宽度不小于 200mm。网格布施工时要注意顺槎顺水搭接，严禁逆槎逆水搭接。网格布铺贴要紧贴墙面，保证平整、无皱褶，砂浆饱满度应达到 100%，不应出现大面积露布之处，大墙面要抹平、找直，阴阳角处要保证方正和垂直度。

首层墙面应铺贴双层耐碱网格布。先铺贴第一层网格布，网格布之间应采用对接方法进行铺贴，第一层铺贴施工完成后，进行第二层网格布的铺贴，方法同前，两层网格布之间的抗裂砂浆应饱满，严禁干贴。

建筑物首层外保温应在阳角处双层网格布之间设专用金属护角，护角高度一般为 2m。在网格布铺贴好后，应放好金属护角，用抹子在护角孔处拍压出抗裂砂浆，抹第二遍抗裂砂浆压网格布，用网格布覆盖住护角，保证护角部位坚实牢固抗冲击。大面积铺贴网格布之前，应在门窗洞口处沿 45°角方向先粘贴一道网格布，尺寸宜为 300mm×400mm。

抗裂砂浆抹完后，严禁在面层上抹普通水泥砂浆腰线、套口线或刮涂刚性泥子等达不到柔性指标的外装饰材料；抗裂砂浆施工 2h 后刷弹性底涂，使其表面形成防水透气层；待抗裂砂浆基层干燥后，保温抗裂层验收合格后开始进行饰面层施工，对平整度达不到装饰要求的部位应刮涂柔性耐水泥子进行找补。刮涂柔性耐水泥子找平施工时，用靠尺对墙面及找平部位进行检验，对于局部不平整处，先用 0 号粗砂纸在柔性耐水泥子未干前进行打磨、刮涂、修复。大面积刮涂泥子应在局部修补后进行，宜分两遍进行，但两遍刮涂方向应相互垂直。

浮雕涂料可直接在弹性底涂上进行喷涂，其他涂料在泥子层干燥后进行涂刷或喷涂。若干挂石材，则根据设计要求直接在保温层上进行干挂即可。

②面砖饰面施工要点：面砖饰面应待保温层施工结束 3～7d，且保温层厚度、平整度隐蔽验收合格后，方可进行抗裂层施工。

抗裂层施工前应先将热镀锌四角焊网按楼层高度用克丝钳子分段裁好，将热镀锌四角焊网裁成长度约 3m 左右的网片，并尽量将网片整平。

抹第一遍抗裂砂浆时，厚度控制在 3mm 左右，要求满抹，不得有漏抹之处。按楼层分层施工，第一层抗裂砂浆固化后，开始进行铺钉热镀锌四角焊网，要求第一层抗裂层的平整度不低于保温浆料层的平整度。

铺钉热镀锌四角焊网应按从上而下、从左至右的顺序进行，首先将热镀锌四角焊网在墙面就位，弯曲面朝向墙面，用约 50～60mm 长的揻成 U 形的 12 号钢丝插入保温层，将热镀锌四角焊网临时固定，将热镀锌四角焊网固定于保温墙面上后用冲击钻在临时固定的焊网上部打孔，在孔中插入塑料膨胀螺栓，用手锤将胀钉钉牢。注意控制膨胀螺栓密度为每平方米5～6个，锚固膨胀螺栓要钉入结构墙体，深度不小于25mm。铺钉热镀四角焊网要紧贴墙面确保平整度达到±2mm的要求。

热镀锌四角焊网平整度检验合格后方可进行第二层抗裂砂浆的罩面施工，第二层抗裂砂浆抹灰层厚度应控制在5～7mm，热镀锌四角焊网要求100%地被抗裂砂浆覆盖，抗裂砂浆面层平整度、垂直度应控制在±2mm之内。

抗裂砂浆抹灰2～3h之后可用木抹子在热镀锌四角焊网格上将抗裂砂浆面层搓毛，为下一层的连接提供相应的界面。

抗裂砂浆施工完成后，应按检验批的要求对施工质量进行全面检查，在自检合格基础上，整理施工质量记录和进行隐蔽检查验收。

抗裂砂浆抹完后，严禁在面层上涂抹普通水泥砂浆腰线以及做水泥砂浆套口等。

粘贴面砖按一般面砖粘贴施工工艺进行，应采用保温层专用面砖粘贴砂浆。其程序为弹线分格、排面砖、浸面砖、贴面砖、面砖勾缝等。

8.3.3 EPS板现浇混凝土外墙外保温系统施工

1. EPS板现浇混凝土外墙外保温系统的构造

EPS板现浇混凝土外墙外保温系统（简称无网现浇系统）以现浇混凝土外墙作为基层，以阻燃型聚苯乙烯泡沫塑料板（EPS板）为保温层。EPS板内表面（与现浇混凝土接触的表面）沿水平方向开有矩形齿槽，内、外表面均满涂界面砂浆。在施工时将正PS板置于外模板内侧，并安装锚栓作为辅助固定件。浇筑混凝土后，墙体与EPS板以及锚栓结合为一体，拆模后外保温与墙体同时完成。EPS板表面抹抗裂砂浆薄抹面层，外表以涂料为饰面层，其构造见图8.3.7。

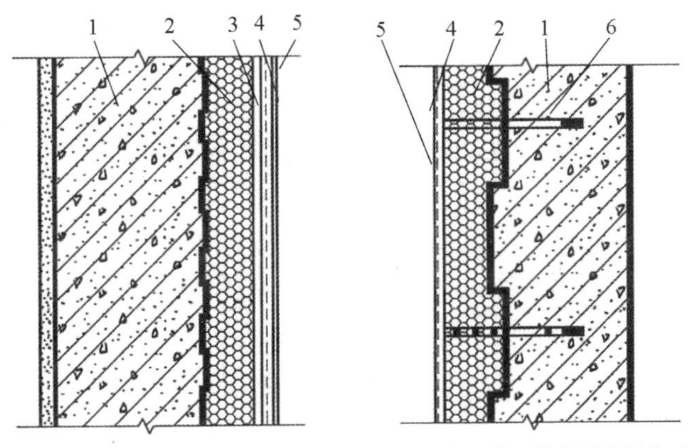

(a) 带胶粉聚苯颗粒保温浆料找平 (b) 不带胶粉聚苯颗粒保温浆料找平

1-基层墙体；2-带槽聚苯保温板；3-胶粉聚苯颗粒找平层；
4-抗裂砂浆复合耐碱网布；5-弹性底涂、柔性泥子及涂料面层；6-锚栓

图8.3.7 EPS板现浇混凝土外墙外保温系统的基本构造

EPS板现浇混凝土外墙外保温系统具有施工简单、安全、省工、省力、经济、与墙体结合

紧密，并能在冬期施工的特点，摆脱了人贴手抹的手工操作安装方式，实现了外保温安装的工业化和减轻了劳动强度，有很好的经济效益和社会效益。适用于现浇混凝土剪力墙结构的外保温系统。

2. 材料性能要求

膨胀聚苯板应为阻燃型。其性能指标应符合《绝热用模塑聚苯乙烯泡沫塑料》(GB/T 10801.1—2002)第Ⅱ类的其他要求，膨胀聚苯板出厂前应在自然条件下陈化42d或在60℃蒸汽中陈化5d。聚苯板界面砂浆和尼龙锚栓的性能指标也应符合相关要求。

3. EPS板现浇混凝土外墙外保温系统的施工工艺流程

绑扎垫块、聚苯板加工→安装聚苯板→立内侧模板、穿穿墙螺栓→立外侧模板、紧固螺栓、调垂直→混凝土浇筑→拆除模板→聚苯板面清理、配胶粉聚苯颗粒保温浆料→抹胶粉聚苯颗粒并找平→配抗裂砂浆、裁剪耐碱网格布、抹抗裂砂浆压入耐碱网布→配弹性底涂、涂弹性底涂→配柔性泥子、刮涂柔性泥子→外墙饰面施工。

施工机具主要有：切割聚苯板操作平台、电热丝、接触式调压器、电烙铁、强制式搅拌机、垂直运输机械、水平运输机械、手提式搅拌器、喷枪、手提式电动打磨机；常用抹灰工具及抹灰专用检测工具、水桶、剪刀、滚刷、铁锹、手锤、方尺、靠尺等。

4. 施工要点

(1) 聚苯板加工

①带企口聚苯板加工要求：带企口聚苯板应按设计尺寸加工聚苯板，板的长、宽、对角线尺寸误差不应大于2mm，厚度、企口误差不大于1mm。

【注意事项】 板的双面采用聚苯板涂刷界面砂浆进行处理，注意不要漏刷，对破坏部位应及时修补；聚苯板在运输及现场堆放过程中应平放，不宜立摆。

②带有凸凹形齿槽聚苯板加工要求：带有凸凹形齿槽聚苯板按设计要求尺寸进行加工，其尺寸误差应符合要求；一般板宽1.22m，板高按楼层，厚度按设计要求，背面凸凹槽宽度为100mm，深度为10mm，周边高低槽槽宽25mm，深度为1/2板厚，外喷界面剂。

(2) 模板与聚苯板安装

①按施工设计图做好聚苯板的排板方案。

墙身钢筋绑扎完毕，水电箱盒、门窗洞口预埋完毕，检查保护层厚度应符合设计要求，办完隐蔽工程验收手续。

②弹好墙身线。

在EPS板外墙模版系统支模时，首先将EPS板按外墙身线就位于外墙钢筋的外侧，先根据建筑物平面图及其形状排列聚苯板，安装时首先安装阴阳角处聚苯板，然后再安装大墙面聚苯板，并且根据其特殊节点的形状预先将聚苯板裁好，将聚苯板的接缝处涂刷上黏结胶，板与板之间的企口缝在安装前涂刷聚苯板黏结胶，随即安装。然后将聚苯板黏接上，黏接完成的聚苯板不要再移动，在板的专用竖缝处用塑料夹子将两块聚苯板连接在起，基本拉住聚苯板。用工程塑料卡穿透聚苯板，就位时可用绑扎钢丝把卡子与墙体钢筋绑扎固定，绑扎时注意聚苯板底部应绑扎紧一些，使底部内收3～5mm，以保证拆模后聚苯板底部与上口平齐。

③绑扎垫块。

外墙钢筋验收合格后，绑扎按混凝土保护层厚度要求制作好的水泥砂浆垫块。每平方米不少于4个，首层的聚苯板必须严格控制在统一水平上，保证以后上面聚苯板的缝隙严密和垂直。在板缝处用聚苯板胶填塞。

④在外侧聚苯板安装完毕后，安装门窗洞口模板，安装内模板之前要检查钢筋、各种水电预埋件位置是否正确，并清除模内杂物。

⑤内模板按内墙身位置线找正之后，将外墙内侧向的大模板准确就位，调整好垂直度，立模的精度要符合标准要求，并固定牢固，使该模板成为基准模板。

⑥从内模板穿墙孔处插穿墙拉杆及塑料套管和管堵，并在穿墙拉杆的端部套上一节镀锌铁皮圆桶。插入聚苯板，但此时暂不穿透聚苯板模板。

⑦组合外模板时首先将外模板放在三脚架上，按照大模板穿墙螺栓的间距，用电烙铁给聚苯板开孔，使模板与聚苯板的孔洞吻合，孔洞不宜太大以免漏浆。此时二次插穿墙螺栓利用镀锌圆铁皮筒，将EPS板切出一个圆孔，使穿墙螺栓完全穿透墙体外模板，用穿墙螺栓将外墙外侧组合模板就位。

⑧穿墙螺栓穿透墙体后，将端头套的镀锌铁皮圆筒摘掉，然后完成相应的外模板的调整和紧固作业。

⑨聚苯板在开孔或裁小块时，注意防止碎块掉进墙体内。

(3) 混凝土浇筑

在外墙外侧安装聚苯板时，将企口缝对齐，墙宽不合模数的用小块保温板补齐，门窗洞口处保温板可不开洞，待墙体拆模后再开洞。门窗洞口及外墙阳角处聚苯板外侧的缝隙，用楔形聚苯板条塞堵，深度为10～30mm。

【注意事项】

①在浇筑混凝土时，注意振动棒在插、拔过程中，不要损坏保温层。

②在整理下层甩出的钢筋时，要特别注意下层保温板边槽口，以免受损。

③墙体混凝土浇筑完毕后，如槽口处有砂浆存在应立即清理。

④穿墙螺栓孔，应以干硬性砂浆捻实填补(厚度小于墙厚)，随即用保温浆料填补至保温层表面。

⑤在常温条件下墙体混凝土浇筑完成，间隔12h后且混凝土强度不小于1MPa即可拆除墙体内、外侧面的大模板。

(4) 找平及抗裂防护层和饰面层施工

需要找平时，用胶粉聚苯颗粒保温浆料找平，并用胶粉聚苯颗粒对浇筑的缺陷进行处理。胶粉聚苯颗粒保温浆料的施工方法及抗裂防护层和饰面层的施工参见本章相关内容。

8.3.4 EPS钢丝网架板现浇混凝土外保温系统施工

1. EPS钢丝网架板现浇混凝土外保温系统的构造

EPS钢丝网架板现浇混凝土外保温以EPS单面钢丝网架板为保温材料，在现场浇灌混凝土时将EPS单面钢丝网架板置于外模板内侧，保温材料与混凝土基层一次浇注成型，钢丝网架板表面抹水泥抗裂砂浆并可粘贴面砖材料的外墙外保温系统，如图8.3.8所示。

EPS钢丝网架板现浇混凝土外保温系统是在外墙的钢筋绑扎完毕后，将由工厂预制的聚苯保温板置放在墙体钢筋外侧(聚苯板外表面有横向齿槽，中间斜插若干穿过板材的ϕ2.5mm镀锌钢丝，并与板材外的一层钢丝网片焊接，构件表面喷有界面剂)并与墙体钢筋固定，再支设墙体内、外钢模板（此时保温板位于外钢模板内侧），然后浇筑混凝土墙，拆模后保温板和混凝土墙体结合为一体，牢固可靠。为确保保温板与墙体结合的可靠性，在聚苯板保温构件上有镀锌斜插钢丝伸入混凝土墙内，并通过聚苯板插入经防锈处理的 ϕ6mm L 形钢筋，约每平方米 3～4 个，然后在钢丝网架上抹抗裂水泥砂浆找平层或胶粉聚苯颗粒保温浆料找平层复合抗裂防护面层，最后用弹性黏结剂粘贴面砖。如在表面做涂料面层，则在抗裂水泥砂浆找平层或胶粉聚苯颗粒保温浆料找平层上抹 4～5mm 左右的聚合物水泥砂浆玻璃纤维网格布防护层和弹性泥子防裂层，最后在表面上做有机弹性涂料。

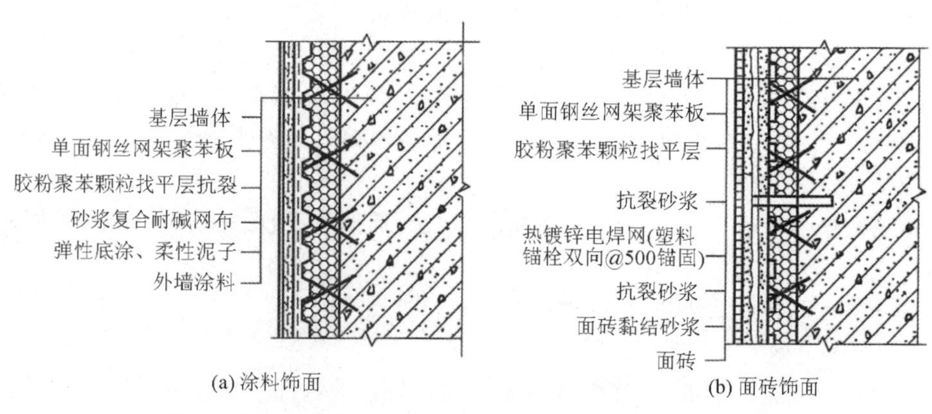

图 8.3.8 EPS 钢丝网架板现浇混凝土外保温系统基本构造

【特点】 EPS 钢丝网架板现浇混凝土外保温系统的优点有：施工速度快，可大大缩短工期；与主体结构连接可靠，施工安全；能在冬季施工（因保温板置于钢模板内侧，相当于保温模板），不受气候影响；造价低等。适用于现浇混凝土剪力墙体体系面层粘贴面砖的外保温系统。

2. 材料性能要求

斜嵌入式钢丝网架聚苯板的凹槽、企口、界面处理、焊点强度、焊点质量、斜插钢丝密度、钢丝挑头、聚苯板对接等性能指标应符合相应要求。

3. 施工准备

（1）技术准备：施工前应熟悉各方有关图纸资料，参阅有关施工工艺，做好内业；同时应了解材料性能，掌握施工要领，明确施工顺序；做好对工人的技术培训和技术交底工作。

（2）材料准备：

①斜嵌入式钢丝网架聚苯板的厚度应满足设计要求，表面应喷涂界面剂。

②保温板与墙体连接应采用经防锈处理的 L 形 ϕ6mm 钢筋或尼龙胀栓。

③抗裂抹灰砂浆材料一般采用 32.5 级普通硅酸盐水泥，砂应采用干净的中砂，干粉料或聚合物乳液，防裂外加剂，耐碱涂塑型玻纤网格布及聚苯颗粒保温浆料、泡沫塑料棒、塑料滴水线槽、分格条和嵌缝油膏等的性能应符合要求。

④饰面层面砖或弹性有机涂料应符合设计要求。

⑤机具设备：施工机具主要有切割聚苯板操作平台、电热丝、接触式调压器、电烙铁、强制式搅拌机、垂直运输机械、水平运输机械、手提式搅拌器、喷枪、瓷砖切割器、手提式电动打磨机、电动冲击钻；常用抹灰工具及抹灰专用检测工具、水桶、剪刀、滚刷、铁锹、手锤、方尺、靠尺等。

4. EPS钢丝网架板现浇混凝土外墙外保温系统施工工艺流程

支模浇筑单面钢丝网架聚苯板→拆除模板→配制抗裂砂浆或胶粉聚苯颗粒→抹抗裂砂浆或胶粉聚苯颗粒找平→裁剪耐碱网布、配制抗裂砂浆→抹抗裂砂浆压入耐碱网布(抹第一遍抗裂砂浆)→刷弹性底涂、配柔性泥子(固定热镀锌钢丝网)→刮柔性泥子(抹第二遍抗裂砂浆、配制面砖黏结砂浆)→外墙涂料施工(粘贴面砖并勾缝)(注：括号为面砖饰面施工)。

5. 施工要点

(1) 安全外墙保温构件

①单面钢丝网架聚苯板在工厂加工成型,板面及钢丝网架均匀喷涂聚苯板界面砂浆,注意不得有漏喷之处,厚度不小于1mm,对漏喷部位应及时补涂;聚苯板在运输及现场堆放过程中应平放不宜立摆,轻拿轻放。

②内、外墙钢筋绑扎经验收合格后,方可进行保温构件安装。

③按照设计所要求的墙体厚度弹水平线及垂直线,以确定外墙厚度尺寸,同时在外墙钢筋外侧绑砂浆块,每块板内不少于6块,以确保钢筋与保温层构件之间的保护层。

④拼装保温构件。安装保温构件时,保温构件就位后,板之间用火烧丝绑扎,间距不大于150mm,用电烙铁在聚苯板上烫孔,将L筋按位置穿过保温板,用火烧丝将其墙体钢筋绑扎牢固。

【知识拓展】 常用的L筋：长150mm,弯钩30mm,外表应刷防锈漆两道或其他防锈处理。

⑤保温板外侧低碳钢丝网片均按楼层层高断开,互不连接。

(2) 模板安装

宜采用大模板。按保温板厚度确定模板配置尺寸、数量。

①按弹出墙线位置安装模板。在底层混凝土强度不低于7.5MPa时,开始安装。安装上一层模板时,利用下一层外墙螺栓孔挂三角平台架(安全防护架)。

②安装外墙外侧模板。安装前须在现浇混凝土墙体的根部或保温板外侧采取可靠的定位措施,以防模板挤靠保温板。模板放在三角平台架上,将模板就位,穿螺栓紧固校正,连接必须严密、牢固,以防止出现错台和漏浆现象。

(3) 混凝土浇筑

混凝土坍落度应不小于180mm。

①墙体混凝土浇筑前保温板上面必须采取遮挡措施,应安装槽口保护套,宽度为保温板厚度加模板厚度。新旧混凝土接槎处应均匀浇筑30～50mm同等强度等级的减石混凝土。混凝土应分层浇筑,厚度控制在500mm,一次浇筑高度不宜超过1.0m,混凝土下料点应分散布置,连续进行,间隔时间不超过2h。

②振捣棒振动间距一般应小于500mm,每一振动点的延续时间以表面泛浆和不再下沉为度。

③洞口处浇筑混凝土时,应沿洞口两边同时下料,使两侧浇筑高度大体一致,振捣棒应距洞边300mm以上,以保证洞口下部混凝土密实。

④施工缝留置在门洞口过梁跨度1/3范围内,也可留在纵、横墙的交接处。

⑤墙体混凝土浇筑完毕后,需整理上口甩出钢筋,并以木抹子抹平混凝土表面。

(4) 模板拆除的规定

在常温条件下,墙体混凝土强度不低于 1.0MPa,冬期施工墙体混凝土强度不低于 7.5MPa,方可拆除模板,拆模时应以同条件养护试块抗压强度为准。先拆外墙外侧模板,再拆除外墙内侧模板。穿墙套管拆除后,混凝土墙部分孔洞应用干硬性砂浆捻塞密实,保温板部分孔洞应用保温材料补齐。拆模后保温板上的横向钢丝必须对准凹槽,钢丝距槽底不小于 8mm。

(5) 混凝土养护

常温施工时,模板拆除后 12h 内喷水或养护剂养护,不少于 7d,次数以保持混凝土具有湿润状态为准。冬期施工时应有专人定点、定时测定混凝土养护温度,并做好记录。

(6) 外墙外保温板板面抹灰

①抹灰前准备工作:若保温板表面有余浆、疏松、空鼓等均应清除干净,确保保温板表面干净、无灰尘、油渍和污垢。绑扎阴阳角、窗口四角角网,角网尺寸应为 400mm×1200mm、200mm×1200mm。钢丝网架板拼缝处应用火烧丝绑扎,间距应不大于 150mm,窗口四角八字网尺寸应为 400mm×200mm,呈 45°。保温板两层之间应断开、不得相连。

②抹灰:钢丝网架可用胶粉聚苯颗粒保温浆料进行找平,并用胶粉聚苯颗粒对浇筑中出现的缺陷进行处理。

板面上界面剂如有缺损,应在表面上补界面处理剂,要求均匀一致,不得露底(包括钢丝网架)。抹灰层之间及抹灰层与保温板之间必须黏结牢固,无脱层、空鼓现象。表面应光滑洁净,接槎平整,线角须垂直、清晰。抹灰分为底层和面层,底层抹灰凝结后可进行面层抹灰,每层抹完后均须洒水养护或喷养护剂。分格条宽度、深度要均匀一致,平整光滑,横平竖直,棱角整齐,滴水线槽流水坡度要准确,槽宽和深度不小于 10mm。

抹灰完成后,在常温下 24h 后表面平整无裂纹即可在面层抹 4～5mm 聚合物水泥砂浆玻纤网格布防护层,然后在表面做面砖装饰层。如做涂料宜采用弹性泥子和有机弹性涂料。施工时应避免大风天气,当气温低于 5℃时,应停止施工。

【注意事项】

(1) 抹完水泥砂浆面层后的保温墙体,不得随意开凿孔洞,如确需开洞,应在水泥砂浆达到设计强度后方可进行,并应及时修补完工后的洞口。

(2) 拆除架子时应防止撞击已装修好的墙面,门窗洞口、边、角、垛处应采取保护措施,其他作业不得污染墙面,严禁踩踏窗台。

8.3.5 机械固定 EPS 钢丝网架板外墙外保温系统施工

1. 机械固定 EPS 钢丝网架板外墙外保温系统的构造

机械固定 EPS 钢丝网架板外墙外保温系统由机械固定装置、腹丝非穿透型 EPS 钢丝网架板、掺外加剂的水泥砂浆厚抹面层和饰面层构成,其构造见图 8.3.9。以涂料做饰面层时,应加抹玻纤网抗裂砂浆薄抹面层。

机械固定 EPS 钢丝网架板外墙外保温系统符合建筑节能需要。适用于砌体、框架填充墙和现浇剪力墙建筑,施工简单,易于操作,钢丝网抹灰层 25mm 厚,耐火性能超过 1.2h;钢丝网抹灰基层可靠,适合粘贴面砖饰面。该系统适用于寒冷地区,不适用于夏热冬冷地区、夏热冬暖地区，在严寒地区使用会受到一定限制。不适用于加气混凝土和轻集料混凝土基层。

外墙外保温用 EPS 钢丝网架板(简称 SB 板)，是以阻燃型聚苯乙烯板为保温芯材，配有双向斜插入的高强度钢丝，并与单面覆以网目 50mm×50mm 的 ϕ2.0mm 钢丝网片焊接，成为带有整体焊接钢丝网架的保温板材，根据保温需要斜插丝不穿透 EPS 板，按照国家建材行业标准《钢丝网架水泥聚苯乙烯夹芯板》(JC 623—1996)要求，SB 板必须是机械连续自动焊接而成，严禁手工焊接钢丝网。

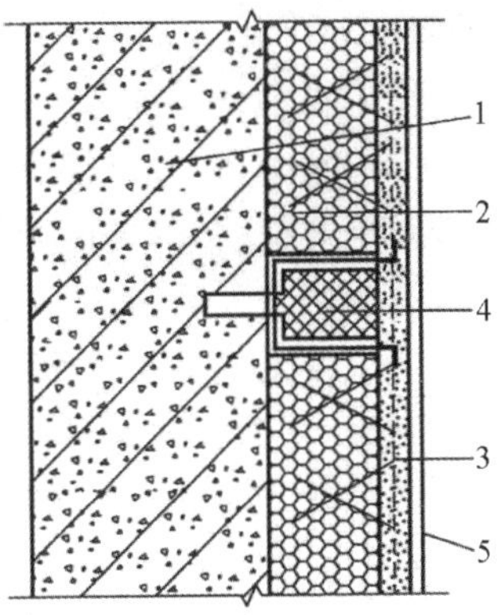

1-基层；2-EPS 钢丝网架板；3-掺外加剂的水泥砂浆抹面层；4-机械固定装置；5-饰面层

图 8.3.9 机械固定 EPS 钢丝网架板外墙外保温系统基本构造

2. 材料要求

(1) 钢丝

SB 板板面网片的冷拔钢丝为 ϕ2.0±0.05mm，用于斜插的镀锌冷拔钢丝为 ϕ2.0±0.05mm，其抗拉强度不小于 550N/mm^2，钢网脱焊、漏焊点不得超过 2%，连续脱焊点不应多于 2 个，斜插丝脱焊点不得超过 2%。

(2) 芯板

阻燃型聚苯乙烯芯板密度为 15～20kg/m^2，其余应符合《绝热用模塑聚苯乙烯泡沫塑料》(GB/T 10801.1—2002)的规定。

(3) 抹灰砂浆

用于 SB 板砂浆面层宜采用不低于 M10 的抗裂水泥砂浆；如饰面层为弹性涂料时，为避免墙体开裂，应在山墙中层抹灰后压入耐碱玻纤网格布，网格布应符合《耐碱玻纤网布》(JC/T 841—2007)的规定。

3. SB 板安装施工要点

(1) 施工准备

①材料：SB 板、各种宽度的冷拔镀锌钢丝网片(平网、角网、U 形网等)、ϕ6mm 钢筋、锚固铁件、膨胀螺栓和 22 号镀锌钢丝、承托角钢、预埋件。

②工具：冲击钻、锤、扳手、断丝剪、钢尺、钢锯及常用工具。

③作业条件：施工前应检查 SB 板质量，对在运输、堆放时造成的变形，必须予以校正，脱焊点必须补焊或用钢丝扎紧；同时应清理墙面：清除墙面上的灰渣，并将墙面上的不平整处补平。

(2) 施工操作要点

①实心墙体先在墙内预埋 ϕ6mm 拉结筋，筋长 320mm，预埋端设 20mm 弯钩，外露 160mm，拉结筋双向中距不应大于 500mm，多孔砖墙体预埋拉结筋构造同实心墙体；混凝土墙体用 ϕ6mm 胀管螺钉固定，每平方米不少于 7 个固定胀管螺钉。拉结筋或胀管螺钉呈梅花形布置，外露拉结筋预刷两道防锈漆，沿门窗洞的拉结筋距洞边宜为 75mm。

②在圈梁或框架梁上预埋连接件，其中距不大于 1200mm，SB 板承托角钢与预埋连接件焊接。

③SB 板按设计裁板，拼装后安装就位。砌体墙体拉结筋穿透 SB 板后扳倒，把钢丝网片

压紧，并用钢丝绑扎牢固。

④门窗洞口四角应铺 L 形 S8 板，不应采用直缝拼板，并在门窗洞口四角 SB 板上附加 45°斜铺的 40mm×200mm 钢丝网。

⑤板与板之间挤紧，要保证保温层塞实严密。

⑥外墙阴阳角及门窗口、阳台底边处等须附加钢丝网(平网、角网、U 形网)。

⑦钢筋混凝土墙上复合 SB 板，可用 ϕ6mm 膨胀螺栓通过锚固件固定在墙体上。锚固件为镀锌薄钢板，槽深根据保温板厚度确定。

⑧大墙面超过 15m^2 时，宜设置水平和垂直变形缝，变形缝净宽 20m，内填聚乙烯棒形背衬，外嵌填弹性密封膏。变形缝两侧 SB 板应用 U 形钢丝网包边，砂浆抹平后缝宽 20mm。

(3) 外墙面抹灰

①抹灰前准备

抹灰前要认真清除板面灰尘、污垢、油渍等。检查加固阴阳角及拼缝网片，应顺直、平整、牢固。

②原材料

抹面砂浆用水泥：P·O32.5 级普通硅酸盐水泥。砂：中砂，含泥量不大于 3%。底层和中层用水泥砂浆按 1∶4 比例配制。界面处理剂：聚合物水泥浆，内掺 4%的抗裂剂和适量熟石灰粉，28d 抗压强度应达到 10MPa。面层为细砂水泥砂浆内掺 8%抗裂剂和 1%甲基纤维素。采用耐碱玻璃纤维网格布。

③抹灰

抹灰前，在 SB 板面未涂刷界面剂的部分，均匀喷涂或刷涂一层界面处理剂。抹灰分三层：底层、中层和罩面层。底层厚 12～15m，中层厚 8～10mm，罩面层厚 3～5mm，总厚度不小于 25mm。山墙应在中层抹灰后，压入一层玻纤网格布，再抹罩面层灰。做涂料饰面时，应在罩面层上先刮一层专用罩面泥子，不平处应用砂纸磨平。做面砖饰面时，在罩面层上用专用黏结砂浆粘贴面砖，专用胶粉勾缝。

本章小结

本章就墙体保温工程的施工进行了详细的阐述，内容涵盖了外墙保温系统的构造及要求，外墙内保温施工技术及外墙外保温系统施工技术。本章每一部分都是进行施工所必须要掌握的内容，要求读者在课前认真研读，课中认真听讲，有条件的话可以进行实体教学。本章的内容均以现行工程规范为基准，读者在学习之余，最好能细读熟记规范中的相关条文，为今后工作做一个铺垫。

思考题

1. 新型聚苯板外墙外保温有哪些特点？
2. 外墙外保温有哪些性能要求？外墙外保温和外墙外保温工程的例子？请简要回答。
3. 何谓聚苯板外墙外保温薄抹灰系统？画出它的基本构造图。

4. 简要叙述胶粉聚苯颗粒外墙外保温的施工要点。
5. 何谓现浇混凝土复合无网 EPS 板外保温系统？简要叙述其施工要点。
6. 机械固定 EPS 钢丝网架板外墙外保温系统的施工要点有哪些？
7. 何谓抗裂砂浆？抗裂砂浆如何配置？

习题

1. 下列关于外墙外保温技术的应用范围，说法不正确的是（　　）。
   A. 可用于既有建筑　　B. 仅能用于新建建筑
   C. 可用于低层、中层和高层　　D. 适用于钢结构建筑
2. 外墙外保温系统中，属于抹灰型保温系统的是（　　）。
   A. 膨胀聚苯板(EPS 板)薄抹灰外墙外保温系统
   B. 挤塑聚苯板(XPS 板)外墙外保温系统
   C. 胶粉聚苯颗粒外墙外保温系统
   D. 钢丝网架聚苯板现浇混凝土外墙外保温系统
3. 聚苯板薄抹灰外墙外保温墙体黏结层主要承受（　　）。
   A. 拉(或压)荷载和剪切荷载　　B. 拉(或压)荷载
   C. 剪切荷载　　D. 剪切荷载和集中荷载
4. 面层可用于面砖饰面的外墙外保温措施是（　　）。
   A. 聚苯板薄抹灰保温系统
   B. 胶粉聚苯颗粒保温浆料保温系统
   C. 空心砌块保温系统
   D. 钢丝网架板现浇混凝土保温系统
5. 采用面砖作为饰面层时，耐碱玻璃纤维网格布应（　　）。
   A. 采用双层耐碱玻璃纤维网格布　　B. 搭接处局部加强
   C. 采用机械锚固　　D. 改为镀锌钢丝网，并采用锚固件固定
6. 聚苯板外墙外保温工程中，在墙面和墙体拐角处，聚苯板应交错互锁，转角部位（　　）。
   A. 板宽不能小于 200mm
   B. 采用机械锚固辅助连接
   C. 耐碱玻璃网格布加强
   D. 板宽不宜小于 200mm，并采用机械锚固辅助连接
7. 聚苯颗粒保温浆料抹灰施工，是采用（　　）。
   A. 一次抹灰
   B. 二次抹灰
   C. 分层抹灰，并在前一道施工完 24h 以内实施
   D. 分层抹灰，并在前一道施工完 24h 以后实施
8. 钢丝网架板现浇混凝土外墙外保温工程是以现浇混凝土为基层墙体，采用腹丝穿透型钢丝网架聚苯板作保温隔热材料，聚苯板单面钢丝网架板置于（　　）。
   A. 外墙外模板外内侧

B. 外墙外模板内侧,并以 ϕ6mm 锚筋钩紧钢丝网片辅助固定

C. 外墙内模板外内侧

D. 外墙外模板内侧

9. 钢丝网架板现浇混凝土外墙外保温工程,在每层层间应当设水平抗裂分隔缝,聚苯板面的钢丝网片在楼层分层处应(　　)。

A. 不断开　　B. 加强处理

C. 断开,不得相连　　D. 没有规定

10. 聚苯板现浇混凝土外墙外保温系统(无网现浇系统)的主要区别在于(　　)。

A. 不采用任何网布　　B. 设有腹丝穿透型钢丝网架

C. 设有腹丝非穿透型钢丝网架　　D. 采用耐碱玻纤网格布

11. 外墙外保温工程适用于(　　)新建和改建工程。

A. 严寒地区　　B. 寒冷地区　　C. 夏热冬冷地区　　D. A 和 B 及 C

12. 聚苯板与混凝土一次现浇外墙外保温系统,适用于以下哪种工程?(　　)

A. 多层民用建筑现浇混凝土结构外墙内保温工程

B. 多层和高层民用建筑现浇混凝土结构外墙外保温工程

C. 高层民用建筑现浇混凝土结构外墙内保温工程

D. 多层民用建筑砌体结构外墙外保温工程

13. 聚苯板薄抹灰外墙外保温系统,适用于以下哪种工程?(　　)

A. 民用建筑混凝土或砌体外墙内保温工程

B. 民用建筑混凝土或砌体内墙保温工程

C. 民用建筑混凝土或砌体外墙外保温工程

D. 以上都是

14. 机械固定钢丝网架膨胀聚苯板外墙外保温系统,适用于以下哪种工程?(　　)

A. 民用建筑混凝土或砌块外墙内保温工程

B. 民用建筑混凝土或砌块外墙外保温工程

C. 民用建筑混凝土或砌块内墙工程

D. 以上都是

15. 胶粉聚苯颗粒外墙外保温系统,适用于以下哪种工程?(　　)

A. 严寒地区民用建筑的混凝土或砌体外墙外保温工程

B. 炎热地区民用建筑的混凝土或砌体外墙外保温工程

C. 寒冷地区、夏热冬冷和夏热冬暖地区民用建筑的混凝土或砌体外墙外保温工程

D. 温和地区民用建筑的混凝土或砌体外墙外保温工程

16. 膨胀聚苯板具有的特点哪个正确?(　　)

A. 质轻,防潮性好,绝热性差　　B. 质轻,绝热性、防潮性好

C. 绝热性、防潮性好但密度大　　D. 质轻,绝热性好但不防潮

17. 外墙外保温工程设计使用年限为(　　)年。

A. 15　　B. 25　　C. 30　　D. 10

18. 胶粉聚苯颗粒保温浆料保温层设计厚度不宜超过(　　)mm。

A. 50　　B. 70　　C. 100　　D. 15

19. 聚苯板薄抹灰外墙外保温墙体，在(　　)，应采用机械锚固件辅助连接。
A. 建筑的全部位置
B. 每块保温板
C. 保温板接缝处
D. 高度 2m 以下的保温层

20. 以下选项中不是目前常用的外墙外保温方法的是(　　)。
A. 聚苯板薄抹灰保温系统
B. 胶粉聚苯颗粒保温浆料保温系统
C. 空心砌块保温系统
D. 钢丝网架板现浇混凝土保温系统

第9章　冬雨期施工

我国地域广阔，东西南北各地的气温相差很大，很多地区受内陆和海上高低压及季风交替影响，气候变化较大。在东北、华北、西北、青藏高原地区的许多省份处于亚温带地区，每年冬期持续时间长达3～6个月之久，在工程建设中，为加快工程进度，都不可避免地要进行冬期施工。东南、华南沿海一带，受海洋暖湿气流影响，雨水频繁，并伴有台风、暴雨和潮汛。冬期的低温和雨期的降水，给施工带来很大的困难，常规的施工方法已不能适应。在冬期和雨期施工时，除了在施工中要严格执行国家的有关标准、规范、规定外，冬雨期的施工质量绝不可忽视，必须从当地的具体条件出发，编制冬（雨）期施工专项施工方案，选择合理的施工方法，制订具体的措施，确保工程质量，降低工程费用。

学习目标

1. 了解冬、雨期的施工特点、施工要求及施工准备内容；
2. 理解冬、雨期各工种工程施工的方法及适用范围；
3. 掌握冬、雨期施工的质量控制及检查方法；
4. 掌握冬、雨期施工的安全技术要求。

学习要求

知识要点	能力要求
土方工程的冬期施工	了解冻土的定义、特性
	熟悉地基土的保温防冻
	熟悉冬期回填土施工
	掌握冻土的融化与开挖
砌筑工程冬期施工	熟悉外加剂法
	熟悉暖棚法
混凝土结构工程的冬期施工	了解混凝土冬期施工的特点、要求
	熟悉混凝土冬期施工的要求
	掌握混凝土冬期施工方法

续 表

知识要点	能力要求
装饰装修工程和屋面工程的冬期施工	熟悉抹灰工程冬期施工
	熟悉其他装饰工程的冬期施工
	熟悉保温工程和屋面防水工程冬期施工
雨期施工	熟悉各分部分项工程的雨期施工
冬、雨期施工的安全技术	掌握冬、雨期施工的安全技术

9.1 概 述

9.1.1 冬期施工的特点、原则和施工准备

冬期施工所采取的技术措施，是以气温作为依据的。各分项工程冬期施工的起止日期确定，在有关施工规范中均作了明确的规定。

1. 冬期施工的特点

(1) 冬期施工期是质量事故多发期。在冬期施工中，长时间的持续负低温、大的温差、强风、降雪和反复的冰冻，经常造成建筑施工的质量事故。据资料分析，有三分之二的工程质量事故发生在冬期，尤其是混凝土工程。

(2) 冬期施工质量事故发现滞后性。冬期发生质量事故往往不易觉察，到春天解冻时，一系列质量问题才暴露出来。这种事故的滞后性给处理解决质量事故带来很大的困难。

(3) 冬期施工的计划性和准备工作时间性很强。冬期施工时，常由于时间紧促，仓促施工，因而发生质量事故。

2. 冬期施工的原则

为了保证冬期施工的质量，在选择分项工程具体的施工方法和拟订施工措施时，必须遵循下列原则：

确保工程质量；经济合理，使增加的措施费用最少；所需的热源及技术措施材料有可靠的来源，并使消耗的能源最少；工期能满足规定要求。

3. 冬期施工的准备工作

(1) 搜集有关气象资料作为选择冬期施工技术措施的依据。

(2) 进入冬期施工前一定要编制好冬期施工技术文件，它包括以下几方面。

①冬期施工方案：

➢ 冬期施工生产任务安排及部署。根据冬期施工项目、部位，明确冬期施工中前期、中期、后期的重点及进度计划安排。

➢ 根据冬期施工项目、部位列出可考虑的冬期施工方法及执行的国家有关技术标准文件。

➢ 热源、设备计划及供应部署。

➢ 施工材料(保温材料、外加剂等)计划进场数量及供应部署。

➢ 劳动力计划。

➢ 冬期施工人员的技术培训计划。

➢ 工程质量控制要点。

➢ 冬期施工安全生产及消防要点。

②施工组织设计或技术措施:

➢ 工程任务概况及预期达到的生产指标。

➢ 工程项目的实物量和工作量,施工程序,进度安排。

➢ 分项工程在各冬期施工阶段的施工方法及施工技术措施。

➢ 施工现场准备方案及施工进度计划。

➢ 主要材料、设备、机具和仪表等需用量计划。

➢ 工程质量控制要点及检查项目、方法。

➢ 冬期安全生产和防火措施。

➢ 各项经济技术控制指标及节能、环保等措施。

③凡进行冬期施工的工程项目,必须会同设计单位复核施工图纸,核对其是否能适应冬期施工要求。如有问题应及时提出并修改设计。

④根据冬期施工工程量提前准备好施工的设备、机具、材料及劳动防护用品。

⑤冬期施工前对配制外掺剂的人员、测温保温人员、锅炉工等,应专门组织技术培训,经考试合格后方准许上岗。

9.1.2 雨期施工的特点、要求和准备工作

雨期施工须以防雨、防台风、防汛为对象,做好各项准备工作。

1. 雨期施工特点

(1) 雨期施工的开始具有突然性。由于暴雨山洪等恶劣气象往往不期而至,这就需要雨期施工的准备和防范措施及早进行。

(2) 雨期施工带有突击性。因为雨水对建筑结构和地基基础的冲刷或浸泡具有严重的破坏性,必须迅速及时地防护,才能避免给工程造成损失。

(3) 雨期往往持续时间很长,阻碍工程(主要包括土方工程、屋面工程等)顺利进行,拖延工期。对这一点应事先有充分估计并做好合理安排。

2. 雨期施工的要求

(1) 编制施工组织计划时,要根据雨期施工的特点,将不宜在雨期施工的分项工程提前或拖后安排。对必须在雨期施工的工程应制订有效的措施,进行突击施工。

(2) 合理进行施工安排。做到晴天抓紧室外工作,雨天安排室内工作,尽量缩小雨天室外作业时间和工作面。

(3) 密切注意气象预报,做好抗台防汛等准备工作,必要时应及时加固在建的工作。

(4) 做好建筑材料防雨防潮工作。

3. 雨期施工准备

(1) 现场排水。施工现场的道路、设施必须做到排水畅通,尽量做到雨停水干。要防止

地面水排入地下室、基础、地沟内。要做好对危石的处理，防止滑坡和塌方。

(2) 应做好原材料、成品、半成品的防雨工作。水泥应按“先收先用”“后收后用”的原则，避免久存受潮而影响水泥的性能。木门窗等易受潮变形的半成品应在室内堆放，其他材料也应注意防雨及材料堆放场地四周排水。

(3) 在雨期前应做好施工现场房屋、设备的排水防雨措施。

(4) 备足排水需用的水泵及有关器材，准备适量的塑料布、油毡等防雨材料。

9.2 土方工程的冬期施工

在结冻时土的机械强度大大提高，使土方工程冬期施工造价增高，工效降低，寒冷地区土方工程施工一般宜在入冬前完成。当必须在冬期施工时，其施工方法应根据本地区气候、土质和冻结情况并结合施工条件进行技术经济比较后确定。施工前应周密计划，做好准备，做到连续施工。

9.2.1 冻土

当温度低于0℃时，含有水分而冻结的各类土称为冻土。我们把冬季土层冻结的厚度叫冻结深度。土在冻结后，体积比冻前增大的现象称为冻胀。

9.2.2 地基土的保温防冻

地基土的保温防冻是在冬季来临时土层未冻结之前，采取一定的措施使基础土层免遭冻结或减少冻结的一种方法。在土方冬期开挖中，土的保温防冻法是最经济的方法之一。

1. 保温材料覆盖法

面积较小的基槽(坑)的防冻，可直接用保温材料覆盖，表面加盖一层塑料布。常用保温材料有炉渣、锯末、膨胀珍珠岩、草袋、树叶等。在已开挖的基槽(坑)中，靠近基槽(坑)壁处覆盖的保温材料需加厚，以使土壤不致受冻或冻结轻微(见图9.2.1)。对未开挖的基坑，保温材料铺设宽度为两倍的土层冻结深度与基槽(坑)底宽度之和，如图9.2.2所示。

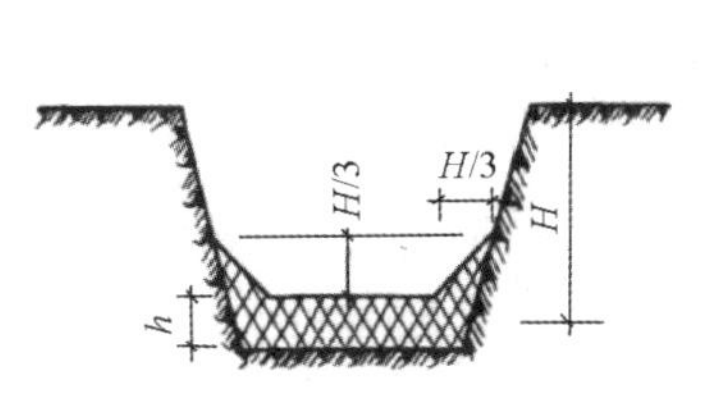

h-覆盖材料厚度；
H-最大冻结深度

图9.2.1 已挖基坑保温法

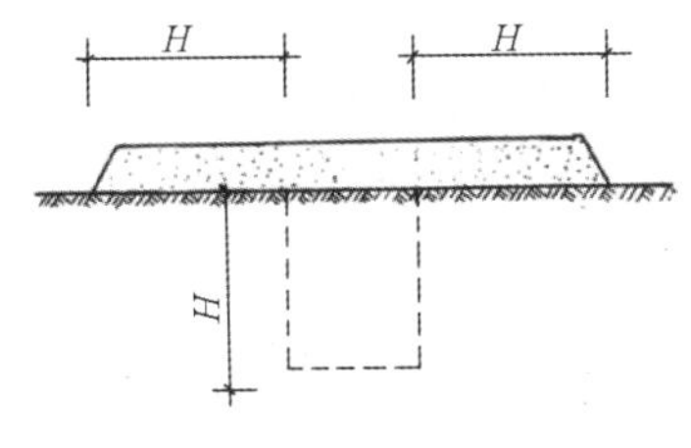

H-最大冻结深度

图9.2.2 未挖基坑

图9.2.3 路基保温

2. 暖棚保温法

挖好较小的基槽(坑)的保温与防冻可采用暖棚保温法。在已挖好的基槽(坑)上，宜搭好骨架铺上基层，覆盖保温材料。也可搭塑料大棚，在棚内采取供暖措施(见图 9.2.4)。

图 9.2.4　暖棚保温法

9.2.3　冻土的融化与开挖

冻土的融化方法应视其工程量的大小、冻结深度和现场施工条件等因素确定，可选择烟火烘烤、蒸汽融化、电热等方法，并应确定施工顺序。

冻土的挖掘根据冻土层厚度可采用人工、机械和爆破方法。

1. 冻土的融化

为了有利于冻土挖掘，可利用热源将冻土融化。融化冻土的方法有烟火烘烤法、循环针法和电热法三种，后两种方法因耗用大量能源，施工费用高，使用较少，只用在面积不大的工程施工中。

融化冻土的施工方法应根据工程量大小、冻结深度和现场条件综合选用。融化时应按开挖顺序分段进行，每段大小应适应当天挖土的工程量，冻土融化后，挖土工作应昼夜连续进行，以免因间歇而使地基土重新冻结。

开挖基槽(坑)或管沟时，必须防止基础下的基土遭受冻结。如基槽(坑)开挖完毕至地基与基础施工或埋设管道之间有间歇时间，应在基坑底标高以上预留适当厚度的松土或用其他保温材料覆盖，厚度可通过计算求得。冬期开挖土方时，在可能引起邻近建筑物的地基或其他地下设施产生冻结破坏时，应采取防冻措施。

(1) 烟火烘烤法

烟火烘烤法适用于面积较小、冻土不深，且燃料便宜的地区。常用锯末、谷壳和刨花等作燃料。在冻土上铺上杂草、木柴等引火材料，燃烧后撒上锯末，上面压数厘米的土，让它不起火苗地燃烧，这样有 250mm 厚的锯末，其热量经一夜可融化冻土 300mm 左右，开挖时分层分段进行。烘烤时应做到有火就有人，以防引起火灾。

(2) 蒸汽融化法

当热源充足、工程量较小时，可采用蒸汽融化法(蒸汽循环针)。应把带有喷气孔的钢管插入预先钻好的冻土孔中，通蒸汽融化。冻土孔径应大于喷气管直径 1cm，其间距不宜大于 1m，深度应超过基底 30cm。当喷气管直径 D 为 2.0～2.5cm 时，应在钢管上钻成梅花状喷气孔，下端封死，融化后就及时挖掘并防止基底受冻。如图 9.2.5 所示。

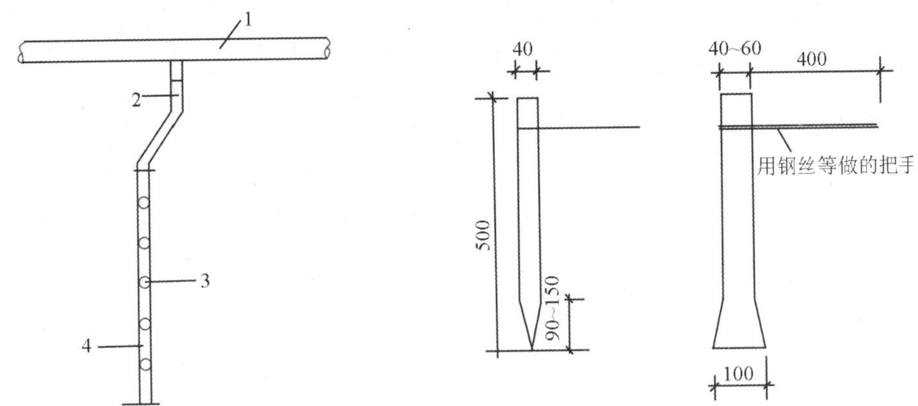

1-主管；2-连接胶管；
3-蒸汽孔；4-支管

图 9.2.5　蒸汽循环针

图 9.2.6　松冻土的铁锲子

2. 冻土的开挖

(1) 人工法开挖

人工开挖冻土适用开挖面积较小和场地狭窄，不具备用其他方法进行土方破碎、开挖的情况。开挖时一般用大铁锤和铁锲子(见图 9.2.6)劈冻土。施工中一人掌模，2～3 人轮流打大锤，一个组常用几个铁模，当一个铁模打入土中而冻土尚未脱离时，再把第二个铁模在旁边的裂缝上加进去，直至冻土剥离为止。为防止震手或误伤，铁模宜用粗铁丝作把手。

【注意事项】　施工时掌铁模的人与掌锤的不能脸对着脸，必须互成 90°。同时要随时注意去掉模头打出的飞刺，以免飞出伤人。

(2) 机械法开挖

当冻土层厚度为 0.5m 以内时，可用铲运机或挖掘机开挖。

当冻土层厚度为 0.5～1m 时，可用松土机破碎冻土层后再由挖掘机开挖。

当冻土层厚度大于 1m 时，可用重锤或重球破碎土体。

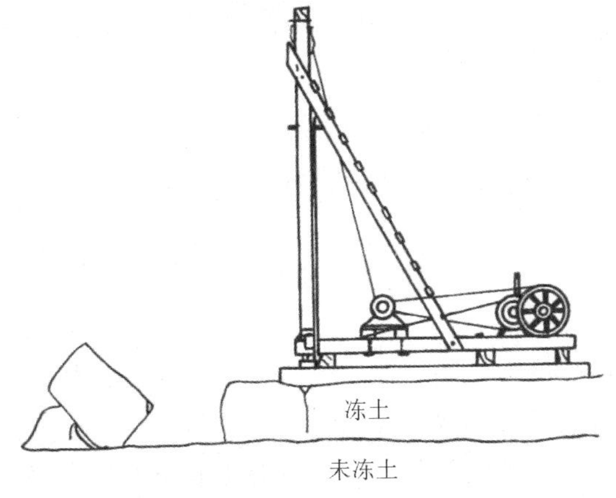

图 9.2.7　松冻土的打桩机

(3) 爆破法开挖

爆破法适用于冻土层较厚、面积较大的土方工程,这种方法是将炸药放入直立爆破孔中或水平爆破孔中进行爆破,冻土破碎后用挖土机挖出,或借爆破的力量向四周崩出,做成需要的沟槽。

冻土爆破必须由具有专业施工资质的施工队伍进行施工,严格遵守雷管、炸药的管理规定和爆破操作规程。距爆破点 50m 以内应无建筑物,200m 以内应无高压线。当爆破现场附近有居民或精密仪表等设备怕震动时,应提前做好疏散及保护工作。

9.2.4 冬期回填土施工

由于土冻结后即成为坚硬的土块,在回填过程中不易压实,土解冻后就会造成大量的下沉。冻胀土壤的沉降量更大,为了确保冬季冻土回填的施工质量,必须按施工及验收规范中对用冻土回填的规定组织施工。

冬期回填土应尽量选用未受冻的、不冻胀的土壤进行回填施工。填土前,应清除基础上的冰雪和保温材料;填方边坡表层 1m 以内,不得用冻土填筑;填方上层应用未冻的、不冻胀的或透水性好的土料填筑。冬期填方每层铺土厚度应比常温施工时减少 20%～25%,预留沉降量应比常温施工时适当增加。对大面积回填土和有路面的路基及其人行道范围的平场填方,用含有冻土块的土料作回填土时,冻土块粒径不得大于 150mm,其含量不大于 30%;铺填时冻土块应均匀分布、逐层压实。

冬期施工室外平均气温在−5℃以上时,填方高度不受限制;平均气温在−5℃以下时,填方高度由设计单位计算确定。用石块和不含冰块的砂土(不包括粉砂)、碎石类土填筑时,填方高度不受限制。

室外的基槽(坑)或管沟可用含有冻土块的土回填,但冻土块体积不得超过填土总体积的 15%,而且冻土块的粒径应小于 150mm;室内地面垫层下回填的土方填料中不得含有冻土块,管沟底至管顶 0.5m 范围内不得用含有冻土块的土回填;回填工作应连续进行,防止基土或已填土层受冻。当采用人工夯实时,每层铺土厚度不得超过 200mm,夯实厚度宜为 100～150mm。

9.3 砌筑工程冬期施工

当室外日平均气温连续 5d 稳定低于 5℃时,砌体工程应采取冬期施工措施。气温根据当地气象资料统计确定。冬期施工期限以外,当日最低气温低于 0℃时,也应按冬期施工的有关规定进行。

砌筑工程的冬期施工最突出的一个问题就是砂浆遭受冻结,砂浆遭受冻结后会产生的现象有:

(1) 使砂浆的硬化暂时停止,并且不产生强度,失去了胶结作用。

(2) 砂浆塑性降低,使水平或垂直灰缝的紧密度减弱。

(3) 解冻的砂浆,在上层砌体的重压下,就可能引起不均匀沉降。

在冬期砌筑时,为了保证墙体的质量,必须采取有效措施,控制雨、雪、霜对墙体材料

（砖、砂、石灰等）侵袭，对各种材料集中堆放，并采取保温措施。冬期砌筑时主要就是防止砂浆遭受冻结或者是使砂浆强度在负温下亦能增长，满足冬期砌筑施工要求。

砌筑工程的冬期施工方法有外加剂法和暖棚法等，应以外加剂法为主。对保温、绝缘、装饰等方面有特殊要求的工程，可采用其他施工方法。

9.3.1 外加剂法

冬期砌筑采用外加剂法时，可使用氯盐或亚硝酸钠等盐类外加剂拌制砂浆。掺入盐类外加剂拌制的水泥砂浆、水泥混合砂浆等称为掺盐砂浆。采用这种砂浆砌筑的方法称为外加剂法。氯盐应以氯化钠为主，当气温低于－15℃时，也可与氯化钙复合使用。

1. 外加剂法的原理

外加剂法就是在砌筑砂浆内掺入一定数量的抗冻剂，来降低水的冰点，以保证砂浆中有液态水存在，使水泥水化反应能在一定负温下进行，砂浆强度在负温下能够继续缓慢增长。同时，由于降低了砂浆中水的冰点，砌体的表面不会立即结冰而形成冰膜，故砂浆和砌体能较好地黏结。

掺盐砂浆中的抗冻剂，目前主要是以氯化钠和氯化钙为主。其他还有亚硝酸钠、碳酸钾和硝酸钙等。

2. 外加剂法的适用范围

外加剂法具有施工方便、费用低的优点，在砌体工程冬期施工中普遍使用掺盐砂浆法施工。但是，由于氯盐砂浆吸湿性大，其结构保温性能和绝缘性能下降，并有析盐现象等。对下列有特殊要求的工程不允许采用掺盐砂浆法施工。

（1）对装饰工程有特殊要求的建筑物；

（2）使用湿度大于80％的建筑物；

（3）配筋、钢埋件无可靠的防腐处理措施的砌体；

（4）接近高压电线的建筑物（如变电所、发电站等）；

（5）经常处于地下水位变化范围内，以及在地下未设防水层的结构。

对于这一类不能使用掺有氯盐砂浆的砌体，可选择亚硝酸钠、碳酸钾等盐类作为砌体冬期施工的抗冻剂。

3. 对砌筑材料的要求

砌体工程冬期施工所用材料应符合下列规定：

（1）石灰膏、电石膏等应防止受冻，如遭冻结，应经融化后使用；

（2）拌制砂浆用砂，不得含有冰块和大于10mm的冻结块；

（3）砌体用砖或其他块材不得遭水浸冻；

（4）砌筑用砖、砌块和石材在砌筑前，应清除表面冰雪、冻霜等；

（5）拌制砂浆宜采用两步投料法，水的温度不得超过80℃，砂的温度不得超过40℃；

（6）砂浆宜优先采用普通硅酸盐水泥拌制，冬期砌筑不得使用无水泥拌制的砂浆。

4. 砂浆的配制及砌筑工艺

（1）砂浆的配制

掺盐砂浆配制时，应按不同负温界限控制掺盐量。当砂浆中氯盐掺量过少，砂浆内会出现大量冻结晶体，水化反应极其缓慢，会降低早期强度。如果氯盐掺量大于10％，砂浆的后期强度会显著降低，同时导致砌体析盐量过大，增大吸湿性，降低保温性能。当气温过低时，可掺用双盐(氯化钠和氯化钙同时掺入)来提高砂浆的抗冻性。

冬期施工砂浆试块的留置，除应按常温规定要求外，尚应增留1组与砌体同条件养护的试块，测试检验28d强度。

砌筑时掺盐砂浆温度使用不应低于5℃。当设计无要求，且最低气温等于或低于－15℃时，砌体砂浆强度等级应按常温施工提高1级；同时应以热水搅拌砂浆；当水温超60℃时，应先将水和砂拌和，然后再投放水泥。

氯盐砂浆中复掺引气型外加剂时，应在氯盐砂浆搅拌的后期掺入。搅拌的时间应比常温季节增加一倍。拌和后砂浆应注意保温。

【注意事项】 外加剂溶液应设专人配制，并应先配制成规定浓度溶液置于专用容器中，然后再按规定加入搅拌机中拌制成所需砂浆。

(2) 砌筑施工工艺

掺盐砂浆法砌筑砖砌体，应采用"三一"砌砖法进行砌筑，要求砌体灰浆饱满，灰缝厚度均匀，水平缝和垂直缝的厚度和宽度应控制在8～10mm。

冬期砌筑的砌体，由于砂浆强度增长缓慢，砌体强度较低。如果一个班次砌体砌筑高度较高，砂浆尚无强度，风荷载稍大时，作用在新砌筑的墙体上易使所砌筑的墙体倾斜失稳或倒塌。冬期墙体采用氯盐砂浆施工时，每日砌筑高度不宜超过1.2m，墙体留置的洞口，距交接墙处不应小于500mm。

普通砖、多孔砖和空心砖、混凝土小型空心砌块、加气混凝土砌块和石材在气温高于0℃条件下砌筑时，应浇水湿润。在气温低于0℃条件下，可不浇水，但必须适当增大砂浆的稠度。抗震设计烈度为九度的建筑物，普通砖和空心砖无法浇水湿润时，无特殊措施，不得砌筑。

采用掺盐砂浆法砌筑砌体时，在砌体转角处和内外墙交接处应同时砌筑，对不能同时砌筑而又必须留置的临时间断处，应砌成斜槎，砌体表面不应铺设砂浆层，宜采用保温材料加以覆盖。继续施工前，应先用扫帚扫净砖表面，然后再施工。

采用氯盐砂浆时，砌体中配置的钢筋及钢预埋件，应预先做好防腐处理。目前较简单的处理方法有：涂刷樟丹2～3遍；浸涂热沥青；涂刷水泥浆；涂刷各种专用的防腐涂料。处理后的钢筋及预埋件应成批堆放。搬运堆放时，轻拿轻放，不得任意摔扔，防止防腐涂料损伤掉皮。

9.3.2 暖棚法

暖棚法是利用简易结构和廉价的保温材料，将需要砌筑的工作面临时封闭起来，使砌体在正温条件下砌筑和养护。

采用暖棚法施工，块材在砌筑时的温度不应低于5℃，距离所砌的结构底面0.5m处的棚内温度也不应低于5℃。

在暖棚内的砌体养护时间，应根据暖棚内温度，按表9.3.1确定。

表9.3.1 暖棚法砌体的养护时间

暖棚的温度/℃	5	10	15	20
养护时间/d	≥6	≥5	≥4	≥3

由于搭暖棚需要大量的材料、人工，加温时要消耗能源，所以暖棚法成本高、效率低，一般不宜多用。主要适用于地下室墙、挡土墙、局部性事故修复工程的砌筑工程。

9.4 混凝土结构工程的冬期施工

9.4.1 混凝土冬期施工的特点

根据当地多年气温资料，室外日平均气温连续5d稳定低于5℃时，混凝土结构工程应按冬期施工要求组织施工。冬期施工时，气温低，水泥水化作用减弱，新浇混凝土强度增长明显地延缓，当温度降至0℃以下时，水泥水化作用基本停止，混凝土强度亦停止增长。特别是温度降至混凝土冰点温度以下时，混凝土中的游离水开始结冻，结冰后的水体积膨胀约9%。在混凝土内部产生冰胀应力，使强度尚低的混凝土结构内部产生微裂隙，同时降低了水泥与砂石和钢筋的黏结力，导致结构强度降低。受冻的混凝土在解冻后，其强度虽能继续增长，但已不能达到原设计的强度等级。试验证明，混凝土的早期冻害是由于内部的水结冰所致。混凝土在浇筑后立即受冻，抗压强度约损失50%，抗拉强度约损失40%。受冻前混凝土养护时间越长，所达到的强度越高，水化物生成越多，能结冰的游离水就越少，强度损失就越低。试验还证明，混凝土遭受冻结带来的危害与遭冻的时间早晚、水胶比、水泥强度等级、养护温度等有关。

冬期浇筑的混凝土在受冻以前必须达到的最低强度称为混凝土受冻临界强度。我国现行规范规定：在受冻前，混凝土受冻临界强度应达到：硅酸盐水泥或普通硅酸盐水泥配制的混凝土不得低于其设计强度标准值的30%；矿渣硅酸盐水泥配制的混凝土不得低于其设计强度标准值的40%。

9.4.2 混凝土冬期施工的要求

一般情况下，混凝土冬期施工要求在正温下浇筑，正温下养护，使混凝土强度在冰冻前达到受冻临界强度，在冬期施工时对原材料和施工过程均要求有必要的措施，来保证混凝土的施工质量。

1. 对材料的要求及加热

(1) 冬期施工中配制混凝土用的水泥，应优先选用活性高、水化热大的硅酸盐水泥和普通硅酸盐水泥。水泥的强度等级不应低于32.5R级。最小水泥用量不宜少于280kg/m^3。水胶比不应大于0.55。使用矿渣硅酸盐水泥时，宜采用蒸汽养护，使用其他品种水泥，应注意其中掺和材料对混凝土抗冻抗渗等性能的影响。冷混凝土法施工宜优先选用含引气成分的外加剂，含气量宜控制在3%～5%。掺用防冻剂的混凝土，严禁使用高铝水泥。

(2) 混凝土所用骨料必须清洁，不得含有冰雪等冰结物及易冻裂的矿物质。冬期骨料所用贮备场地应选择地势较高不积水的地方。

(3) 冬期施工对组成混凝土材料的加热，应优先考虑加热水，因为水的热容量大，加热方便，但加热温度不得超过规定的数值。当水、骨料达到规定温度仍不能满足热工计算要求时，可提高水温到100℃，但水泥不得与80℃以上的水直接接触。水的常用加热方法有三种：用锅烧水、用蒸汽加热水、用电极加热水。水泥不得直接加热，使用前宜运入暖棚存放。

冬期施工拌制混凝土的砂、石温度要符合热工计算需要温度。骨料加热的方法有：将骨料放在底下加温的铁板上面直接加热；通过蒸汽管、电热线加热等。但不得用火焰直接加热骨料，并应控制加热温度(见表 9.4.1)。加热的方法可因地制宜，但以蒸汽加热法为好。其优点是加热温度均匀，热效率高。缺点是骨料中的含水量增加。

表 9.4.1 拌和水及骨料的最高温度

项 目	水泥品种及强度等级	拌和水/℃	骨料/℃
1	强度等级小于 42.5 级的普通硅酸盐水泥、矿渣硅酸盐水泥	80	60
2	强度等级等于和大于 42.5 级的普通硅酸盐水泥、硅酸盐水泥	60	40

(4) 钢筋调直冷拉温度不宜低于−20℃。预应力钢筋张拉温度不宜低于−15℃。钢筋的焊接宜在室内进行。如必须在室外焊接，其最低气温不低于−20℃，且应有防雪和防风措施。刚焊接的接头严禁立即碰到冰雪，避免造成冷脆现象。

(5) 当环境气温低于−20℃时，不得对 HRB335、HRB400 级钢筋机械冷弯加工。

2. 混凝土的搅拌、运输和浇筑

(1) 混凝土的搅拌

混凝土不宜露天搅拌，应尽量搭设暖棚，优先选用大容量的搅拌机，以减少混凝土的热损失。混凝土搅拌时间应根据各种材料的温度情况，考虑相互间的热平衡过程，可通过试拌确定延长的时间，一般为常温搅拌时间的 1.25～1.5 倍。拌制混凝土的最短时间应按表 9.4.2采用。搅拌时为防止水泥出现“假凝”现象，应在水、砂、石搅拌一定时间后再加入水泥。搅拌混凝土时，骨料中不得带有冰、雪及冻团。

表 9.4.2 拌制混凝土的最短时间 (单位：s)

混凝土坍落度/mm	搅拌机容积/L		
	<250	250～500	>500
≤80	90	135	180
>80	90	90	135

当采用自落式搅拌机时，搅拌时间延长 30～60s。

拌制掺用防冻剂(见图 9.4.1)的混凝土，当防冻剂为粉剂时，可按要求掺量直接撒在水泥上面和水泥同时投入；当防冻剂为液体时，应先配制成规定浓度溶液，然后再根据使用要

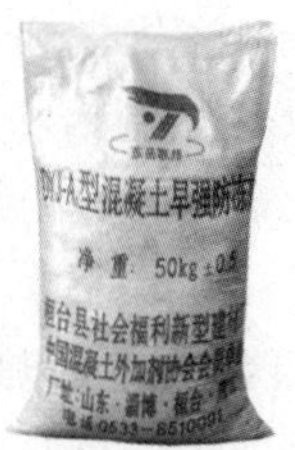

早强防冻剂

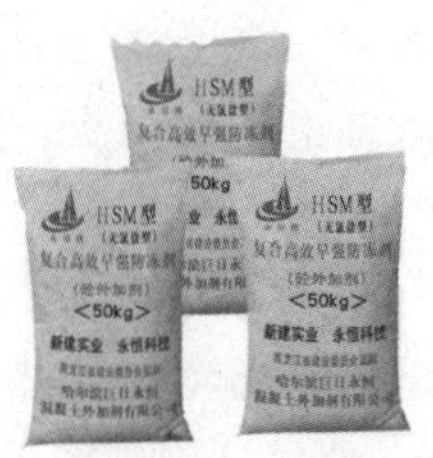

复合高效早强防冻剂

木质素磺酸钙

泵送早强防冻剂

图 9.4.1 防冻剂

求，用规定浓度溶液再配制成施工溶液。各溶液应分别置于明显标志的容器内，不得混淆，每班使用的外加剂溶液应一次配成。

【注意事项】 配制与加入防冻剂，应设专人负责并做好记录，应严格按剂量要求掺入。

(2) 混凝土的运输

混凝土的运输过程是热损失的关键阶段，应采取必要的措施减少混凝土的热损失，同时应保证混凝土的和易性。常用的主要措施有：减少运输时间和距离；使用大容积的运输工具并采取必要的保温措施。保证混凝土入模温度不低于5℃。

(3) 混凝土的浇筑

混凝土在浇筑前，应清除模板和钢筋上的冰雪和污垢，尽量加快混凝土的浇筑速度，防止热量散失过多。当采用加热养护时，混凝土养护前的温度不得低于2℃。

冬期不得在强冻胀性地基土上浇筑混凝土，当在弱冻胀性地基土上浇筑混凝土时，地基土应进行保温，以免遭冻。对加热养护的现浇混凝土结构，混凝土的浇筑程序和施工缝的位置，应能防止在加热养护时产生较大的温度应力。当分层浇筑厚大的整体结构时，已浇筑层的混凝土在被上一层混凝土覆盖前，其温度不得低于按热工计算的温度，且不得低于2℃。

冬期施工混凝土振捣应采用机械振捣，振捣时间应比常温时有所增加。

9.4.3 混凝土冬期施工方法

混凝土工程冬期施工应根据自然气温条件、结构类型、工期要求，拟订混凝土在硬化过程中防止早期受冻的各种措施，确定混凝土工程冬期施工养护方法。

混凝土冬期施工养护方法有两大类：第一类是人为地创造一个正温环境，以保证新浇筑的混凝土强度能够正常地、不间断地增长，甚至可以加速增长，主要方法有蓄热养护法、综合蓄热养护法、蒸汽养护法和电热养护法、暖棚法；第二类为混凝土负温养护法，是在拌制混凝土时，加入适量的外加剂，可以降低水的冰点，使混凝土中的水在负温下保持液态，能继续与水泥进行水化作用，使得混凝土强度得以在负温环境中持续地增长。这种方法一般不再对混凝土加热。

在选择混凝土冬期施工方法时，应保证混凝土尽快达到冬期施工临界强度，避免遭受冻害；一个理想的施工方案，首先应当在杜绝混凝土早期受冻的前提下，在最短的施工期限内，用最低的冬期施工费用，获得优良的施工质量。

下面介绍常用的混凝土工程冬期施工养护方法。

1. 蓄热养护法和综合蓄热养护法

蓄热养护法是在混凝土浇筑后，利用原材料加热及水泥水化热的热量，通过适当保温延缓混凝土冷却，使混凝土在冷却到0℃以前达到预期要求强度的施工方法。

当室外最低温度不低于−15℃时，地面以下的工程，或表面系数不大于$5m^{-1}$的结构，宜采用蓄热法养护。对结构易受冻的部位，应加强保温措施。当室外最低气温不低于−15℃时，对于表面系数为$5\sim15m^{-1}$的结构，宜采用综合蓄热养护法，围护层散热系数宜控制在$50\sim200kJ/(m^3\cdot h\cdot K)$；综合蓄热法施工的混凝土中应掺入早强剂或早强型复合外加剂，并应具有减水、引气作用。

蓄热养护法和综合蓄热法养护施工时，在混凝土浇筑后应采用塑料布等防水材料对裸露表面覆盖并保温，对边、棱角部位的保温层厚度应增大到面部位的 2～3 倍。混凝土在养护期间应防风、防失水。

2. 混凝土负温养护法

混凝土负温养护法是指在混凝土中加入适量的抗冻剂、早强剂、减水剂及加气剂，使混凝土在负温下能继续水化，增长强度。

混凝土负温养护法适用于不易加热保温，且对强度增长要求不高的一般混凝土结构工程；负温养护法施工的混凝土，应以浇筑后 5d 内的预计日最低气温来选用防冻剂，起始养护温度不应低于 5℃。混凝土浇筑后，裸露表面应采取保湿措施；同时，应根据需要采取必要的保温覆盖措施。混凝土负温养护法施工应加强测温，在达到受冻临界强度之前应每隔 2h 测量一次；在混凝土达到受冻临界强度后，可停止测温。当室外最低气温不低于－15℃时，采用负温养护法施工的混凝土受冻临界强度不应小于 4.0MPa；当室外最低气温不低于－30℃时，采用负温养护法施工的混凝土受冻临界强度不应小于 5.0MPa。

【知识拓展】 混凝土冬期施工中常用外加剂的种类：

(1) 减水剂：能改善混凝土的和易性及拌和用水量，降低水胶比，提高混凝土的强度和耐久性。

(2) 早强剂：早强剂是加速混凝土早期强度发展的外加剂，可以在常温、低温或负温(不低于－5℃)条件下加速混凝土硬化过程。大部分早强剂同时能降低水的冰点，使混凝土在负温情况下继续水化，增加强度，起到防冻的作用。

(3) 引气剂：引气剂在混凝土搅拌过程中，能引入无数微小气泡，改善混凝土拌和物的和易性和减少用水量，并显著提高混凝土的抗冻性和耐久性。

(4) 阻锈剂：氯盐类外加剂对混凝土中的金属预埋件有锈蚀作用。阻锈剂能在金属表面形成一层氧化膜，阻止金属的锈蚀。

混凝土冬期施工中外加剂的配用，应满足抗冻、早强的需要；对结构钢筋无锈蚀作用；对混凝土后期强度和其他物理力学性能无不良影响；同时应适应结构工作环境的需要。单一的外加剂常不能完全满足混凝土冬期施工的要求，一般宜采用复合配方。常用的复合配方有下面几种类型。

(1) 氯盐类外加剂：主要有氯化钠、氯化钙，其价廉、易购买，但对钢筋有锈蚀作用，一般钢筋混凝土中掺量按无水状态计算不得超过水泥重量的 1%；无筋混凝土中，采用热材料拌制的混凝土，氯盐掺量不得大于水泥重量的 3%；采用冷材料拌制时，氯盐掺量不得大于拌和水重量的 15%。掺用氯盐的混凝土必须振捣密实，且不宜采用蒸汽养护。在下列工作环境中的钢筋混凝土结构中不得掺用氯盐：

- 在高湿度空气环境中使用的结构；
- 处于水位升降部位的结构；
- 露天结构或经常受水淋的结构；
- 与镀锌钢材或与铝铁相接触部位的结构，以及有外露钢筋、预埋件而无防护措施的结构；
- 与含有酸、碱和硫酸盐等侵蚀性介质相接触的结构；
- 使用过程中经常处于环境温度为 60℃以上的结构；
- 使用冷拉钢筋或冷拔低碳钢丝的结构；

- 薄壁结构、中级或重级工作制吊车梁、屋架、落锤或锻锤基础等结构；
- 电解车间和直接靠近直流电源的结构；
- 直接靠近高压(发电站、变电所)的结构；
- 预应力混凝土结构。

(2) 硫酸钠—氯化钠复合外加剂：当气温在－3～5℃时，氯化钠和亚硝酸钠掺量分别为1%；当气温在－8～－5℃时，其掺量分别为2%。这种配方的复合外加剂不能用于高温湿热环境及预应力结构中。

(3) 亚硝酸钠—硫酸钠复合外加剂：当气温分别为－3℃、－5℃、－8℃、－10℃时，亚硝酸钠的掺量分别为水泥重量的2%、4%、6%、8%。亚硝酸钠—硫酸钠复合外加剂在负温下有较好的促凝作用，能使混凝土强度较快增长，且对混凝土有塑化作用，对钢筋无锈蚀作用。

使用硫酸钠复合外加剂时，宜先将其溶解在30～50℃的温水中，配成浓度不大于20%的溶液。施工时混凝土的出机温度不宜低于10℃，浇筑成型后的温度不宜低于5℃，在有条件时，应尽量提高混凝土的温度，浇筑成型后应立即覆盖保温，尽量延长混凝土的正温养护时间。

(4) 三乙醇胺复合外加剂：当气温低于15℃时，还可掺入适量的氯化钙。三乙醇胺在早期正温条件下起早强作用，当混凝土内部温度下降到0℃以下时，氯盐又在其中起抗冻作用，使混凝土继续硬化。混凝土浇筑入仓温度应保持在15℃以上，浇筑成型后应马上覆盖保温，使混凝土在0℃以上温度达72h以上。

混凝土冬期掺外加剂法施工时，混凝土的搅拌、浇筑及外加剂的配制必须设专人负责，其掺量和使用方法严格按产品说明执行。搅拌时间应比常温条件下适当延长，按外加剂的种类及要求严格控制混凝土的出机温度，混凝土的搅拌、运输、浇筑、振捣、覆盖保温应连续作业，减少施工过程中的热量损失。

3. 蒸汽养护法

蒸汽养护法是用低压饱和蒸汽养护新浇筑的混凝土，在混凝土周围造成湿热环境来加速混凝土硬化的方法(见图9.4.2)。

图9.4.2　蒸汽养护法

(1) 蒸汽养护混凝土的要求

蒸汽养护法应采用低压饱和蒸汽对新浇筑的混凝土构件进行加热养护，蒸汽养护混凝土的温度：采用(P·O)水泥时最高养护温度不超过80℃，采用(P·S)水泥时可提高到85℃。但采用内部通汽法时，最高加热温度不应超过60℃。蒸汽养护应包括升温—恒温—降温三个阶段，各阶段加热延续时间可根据养护终了要求的强度确定。采用蒸汽养护的混凝土，可掺入早强剂或无引气型减水剂。

(2) 内部通汽法的施工

内部通气法留孔的方法与后张法预应力筋埋管留孔法相似。混凝土终凝后抽出预埋管，形成通气孔洞，再用短管连接蒸汽管道。管道布置的原则是使加热温度均匀，埋设施工方便，留孔位置应在受力最小的部位，孔道的总截面面积不应超过结构截面面积的 2.5%(梁、柱留孔方法如图 9.4.3 所示)。

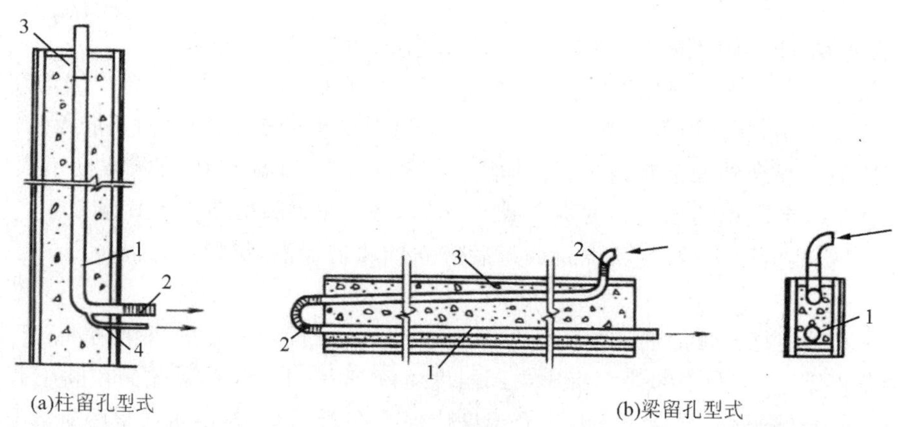

(a)柱留孔型式

(b)梁留孔型式

1-蒸汽管；2-胶皮连接管；3-湿锯末；4-冷凝水排出管

图 9.4.3 柱梁留孔型式

4. 电热养护法

电热养护法施工是指利用低压电流通过混凝土产生的热量加热养护混凝土。电热养护法施工设备简单，操作方便，但耗电量较多。

(1) 电热养护法施工的分类

电热养护法分为电极法、表面电热法、电磁感应加热法等。常用的电极法按电极布置的不同以及通电方式的差异又分为表面电极法、棒形电极法和弦形电极法。

【知识拓展】 电热养护法有以下几种。

(1) 电极法：电极法又称电极加热法，将电极放入混凝土内，通以低压电流。由于混凝土的电阻作用，使电能变为热能，产生热量对混凝土加热。电热法应采用交流电加热混凝土，不允许使用直流电，因直流电会引起电解、锈蚀。一般宜采用的工作电压为 50～110V，在无筋结构和每立方米混凝土含钢量不大于 50kg 的结构中，可采用 120～220V 的电压。

(2) 表面电热法：用 ϕ6mm 的钢筋或 20～40mm 宽的白铁皮做电极，固定在模板内侧，混凝土浇筑后通电加热养护混凝土。电极的间距：钢筋电极 200～300mm，白铁皮电极 100～150mm。现在也有把电热毯固定在钢模板外侧作为加热元件对混凝土进行加热养护的。

(3) 表面电热法：常用于墙、梁、板、基础等结构混凝土的养护。

(4) 电磁感应加热法：电磁感应加热法是指在结构模板的表面缠上连续的感应线圈，线圈中通入交流电后，即在钢模板及钢筋中都会有涡流循环磁场。感应加热就是利用在电磁场中铁质材料发热的原理，使钢模板及混凝土中的配筋发热，并将热量传至混凝土而达到养护目的。用这种工艺加热混凝土，温度均匀，控制方便，热效率高，但需要有专用模板。

(2) 电极的布置

电极法是电热法中常用的施工方法。电极布置时应保证混凝土温度均匀,电极与钢筋之间应留有 50～100mm 的间距。在梁、柱内棒形电极的设置可参见图 9.4.4。

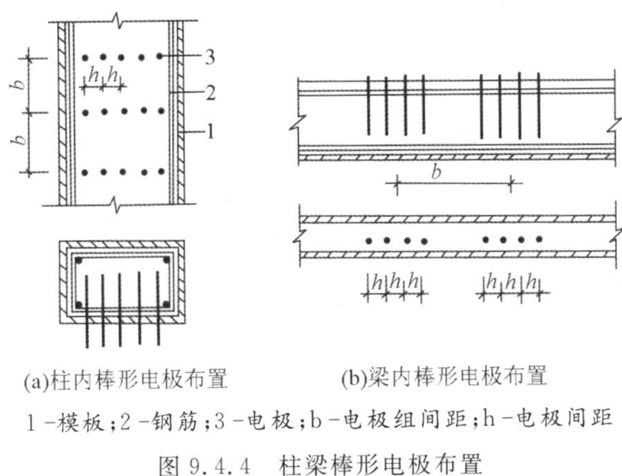

(a)柱内棒形电极布置　　(b)梁内棒形电极布置

1 -模板;2 -钢筋;3 -电极;b -电极组间距;h -电极间距

图 9.4.4　柱梁棒形电极布置

5. 暖棚法

暖棚法是指在被养护构件或建筑的四周搭设暖棚(见图 9.4.5),或在室内用草帘、草垫等将门窗堵严,采用棚(室)内生火炉;设热风机加热,安装蒸汽排管通蒸汽或热水等热源进行采暖,使混凝土在正温环境下养护至临界强度或预定设计强度。暖棚法由于需要较多的搭盖材料和保温加热设施,施工费用较高。

图 9.4.5　暖棚法

暖棚法适用于严寒天气施工的地下室、人防工程或建筑面积不大而混凝土工程又很集中的工程。

用暖棚法养护混凝土时,要求暖棚内的温度不得低于 5℃,并应保持混凝土表面湿润。

9.5　装饰装修工程和屋面工程的冬期施工

装饰工程应尽量在冬期施工前完成,或推迟在初春化冻后进行。必须在冬期施工的工程，应按冬期施工的有关规定组织施工。

9.5.1 抹灰工程冬期施工

一般拌灰冬期常用施工方法有热作法和冷作法两种。

1. 热作法施工

热作法施工是指利用房屋的永久热源或临时热源来提高和保持操作环境的温度，人为创造一个正温环境，使抹灰砂浆硬化和固结。热作法一般用于室内抹灰。常用的热源有火炉、蒸汽等。

室内抹灰应在屋面已做好的情况下进行。抹灰前应将门、窗封闭，脚手眼堵好，对抹灰砌体提前进行加热，使墙面温度保持在5℃以上，以便湿润墙面不致结冰，使砂浆与墙面黏接牢固。冻结砌体应提前进行人工解冻，待解冻下沉完毕，砌体强度达设计强度的20%后方可抹灰。抹灰砂浆应在正温的室内或暖棚内制作，用热水搅拌，抹灰时砂浆的上墙温度不低于10℃。抹灰结束后，至少7d内保持5℃的室温养护。在此期间，应随时检查抹灰层的湿度，当干燥过快时，应洒水湿润，以防产生裂纹，影响与基层的黏结，防止脱落。

2. 冷作法施工

冷作法施工是指低温条件下在砂浆中掺入一定量的防冻剂（氯化钠、氯化钙、亚硝酸钠等），在不采取采暖保温措施的情况下进行抹灰作业。冷作法适用于房屋装饰要求不高、小面积的外饰面工程。

冷作法抹灰前应对抹灰墙面进行清扫，墙面应保持干净，不得有浮土和冰霜，表面不洒水湿润；抗冻剂宜优先选用单掺氯化钠的方法，其次可用同时掺氯化钠和氯化钙的复盐或掺亚硝酸钠方法。其掺入量与室外气温有关，单盐掺入量可按规范选用，也可由试验确定。

防冻剂应由专人配制和使用，配制时可先配制20%浓度的标准溶液，然后根据气温再配制成使用溶液。

掺氯盐的抹灰严禁用于高压电源的部位，做涂料墙面的抹灰砂浆中，不得掺入氯盐防冻剂。氯盐砂浆应在正温下拌制使用，拌制时，先将水泥和砂干拌均匀，然后加入氯盐水溶液拌和，水泥可用硅酸盐水泥或矿渣硅酸盐水泥，严禁使用高铝水泥。砂浆应随拌随用，不允许停放。

当气温低于－25℃时，不得用冷作法进行抹灰施工。

9.5.2 其他装饰工程的冬期施工

冬期进行油漆、刷浆、裱糊、饰面工程，应采用热作法施工。应尽量利用永久性的采暖设施。室内温度应在5℃以上，并保持均衡，不得突然变化，否则不能保证工程质量。

冬期气温低，油漆会发黏不易涂刷，涂刷后漆膜不易干燥。为了便于施工，可在油漆中加一定量的催干剂，保证在24h内干燥。

室外刷浆应保持施工均衡，粉浆类料宜采用热水配制，随用随配，料浆使用温度宜保持在15℃左右。裱糊工程施工时，混凝土或抹灰基层含水率不应大于8%。施工中当室内温度高于20℃，且相对湿度大于80%时，应开窗换气，防止壁纸皱折起泡。玻璃工程冬期施工时，应将玻璃、镶嵌用合成橡胶等材料运到有采暖设备的室内，操作地点环境温度不应低于5℃。

外墙铝合金、塑料框、大扇玻璃不宜在冬期安装。

室内外装饰工程的施工环境温度，除满足上述要求外，对新材料应按所用材料的产品说明要求的温度进行施工。

9.5.3 保温工程和屋面防水工程冬期施工

保温工程、屋面防水工程冬期施工应选择晴朗天气进行，不得在雨、雪天和五级风及其以上或基层潮湿、结冰、霜冻条件下进行。保温及屋面工程应依据材料性能确定施工气温界限，最低施工环境气温宜符合表9.5.1的规定。

表9.5.1 保温工程及屋面工程施工环境气温要求

防水与保温材料	施工环境气温
黏结保温板	有机胶黏剂不低于-10℃；黏剂不低于5℃
现喷硬泡聚氨酯	15～30℃
高聚物改性沥青防水卷材	热熔法不低于-10℃
合成高分子防水卷材	冷黏法不低于5℃，热熔法不低于-10℃
高聚物改性沥青防水涂料	溶剂型不低于5℃，热熔型不低于-10℃
合成高分子防水涂料	溶剂型不低于-5℃
防水混凝土、防水砂浆	符合本规程混凝土、砂浆相关规定
改性石油沥青密封材料	不低于0℃
合成高分子密封材料	溶剂型不低于0℃

保温与防水材料进场后，应存放于通风、干燥的暖棚内，并严禁接近火源和热源。棚内温度不宜低于0℃，且不得低于施工环境规定的温度。

屋面防水施工时，应先做好排水比较集中的部位，凡节点部位均应加铺一层附加层。施工时，应合理安排隔气层、保温层、找平层、防水层的各项工序，连续操作，已完成部位应及时覆盖，防止受潮与受冻。穿过屋面防水层的管道、设备或预埋件，应在防水施工前安装完毕并做好防水处理。

保温工程、屋面防水工程冬期施工时，应严格按照相关冬期施工操作规程进行施工作业。

9.6 雨期施工

雨期施工时施工现场重点应解决好截水和排水问题。截水是在施工现场的上游设截水沟，阻止场外水流入施工现场。排水是在施工现场内合理规划排水系统，并修建排水沟，使雨水按要求排至场外。水沟的横断面和纵向坡度应按照施工期最大流量确定。一般水沟的横断面不小于0.5m×0.5m，纵向坡度一般不小于3‰，平坦地区不小于2‰。

各工种施工根据施工特点不同，要求也不一样。

9.6.1 土方和基础工程

大量的土方开挖和回填工程应在雨期来临前完成。如必须在雨期施工的土方开挖工程，其工作面不宜过大，应逐级逐片地分期完成。开挖场地应设一定的排水坡度，场地内不能积水。

基槽(坑)或管沟开挖时，应注意边坡稳定。必要时可适当放缓边坡坡度或设置支撑。施工时要加强对边坡和支撑的检查。对可能被雨水冲塌的边坡，为防止边坡被雨水冲塌，可在边坡上挂钢丝网片，外抹50mm厚的细石混凝土，为了防止雨水对基坑浸泡，开挖时要在坑内设排水沟和集水井；当挖到基础标高后，应及时组织验收并浇筑混凝土垫层。

填方工程施工时，取土、运土、铺填、压实等各道工序应连续进行，雨前应及时压完已填土层，将表面压光并做成一定的排水坡度。

【知识拓展】 对处于地下的水池或地下室工程，要防止水对建筑的浮力大于建筑物自重时造成地下室或水池上浮。基础施工完毕，应抓紧基坑四周的回填工作。停止人工降水时，应验算箱形基础抗浮稳定性和地下水对基础的浮力。抗浮稳定系数不宜小于1.2，以防止出现基础上浮或者倾斜的重大事故。如抗浮稳定系数不能满足要求时，应继续抽水，直到施工上部结构荷载加上后能满足抗浮稳定系数要求为止。当遇上大雨，水泵不能及时有效地降低积水高度时，应迅速将积水灌回箱形基础之内，以增加基础的抗浮能力。

9.6.2 砌体工程

1. 砖在雨期必须集中堆放，不宜浇水。砌墙时要求干湿砖块合理搭配。砖湿度较大时不可上墙。砌筑高度不宜超过1.2m。

2. 雨期遇大雨必须停工。砌体停工时应在砖墙顶盖一层干砖，避免大雨冲刷灰浆。大雨过后受雨冲刷过的新砌墙体应翻砌最上面两皮砖。

3. 稳定性较差的窗间墙、独立砖柱，应加设临时支撑或及时浇筑圈梁，以增加墙体稳定性。

4. 砌体施工时，内外墙要尽量同时砌筑，并注意转角及丁字墙间的搭接。遇台风时，应在与风向相反的方向加临时支撑，以保持墙体的稳定。

5. 雨后继续施工，须复测已完工砌体的垂直度和标高。

9.6.3 混凝土工程

1. 模板隔离层在涂刷前要及时掌握天气预报，以防隔离层被雨水冲掉。

图 9.6.1 冒雨施工

2. 遇到大雨应停止浇筑混凝土，已浇部位应加以覆盖。浇筑混凝土时应根据结构情况和可能，多考虑几道施工缝的留设位置。

3. 雨期施工时，应加强对混凝土粗细骨料含水量的测定，及时调整混凝土的施工配合比。

4. 大面积的混凝土浇筑前，要了解2～3d的天气预报，尽量避开大雨。混凝土浇筑现场要预备大量防雨材料，以备浇筑突然遇雨时进行覆盖。

5. 模板支撑下部回填土要夯实，并加好垫板，雨后及时检查有无下沉。

9.6.4 吊装工程

1. 构件堆放地点要平整坚实，周围要做好排水工作，严禁构件堆放区积水、浸泡，防止泥土黏到预埋件上。

2. 塔式起重机路基必须高出自然地面15cm，严禁雨水浸泡路基。

3. 雨后吊装时，要先做试吊，将构件吊至1m左右，往返上下数次稳定后再进行吊装工作。

9.6.5 屋面工程

1. 卷材层面应尽量在雨季前施工，并同时安装屋面的落水管。

2. 雨天严禁进行油毡屋面施工，油毡、保温材料不准淋雨。

3. 雨天屋面工程宜采用"湿铺法"施工工艺，"湿铺法"就是在"潮湿"基层上铺贴卷材，先喷刷1～2道冷底子油，喷刷工作宜在水泥砂浆凝结初期进行操作，以防基层浸水。如基层浸水，应在基层表面干燥后方可铺贴油毡。如基层潮湿且干燥有困难时，可采用排汽屋面。

9.6.6 抹灰工程

1. 雨天不准进行室外抹灰，至少应能预计1～2d的大气变化情况。对已经施工的墙面，应注意防止雨水污染。

2. 室内抹灰尽量在做完屋面后进行，至少做完屋面找平层，并铺一层油毡。

3. 雨天不宜做罩面油漆。

9.7 冬期与雨期施工的安全技术

冬期的风雪冰冻，雨期的风雨潮汛，给建筑施工带来了一定的困难，影响和阻碍了正常的施工活动。为此必须采取切实可行的防范措施，以确保施工安全。

9.7.1 冬期施工的安全技术

冬期施工主要应做好防火、防寒、防毒、防滑、防爆等工作。

1. 冬期施工前各类脚手架要加固，要加设防滑设施，及时清除积雪。

2. 易燃材料必须注意经常清理，必须保证消防水源的供应，保证消防道路的畅通。

3. 严寒时节，施工现场应根据实际需要和规定配设挡风设备。

4. 要防止一氧化碳中毒，防止锅炉爆炸。

9.7.2 雨期施工的安全技术

雨期施工主要应做好防雨、防风、防雷、防电、防汛等工作。

1. 基础工程应开设排水沟、基槽、基坑、管沟，若雨后积水应设置防护栏或警告标志，超过1m的基槽、井坑应设支撑。

2. 一切机械设备应设置在地势较高、防潮避雨的地方，要搭设防雨棚。机械设备的电源线路绝缘要良好，要有完善的保护接零装置。

3. 脚手架要经常检查，发现问题要及时处理或更换加固。

4. 所有机械棚要搭设牢固，防止倒塌漏雨。机电设备采取防雨、防淹措施，并安装接地安全装置。机械电闸箱的漏电保护装置要可靠。

5. 雨期为防止雷电袭击造成事故，在施工现场高出建筑物的塔吊、人货电梯、钢脚手架等必须装设防雷装置。

【知识拓展】 施工现场的防雷装置一般是由避雷针、接地线和接地体三个部分组成。

(1) 避雷针应安装在高出建筑的塔吊、人货电梯、钢脚手架的最高顶端上。

(2) 接地线可用截面积不小于 $16mm^2$ 的铝导线，或用截面积不小于 $12mm^2$ 的铜导线，也可用直径不小于 8mm 的圆钢。

(3) 接地体有棒形和带形两种。棒形接地体一般采用长度 1.5m、壁厚不小于 2.5mm 的钢管或 5mm×50mm 的角钢。将其一端打尖并垂直打入地下，其顶端离地平面不小于 50cm。带形接地体可采用截面积不小于 $50mm^2$，长度不小于 3m 的扁钢，平卧于地下 500mm 处。

6. 防雷装置的避雷针、接地线和接地体必须焊接(双面焊)，焊缝长度应为圆钢直径的 6 倍或扁钢厚度的 2 倍以上，电阻不宜超过 10Ω。

本章小结

本章就冬雨期施工的内容进行了详细的阐述，内容涵盖了土方工程的冬期施工、砌筑工程冬期施工、混凝土结构工程的冬期施工、装饰装修工程和屋面工程的冬期施工、雨期施工和冬雨期施工的安全技术。本章每一部分都是进行施工所必须要掌握的内容，要求读者在课前认真研读，课中认真听讲。本章的内容均以现行工程规范为基准，读者在学习之余，最好能细读熟记规范中的相关条文，为今后工作做一个铺垫。

思考题

1. 冬期施工和雨期施工应遵守哪些原则？
2. 试述地基土保温防冻的方法。
3. 地基土的冻胀性是如何分类的？
4. 掺盐砂浆法施工中应注意哪些问题？
5. 何谓混凝土冬期施工的临界强度？
6. 混凝土冬期施工工艺有何特殊要求？
7. 冬雨期回填土施工要注意哪些问题？
8. 冬雨期施工安全技术要注意哪几个方面？

习题

1. 下列不是冬期施工特点的是(　　)。
   A. 质量事故多发期　　B. 质量事故发现滞后性
   C. 冬期施工具有突然性　　D. 施工的计划性和准备工作时间性很强
2. 砌体工程冬期施工应以(　　)施工为主。
   A. 掺盐砂浆法　　B. 冻结法　　C. 蓄热法　　D. 暖棚法
3. 冬期施工中配制混凝土用的水泥标号不应低于32.5号,水灰比不应大于(　　)。
   A. 0.5　　B. 0.55　　C. 0.6　　D. 0.65
4. 冬期施工对组成混凝土材料的加热,应优先考虑加热(　　)。
   A. 水泥　　B. 砂　　C. 石　　D. 水
5. 混凝土的运输过程中应采取必要的措施以减少混凝土的热损失,保证混凝土入模温度不低于(　　)。
   A. 5℃　　B. 7℃　　C. 8℃　　D. 10℃
6. 冬期施工中,配制混凝土用的水泥强度等级不应低于(　　)。
   A. 32.5　　B. 42.5　　C. 52.5　　D. 62.5
7. 冬期施工中,配制混凝土用的水泥用量不应少于(　　)。
   A. $300kg/m^3$　　B. $310kg/m^3$　　C. $320kg/m^3$　　D. $330kg/m^3$
8. 冬期施工中,钢筋冷拉可在负温下进行,但温度不宜低于(　　)。
   A. 10℃　　B. －15℃　　C. －5℃　　D. －20℃
9. 雨期施工中,砖墙的砌筑高度不宜超过(　　)。
   A. 1.0m　　B. 1.2m　　C. 1.5m　　D. 1.8m
10. 当预计连续(　　)内平均气温稳定低于5℃时,砌筑工程必须采取冬期施工的技术措施。
    A. 3d　　B. 5d　　C. 8d　　D. 10d
11. 当日(　　)降到5℃或5℃以下时,混凝土工程必须采用冬期施工技术措施。
    A .平均气温　　B. 最高气温
    C .最低气温　　D. 午时气温
12. 冬期施工中配制混凝土用的水泥宜优先采用(　　)的硅酸盐水泥。
    A. 活性低、水化热量大　　B. 活性高、水化热量小
    C. 活性低、水化热量小　　D. 活性高、水化热量大
13. 水泥不应与(　　)以上的水直接接触,避免水泥假凝。
    A. 40℃　　B. 60℃　　C. 70℃　　D. 80℃
14. 冬期施工混凝土的搅拌、运输和浇筑时间比常温规定时间(　　)。
    A. 缩短50%　　B. 延长50%　　C. 缩短70%　　D. 延长70%
15. 工地昼夜平均平均气温连续三天(　　)时,按冬季混凝土施工的规定进行施工。
    A. 稳定低于5℃　　B. 高于5℃
    C. 最低气温低于0℃　　D. 低于8℃

16. 以下关于砌体工程冬期施工应注意的问题,说法不正确的是(　　)。
   A. 掺盐砂浆砌筑砖砌体,应采用"三一"砌砖法进行操作
   B. 砌体在砌筑前应清除冰霜
   C. 冬期墙体采用氯盐砂浆施工时,每日砌筑高度不宜超过 1.8m
   D. 由于氯盐对钢筋有腐蚀作用,当用于有构造配筋的砌体时,钢筋可以涂沥青 2 道,以防钢筋锈蚀
17. 冬期施工配制混凝土用的水泥,优先选用(　　)。
   A. 硅酸盐水泥　　B. 粉煤灰水泥
   C. 火山灰硅酸盐水泥　　D. 矿渣硅酸盐水泥
18. 以下关于混凝土冬期施工的工艺要求,说法不正确的是(　　)。
   A. 混凝土的搅拌时间应比常温下搅拌时间延长 50%
   B. 冬期施工混凝土浇灌时间应控制在 100min 内完成
   C. 混凝土入模温度不得低于 5℃
   D. 投料顺序是应先投入骨料和已加热的水,然后再投入泥和外加剂溶液
19. 以下关于混凝土冬期施工对材料选择和加热要求,说法不正确的是(　　)。
   A. 钢筋冷拉可在负温下进行,但温度不宜低于－20℃
   B. 钢焊接的接头严禁碰到冰雪,避免造成冷脆现象
   C. 对强度大于或等于 42.5 级的普通硅酸盐水泥、硅酸盐水泥,拌和水加热到 60℃,骨料加热到 40℃
   D. 混凝土使用的砂、石不得含有冰、雪等冻结物
20. 防止混凝土早期冻害的措施不包括(　　)。
   A. 提高混凝土早期强度　　B. 掺用缓凝剂
   C. 掺用引气剂　　D. 掺用早强型减水剂

习题答案

第一章　ABCBA　DDCBA　ABCCD

第二章　BBACD　ABCCA

第三章　DCDDA　CDBDA　BBBCA　CBAAA　AAAAB

第四章　BABBC　DDBDC　BBACB

第五章　CCBBD　ABABA

第六章　DDBDA　BDBBC

第七章　BCABB　C(ACDE)(ABCD)(注：后两题多选题)

第八章　BCADD　DDBBC　DBCBC　BBCBC

第九章　CACDA　BADBD　ADDBA　CABDB

参考文献

[1] 中华人民共和国住房和城张建设部,中华人民共和国质量监督检验检疫总局.建筑工程施工质量验收统一标准:GB 50300—2013[S].北京:中国建筑工业出版社,2013.

[2] 中华人民共和国住房和城张建设部,中华人民共和国质量监督检验检疫总局.建筑地基基础工程施工质量验收规范:GB 50202—2002[S].北京:中国计划出版社,2002.

[3] 中华人民共和国住房和城张建设部,中华人民共和国质量监督检验检疫总局.地下工程防水技术规范:GB 50108—2008[S].北京:中国计划出版社,2001.

[4] 中华人民共和国住房和城张建设部,中华人民共和国质量监督检验检疫总局.建筑施工模板安全技术规范:JGJ 162—2008[S].北京:中国建筑工业出版社,2008.

[5] 中华人民共和国住房和城张建设部,中华人民共和国质量监督检验检疫总局.混凝土结构工程施工质量验收规范 :GB 50204—2015[S].北京:中国建筑工业出版社,2002.

[6] 中华人民共和国住房和城张建设部,中华人民共和国质量监督检验检疫总局.地下防水工程质量验收规范:GB 50208—2011[S].北京:中国建筑工业出版社,2012.

[7] 中华人民共和国住房和城张建设部,中华人民共和国质量监督检验检疫总局.建筑地基基础设计规范:GB 50007—2011[S].北京:中国计划出版社,2012.

[8] 标准编制组.建筑地基处理技术规范:JGJ 79—2012[S].北京:中国建筑工业出版社,2013.

[9] 标准编制组.建筑施工模板安全技术规范:JGJ 162—2008[S].北京:中国建筑工业出版社,2008.

[10] 标准编制组.建筑施工扣件式钢管脚手架安全技术规范:JGJ 130—2011[S].北京:中国建筑工业出版社,2011.

[11] 标准编制组.建筑施工门式钢管脚手架安全技术规范:JGJ 128—2010[S].北京:中国建筑工业出版社,2010.

[12] 标准编制组.钢管脚手架、模板支架安全选用规程:DB11/T 583—2008[S].北京:中国标准出版社,2008.

[13] 标准编制组.建筑基坑支护技术规程:JGJ 120—2012[S].北京:中国建筑工业出版社,2012.

[14] 标准编制组.外墙外保温工程技术规程:JGJ 144—2004[S].北京:中国建筑工业出版社,2004.

[15] 李彰明.软土地基加固的理论、设计与施工[M].北京:中国电力出版社,2006.

[16] 龚晓南.地基处理手册.3版.[M].北京:中国建筑工业出版社,2008.

[17] 何广讷.振冲碎石桩复合地基[M].北京:人民交通出版社,2001.

［18］刘景政.地基处理与实例分析［M］.北京：中国建筑工业出版社,1998.

［19］徐至钧,张亦农.强夯和强夯置换法加固地基［M］.北京：机械工业出版社,2004.

［20］《岩土注浆理论与工程实例》协作组.岩土注浆理论与工程实例［M］.北京：科学出版社,2001.

［21］《工程地质手册》编委会.工程地质手册.4版.［M］.北京：中国建筑工业出版社,2006.

［22］巩天真,岳晨曦.地基处理［M］.北京：科学出版社,2008.

［23］中国建筑业协会.模板及脚手架工程安全专项施工方案编制指南与案例分析［M］.北京：中国建筑工业出版社,2013.

［24］糜嘉平.建筑模板与脚手架研究及应用［M］.北京：中国建筑工业出版社,2001.

［25］丛书编委会.脚手架工程施工技术［M］.北京：化学工业出版社,2009.

［26］余宗明.脚手架结构计算及安全技术［M］.北京：中国建筑工业出版社,2007.

［27］李晨光,薛伟辰,邓思华.预应力混凝土结构设计及工程应用［M］.北京：中国建筑工业出版社,2013.

［28］房贞政.预应力结构理论［M］.北京：中国建筑工业出版社,2014.

［29］施岚青,陈嵘.预应力混凝土实用技术［M］.北京：中国建筑工业出版社,2004.

［30］熊大远.实用建筑钢结构技术［M］.北京：化学工业出版社,2011.

［31］李星荣,魏才昂,丁峙崐,等.钢结构连接节点设计手册［M］.北京：中国建筑工业出版社,2005.

［32］雷宏刚.钢结构事故分析与处理［M］.北京：中国建材工业出版社,2003.

［33］钟善桐.钢结构［M］.武汉：武汉大学出版社,2001.

［34］姚谨英.建筑施工技术.3版.［M］.北京：中国建筑工业出版社,2007.

［35］徐凯燕,刘灿.建筑施工技术［M］.北京：人民交通出版社,2013.

［36］李珠,苏有文.土木工程施工.2版.［M］.武汉：武汉理工大学出版社,2013.

［37］张云波.土木工程施工［M］.武汉：武汉理工大学出版社,2011.

［38］崔玉梅,宋常利.建筑施工技术［M］.北京：石油工业出版社,2009.

［39］赵志缙,应惠清.建筑施工.4版.［M］.上海：同济大学出版社,2004.